高职高专“十一五”规划教材

★ 农林牧渔系列

农业微生物

NONGYE WEISHENGWU

战忠玲 主编

化学工业出版社

·北京·

本教材是农林院校高职高专“十一五”规划教材之一。本教材简明而较系统地介绍了农业微生物的基本概念和基础知识，具体内容包括：微生物的形态结构、营养和培养基、代谢和发酵、生长和环境条件、选育与菌种保藏、生态及微生物在农业上的应用等。每章设有知识目标、技能目标、本章小结、复习思考、实验实训和/或生产实习，书后还有附录，方便读者查阅。教材中广泛使用图、表，使教材直观易懂，增加了教材的可读性。在编写过程中，本教材以“必需、够用、实用”为原则，以“加强基础、强化能力”为主旨，力求创新，努力反映新知识、新技术和新的科研成果，尽量与生产应用保持同步，尽可能拓展学生的视野。因而本书具有基础理论知识适度、技术应用突出、技术面较宽、体现教工结合与校-企结合等特点。

本教材可供农林高等职业技术学院和高等专科学校园艺园林类、种植类、生物技术类专业及相关专业学生学习使用，也可供微生物技术培训班和其它生物科技人员使用、查阅和参考。

图书在版编目（CIP）数据

农业微生物/战忠玲主编．—北京：化学工业出版社，2009.9（2024.9重印）
高职高专“十一五”规划教材★农林牧渔系列
ISBN 978-7-122-06400-4

Ⅰ．农…　Ⅱ．战…　Ⅲ．农业科学：微生物学-高等学校：微生物学-教材　Ⅳ．S182

中国版本图书馆CIP数据核字（2009）第131375号

责任编辑：李植峰　梁静丽　郭庆睿　　文字编辑：周　倜
责任校对：陈　静　　装帧设计：史利平

出版发行：化学工业出版社（北京市东城区青年湖南街13号　邮政编码100011）
印　　装：北京科印技术咨询服务有限公司数码印刷分部
787mm×1092mm　1/16　印张15　字数376千字　2024年9月北京第1版第13次印刷

购书咨询：010-64518888　　售后服务：010-64518899
网　　址：http://www.cip.com.cn
凡购买本书，如有缺损质量问题，本社销售中心负责调换。

定　　价：38.00元　

“高职高专‘十一五’规划教材★农林牧渔系列”建设委员会成员名单

“高职高专‘十一五’规划教材★农林牧渔系列”编审委员会成员名单

“高职高专‘十一五’规划教材★农林牧渔系列”建设单位

（按汉语拼音排列）

安阳工学院
保定职业技术学院
北京城市学院
北京林业大学
北京农业职业学院
本钢工学院
滨州职业学院
长治学院
长治职业技术学院
常德职业技术学院
成都农业科技职业学院
成都市农林科学院园艺研究所
重庆三峡职业学院
重庆水利电力职业技术学院
重庆文理学院
德州职业技术学院
福建农业职业技术学院
抚顺师范高等专科学校
甘肃农业职业技术学院
广东科贸职业学院
广东农工商职业技术学院
广西百色市水产畜牧兽医局
广西大学
广西农业职业技术学院
广西职业技术学院
广州城市职业学院
海南大学应用科技学院
海南师范大学
海南职业技术学院
杭州万向职业技术学院
河北北方学院
河北工程大学
河北交通职业技术学院
河北科技师范学院
河北省现代农业高等职业技术学院
河南科技大学林业职业学院
河南农业大学
河南农业职业学院
河西学院
黑龙江农业工程职业学院
黑龙江农业经济职业学院
黑龙江农业职业技术学院
黑龙江生物科技职业学院
黑龙江畜牧兽医职业学院
呼和浩特职业学院
湖北生物科技职业学院
湖南怀化职业技术学院
湖南环境生物职业技术学院
湖南生物机电职业技术学院
吉林农业科技学院
集宁师范高等专科学校
济宁市高新技术开发区农业局
济宁市教育局
济宁职业技术学院
嘉兴职业技术学院
江苏联合职业技术学院
江苏农林职业技术学院
江苏畜牧兽医职业技术学院
金华职业技术学院
晋中职业技术学院
荆楚理工学院
荆州职业技术学院
景德镇高等专科学校
丽水学院
丽水职业技术学院
辽东学院
辽宁科技学院
辽宁农业职业技术学院
辽宁医学院高等职业技术学院
辽宁职业学院
聊城大学
聊城职业技术学院
眉山职业技术学院
南充职业技术学院
盘锦职业技术学院
濮阳职业技术学院
青岛农业大学
青海畜牧兽医职业技术学院
曲靖职业技术学院
日照职业技术学院
三门峡职业技术学院
山东科技职业学院
山东理工职业学院
山东省贸易职工大学
山东省农业管理干部学院
山西林业职业技术学院
商洛学院
商丘师范学院
商丘职业技术学院
深圳职业技术学院
沈阳农业大学
沈阳农业大学高等职业技术学院
苏州农业职业技术学院
温州科技职业学院
乌兰察布职业学院
厦门海洋职业技术学院
仙桃职业技术学院
咸宁学院
咸宁职业技术学院
信阳农业高等专科学校
延安职业技术学院
杨凌职业技术学院
宜宾职业技术学院
永州职业技术学院
玉溪农业职业技术学院
岳阳职业技术学院
云南农业职业技术学院
云南热带作物职业学院
云南省曲靖农业学校
云南省思茅农业学校
张家口教育学院
漳州职业技术学院
郑州牧业工程高等专科学校
郑州师范高等专科学校
中国农业大学

《农业微生物》编写人员

主　　编　战忠玲

副 主 编　刘　莉
李春艳
卢　颖

参编人员（按姓名汉语拼音排序）

陈利军（信阳农业高等专科学校）
高德杰（济宁职业技术学院）
李春艳（辽宁农业职业技术学院）
刘　莉（杭州万向职业技术学院）
卢　颖（黑龙江农业经济职业学院）
王爱武（商丘职业技术学院）
王庆莉（长治职业技术学院）
王玉苹（济宁职业技术学院）
战忠玲（济宁职业技术学院）
张金然（呼和浩特职业学院）

序

当今，我国高等职业教育作为高等教育的一个类型，已经进入到以加强内涵建设，全面提高人才培养质量为主旋律的发展新阶段。各高职高专院校针对区域经济社会的发展与行业进步，积极开展新一轮的教育教学改革。以服务为宗旨，以就业为导向，在人才培养质量工程建设的各个侧面加大投入，不断改革、创新和实践。尤其是在课程体系与教学内容改革上，许多学校都非常关注利用校内、校外两种资源，积极推动校企合作与工学结合，如邀请行业企业参与制定培养方案，按职业要求设置课程体系；校企合作共同开发课程；根据工作过程设计课程内容和改革教学方式；教学过程突出实践性，加大生产性实训比例等，这些工作主动适应了新形势下高素质技能型人才培养的需要，是落实科学发展观、努力办人民满意的高等职业教育的主要举措。教材建设是课程建设的重要内容，也是教学改革的重要物化成果。教育部《关于全面提高高等职业教育教学质量的若干意见》（教高［2006］16号）指出“课程建设与改革是提高教学质量的核心，也是教学改革的重点和难点”，明确要求要“加强教材建设，重点建设好3000种左右国家规划教材，与行业企业共同开发紧密结合生产实际的实训教材，并确保优质教材进课堂。”目前，在农林牧渔类高职院校中，教材建设还存在一些问题，如行业变革较大与课程内容老化的矛盾、能力本位教育与学科型教材供应的矛盾、教学改革加快推进与教材建设严重滞后的矛盾、教材需求多样化与教材供应形式单一的矛盾等。随着经济发展、科技进步和行业对人才培养要求的不断提高，组织编写一批真正遵循职业教育规律和行业生产经营规律、适应职业岗位群的职业能力要求和高素质技能型人才培养的要求、具有创新性和普适性的教材将具有十分重要的意义。

化学工业出版社为中央级综合科技出版社，是国家规划教材的重要出版基地，为我国高等教育的发展做出了积极贡献，曾被新闻出版总署领导评价为“导向正确、管理规范、特色鲜明、效益良好的模范出版社”，2008年荣获首届中国出版政府奖——先进出版单位奖。近年来，化学工业出版社密切关注我国农林牧渔类职业教育的改革和发展，积极开拓教材的出版工作，2007年底，在原“教育部高等学校高职高专农林牧渔类专业教学指导委员会”有关专家的指导下，化学工业出版社邀请了全国100余所开设农林牧渔类专业的高职高专院校的骨干教师，共同研讨高等职业教育新阶段教学改革中相关专业教材的建设工作，并邀请相关行业企业作为教材建设单位参与建设，共同开发教材。为做好系列教材的组织建设与指导服务工作，化学工业出版社聘请有关专家组建了“高职高专‘十一五’规划教材★农林牧渔系列建设委员会”和“高职高专‘十一五’规划教材★农林牧渔系列编审委员会”，拟在“十一五”期间组织相关院校的一线教师和相关企业的技术人员，在深入调研、整体规划的基础上，编写出版一套适应农林牧渔类相关专业教育的基础课、专业课及相关外延课程教材——“高职高专‘十一五’规划教材★农林牧渔系列”。该套教材将涉及种植、园林园艺、畜牧、兽医、水产、宠物等专业，于2008～

2009年陆续出版。

该套教材的建设贯彻了以职业岗位能力培养为中心，以素质教育、创新教育为基础的教育理念，理论知识“必需”、“够用”和“管用”，以常规技术为基础，关键技术为重点，先进技术为导向。此套教材汇集众多农林牧渔类高职高专院校教师的教学经验和教改成果，又得到了相关行业企业专家的指导和积极参与，相信它的出版不仅能较好地满足高职高专农林牧渔类专业的教学需求，而且对促进高职高专专业建设、课程建设与改革、提高教学质量也将起到积极的推动作用。希望有关教师和行业企业技术人员，积极关注并参与教材建设。毕竟，为高职高专农林牧渔类专业教育教学服务，共同开发、建设出一套优质教材是我们共同的责任和义务。

介晓磊

2008年10月

根据教育部《关于加强高职高专教育教材建设的若干意见》和《关于全面提高高等职业教育教学质量的若干意见》，为适应21世纪高职人才培养目标的要求，为社会培养更多的面向生产一线的高素质技能型人才，本着知识、能力、素质协调发展的原则，特编写了本教材。

微生物是高职高专生物技术类和农林专业的专业基础课，是连接基础课和专业课之间的桥梁。因此在本教材编写中，我们力图使教材体现专业特点，突出高职特色，以人为本，以服务为宗旨，着力体现实用性和实践性，使理论与实践相结合，着重培养学生的应用能力，引导学生重点掌握课程的基础理论知识，又注重实践技能的培养，加大了实验实训、生产实习的比例；适当降低理论知识的深度和广度，以满足岗位应职能力需要为度，以掌握概念、强化应用为重点；同时还考虑到与其它课程之间的联系和分工，尽量做到在内容上不重复，在知识上不脱节。

本教材在构思上注重结构明晰、完整。每章设有知识目标、技能目标、本章小结、复习思考、实验实训、生产实习等内容，书后还有附录，便于教师组织教学和学生自学。教材中广泛使用图、表，使教材内容详略得当，图文并茂，直观易懂，增加了教材的可读性。在编写过程中，本教材以“必需、够用、实用”为原则，以“加强基础、强化能力”为主旨，力求创新，努力反映新知识、新技术和新的科研成果，尽量与生产应用保持同步，尽可能拓展学生的视野。因而本书具有基础理论知识适度、技术应用突出、技术面较宽、体现教工结合与校企结合等特点。

本教材由战忠玲主编，全书共分八章，十五个实验实训项目，七个生产实习项目。具体编写任务分工如下：前言及各章的知识目标、技能目标、本章小结、复习思考由战忠玲编写；第一章由李春艳编写，第二章由王庆莉、陈利军、战忠玲共同编写，第三章由王玉苹、高德杰共同编写，第四章、第五章由刘莉、战忠玲共同编写，第六章由张金然编写，第七章由卢颖、战忠玲共同编写，第八章由王爱武编写；第三章的实验实训一、二，第五章的实验实训二，第六章的实验实训一、二、三，第八章的实验实训和生产实习三由战忠玲编写，其它各章后的实验实训和生产实习由编写此章的人员编写；附录由王玉苹、高德杰共同编写；高德杰负责全文图、表处理。全书由战忠玲统稿。

本教材供农林高等职业技术学院和高等专科学校植保类、种植类、生物技术类专业及相关学科学生学习使用，也可供微生物技术培训班和其他生物科技人员使用、查阅和参考。

本教材在编写过程中，得到了各编委所在学校的大力支持和帮助，在此表示衷心的感谢；同时，书中引用了国内外大量文献资料，在此向本书引用为参考资料的各位作者和专家表示衷心的感谢。

限于编写水平和编写时间的仓促，书中疏漏和不妥之处在所难免，诚请专家、学者及广大读者批评指正。

编者
2009年5月

编者

2009年5月

目
录

第一章 绪 论

知识目标

了解微生物学的发展史和农业微生物（学）的发展前景，理解微生物的概念、作用、地位以及微生物对农业生产的重要性，掌握微生物的特点、分类单位、命名、微生物的研究内容和任务以及农业微生物学的研究对象。

技能目标

学会调查微生物应用生产项目，包括调查方法和调查内容。

第一节 微生物与微生物学

微生物最初是指一类个体微小、结构简单、肉眼不能直接看见的微小生物的总称。但是随着现代微生物学的发展，发现一些藻类和真菌个体大到肉眼可以直接看见，甚至还有一些细菌如纳米比亚嗜硫细菌和费氏刺尾鱼菌也不需要显微镜即可看到。所以，现代意义上的微生物是指绝大多数凭肉眼看不见或看不清，以及少数能直接通过肉眼看见的单细胞、多细胞和无细胞结构的微小生物的总称。

微生物的种类繁多，数量极其庞大。一般包括不具有细胞结构的病毒、亚病毒（类病毒、拟病毒、朊病毒），此类微生物没有典型的细胞结构，也无产生能量的酶系统，只能在活细胞内生长繁殖；具原核细胞结构的细菌、放线菌、蓝细菌、立克次体、衣原体和支原体，此类微生物细胞核分化程度低，仅有原始核质，没有核膜与核仁，细胞器不太完善；以及具真核细胞结构的真菌（酵母、霉菌、蕈菌等）、原生动物和单细胞藻类等，这些微生物细胞核的分化程度较高，有核膜、核仁和染色体，胞质内有完整的细胞器如内质网、核蛋白体和线粒体等。

- 微生物
  - 细胞生物
    - 原核生物：细菌、放线菌、蓝细菌、立克次体、衣原体、支原体
    - 真核生物：真菌、原生动物、单细胞藻类
  - 非细胞生物：病毒、亚病毒（类病毒、拟病毒、朊病毒）

微生物在人们的生活生产和自然界的生态系统中起着非常重要的作用。微生物不仅为人和动物提供多种赖以生存的营养物质，而且微生物也是地球上有机物质的主要分解者，是地球的清洁工，一切动植物的残体和废弃的有机物都要由微生物降解后，才能进入再循环。一部分微生物还能够利用太阳能进行光合作用，或利用无机物氧化产生的能量将无机物转化为有机物。日常生活中的许多食品、药品和日用化学品都是微生物代谢的产物。空气中的氮多半也要通过微生物的固氮作用，才能转换成植物可以吸收利用的形态。它们的活动构成了自然界物质循环的重要环节。可以说，没有微生物就没有当今五彩缤纷的世界。

当然，有些微生物也能引起人类和动植物的病害。例如鼠瘟（又称黑死病）、腹泻、神经麻痹、肝炎、腮腺炎、SARS（严重急性呼吸道综合征，俗称“非典型肺炎”）、典型肺炎、结核病、伤寒、霍乱、艾滋病、疯牛病、埃博拉病毒病等，都是由有害微生物所引起的，而且有很多病尚不明病因，也没有有效的控制办法。另外，微生物的破坏性还表现在引

起工农业产品及生活用品的腐烂、腐蚀等方面。学习微生物的目的就在于更好地开发微生物资源，充分利用微生物有利于人类生活的方面，控制微生物的有害方面，使之为人类创造更大的经济效益和社会效益。

一、微生物的特点

微生物作为生物具有由DNA链上的基因所携带的遗传信息，其复制、表达与调控都遵循中心法则（少数除外），蛋白质、核酸、多糖、脂肪酸等大分子物质的初级代谢基本相同，能量代谢都以ATP作为能量载体，上述特征与其它生物相同，此外，微生物还具有其自身的特点。

1. 体积小，比表面积大

比表面积是指某一物体单位体积所占的表面积。形状相同的物体，其体积越小，比表面积就越大。任何体积一定的物体，如果对它进行多次切割，则切割的次数越多，所得到的个体就越多，每个个体的体积必然越小。如果将这些小的个体的面积逐一相加后，则其总面积就变得十分庞大。微生物就具有这样的特性。绝大多数的微生物细胞大小通常以微米和纳米来衡量，需要用显微镜才能观察得到，如此小的个体使得其在单位体积中个体越小，数量越多，其表面积之和也就越大。有人做过这样的比喻，如果一个人的比表面积值等于1的话，那么一个乳酸杆菌的比表面积值约等于120000，而一个大肠杆菌的比表面积值则约等于30万。而像这样巨大的比表面积，必然给微生物提供了更多的和外界进行物质交换的面积，也就特别有利于微生物和周围环境进行物质、能量、信息的交换。微生物的其它许多特性都和这一特点密切相关，这也是微生物与一切大型生物相区别的关键性的一个特点。

2. 食谱广，代谢类型多而快

说其食谱广，是因为纤维素、木质素、几丁质、石油、甲醇、甲烷、天然气、酚类、氰化物、塑料、城市垃圾以及其它各种有机物均可作为微生物的粮食。

微生物的代谢类型之多、活性之强，是动植物所不能及的，如光合作用、化能合成作用、生物固氮作用、合成各种次生代谢产物的能力、抵抗极端环境的能力、分解氰及多氯联苯等有毒和剧毒物质的能力等。

3. 生长旺盛，繁殖快

微生物在快速代谢的过程中，必然加速其细胞分裂和生长的速率。有资料表明，细菌比植物繁殖速率快530倍，比动物繁殖速率快2000倍。一头500kg的食用公牛，24h仅可以生产0.5kg蛋白质，而等重的酵母菌，以质量较次的糖液（糖蜜）和氨水为原料，24h就可以生产50000kg优质蛋白质。理想状态下，大肠杆菌平均20min繁殖一代，如果维持这样的繁殖速率，24h内初始的一个大肠杆菌可以生成约4.72万亿个后代，总重约可达4722t，若将它们平铺在地球表面，能将地球表面完全覆盖。

4. 易变异，适应性强

微生物的个体一般都是单细胞、简单多细胞甚至非细胞的，它们具有繁殖速率快、数量多及与环境直接接触等特点，为了抵抗外界环境的变化，少数微生物细胞会发生突变，以适应这种外界环境的不良变化，但即使自然变异的概率十分低（一般为10^{-5}～10^{-10}），也可在很短的时间内繁殖出大量的抗外界环境的变异个体。人们利用微生物易变异的特点进行菌种选育，可以在短时间内获得优良菌种，提高产品质量。微生物也因为这个特点而成为人们研究生物学基本问题时的最理想的实验材料。但有害的变异也给人类造成了严重的危害，如各种致病菌的耐药性变异使原本已得到控制的相应传染病再次变得难以治疗，而各种优良菌种生产性状的退化则会使生产无法正常维持等。

同时，微生物的变异性也使其具有极强的适应能力，如耐热性、抗寒性、抗盐性、抗氧性、抗压性、抗毒性等能力。

5. 种类多，数量大，分布广

据估计，微生物的种类数量大约有600万种，其中已记载的仅约20万种，包括原核生物3500种、病毒4000种、真菌9万种、原生动物和藻类10万种，随着人类对微生物的不断开发、研究和利用，微生物的种类还将不断增加。

微生物在自然界中的数量是非常庞大的，如每克土壤中约有1亿个细菌；人类每个喷嚏中含细菌4500～150000个，重感冒患者的喷嚏中细菌数量可高达8500万个。

微生物在自然界的分布也是十分广泛的，主要由于其细胞体积小、质量轻可以到处传播，在适宜的环境中即可安营扎寨，快速而大量繁殖。不论在动、植物体内外，还是土壤、河流、空气，平原、高山、深海，污水、垃圾、海底淤泥，冰川、盐湖、沙漠，甚至油井、酸性矿水和岩层下，都有大量与其相适应的各类微生物在活动着。由此可见，微生物在自然界中的分布是极其广泛的。

二、微生物在生物进化中的地位与作用

1. 微生物的地位

在微生物被发现和研究之前，人类把一切生物分成截然不同的两大界——动物界和植物界。从19世纪中期起，随着人们对微生物的逐步认识，对生物的分界经历了二界系统、三界系统、四界系统、五界系统、六界系统五个阶段，直到20世纪70年代后期，美国人Woese等发现了地球上的第三生命形式——古菌，才导致了生命三域学说的诞生。该学说认为生命是由细菌域（以前称真细菌域）、古生菌域（以前称古细菌域）和真核生物域所构成的。

细菌域包括细菌、放线菌、蓝细菌和各种除古菌以外的其它原核生物；古细菌域包括嗜泉古菌界、广域古菌界和初生古菌界；真核生物域包括真菌、原生生物、动物和植物。除动物和植物以外，其它绝大多数生物都属于微生物的范畴。

从各种对生物界分类系统的发展历史来看，无论是1969年Whittaker提出的五界系统，还是1977年Woese提出的三域（Domain）系统，微生物都占据了绝大多数的“席位”，分别为3/5和2/3强。也就是说，人类对微生物的认识水平是生物界分类的核心，微生物在所有界中，具有最宽的领域，在生物界分类中占据着特殊重要的地位。

2. 微生物的作用

自然界中物质循环可以归纳为两个方面：一是生物合成作用，二是矿化作用或分解作用。这两个过程是对立统一的，构成了自然界的物质循环。而微生物在自然界最大的价值在于其分解功能，它们分解生物圈内存在的动物、植物和微生物残体等复杂有机物质，并最后将其转化成最简单的无机物，供初级生产者利用。微生物还是生态系统中初级生产者，例如光能营养和化能营养微生物。在物质循环过程中，以高等绿色植物为主要的生产者，在无机物的有机化过程中起着主要的作用；以异养型微生物为主的分解者，在有机质的矿化过程中起着主要的作用。有些过程只有微生物才能进行，有些过程微生物起主导作用。如果没有微生物的作用，自然界各类元素及物质，就不可能周而复始地循环，自然界的生态平衡就不可能保持，人类社会也将无法生存发展。

三、微生物的分类单位和命名

（一）微生物的分类单位

根据微生物的表型特征相似性或者系统发育相关性对微生物进行分群归类、特征描述，

以作为微生物鉴定的依据。

微生物的分类单位和高等动物、植物一样，依次分为界、门、纲、目、科、属、种。其中种是最基本的分类单位。具有完全或极多相同特点的有机体构成同种，将性质相似的各种归为属，又把相近似的属归在一起称为科，依此类推，由科组成目，由目组成纲，由纲组成门等，由此构成一个完整的分类系统。在分类过程中，如果这些分类单位等级不足以反映某些分类单位之间的差异时，可以增加亚等级，即亚界、亚门……亚种等。除上述国际公认的分类单位等级外，在微生物分类的实际工作中，需要使用一些非正式的类群术语。例如菌株、型、群等类群名称。这些类群名称，虽然是非法定的，但却是普遍使用的习惯用语，其含义相对而言较明确。下面简要介绍属以下的正式分类单位和一些常用的类群术语的含义。

1. 属

属是介于种（或亚种）与科之间的分类等级。通常包含具有某些共同特征或密切相关的种。在系统分类中，任何一个已命名的种都归于某一个属。

对于属以上等级分类单位，像属的划分一样，把具有某些共同特征或相关的属归为更高一级的分类单元称为科；再把科归为目，依此类推。值得提出的是，在一个完整的分类系统中，每一个已命名的种都应该归属到某一个属、科、目、纲、门、界中。

2. 种

种是微生物最基本的分类单位。1994 年 Embley 和 Stackebrandt 认为当 16S rDNA 序列同源性大于 97%时可认为是一个种。可见，微生物种是显示高度相似性，亲缘关系极其接近，与其它种有明显差异的一群菌株的总称。所以，微生物学中的种带有抽象的种群概念，又由于在原核生物中，缺乏严格意义的有性杂交，所以目前微生物分类中已经描述的种仍主要是根据各种的表型特征综合分析划分的。但在具体分类之前，常用一个被指定的能代表这个种群的模式菌株或典型菌株作为该种的模式种来定种。模式种往往是定为一个新属的第一个种或第一批种之一，也可以是在某一已知属内任意指定的种。

3. 亚种或变种

从自然界分离到某一微生物的纯种，必须与已知的模式种所记载的特征完全符合，才能鉴定为同一个种。有时分离到的纯种大部分特征和模式种完全符合，但有某一特性与模式种不同，而这一特性又是稳定的，又不至于区分成为新种时，就把这种微生物称为典型菌种的亚种。即亚种是指当某一个微生物种内的不同菌株存在少数明显而稳定的变异特征或遗传性而又不足以区分成新种时，这些不同菌株称为该模式种的亚种。亚种是正式分类单位中地位最低的分类等级。亚种和变种是同义词，1976 年《国际细菌命名法规》发表以后，菌种的亚等级一般采用亚种，不再使用变种。

4. 型

型是指亚种以下的分类小单元，当同种或同亚种不同菌株之间的性状差异不足以分为新的亚种时，可以将其再分为不同的型。例如，结核杆菌依据其寄主的不同，分为人型、牛型和禽型。根据抗原特征的差异可以分为不同的血清型，如肺炎链球菌（旧称“肺炎双球菌”）的Ⅰ型、Ⅱ型、Ⅲ型等。此外，还有形态型、生理型、生态型、化学型、溶菌型、致病型等。不过，目前在这些表示型的术语中常用变型作为型的代用后缀。如生物变型（表示特殊的生化或生理特征）、血清变型（表示结构的不同）、致病变型（表示某些寄主的专一致病性），噬菌变型（表示对噬菌体的特异性反应）、形态变型（表示特殊的形态特征）。

5. 菌株或品系

这是在微生物学上经常碰到的一个名词，主要是指不同来源的同种微生物的纯培养物。一个菌株是指由一个单细胞繁衍而来的克隆或无性系中的一个微生物或微生物群体。从自然界分离到的微生物纯培养物，经过鉴定属于某个种，但由于来自不同的地区、土壤和生活环境，它们总会出现一些细微的差异。这些单个分离物的纯培养的后代称为菌株。菌株常以数目、字母、人名或地名表示。那些得到分离纯化而未经鉴定的纯培养的后代则称为分离物。

一个微生物可以有许多菌株，常用字母和编号来表示。例如 *Bacillus subtilis* ASl. 398 表示产蛋白酶高的枯草杆菌菌株，而 *Bacillus subtilis* BF7658 则表示产 α-淀粉酶高的枯草杆菌。在上述表示菌株的符号中，有的是随意的，有的为收藏该模式菌株的菌种保藏机构的缩写，例如 AS 为中国科学院（Chinese Academy of Sciences）的缩写，ATCC 为国外著名菌种保藏机构美国模式培养物保藏所（American Type Culture Collection）的缩写。

6. 群

在自然界中，常常发现有些微生物种类在特性上介于另外两种微生物之间，彼此不易严格区分，因此，就称它们为同一群。例如，大肠杆菌和产气杆菌两个种之间的区别是十分明显的，但在自然界还发现存在着许多介于这两种细菌之间的中间类型，于是就将一切介于大肠杆菌和产气杆菌之间的中间类型，包括大肠杆菌和产气杆菌在内，总称为大肠杆菌群。

（二）微生物的命名

微生物的命名有俗名和学名两种。同一种微生物在不同国家和地区常有不同的名称，即俗名。俗名具有通俗易懂、便于记忆等特点，如结核分枝杆菌俗称结核杆菌，粗糙脉孢菌俗称红色面包霉等。但俗名也有使用范围和地区性等方面的限制，不便于国际和地区间的交流，因此，有必要按照有关微生物分类的国际委员会拟定的法则给每一个微生物以科学的名称，即学名。与其它生物一样，微生物的学名也是采用瑞典林奈双名法命名的。

1. 双名法

双名法是指一个物种的学名由前面一个属名和后面一个种名加词两部分组成，即：学名＝属名＋种名加词＋现名定名人＋现名定名年份。

例： 金黄色葡萄球菌

Staphlococcus	*aureus*	Rosenbach	1884
属名	种名	命名人的姓	命名年份
葡萄球菌	金黄色	可省略	可省略

关于属名和种名的位置、要求等见表 1-1。

表 1-1 属名和种名情况说明

双名法	位置	要求	来源	作用
属名	前	斜体、首字母大写	由微生物的构造、形状或由著名科学家名字而来	描述微生物的主要特征
种名	后	斜体、全部小写	由微生物的色素、形状、来源、病名或著名科学家名字而来	描述微生物的次要特征

2. 命名时的特殊情况

(1) 种转属情况　学名＝属名＋种名加词＋(首次定名人)＋现名定名人＋现名定名年份。当一个种由一属转入另一属需要重新命名时，要将原命名人的名字置于括号内，放在学名之后，并在括号后再附以现命名人的名字和年份。如 1894 年 Smith 命名的猪霍乱杆菌（*Bacillus choleraesuis* Smith 1894）这个种由 Weldin 于 1927 年从杆菌属转入沙门菌属时，定名为猪霍乱沙门菌，这样就成了 *Salmonella choleraesuis*（Smith）Weldin 1927。

(2) 亚种情况　学名＝属名＋种名加词＋subsp 或 var. ＋亚种名加词。如 *Alcaligenes denitrificans* subsp. *Xylosoxydans* 依次为属名（产碱杆菌属）、种名加词（反硝化的）、subspecies 缩写（亚种）和亚种名加词（氧化木糖的），因此，该亚种名可译为反硝化产碱杆菌氧化木糖亚种。

(3) 不特指某一种或未定种名情况 当泛指某一属而不特指该属中任何一个种或者由于种种原因而一时难以定种名时，通常在属名后加 sp. 或 spp.。例如，*Methanobrevibacter* sp. 是表示一个尚未确定其种名的甲烷短杆菌物种，意为“一种甲烷短杆菌”；*Methanobrevibacter* spp. 表示若干未定种名的甲烷短杆菌物种，其中的 spp. 是物种复数的简写。

(4) 新种情况 如果是新种，则要在新种学名之后加“sp. nov.”(其中 sp. 为物种 species 的缩写；nov. 为 novel 的缩写，新的意思)。例如，*Pyrococcus furiosus* sp. nov. 表明该菌（猛烈火球菌）是一个新发现的种。

第二节 微生物学的发展

一、微生物学的研究内容、任务及分支学科

1. 微生物学的研究内容

微生物学是生物学的一个分支，是研究微生物及其生命活动规律和应用的科学。研究内容主要有微生物的形态结构、生理生化、营养特性、生长繁殖、遗传变异、分类鉴定、进化、生态分布以及微生物在工业、农业、食品、医药、环境保护等各方面的应用。

2. 微生物学的任务

微生物是生物界中一支数量无比庞大的队伍。它们所起作用的大小，对人们有利或有害，主要取决于人们对其活动规律的认识和掌握的程度。无数事实生动地证明，自从人类认识微生物并逐步掌握其活动规律后，就可做到使原来无利的微生物变为有利，小利者变为大利，有害者变为小害、无害甚至有利。大力发掘、利用、改良和保护有益微生物，控制、消灭或改造有害微生物，使微生物更好地为人类服务，这就是学习微生物学的根本目的和任务。

微生物学是现代生命科学的带头学科之一，处于整个生命科学发展的前沿。同时微生物学、生物化学和遗传学相互渗透，促进了分子生物学、分子遗传学的形成，深刻地影响了生命科学的各个方面。微生物学在探索生命的活动规律、生命起源与生物进化等方面都具有重要的意义。

3. 微生物学的分支学科

随着微生物学的不断发展，已形成了基础微生物学和应用微生物学，又可分为许多不同的分支学科，并还在不断地形成新的学科和研究领域。其主要的分支学科见图 1-1。

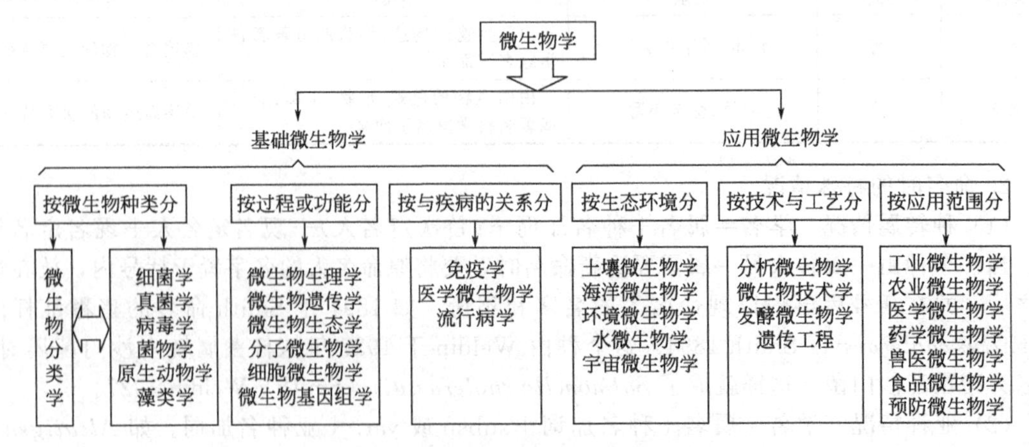

图 1-1 微生物学的主要分支学科
(引自：沈萍，沈向东，微生物学，2006)

二、微生物的发现和微生物学的发展

1. 微生物的发现

在人类真正看到微生物之前，实际上已经在不知不觉中利用了它们。如我国在8000年以前就已经出现了曲蘖酿酒，4000多年前我国酿酒已十分普遍，而且当时的埃及人也已学会烘制面包和酿制果酒。又如在10世纪，我国就有种痘预防天花的记载，这种方法后来传到俄国、日本、英国等国家，1796年，英国人詹纳发明了牛痘苗，为免疫学的发展奠定了基础。

但是真正看见并描述微生物的第一人是荷兰的安东·列文虎克。1676年，它利用自制的构造很简单的显微镜清楚地看到了细菌和原生动物，首次揭示了微生物世界。由于他的划时代贡献，1680年安东·列文虎克被选为英国皇家学会会员。

2. 微生物学的发展

自安东·列文虎克后，奥妙的微生物世界吸引着各国科学家和学者去研究、探索，推动着微生物学的发展，表1-2列出了微生物学发展史上的重要历史人物及其主要事件。

表 1-2　微生物学发展史上的重要历史人物及其主要事件

年份	科学家	重大事件
1676	安东·列文虎克	发现了微生物
1798	詹纳	发明了种牛痘法可预防天花
1857	巴斯德	证明乳酸发酵是由微生物引起的
1861	巴斯德	利用曲颈瓶实验证明微生物非自然发生,否定了自然发生学说
1864	巴斯德	巴氏消毒法
1867	Lister	创立了外科的无菌技术,并首次成功地进行了石炭酸消毒试验
1867～1877	柯赫	证明炭疽病是由炭疽杆菌引起的
1881	柯赫等	首创用明胶固体培养基分离细菌
1881	巴斯德(法国)	制备了炭疽菌苗
1882	柯赫(德国)	发现结核杆菌
1884	柯赫(德国)	Koch法首次发表
1884	Metchnikoff	阐述吞噬现象
1884	Gram	发明革兰染色法
1885	巴斯德	狂犬疫苗研究成功,开创了免疫学
1887	Pichard Petri	发明了双层培养皿
1888	Bei Jerinck	首次分离根瘤菌
1890	Von Behring	制备抗毒素治疗白喉和破伤风
1891	Sternberg 和巴斯德	同时发现了肺炎球菌
1892	Ivanowsky	证明烟草花叶病毒是由病毒引起的
1892	Winogradsky	发现硫循环
1897	Buchner	用酵母菌抽提液进行酒精发酵成功,证明生物体内的催化反应也可能在体外进行
1899	Ross	证实疟疾病原菌由蚊子传播
1904	Harden 和 Yong	发现酵母菌榨汁经透析后会失去发酵活性,从而证明了辅酶的存在
1909～1910	Ricketts	发现立克次体
	Ehrlich	首次合成了治疗梅毒的化学治疗剂

续表

年份	科学家	重 大 事 件
1928	Griffith	发现细菌转化
1929	Fleming	发现青霉素
1935	Stanley	首次提纯了烟草花叶病毒，并获得了它的“蛋白质结晶”
1941	Beadle 和 Tatum	获得了大量粗糙脉孢霉的营养缺陷型突变株
1943	Luria 和 Delbrück	用波动试验证明细菌噬菌体的抗性是基因自发突变所致
	Chain 和 Florey	形成青霉素工业化生产的工艺
1944	Avery 等	证实转化过程中 DNA 是遗传信息的载体
	Waksman	发现链霉素
1946～1947	Lederberg 和 Tatum	发现细菌的接合现象、基因连锁现象
1949	Enders、Robbins 和 Weller	在非神经的组织培养中，培养脊髓灰质炎病毒成功
1952	Hershey 和 Chase	发现噬菌体将 DNA 注入宿主细胞
	Lederberg	发明了影印培养法
	Zinder 和 Lederberg	发现普遍性转导
1953	Watson 和 Crick	提出 DNA 双螺旋结构
1956	Umbarger	发现反馈阻遏现象
1961	Jacob 和 Monod	提出基因调节的操纵子模型
1961～1966	Holley、Nirenberg、Khorana	阐明遗传密码
1969	Edelman	测定了抗体蛋白分子的一级结构
1970～1972	Arber、Smith、Nathans	发现并提纯了限制性内切酶
	Temin 和 Baltimore	发现反转录酶
1973	Ames	建立细菌测定法检测致癌物
	Cohen 等	首次将重组质粒转入大肠杆菌成功
1975	Kohler 和 Milstein	建立生产单克隆抗体技术
1977	Woese	提出三域学说
	Sanger	首次对 ΦX174 噬菌体 DNA 进行了全序列分析
1982～1983	Cech 和 Altman	发现具催化活性的 RNA(核糖核酸酶)
	McClintock	发现的转座子获得公认
	Prusiner	发现朊病毒(prion)
1983～1984	Gallo 和 Montagnier	分离和鉴定人免疫缺陷病毒
	Mullis	建立 PCR 技术
1988	Deisenhofe 等	发现并研究细菌的光合色素
1989	Bishop 和 Varmus	发现癌基因
1995		第一个独立生活的细菌(流感嗜血杆菌)全基因组序列测定完成
1996		第一个自养生活的古生菌基因组测序完成
1997		第一个真核生物(啤酒酵母)基因组测序完成
2001		炭疽孢子引起生物恐怖事件
2002		第一个微生物全基因组测序完成
2003		全球暴发非典型肺炎(严重急性呼吸道综合征，即 SARS)
2003		“非典”病毒全基因组测序完成
2003		人类基因组计划完成
2008		第一个杀蚊微生物全基因组——球形芽孢杆菌 C3－41 菌株全基因组测序完成
2008		第一个乳酸菌——*Lb. casei* Zhang 的基因全序列测定完成

第三节 微生物学与农业

一、微生物对农业生产的重要性

土壤的形成与肥力的提高有赖于微生物的作用。土壤中含氮物质的积累、转化和损失，土壤中有机质的形成和转化、土壤团聚体的形成、土壤中岩石矿物变为可溶的植物可吸收态无机化合物等过程都与微生物的生命活动相关。微生物的活动，使得土壤具有生物活性性能，推动着自然界中最重要的物质循环，并改善着土壤的水、透气、供肥、保肥和冷热的调节能力，有助于农业生产。

随着人类对环境和食品安全质量的要求愈来愈高，易造成环境和食品污染的化学农药、化肥愈来愈不受欢迎，绿色农业、有机农业的呼声越来越高。而绿色农业、有机农业离不开微生物的作用。在农业生产中，可利用某些微生物来防治农作物的病虫害，有些微生物能寄生于杂草上致杂草死亡。有机肥的沤制过程实际上也是通过微生物的生命活动，把有机物改造成腐殖质肥料的过程。有机和无机肥料放入土壤以后，只有一部分可被植物吸收，其余部分都要经过微生物的分解、转化、吸收、固化，然后才逐渐并较长时间地供给作物吸收利用，许多微生物能固定大气中的氮素，为植物提供氮素营养。在改善饲料品质方面，通过青贮饲料、糖化饲料，微生物能将其中的粗饲料转化成可吸收的养料，改善适口性，或者提高营养价值，微生物本身合成的蛋白质、维生素、胡萝卜素等可直接作为家畜的精料。

在扩大能源方面，沼气是甲烷细菌分解有机物的生物气，沼气渣也是良好的肥源，地壳深处蕴藏着大量的天然气，天然气形成过程中就有微生物作用。

农产品的加工、贮藏，实际上很多是利用有益微生物作用或是抑制有害微生物危害的技术。如单细胞蛋白饲料生产和各种食用菌生产技术、免耕技术，酸奶、奶酪、酒、食品添加剂（味精、酱油等)、豆腐乳、臭豆腐、食品罐藏防腐等均与微生物息息相关。

微生物在保护环境以及地球生物化学循环中也是非常重要的，没有微生物就不存在循环。如生活垃圾、工业废水废物的处理、堆肥的制作，杀虫剂、除草剂、纤维素、木质素、生物外源性物质（DDT、六六六、塑料等）物质的降解都归功于微生物。

二、微生物对农业的有害影响

微生物在给人类带来福音的同时，也因为能引起动植物病虫害而给人类造成了极大的损失，据估计我国每年由于微生物引起的病害损失总产量在30%左右。有些有毒微生物则产生有毒物质而抑制作物生长；有些微生物寄生于家畜体内，引起流行病；有些微生物产生毒素污染食物及引起人畜中毒等。

三、农业微生物学的研究对象

农业微生物主要是指与农业生产（种植业、养殖业）、农产品加工、农业生物技术及农业生态环境保护等有关的应用微生物的总称。农业微生物学是微生物学的一个分支学科，是研究农业微生物及其生命活动规律的科学。主要包括农业微生物的形态结构、生理生化、营养特性、生长繁殖、遗传变异、分类鉴定、进化、生态分布以及其在农业生产、农产品加工、农业生物技术、农业生态环境保护作用过程的调控，从而促进农业生产发展。农业微生物学与农业生产实践密切相关，因而是在农业生产发展的推动下，综合了土壤微生物学、植物病理学、兽医微生物学或医学微生物学、植物病毒学、肥料微生物学、饲料微生物学、食品微生物学以及生物防治等学科而建立并发展起来的。当前，它还没有一个严格的学科界限。

四、农业微生物学的发展前景

地球上三大生物资源之一的微生物资源是至今尚未充分开发利用的生物资源宝库，应用高科技生物工程技术开发微生物资源，创立微生物产业化利用的工业型农业，被称为“白色农业”，与以水土为主的绿色植物生产——“绿色农业”和以海洋为主的水生农业——“蓝色农业”，合称为“三色农业”。

农业微生物产业，就是利用农业微生物资源及其工程技术实现产业化的工业型农业。其科学基础是“微生物学”，技术基础是“生物工程”。微生物饲料、微生物肥料、微生物农药、微生物能源、微生物食物、微生物医药、微生物生态环境保护剂和微生物新材料等是其重要组成部分。

“农业微生物产业”把传统的“二维结构”农业转变成为现代的“三维结构”新型农业，对有效缓解我国粮食压力、资源短缺、环境污染等问题具有重要的意义，研究农业微生物的农业微生物学的发展前景更是不言而喻。

1. 可有效解决“人畜共粮”等问题，强有力支撑我国粮食安全战略

到2030年，我国人口将增长到16亿，按人均占有粮食400kg计算，粮食总需求量将达到6.4亿吨左右。我国未来粮食的压力主要来自饲料用粮。而农业微生物产业的主导产业“微生物饲料”将为解决我国饲料粮紧缺发挥重要作用。根据农业部《2001～2010年全国秸秆养畜过腹还田项目发展纲要》要求，到2010年，我国用于养畜的秸秆将达到3.85亿吨，占秸秆总量的55%。其中，青贮秸秆2.5亿吨（鲜重），氨化及微贮秸秆1.2亿吨，节约饲料用粮总量1.26亿吨，计划10年间新增节粮6200多万吨，可以补偿10年间新增人口所需粮食。因此，农业微生物产业将在我国粮食战略中发挥重要作用。

2. 可缓解资源短缺局面，有力促进我国农业的可持续发展

到2020年，种植业或饲料工业至少需要提供7300万吨可饲用粗蛋白质，届时根据我国的生产能力，只能满足需要量的一半。如果将我国每年产的6.5亿吨作物秸秆用于生产蛋白饲料，以产品含20%的蛋白质计算，其生产的总蛋白达1300万吨，从而可极大地缓解我国饲用蛋白资源的短缺。目前，我国在利用作物秸秆、各种废渣等转化为菌体蛋白饲料等领域已进入中试或工厂化生产。由此可以看出，发展农业微生物产业对提高我国资源利用率及可持续发展具有重要作用，农业微生物学也将随着农业微生物产业发展具有十分美好的发展前景。

3. 可提高食品安全性能，有效提升我国农产品的国际竞争力

化肥、农药和兽药抗生素的广泛应用，在为解决我国粮食和畜产品短缺方面发挥了巨大作用的同时，带给人类农牧产品有害物质残留超标及环境污染和生态失衡等问题也是非常严重的。农业微生物产业中的微生物农药、微生物肥料、微生物饲料和微生物环境保护剂等产业的兴起和产品与技术的推广应用，对实现绿色食品生产和生态安全具有重要作用。大面积推广优质高效生物农药，是有效控制作物病虫害、提高作物产量与质量、打破国外绿色技术壁垒、增加我国农产品市场竞争力的有效措施之一。微生物肥料能提高肥料利用率，改土培肥作用突出，并可消除因缺乏营养元素而带来的生理病害，增强作物抗病性，在达到农产品高产优质高效益的目标的同时，产生长期良好的生态效应。动物微生态制剂可促进动物生长发育，改善畜产品品质，提高动物抗病性和饲料转化利用率，大幅度降低抗生素和化学兽药的使用量，从而避免了抗菌药物等兽药在动物体内的残留。当今，我国微生物农药、微生物

肥料和微生物饲料添加剂产业正处于起步和发展期，对我国食品和生态安全发挥着日益重要的作用。

随着我国“发展高科技，实现产业化”战略方针的实施，农业微生物产业领域必将在生物农业、微生物肥料、微生物制剂、生物医药、微生物能源、微生物食品以及微生物新材料等方面涌现出更多的高技术、高效益生物技术企业，推动我国国民经济的发展。因此研究农业微生物的农业微生物学也必将随着农业微生物产业发展而具有广阔的发展前景。

本章小结

微生物是指绝大多数凭肉眼看不见或看不清，以及少数能直接通过肉眼看见的单细胞、多细胞和无细胞结构的微小生物的总称。

微生物包括非细胞生物和细胞生物。非细胞生物分为病毒和亚病毒（类病毒、拟病毒、朊病毒）；细胞生物分为原核生物（细菌、放线菌、蓝细菌、立克次体、衣原体、支原体）和真核生物（真菌、原生动物、单细胞藻类）；真菌又分为酵母菌、霉菌和蕈菌。

微生物的特点：①体积小，比表面积大；②食谱广，代谢类型多而快；③生长旺盛，繁殖快；④易变异，适应性强；⑤种类多，数量大，分布广。

微生物学主要研究微生物的形态结构、生理生化、营养特性、生长繁殖、遗传变异、分类鉴定、进化、生态分布以及微生物在工业、农业、食品、医药、环境保护等各方面的应用。

大力发掘、利用、改良和保护有益微生物，控制、消灭或改造有害微生物，使微生物更好地为人类服务，这就是学习微生物学的根本目的和任务。

微生物学的分支学科如下：

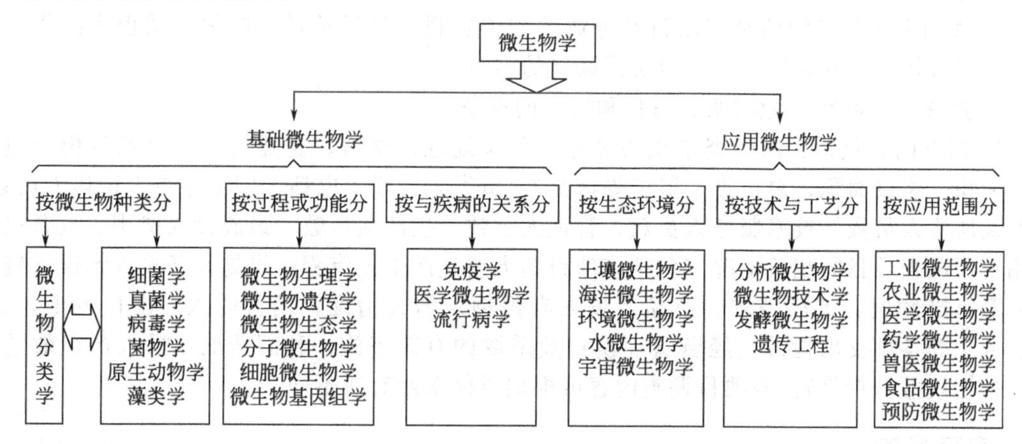

农业微生物学是微生物学的一个分支学科，是研究农业微生物及其生命活动规律的科学。主要包括农业微生物的形态结构、生理生化、营养特性、生长繁殖、遗传变异、分类鉴定、进化、生态分布及其在农业生产、农产品加工、农业生物技术、农业生态环境保护作用过程的调控，从而促进农业生产发展。

农业微生物学的发展前景：①可有效解决“人畜共粮”等问题，强有力支撑我国粮食安全战略；②可缓解资源短缺局面，有力促进我国农业的可持续发展；③可提高食品安全性能，有效提升我国农产品的国际竞争力。

复习思考

1. 什么是微生物？微生物具有哪些特点？
2. 微生物在生物界中的地位如何？如何理解微生物在生物进化中的作用？
3. 微生物的分类单位有哪些？微生物又是如何命名的？
4. 微生物学的研究内容和任务分别是什么？
5. 如何理解微生物对农业生产的重要性？

6. 农业微生物学的研究对象是什么？
7. 农业微生物（学）的发展前景如何？

生产实习　调查当地微生物类生产企业（规模与经济效益）

一、目的要求

了解微生物在当地肥料、饲料、农产品加工、酿造等行业的应用和生产情况，对微生物学涉及领域的广度及所产生的巨大的经济和社会效益有一个感性认识，激发学习农业微生物的兴趣，同时锻炼组织、语言表达、统筹安排等能力。

二、材料和器具

笔、记录本、照相机、计算器、采样袋。

三、方法与步骤

1. 通过同学、亲戚、朋友，上网、查阅学校和书店的图书、报纸、期刊、杂志资料等多种途径获得当地主要微生物应用生产的项目名称及企业或厂家。

2. 根据自身的条件和兴趣及与企业的电话沟通，比较、分析各项目调查的可行性，确定适宜的调查项目及调查企业，并与企业沟通。

3. 查阅上述已确定的调查项目及企业的相关资料，包括地址、邮编、销售产品等，同时查阅项目相关的专业知识，草拟所需调查的内容。

4. 选择乘车路线，做购票、材料和器具的准备。

5. 调查内容包括：所调查单位的名称、单位地址、邮编、企业性质、企业规模（包括占地面积、建设面积、总投资、资产等情况）、负责人、联系电话、职工总数、销售人员数、生产及质检人员数、技术服务人员数、管理人员数、生产项目数、设施投入费用、设备投入费用、所调查项目的相关情况（包括该项目的大概生产工艺流程，设施设备投入情况，资金投入及筹措情况，市场需求，产品市场占有份额及增长情况，销售收入，出口创汇，水、电、人工等各项支出情况，经营管理模式及采取的有效措施，利润情况，投入产出效益分析，社会效益分析等）。各项目调查内容可根据具体实际有所不同。

四、实习报告

包括项目名称、调查内容、结果分析（投入产出是否合理，废品、废物、废液是否进行环保处理或再生利用，存在的其它问题，对该企业或该项目的合理建议等）。

第二章　微生物的形态结构

知识目标

理解微生物（细菌、放线菌、蓝细菌，酵母菌、霉菌、蕈菌及病毒）的形态结构、培养特征和繁殖方式；真菌区别于其它微生物的特点，霉菌的无性和有性孢子类型；病毒（噬菌体）的增殖过程和昆虫病毒的杀虫机制。熟悉显微镜、油镜的使用原理和方法，四大类微生物（酵母菌、霉菌与细菌、放线菌）的不同特征。掌握细菌革兰染色的原理和方法。了解农业上重要的细菌、真菌、病毒与农业生产的关系。

技能目标

通过显微镜认识微生物的形态；学会细菌革兰染色方法，并鉴别区分细菌；根据微生物形成的菌落特征识别微生物种类。

现代生物学观点认为，整个生物界首先区分为细胞生物和非细胞生物两大类群。非细胞生物包括病毒和亚病毒；细胞生物包括一切具有细胞形态的生物，按其细胞结构又可分为原核生物和真核生物。原核生物包括细菌、放线菌、蓝细菌及其相近的微生物如立克次体、支原体、衣原体、螺旋体等。真核生物包括各种低等动植物和高等动植物。低等动植物又可以区分为藻类、真菌类和原生动物三个类群，它们中的大多数是微生物。

以电子显微镜为主要工具研究细胞的微细构造和功能，发现原核细胞和真核细胞在细胞构造上有明显不同（图 2-1）。

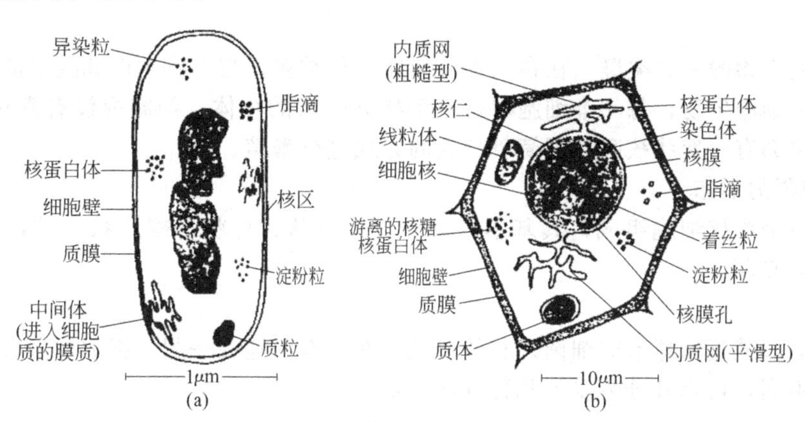

图 2-1　原核细胞和真核细胞

(a) 原核细胞；(b) 真核细胞

原核细胞中有明显的核区，核区内含有一条双螺旋脱氧核糖核酸构成的基因体，亦称染色体；真核细胞含有由多条染色体组成的基因体群。真核细胞的染色体除含有双螺旋脱氧核糖核酸外还含有组蛋白。真核细胞有一个明显的核，染色体位于核内，核由一层核膜包围，这样的核称为真核。原核细胞的核区没有核膜包围，称为原核。

原核细胞有一个连续不断的细胞质膜，它包围着细胞质，并且大量褶皱陷入到细胞质中去，称为中体（中间体）。真核细胞的细胞质膜包围着细胞质，但并不陷入，在细胞质内有各种细胞器，它们都各由一层膜包围，这些细胞器的膜和细胞质膜没有直接关系。

核蛋白体位于细胞质内，它们是蛋白质合成的场所。原核细胞的核蛋白体小，沉降系数为 70S。真核细胞的核蛋白体要大些，沉降系数为 80S。

原核细胞与真核细胞的主要区别见表 2-1。

表 2-1 原核细胞与真核细胞的主要区别

性 状	原 核 细 胞	真 核 细 胞
细胞核结构	原核，不具有核膜和核仁	真核，具有核膜与核仁
DNA	只有一条，不与 RNA 和蛋白质结合	一至数条，与 RNA 和蛋白质结合
核蛋白体	70S，粒子在细胞质中	80S，粒子在细胞质中（在某些细胞器中为 70S 粒子）
细胞器	无	线粒体、高尔基体、内质网等
细胞壁组成	肽聚糖或脂多糖	几丁质、多聚糖或寡糖
呼吸链位置	细胞膜	线粒体
细胞分裂	二分裂	有丝分裂、减数分裂
繁殖方式	无性繁殖	无性繁殖和有性繁殖
细胞大小	一般较小，1～10μm	较大，10～100μm

注：S 是沉降系数（Svedberg），用来描述颗粒大小。

第一节 原核细胞微生物

原核细胞微生物主要的共同特点是：细胞内有明显核区，但没有核膜包围；核区内含有一条双链 DNA 构成的染色体；能量代谢和很多合成代谢均在质膜上进行；蛋白质合成"车间"——核蛋白体分布在细胞质中，细胞壁除少数外都含有肽聚糖，细胞膜没有固醇，细胞内不含线粒体等；一般个体较小，直接进行分裂。

一般认为原核细胞微生物是首先出现的生物。细菌、放线菌、蓝细菌、立克次体、支原体、衣原体、螺旋体等，属原核生物。

一、细菌

细菌是微生物的一大类群，在自然界分布广、种类多，与人类生产和生活的关系十分密切。细菌是单细胞生物，每一个细胞都是一个独立生活的个体，细胞内没有真正的细胞核，只在细胞的中部有一絮状核区，用简单分裂的方式进行繁殖。

（一）细菌的形态

细菌由一个原核细胞组成，其基本形态可分为球状、杆状与螺旋状三种，分别称为球菌、杆菌和螺旋菌。

1. 球菌

球菌为球形或近似球形的细菌。有的单独存在，有的连在一起。根据球菌分裂后子细胞排列方式的不同，可将其分为以下几种（图 2-2）。

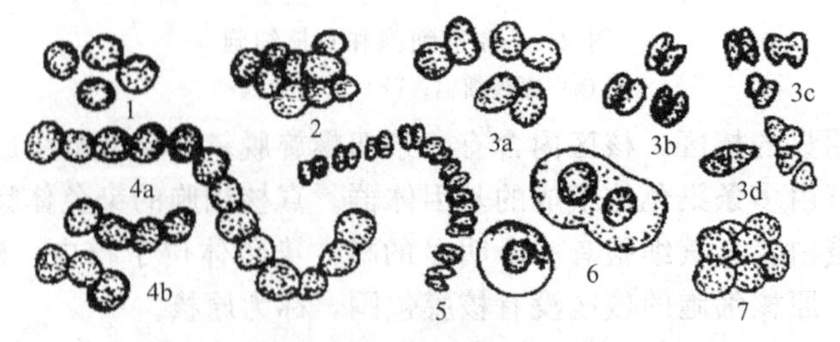

图 2-2 球菌形态及排列方式

1—单球菌；2—葡萄球菌；3—双球菌；4—链球菌；5—含有双球菌的链球菌；6—具有荚膜的球菌；7—八叠球菌

(1) 单球菌　细胞分裂沿一个平面进行，新个体分散而单独存在，如尿素微球菌。

(2) 双球菌　细胞沿一个平面分裂，分裂后的两个球菌成对排列。

(3) 链球菌　细胞沿一个平面分裂，分裂后的细胞排列成链状，如乳酸链球菌。

(4) 四联球菌　细胞分裂沿两个相互垂直的平面进行，分裂后的四个细胞呈“田”字形排列，如四联微球菌。

(5) 八叠球菌　细胞沿着三个互相垂直的平面进行分裂，分裂后的每 8 个细胞呈立方体形排列，如尿素八叠球菌。

(6) 葡萄球菌　细胞无定向分裂，多个新个体形成一个不规则的群集，犹如一串葡萄，如金黄色葡萄球菌。

2. 杆菌

细胞呈杆状或圆柱形的细菌即为杆菌。菌体多数平直，亦有稍为弯曲的，有的菌体短粗，有的菌体细长；杆菌的两端，有的呈平截状，有的呈圆弧状，这些都是鉴别菌种的依据。菌体一端或两端膨大，称为棒状杆菌；菌体形成侧枝或分枝，称为分枝杆菌（图 2-3）。杆菌细胞常沿一个平面分裂，且大多数菌体分散存在，但也有些菌体分裂后仍连在一起呈链状，称为链杆菌；有的菌体内可形成芽孢，称为芽孢杆菌。

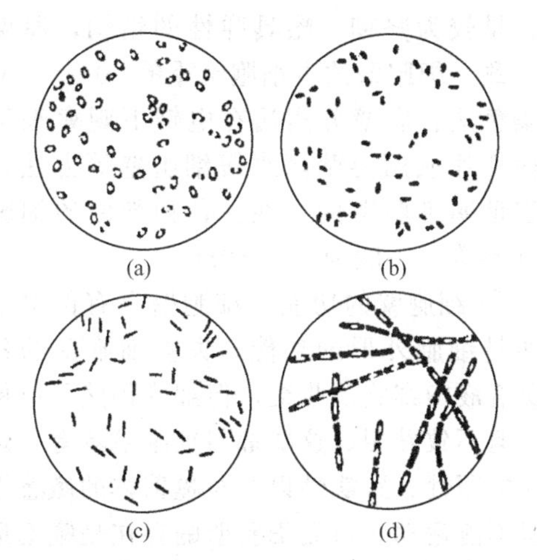

图 2-3　各种杆菌的形态和排列
(a)，(b) 小杆菌；(c) 中等杆菌；(d) 链状大杆菌

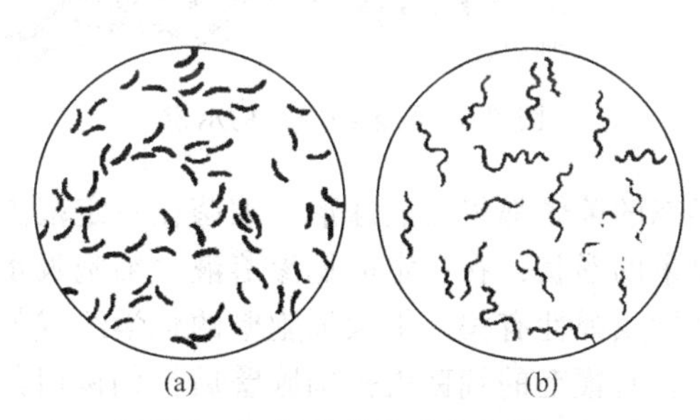

图 2-4　螺旋菌的形态和排列
(a) 弧菌；(b) 螺菌

3. 螺旋菌

细胞呈弯曲状的细菌即为螺旋菌。螺旋菌细胞壁坚韧，菌体较硬，常以单细胞形式分散存在。不同种的细胞个体，在长度、螺旋数目等方面有显著区别，据此可再分为弧菌和螺菌两类（图 2-4）。

(1) 弧菌　菌体只有一个弯曲，呈弧状或逗点状。如霍乱弧菌，又名逗号弧菌，这类弧菌往往与一些略弯曲的杆菌很难区分。

(2) 螺菌　菌体有两个以上弯曲，捻转呈螺旋状，较为坚硬，如小螺菌。

弧菌与螺菌的显著区别是，前者往往为偏端单生鞭毛或丛生鞭毛，后者两端都有鞭毛。

细菌的个体形态明显受环境条件的影响，如培养温度与时间、培养基的组成与浓度等发生改变，均可能引起细菌形态的改变。一般处于幼龄阶段和生长条件适宜时，细菌形态正常、整齐，表现出特定的形态。在较老的培养物中，或不正常的条件下，细胞常出现不正常形态，尤其是杆菌，若将它们转移到新鲜培养基中或适宜的培养条件下又可恢复原来的形态。因此，在观察比较细菌形态时，必须注意因培养条件的变化而引起的形态变化。

细菌个体微小，直接用肉眼是观察不到的，要在光学显微镜下才能看得见。测量细菌大小，通常以微米（μm）为单位。不同种类的细菌，其大小也不一致，同一种细菌在其生长繁殖的不同阶段，也可呈现不同的大小。

球菌的平均直径在0.8～1.2μm；杆菌长1.0～10.0μm，宽0.2～1.0μm；弧菌长1.0～5.0μm，宽0.3～0.5μm；螺菌长1.0～5.0μm，宽0.3～1.0μm。球菌的大小相当于红细胞的1/10～1/5。

影响细菌形态变化的因素同样也影响细菌的大小。除少数例外，一般幼龄细菌比成熟的或老龄的细菌大得多。细菌的大小是以生长在适宜的温度和培养基中的壮龄培养物为标准。但同一菌落中的细菌，个体大小也不尽相同，在一定范围内，各种细菌的大小是相对稳定而具有明显特征的，因而可以作为鉴定的一个依据。

（二）细菌的细胞结构

细菌的细胞一般具有细胞壁、细胞膜、细胞质和原核等基本结构，有些细菌还有鞭毛、纤毛（也称伞毛或菌毛）、芽孢、伴孢晶体、荚膜等特殊结构（图2-5）。

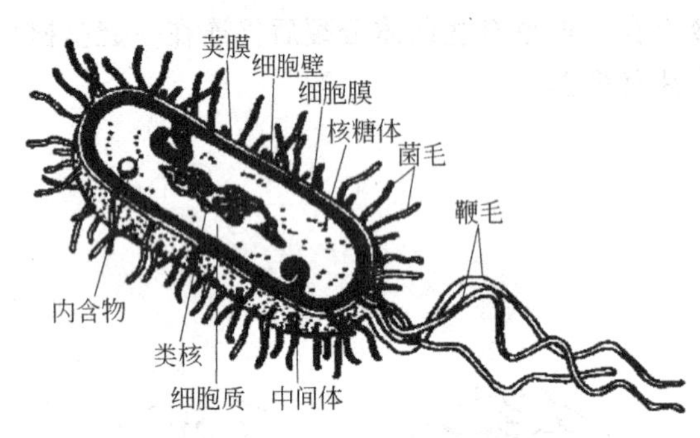

图2-5 细菌细胞结构示意

1. 基本结构

（1）细胞壁　细胞壁在细菌菌体的最外层，是较为坚韧、略具弹性的结构，厚度均匀一致，细胞壁约占细胞干重的10%～25%，用染色法、质壁分离法在电镜下观察细菌的超薄切片或用溶菌酶水解细胞壁等方法，均可以证明细胞壁的存在。各种细菌的细胞壁厚度不等，一般为10～80nm。

① 细胞壁的功能　细胞壁具有保护细胞及维持细胞外形的功能，失去细胞壁的各种形态的菌体都将变成球形。细菌在一定范围的高渗溶液中细胞质收缩，但细胞仍然可以保持原来的形状；在一定的低渗溶液中细胞吸水膨大，但不致破裂。这些都与细胞壁具有一定坚韧性及弹性有关。细菌细胞壁的化学组成与细菌的抗原性、致病性以及对噬菌体的敏感性有关。有鞭毛的细菌失去细胞壁后，仍保留其鞭毛但不能运动。可见细胞壁的存在是鞭毛运动所必需的，它可能为鞭毛运动提供了可靠的支点。此外，细胞壁实际上是多孔性的，具一定屏障作用，水及一些小分子化学物质可以通过，但对大分子物质有阻拦作用。

② 细胞壁的化学组成与结构　细菌细胞壁的主要成分为肽聚糖，这是原核生物所特有的成分。肽聚糖是一个大分子复合体，由若干个*N*-乙酰葡萄糖胺与*N*-乙酰胞壁酸以及少数氨基酸短肽链组成的亚单位聚合而成。不同种类的细菌细胞壁中肽聚糖的结构与组成不完全相同（图2-6）和（图2-7）。一般是由*N*-乙酰葡萄糖胺与*N*-乙酰胞壁酸重复交替连接构成骨架，短肽接在胞壁酸上，相邻的短肽通过一定的方式将肽聚糖亚单位交叉联结成重复结构。此外，磷壁酸，又名垣酸，是大多数革兰阳性细菌细胞壁中所特有的化学成分，是多元醇和磷酸的聚合物，能溶于水。脂类在革兰阳性细菌细胞壁中含量低，一般为1%～4%，而在革兰阴性细菌细胞壁中含量高，一般可达11%～22%。

从细胞壁结构来看，革兰阴性细菌比革兰阳性细菌复杂。革兰阳性细菌细胞壁超薄切片在电子显微镜下观察可见细胞壁为一厚20～80nm的电子致密层，是肽聚糖层。而革兰阴性细菌细胞壁超薄切片的观察则可见紧靠细胞质膜外有2～3nm厚的一层电子致密层，即肽聚糖层，最外面还有一较厚（8～10nm）的外壁层。革兰阴性细菌细胞壁中肽聚糖层比革兰阳性细菌相应部分薄得多，而且内贴细胞质膜，不易与细胞质膜分离（图2-8）。

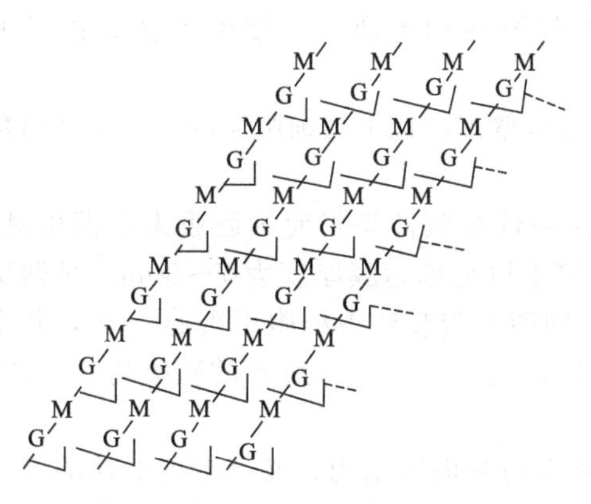

图 2-6 革兰阳性细菌肽聚糖结构

G—*N*-乙酰葡萄糖胺；M—*N*-乙酰胞壁酸

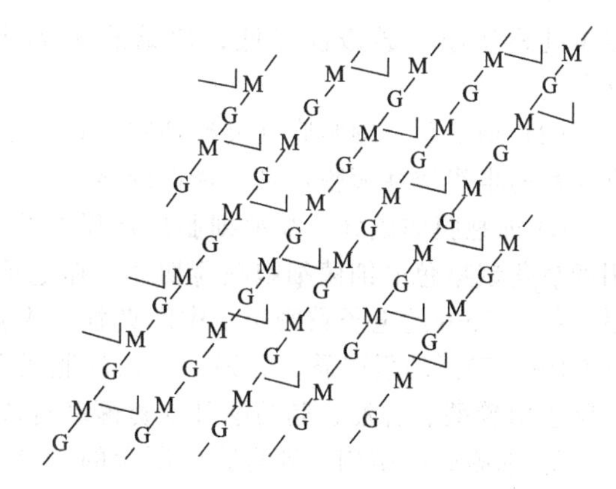

图 2-7 革兰阴性细菌肽聚糖结构

G—*N*-乙酰葡萄糖胺；M—*N*-乙酰胞壁酸

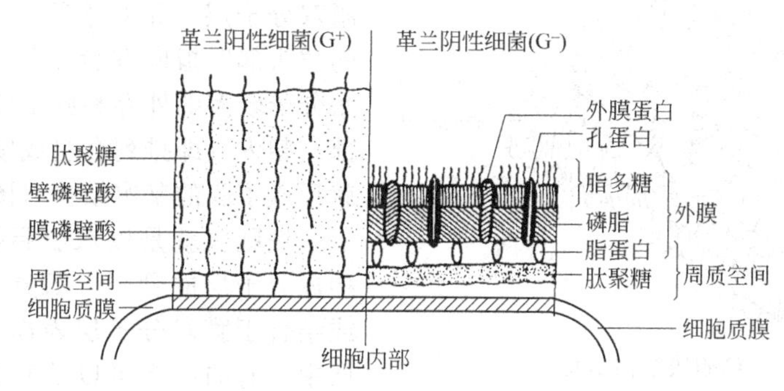

图 2-8 革兰阳性和阴性细菌细胞壁构造的比较

③ 革兰染色　革兰染色是微生物学中常用的一种染色方法，是 1884 年由丹麦人革兰(Gram) 发明的。细菌不同，细胞壁的化学组成和结构不同，通过革兰染色法可将所有细菌分为革兰阳性菌和革兰阴性菌两大类，它是鉴别细菌的重要方法。

染色要点：先用草酸铵结晶紫染色，然后加媒染剂——碘液固定，使细胞着色后再用乙醇脱色，最后用番红（沙黄）复染。显微镜下菌体呈紫色者为革兰染色阳性反应细菌（也称阳性菌，常以 G^+ 表示），呈红色者为革兰染色阴性反应细菌（也称阴性菌，常以 G^- 表示）。

有关革兰染色的机理有不少解释，但都不能圆满说明，尚需进一步研究。但是，许多观点都涉及细菌细胞壁的组成与结构，以及结晶紫-碘复合物与细胞壁的关系（表 2-2）。

表 2-2　细菌细胞壁的组成

细菌类型	肽聚糖	磷壁酸	脂多糖	脂肪	蛋白质
革兰阳性菌	50%～90%	+	−	2%	10%
革兰阴性菌	5%～10%	−	+	20%	60%

用人工方法破坏细胞壁后，再经革兰染色，则所有细菌都表现为阴性反应，这说明细胞壁在革兰染色中的作用。革兰阳性细菌与革兰阴性细菌细胞壁的化学成分不同。革兰阴性细菌细胞壁中脂类物质含量高，肽聚糖含量较低，因而认为在革兰染色过程中用脂溶剂乙醇处理后，溶解了脂类物质，结果使革兰阴性细菌的细胞壁通透性增强，结晶紫-碘复合物被乙醇抽提出来，于是革兰阴性细菌细胞被脱色，用番红复染就可被染成红色；革兰阳性细菌由于细胞壁肽聚糖含量高，脂类含量低，用脱水剂乙醇处理时，细胞被脱水引起细胞壁肽聚糖

层中孔径变小，通透性降低，使结晶紫-碘复合物保留在细胞质内，细胞不被脱色仍为紫色。

(2) 细胞膜 细胞膜（又称细胞质膜）是靠在细胞壁内侧包围着细胞质的一层柔软而富有弹性的半渗透性薄膜，是选择性的透过膜。

① 细胞膜的成分 细菌细胞经质壁分离后，用中性或碱性染料使细胞膜染色而可见。用四氧化锇染色的细菌细胞超薄切片，在电子显微镜下可见细胞膜厚度为7～8nm，是两层厚度约为2nm的电子致密层，中间夹着一透明层。细菌细胞膜约占细胞干重的10%，其中含60%～70%的蛋白质、20%～30%的脂类和少量（2%）的多糖，所含的脂类均为磷脂，磷脂多由磷酸、甘油、脂肪酸和含氮碱基构成。

② 细胞膜的结构 细胞膜中所含的磷脂既有疏水的非极性基团，又有带负电荷的亲水的极性基团，每个磷脂分子都由一个亲水的“头部”和一个疏水的“尾部”构成，使得它在水溶液中很容易形成具有高度定向性的磷脂双分子层，相互平行排列于膜内，亲水的“头部”指向双分子层外表面（即面向水分子较多的外界和原生质），疏水的“尾部”朝内（即排列在组成膜的内部），这样就形成了膜的基本结构（图2-9）。

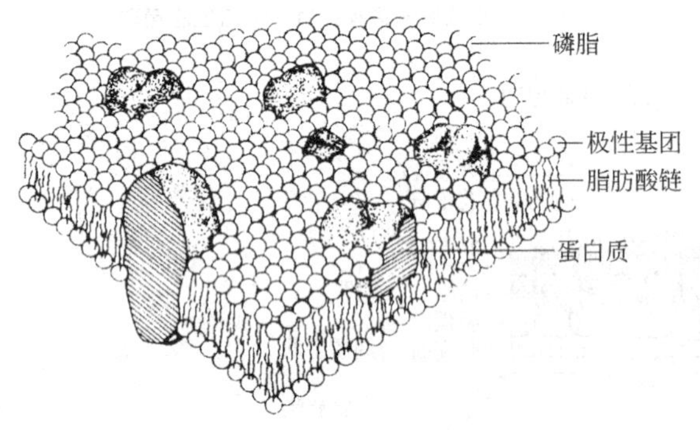

图2-9 细胞膜结构示意

细胞膜就是以双层脂类（磷脂）分子构成分子层的骨架，双分子层中有蛋白质或结合于膜双分子层表面或镶嵌于双分子层中，有的甚至可以从双分子层的一侧穿过双分子层而暴露于另一侧，这些蛋白质称为膜蛋白。膜蛋白不是单一种类，而是由许多不同种类的分别执行不同生理功能的蛋白质所构成，由于这些蛋白质都是α-螺旋结构，因此都是球形蛋白，嵌入双分子层的蛋白质或穿过双分子层于另一侧的蛋白质又称内在蛋白，占细胞质膜蛋白含量的70%～80%。位于膜外的蛋白质又称外在蛋白或表面蛋白质。

细胞膜具有选择吸收的半渗透性，其功能是控制物质的吸收和排除，调节体内外渗透压的平衡，并且是许多重要酶系统的活动场所。细胞膜受损，会导致细菌死亡。

(3) 细胞质 细胞质是细胞膜内除了核质以外的物质，它是无色透明黏稠状胶体，是细菌细胞的基础物质，基本成分是水、蛋白质、核酸和脂类，也含有少量的糖和无机盐类。细菌细胞质与其它生物细胞质的主要区别是其核糖核酸含量高，可达固形物的15%～20%。据近代研究表明，细菌的细胞质可分为细胞质区和染色质区。细胞质区富含核糖核酸，染色质区含有脱氧核糖核酸，由于富含核糖核酸，因而嗜碱性强，易被碱性和中性染料所着色，尤其是幼龄菌着色均匀，老龄菌细胞中核糖核酸常被作为氮和磷的来源被利用，核酸含量减少，故着色力降低。

细胞质是细菌的内在环境，具有生命物质的各种特性。它有各种酶系统，能进行合成与分解作用，使细胞内的结构物质不断更新。细胞质内含有核蛋白体、气泡和异染颗粒、聚β-羟基丁酸颗粒、肝糖、硫滴等颗粒状内含物。

① 核蛋白体 核蛋白体是细胞中核糖核蛋白的颗粒状结构，由核糖核酸（RNA）与蛋白质组成，其中RNA约占60%，蛋白质占40%，核蛋白体分散在细菌细胞质中，其沉降系数为70S，是细胞合成蛋白质的场所，其数量多少与蛋白质合成直接相关，因菌体生长速率不同而异，当细菌生长旺盛时，每个菌体可有$(1\sim7)\times10^4$个，生长缓慢时只有2000个。细胞内核蛋白体常串联在一起，称为多聚核蛋白体。

② 气泡　某些光合细菌和水生细菌的细胞质中，含有几个乃至很多个充满气体的圆柱形或纺锤形气泡，它由许多气泡囊组成。膜的外表亲水，而内侧绝对疏水，故气泡只能透气而不能透过水和溶质。气泡的生理功能有待进一步研究，人们推测，气泡的作用可能是使菌体浮于水面，以保证细胞更接近空气。

③ 异染颗粒　是普遍存在的贮藏物，其主要成分是多聚偏磷酸盐，有时也被称为捩转菌素。多聚磷酸盐颗粒对某些染料有特殊反应，产生与所用染料不同的颜色，因而得名。如用甲苯胺蓝、次甲基蓝染色后不呈蓝色而呈紫红色。棒状杆菌和某些芽孢杆菌常含有这种异染颗粒。当培养基中缺磷时，异染颗粒可作为磷的补充来源。

④ 聚β-羟基丁酸颗粒　聚β-羟基丁酸属于类脂，一些细菌如巨大芽孢杆菌、根瘤菌、固氮菌、肠杆菌的细胞内均含有聚β-羟基丁酸的颗粒，它是碳源与能源的贮藏物质。由于易被脂溶性染料如苏丹黑着色，故常被误认为是脂肪滴或油球。

⑤ 肝糖粒与淀粉粒　肝糖粒较小，只能在电子显微镜下观察，如用稀碘液可染成红褐色，可在光学显微镜下看到。有的细菌积累淀粉粒，用碘液可染成深蓝色。

⑥ 脂肪粒　这种颗粒折射性较强，可用苏丹红Ⅲ染成红色。随着菌体的生长，细菌体内脂肪粒的数量亦会增加，细胞破裂后脂肪粒游离出来。

⑦ 硫滴　硫黄细菌，如紫色硫细菌、贝氏硫细菌等，当环境中含有H_2S的量很高时，它们可以把H_2S氧化成硫，在体内积累起来，形成大分子的折射性很强的硫滴，为硫素贮藏物质。如果环境中H_2S不足时，又可把硫进一步转变成为硫酸，从中获得能量。

⑧ 液泡　许多细菌衰老时，细胞质内就会出现液泡。其主要成分是水和可溶性盐类，被一层含有脂蛋白的膜包围，用中性红染色可显现出来。

由于细菌的发育阶段不同，以及营养和环境的差异，各种细菌甚至同种细菌之间，内含物的数量和成分也可不同，但是同一菌种在相同的环境条件下常含有相同的内含物，这一点有助于细菌的鉴定。

(4) 原核　细菌只具有比较原始形态的核称原核或称拟核。它没有核膜、核仁，只有一条染色体。一般呈球状、棒状或哑铃状，由于原核分裂在细胞分裂之前进行，所以在生长迅速的细菌细胞中有两个或4个核区，生长速率低时只有一个或两个核区。细菌染色体比其周围的细胞质电子云密度低，因此在电子显微镜下观察呈现透明的核区域，用高分辨率的电镜可观察到细菌的核区为丝状结构，实际上是由一个巨大的、连续的环状双链DNA分子高度盘旋折叠缠绕形成，其长度可达1mm，原核在遗传性状的传递中起重要作用。

在很多细菌细胞中尚存有染色体外的遗传因子，为小的环状DNA分子。分散在细胞质中，能自我复制，称为质粒，而附着在染色体上的质粒称为附加体。它们也是遗传信息贮存、发出和传递的物质基础。

2. 特殊结构

(1) 鞭毛　某些细菌能从菌体内长出纤细呈波浪状的丝状物称为鞭毛，是细菌的“运动器官”。在电镜下观察能看到鞭毛起源于细胞质膜内侧。细胞质区内有一个颗粒状小体，此小体称为基粒。鞭毛自基粒长出穿过细胞壁延伸到细胞外部。

鞭毛长度是菌体长度的几倍至几十倍，而直径极小，约为10～25nm，由于已超过普通光学显微镜的可视度，只能用电子显微镜直接观察或采用特殊的染色方法（鞭毛染色），染料堆积在鞭毛上使鞭毛加粗，才能用光学显微镜观察到。另外用悬滴法及暗视野映光法观察细菌的运动状态以及用半固体琼脂穿刺培养，从菌体生长扩散情况也可以初步判断细菌是否具有鞭毛。

大多数球菌不生鞭毛，杆菌中有的生鞭毛，有的不生鞭毛，弧菌与螺菌都生鞭毛。鞭毛着生的位置、数目是细菌种的特征，根据鞭毛的数目和着生情况，可将具鞭毛的细菌分为以下几种类型（图 2-10）。

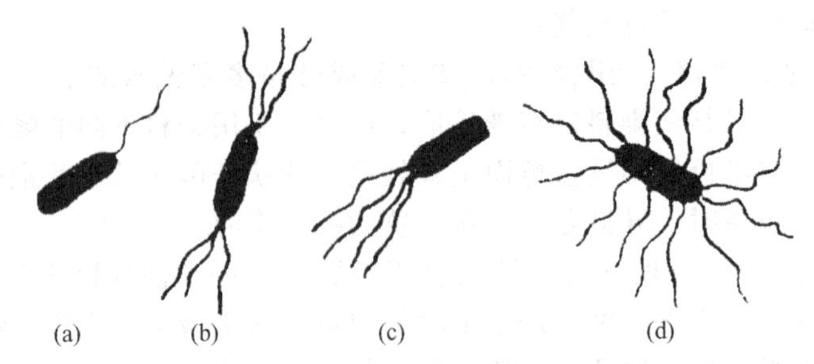

图 2-10 各种鞭毛类型

(a) 偏端单生鞭毛菌；(b) 两端丛生鞭毛菌；(c) 偏端丛生鞭毛菌；(d) 周生鞭毛菌

① 偏端单生鞭毛菌 在菌体的一端只生一根鞭毛，如霍乱弧菌。

② 两端单生鞭毛菌 在菌体两端各生一根鞭毛，如鼠咬热螺旋体。

③ 偏端丛生鞭毛菌 在菌体一端生一束鞭毛，如铜绿假单胞菌。

④ 两端丛生鞭毛菌 在菌体两端各生一束鞭毛，如红色螺菌。

⑤ 周生鞭毛菌 菌体周身生有鞭毛，如枯草杆菌、大肠杆菌等。

鞭毛主要的化学成分是鞭毛蛋白，它与角蛋白、肌球蛋白、纤维蛋白属于同类物质，所以鞭毛的运动可能与肌肉收缩相似。鞭毛蛋白是一种很好的抗原物质，这种鞭毛抗原又叫 H 抗原，各种细菌的鞭毛蛋白由于氨基酸组成不同导致 H 抗原性质上的差别，故可通过血清学反应进行细菌分类鉴定。

鞭毛是细菌的运动器官，有鞭毛的细菌在液体中借助鞭毛运动，其运动方式依鞭毛着生位置与数目不同而不同。单生鞭毛菌和丛生鞭毛菌多做直线运动，运动速度快，有时也可轻微摆动。周生鞭毛菌常呈不规则运动，而且常伴有活跃的滚动。能运动的细菌对外界环境的刺激很敏感，具有趋性。这种趋性包括趋光性、趋氧性、趋化性等。鞭毛虽是某些细菌的特征，但是不良的环境条件，如培养基成分的改变、培养时间过长、干燥、芽孢形成、防腐剂的加入等都会使细菌丧失生长鞭毛的能力。

（2）纤毛 有些细菌表面生有不同于鞭毛的纤毛，也称伞毛或菌毛。纤毛短细且直，数目多而不弯曲。它不是运动器官，也见于非运动的细菌中。纤毛也是由蛋白质组成的，也具有抗原性。与鞭毛一样，纤毛也起源于细胞质基粒或直接起源于靠近细胞膜的原生质。纤毛有许多类型，不同类型其功能不同。有的作为细菌接合时遗传物质的通道，称为性纤毛，如 F 纤毛；有的是细菌病毒吸附的位点；有的可增加细菌附着其它细菌或物体的能力。

（3）芽孢 有的细菌细胞发育到一定的时期，细胞质浓缩凝结，在细胞内部逐步形成一个圆形或椭圆形的，对不良环境条件具有较强抗性的休眠体称为芽孢或内生孢子。菌体在未形成芽孢之前称繁殖体或营养体。能否形成芽孢是细菌种的特征，受其遗传性的制约，杆菌中形成芽孢的种类较多，球菌和螺旋菌中少数种能形成芽孢。芽孢有较厚的壁和高度折射性，在显微镜下观察芽孢为透明体。芽孢难以着色，为了便于观察常采用特殊的芽孢染色法使其着色，在光学显微镜下清晰可见。

细菌芽孢的位置、形状与大小是细菌鉴定的重要依据。有的芽孢位于细胞的中央，有的位于顶端或中央与顶端之间。芽孢的大小也不等，有的比菌体细，有的比菌体粗（图 2-11）。

细菌能否形成芽孢，由其遗传性决定，但也需要一定的环境条件。菌种不同，需要的环境条件也不相同。大多数芽孢杆菌在营养缺乏、温度较高或代谢产物积累等不良条件下，在衰老的细胞内形成芽孢。但有的菌种需要在营养丰富、适宜温度条件下才能形成芽孢，如苏云金芽孢杆菌，在营养丰富、温度和通气等条件适宜时，在幼龄细胞中形成芽孢。

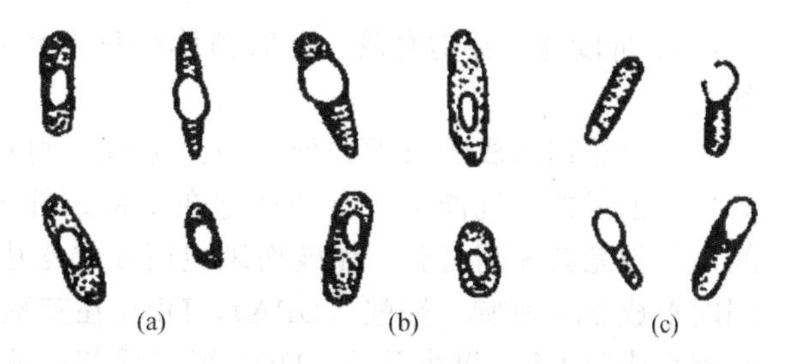

图 2-11 细菌芽孢的形状、位置和大小
(a) 中央位；(b) 近端位；(c) 极端位

细菌形成芽孢包括一系列复杂过程，在电镜下观察芽孢形成过程：开始时细胞中核物质凝集向细胞一端移动，细胞质膜内陷延伸形成双层膜，构成芽孢的横隔壁，将核物质与一部分细胞质包围而形成芽孢（图 2-12）。

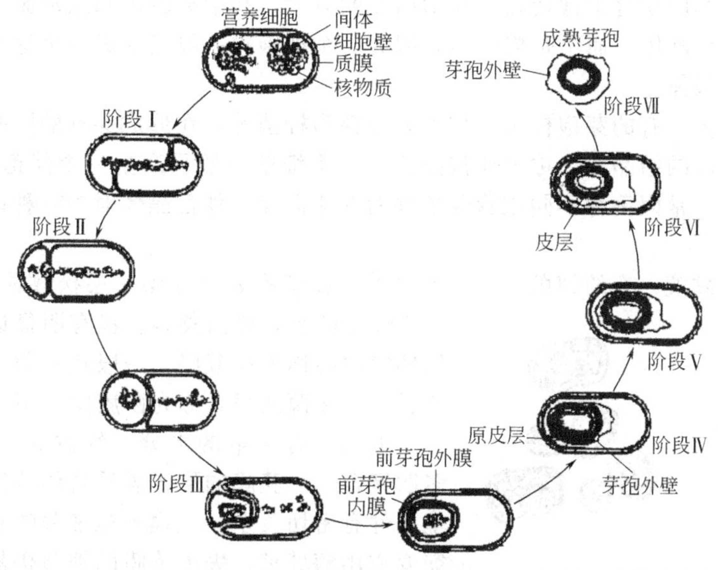

图 2-12 芽孢形成的各个阶段

芽孢形成实质是细菌中一个复杂的分化过程，从形态上可以划分为 7 个阶段。形成芽孢前，菌体中往往先出现两个核区。

① 阶段Ⅰ 轴丝形成。两个核区中的核物质渐渐浓缩并融合成一种丝状结构——轴丝。

② 阶段Ⅱ 芽孢隔壁形成。菌体一端两侧的细胞膜凹进去形成横隔膜——芽孢隔壁，将菌体隔成一大一小的两个细胞。

③ 阶段Ⅲ 前芽孢形成。小细胞被大细胞的细胞膜包在里面形成具有双膜的前芽孢，这时抗辐射性提高。

④ 阶段Ⅳ 原皮层形成。先是合成芽孢肽聚糖并沉积在双膜之间，然后合成 DPA 并吸收大量 Ca^{2+}，产生 DPA-Ca 复合物，形成原皮层，此时折射率提高。芽孢外壁于此阶段开始出现，而外膜消失。

⑤ 阶段Ⅴ 芽孢外衣形成。先合成半胱氨酸和疏水氨基酸并沉积在膜外表形成芽孢外衣。

⑥ 阶段Ⅵ 形成芽孢内衣。芽孢衣形成结束，此时内、外皮层也发育完毕，芽孢成熟并出现耐热性。

⑦ 阶段Ⅶ　芽孢释放。此时菌体裂解，释放出芽孢，遇合适条件芽孢萌发，形成营养细胞。

不论芽孢形成的条件如何，一旦形成，则对不良环境（高温、干燥、光线、化学药品等）有很强的抵抗能力，有的芽孢在不良条件下可保持活力数年、数十年，甚至更长的时间。芽孢尤其能耐高温，如破伤风梭菌在沸水中可存活3h，芽孢耐高温是由于其形成时可同时形成2,6-吡啶二羧酸（DPA），DPA在芽孢中以钙盐的形式存在，占芽孢干重的15%。芽孢形成时DPA很快形成，DPA形成后芽孢就具有耐热性，当芽孢萌发时DPA就被释放出来，同时芽孢也就丧失耐热能力。因此芽孢的耐热性主要与它的含水量低、含有大量DPA以及存在致密而不透水的芽孢壁有关。在细菌的营养细胞和其它生物的细胞中均未发现有DPA存在。

芽孢遇到适宜的环境条件，即吸收水分和养料，渐渐膨胀，外壁破裂。破裂处长出芽管，逐渐发育成新的细胞。最初新菌体的细胞质比较均匀，没有颗粒、液泡等。以后逐渐出现细胞内含物，细胞恢复正常代谢。芽孢萌发的方式，有中央脱出和末端脱出。芽孢是细菌生活史中的一个休眠体，而不是繁殖体，因为一个细胞内一般只形成一个芽孢，一个芽孢萌发也只产生一个菌体。

(4) 伴孢晶体　有的芽孢杆菌，如苏云金芽孢杆菌等，在形成芽孢的同时，细胞内产生一个由蛋白质组成的结晶体，称为伴孢晶体。一个细菌一般只产生一个伴孢晶体，呈菱形、方形或不规则形，常因菌种不同或营养条件的变化而异。伴孢晶体对100种以上的鳞翅目昆虫有毒性。

(5) 荚膜和黏液　有的细菌在一定条件下，在细胞表面分泌一层松散透明的黏液物质，形成较厚的膜，称为荚膜。没有明显边缘，可以扩散到环境中的称为黏液层。一般是一菌一膜，也有多菌共膜的。多菌共膜者称为菌胶团（图2-13）。

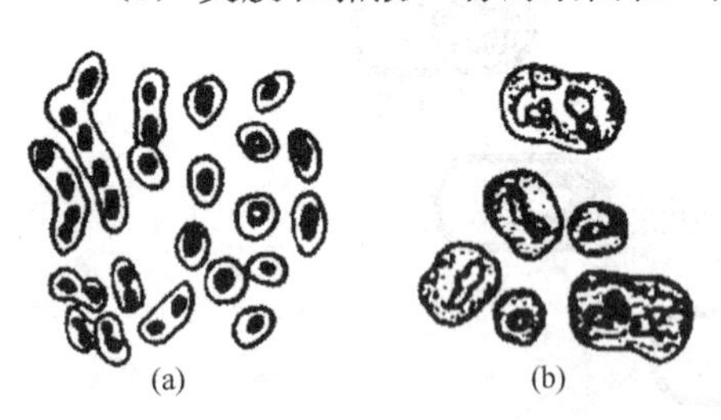

图2-13　细菌和荚膜与菌胶团
(a) 荚膜；(b) 菌胶团

荚膜含有大量的水分，约占90%，还有多糖或多肽聚合物。荚膜的形成既受遗传特性影响，又与环境条件有密切关系。荚膜不是细菌的主要结构，通过突变或用酶处理，失去荚膜的细菌仍然生长正常。荚膜和黏液对细菌一般具有保护作用：防止细菌变干，吸附阳离子，防止噬菌体侵袭，防止被真核生物吞噬，当营养缺乏时可作为碳源和能源被利用。某些细菌由于荚膜的存在而具有毒力，如具有荚膜的肺炎链球菌毒力很强，当失去荚膜时则失去毒性。荚膜折射率很低，不易着色，必须通过特殊的荚膜染色方法，才能用光学显微镜观察到。一般用负染色法，即使背景和菌体着色，而荚膜不着色，使之衬托出来。

菌胶团具有沉降性能，在污水净化中可使净化后的水与细菌分离。

(三) 细菌的繁殖和菌落形成

1. 细菌的繁殖

细菌繁殖主要是分裂繁殖，简称裂殖。分裂时首先菌体伸长，核质体分裂，菌体中部的细胞膜从外向中心做环状推进，然后闭合而形成一个垂直于细胞长轴的细胞质隔膜，把菌体分开，细胞壁向内生长把横隔膜分为两层，形成子细胞壁，然后子细胞分离形成两个菌体（图2-14）。

除无性繁殖外，经电镜观察及遗传学研究证明细菌也存在有性结合，不过细菌有性结合发生的概率极低。

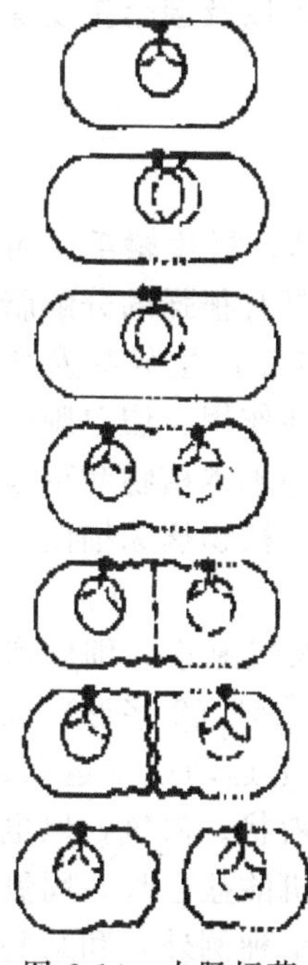

图 2-14 大肠杆菌二分裂的模式（包括其 DNA 复制）

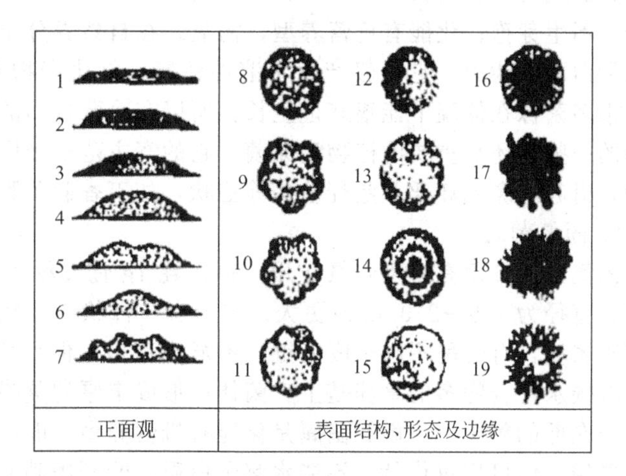

图 2-15 细菌菌落特征

1—扁平；2—隆起；3—低凸起；4—高凸起；5—脐状；6—乳头状；7—草帽状；8—圆形，边缘完整；9—不规则，边缘波浪；10—不规则颗粒状，边缘叶状；11—规则，放射状，边缘叶状；12—规则，边缘呈扇边状；13—规则，边缘齿状；14—规则有同心环，边缘完整；15—不规则，似毛毯状；16—规则，似菌丝状；17—规则，卷发状，边缘波状；18—不规则，呈丝状；19—不规则，根状

2. 细菌菌落的形成

细菌个体小，肉眼是看不到的，如果把单个或少数细菌细胞接种到适合的固体培养基上，在适宜的温度等条件下能迅速生长繁殖。由于细胞受到固体培养基表面或深层的限制，繁殖的菌体常以母细胞为中心聚集在一起，形成一个肉眼可见的、具有一定形态结构的子细菌细胞群体，称为菌落。如果一个菌落是由一个细菌繁殖而来，则为纯培养。

不同菌种其菌落特征不同，同一菌种因生活条件不同其菌落形态也不相同，所以菌落形态特征对菌种的鉴定有一定的意义。菌落特征包括菌落的大小、形态（圆形、丝状、不规则状、假根状等）、侧面观察菌落隆起程度（如扩展、苔状、低凸状、乳头状等）、菌落边缘（如边缘整齐、波状、裂叶状、圆锯齿状、是否有缘毛等）、菌落表面状态（如光滑、皱褶、颗粒状龟裂、同心圆环等）、表面光泽（如闪光、不闪光、金属光泽等）、质地（如油脂状、膜状、黏、脆等）、颜色与透明度（如透明、半透明、不透明）等（图 2-15）。

另外，菌落特征也受其它方面的影响，如产荚膜的菌落表面光滑、黏稠状为光滑型（S型）；不产荚膜的菌落表面干燥、皱褶为粗糙型（R 型）。菌落的形态、大小有时也受培养空间的限制，如果两个相邻的菌落相靠太近，由于营养物有限，有害代谢物的分泌和积累使生长受阻。因此，进行菌落形态观察时，一般以培养 3～7 天为宜，选择分布比较稀疏而孤立的菌落进行观察。观察试管斜面上菌苔形态时，采用划直线接种法培养 3～5 天，观察其生长状况（良好、微弱、不生长）、菌苔形状（线状、串珠状、扩展、根状等）、菌苔隆起情况（扁平、苔状、凸起等）、表面形状、表面光滑度、透明度及颜色；液体培养时，一般培养 1～3 天，观察时注意表面生长状况（菌膜、菌环等）、混浊程度、沉淀的形成、有无气泡、培养基有无颜色等。

细菌菌落一般呈现湿润、较光滑、较透明、较黏稠、易挑取、质地均匀以及菌落正反面或边缘与中央部位的颜色一致等特征。

（四）常见细菌类群的代表

1. 假单胞杆菌属

直的或弯杆状，大小为（0.5～1.0）μm×（1.5～4.0）μm，革兰阴性菌，极生鞭毛，可运动，不生芽孢；化能有机营养型，需氧，在自然界分布很广。某些菌株具有很强的分解脂肪和蛋白质的能力。它一般产生水溶性色素、氧化产物和黏液，常引起食品产生异味及变质，很多菌株在低温下能很好地生长，所以在冷藏食品的腐败变质中起主要作用。假单胞杆菌属的一些种还是重要的植物病原菌，它的寄主范围极广，可侵染为害多种木本植物和草本植物，引起叶斑或坏死及茎秆溃疡等症状，如丁香假单胞菌就是一种重要的植物病原细菌。

2. 固氮菌属

固氮菌属细菌有自生固氮作用，每消耗1g葡萄糖可固定10～15mg大气氮素。细胞卵圆形，直径为1.5～2.0μm或更大。多形态，杆状或球状细胞，呈单个、成对（8字形）或不规则团块，有时呈不同长度的链。不形成芽孢，但形成孢囊。靠周生鞭毛运动或不运动。在含有碳水化合物多的培养基上，菌体可形成丰厚的荚膜，并使菌落呈黏液状。需氧，但也能生长在低的氧压下。固氮菌属是化能有机营养型，能利用糖、酒精、有机酸盐生长，固氮时需要钼，但可用钒代替，不能水解蛋白质，能利用硝酸盐、铵盐（有1个种例外）和某些氨基酸作为氮源，但是，在这种情况下不固氮，常见的菌种有褐球固氮菌和维涅兰德固氮菌。

3. 根瘤菌属

能与豆科植物共生，形成根瘤并固定空气中的氮气。细胞呈杆状，大小为（0.5～0.9）μm×（1.2～3.0）μm。通常细胞内含聚β-羟基丁酸颗粒，使染色不均匀。靠极生鞭毛或周生鞭毛运动。在碳水化合物多的培养基上，细胞分泌较多的黏液而使菌落呈黏稠状。好氧，化能有机营养型，能利用广泛的碳水化合物和有机酸盐作为碳源。在根瘤中，菌体常呈棒状、T形和Y形，这些形态称为类菌体。根据根瘤菌在酵母汁甘露醇琼脂培养基上的生长速率可分为快生型和慢生型两种类型，快生型菌的代时为2～4h，在含甘露醇或其它碳水化合物的培养基上产酸；慢生型菌的代时为6～8h，在上述培养基上产碱，也存在中间类型。快生型菌对碳源的利用比慢生型菌广泛，但都能利用铵盐和硝酸盐作为氮源。根瘤菌在有氧条件下生长，但必须在低氧压下才能固氮。此外，根瘤菌对豆科植物具有侵染性和寄主专一性，形成共生关系。

4. 醋酸杆菌属

分布很普遍，一般从腐败的水果、蔬菜及变酸的酒类、果汁等食品中都能分离出醋酸杆菌。细菌细胞呈椭圆形杆状，单生或呈链状，不生芽孢，需氧，运动或不运动。本属菌有很强的氧化能力，可将乙醇氧化成醋酸。醋酸菌有两种类型的鞭毛：一种为周生鞭毛，它们可以把生成的醋酸进一步氧化成CO_2和水；另一种为极生鞭毛，它们不能进一步氧化醋酸。醋酸杆菌是制醋的生产菌株，在日常生活中常常危害水果与蔬菜，使酒、果汁变酸。

5. 芽孢杆菌属

细胞杆状，有些很大，（0.3～2.2）μm×（1.2～7.0）μm，单个、成对或短链状，端生或周生鞭毛，运动或不运动，革兰阳性，好氧或兼性厌氧，可产生芽孢，对热具有一定的抗性。在自然界中分布广泛，在土壤、水中尤为常见。此菌在食品工业中是经常遇到的污染菌。如蜡样芽孢杆菌污染食品引起食物变质，而且可引起食物中毒；枯草芽孢杆菌常常引起面包腐败，但其产生蛋白酶的能力强，常用作蛋白酶产生菌。此属中尚有炭疽芽孢杆菌，能引起人、畜共患的烈性传染病——炭疽病。

6. 微球菌属

小球状的革兰阳性菌，需氧或兼性厌氧。在自然界分布很广，如土壤、水及人、动物体表面都可以分离出来，非致病性，菌落呈黄色、淡黄色、绿色或橘红色；污染食品，使食品变色。微球菌有耐热性和有较高的耐盐性，并且有些菌可在低温下生长．故可引起冷藏食品的腐败变质。

7. 乳杆菌属

菌体单个或呈链状。不运动或极少能运动，厌氧或兼性厌氧，革兰染色阳性，分解糖的能力很强。从牛乳、乳制品和植物产品中能分离出来，常被用作生产乳酸、干酪、酸乳等乳制品的发酵菌剂。

8. 双歧杆菌属

双歧杆菌最初于1899年由法国巴斯德研究院的蒂赛尔首先从健康母乳喂养婴儿的粪便中分离出来，为革兰染色阳性多形态杆菌，呈Y形、V形、弯曲状、棒状、勺状等，菌种不同其形态也不同。专性厌氧，目前市场上保健饮品风行，其中发酵乳制品及一些保健饮料常常加入双歧杆菌，以提高产品保健效果。

9. 埃希杆菌属和肠细菌属

这两个属均归于大肠菌群，细胞杆状，$(0.4\sim0.7)\mu m\times(1.0\sim4.0)\mu m$，通常单个出现，周生鞭毛，可运动或不运动，革兰阴性菌，好氧或兼性厌氧，化能有机型，存在于人类及牲畜的肠道中，在水、土壤中也极为常见。

10. 链球菌

细胞为球形、卵形，呈短链或长链排列，革兰阳性，很少运动，化能异养型，好氧或兼性厌氧，其中有些是人类或牲畜的病原菌。例如，酿脓链球菌，可以从人类的口腔、喉、呼吸道、血液等有炎症的地方或渗出物中分离出来，是肌体发红、发烧的原因，是溶血性的链球菌。乳房链球菌、无乳链球菌常是引起牛乳房炎的病原菌，有些也可引起食品变质。

11. 葡萄球菌

呈葡萄串状，革兰阳性。如金黄色葡萄球菌，主要在鼻黏膜、人及动物的体表上发现，可引起感染；污染食品产生肠毒素，使人食物中毒。

二、放线菌

放线菌是介于细菌与丝状真菌之间而又接近于细菌的一类丝状原核生物，因菌落呈放射状而得名。放线菌在自然界中分布很广，在土壤、空气、水中都有存在，尤其是富含有机物质偏碱性的土壤中特别多。放线菌多为腐生，少数寄生。放线菌在抗生素生产中非常重要，目前应用的抗生素大多是由放线菌产生的。

1. 放线菌的一般形态特征

放线菌最简单的类型为分枝的杆状细胞，即原始菌丝。大多数放线菌的菌体，是分枝的放射状丝状体，称为菌丝，菌丝比较细，与球菌的直径相似，菌丝无隔膜，故认为是单细胞。菌丝里面有许多相当于细胞核的结构，但没有核膜，为原核。放线菌多数革兰染色为阳性，不能运动，利用有机物质为碳源和能源。菌丝依形态与功能不同可分为如下三种类型（图2-16）。

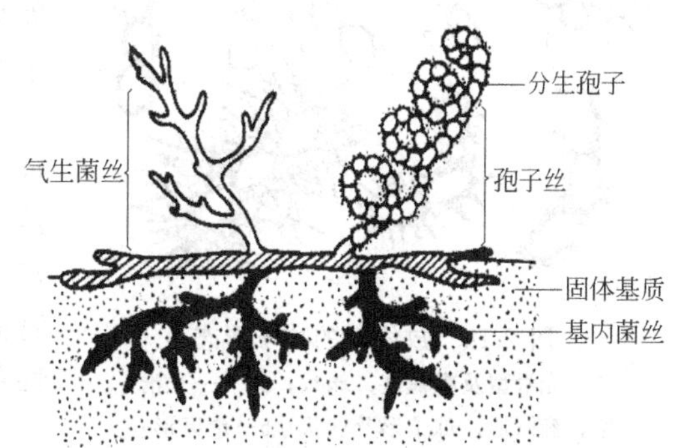

图 2-16 链霉菌一般形态结构的模式

① 基内菌丝　生长于培养基中吸收营养的菌丝，也称营养菌丝、初级菌丝体或一级菌丝体。匍匐生长于培养基内，一般无隔膜，直径 0.2～0.8μm，长度差别很大，短的小于 100μm，长的可达 600μm。有的产生色素，黄、橙、红、紫、蓝、绿、灰、褐、黑等，分为脂溶性和水溶性，脂溶性色素局限于菌丝，水溶性色素可在培养基中扩散。

② 气生菌丝　营养菌丝体发育到一定阶段时，长出培养基外并伸向空间的菌丝为气生菌丝，又称为二级菌丝体。在光学显微镜下，颜色较深，直径比营养菌丝粗，约 1～1.4μm，其长度则更悬殊。直形或弯曲而分枝，有的产生色素。

③ 孢子丝　当气生菌丝发育到一定程度时，其上分化出可形成孢子的菌丝即为孢子丝。孢子丝的着生形式有互生、丛生和轮生三种，呈直立、弯曲、螺旋等形状。孢子呈球形、椭圆形或圆柱形等，在电子显微镜下其表面有的光滑，有的带刺、小疣或毛发状。孢子也常有色素。孢子丝的着生形式、形态及孢子的形状、颜色等特征是放线菌分类鉴定的重要依据（图 2-17、图 2-18）。

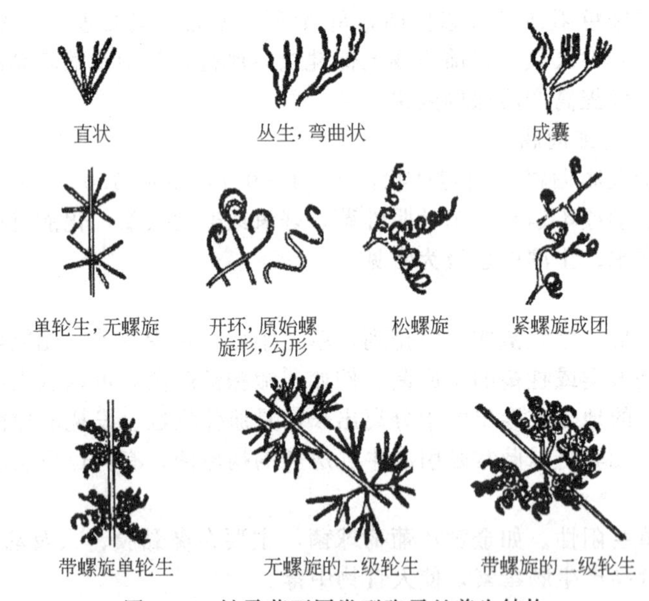

图 2-17　链霉菌不同类型孢子丝着生结构

2. 高等放线菌——链霉菌属的形态和繁殖

链霉菌是高等的放线菌，其孢子在固体培养基上萌发形成菌丝。一部分菌丝分化为基内菌丝或营养菌丝，功能是吸收营养物质；其余菌丝为气生菌丝，功能是繁殖。气生菌丝不直接接触营养物质，营养物质可以在菌丝体内传递，这是原核生物在形态上一个很大的发展。

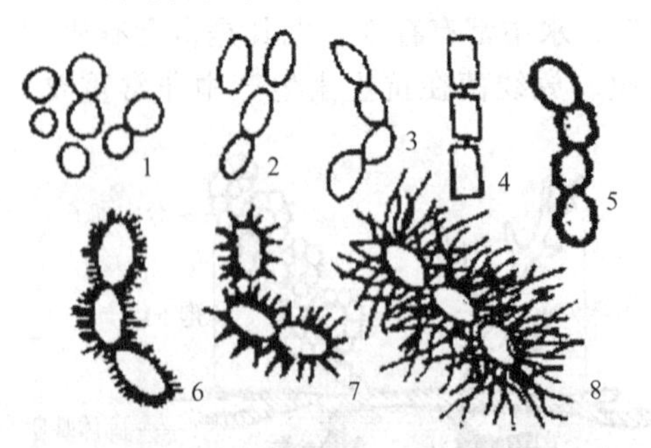

图 2-18　放线菌的孢子形态

1—光滑型及粗糙型，球状；2～4—光滑型，椭圆形、瓜子形及柱状；5—疣突形；6，7—刺形、椭圆形；8—毛发形

链霉菌的菌落干燥、坚硬而多皱，不易被接种针挑起。当孢子成熟后，表面呈粉末状。链霉菌菌落的气生菌丝和背面往往有不同颜色，例如泾阳链霉菌，气生菌丝为玫瑰粉红色或落英淡粉红色，而背面为木瓜黄或虎皮黄；吸水链霉菌产生黄色水溶性色素，使培养基呈淡黄色。

链霉菌生长到一定时期，气生菌丝上长出孢子丝。孢子丝的形状有线形、波浪形、螺旋形；着生的方式有互生、轮生、丛生。孢子丝断裂成孢子，孢子有球形、椭圆形、杆形等。孢子不仅在产生方式上与芽孢不同，并且只能耐干旱，而不像细菌芽孢那样耐高温，如图 2-19 所示。

图 2-19 链霉菌属生活史简图

1—孢子萌发；2—基内菌丝；3—气生菌丝；4—孢子丝；5—孢子丝分化为孢子

链霉菌是许多抗生素的产生菌，例如链霉素由灰色链霉菌产生，土霉素由龟裂链霉菌产生，还有常用的抗肿瘤的博莱霉素与丝裂霉素、抗真菌的制霉菌素、抗结核的卡那霉素、能有效防治水稻纹枯病的井冈霉素等，都是链霉菌的次生代谢产物。对放线菌的大量研究表明，抗生素主要由放线菌产生，而其中90%由链霉菌产生。

3. 其它形式的放线菌

(1) 诺卡菌属　诺卡菌属又称原放线菌属，培养15h至4天，菌丝体产生横隔膜，分枝的菌丝体突然全部断裂成长短近于一致的杆状或球状体或带叉的杆状体（图 2-20），此属中多数种无气生菌丝或只有很薄一层气生菌丝，以横隔分裂方式形成孢子，有些种也产生抗生素，如抗结核菌的利福霉素。有些诺卡菌用于石油脱蜡、烃类发酵，在污水处理中分解腈类化合物。

(2) 放线菌属　放线菌属多为致病菌，菌丝较细，直径小于 1μm，有横隔，可断裂成V形或Y形体，不形成气生菌丝，也不产生孢子，一般为厌氧或兼性厌氧。

(3) 小单孢菌属　小单孢菌属菌丝较细，0.3～0.6μm，无横隔膜，不断裂，不形成气生菌丝，只在基内菌丝上长出很多分枝的小梗，顶端着生一个孢子（图 2-21）。小单孢菌属是产生抗生素较多的一个属，如庆大霉素即由绛红小单孢菌和棘孢小单孢菌产生。

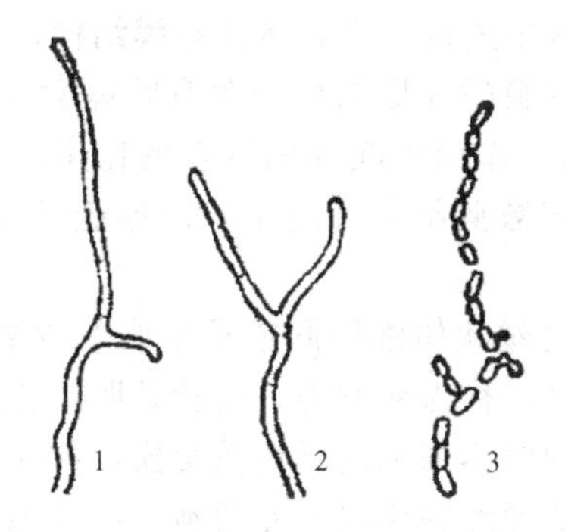

图 2-20 诺卡菌

1—菌丝体；2—开始断裂的菌线体；3—断裂的菌丝体

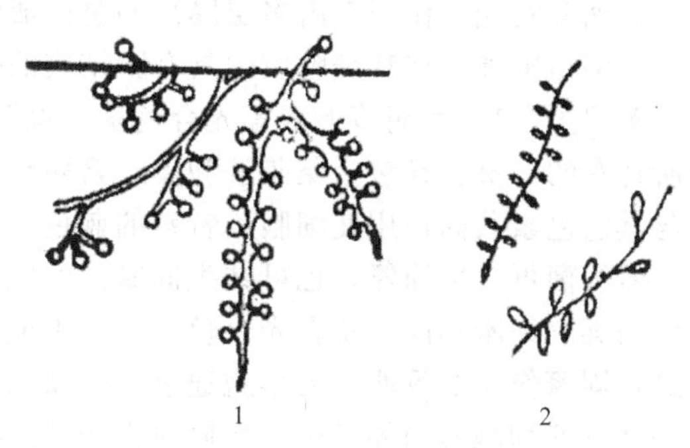

图 2-21 小单孢菌

1—孢子梗有分枝；2—孢子梗不分枝

(4) 链孢囊菌属　链孢囊菌属主要特点是形成孢子囊及孢囊孢子，孢子囊由气生菌丝上的孢子丝盘卷而成。这类放线菌因有不少种可产生广谱抗生素而受到重视，如抑制革兰阳性细菌、革兰阴性细菌、病毒和肿瘤的多霉素就是由粉红链孢囊菌产生的。

(5) 游动放线菌属　以无隔膜的基内菌丝为主，有的没气生菌丝，有的只有少量气生菌丝，繁殖时在基内菌丝上生孢囊梗，梗顶端产生孢囊，成熟后放出游动孢子，游动孢子有鞭毛，能运动。

4. 放线菌的菌落

放线菌的菌落质地致密、表面呈较紧密的绒状或坚实、干燥、多皱，菌落较小而不蔓延；基内菌丝长在培养基内，与培养基结合较紧，用接种针很难挑起。幼龄菌落因气生菌丝尚未分化成孢子丝，则菌落表面与细菌菌落表面相似不易区分。形成孢子丝时，在孢子丝上形成大量的分生孢子并布满菌落表面，成为表面粉末状或颗粒状的典型放线菌菌落。此外，由于基内菌丝、孢子常有颜色使其培养基的正反面呈现不同的色泽。

三、蓝细菌

蓝细菌也称蓝藻或蓝绿藻，与藻类一样，含有叶绿素和其它光合色素，进行产氧型光合作用，因此以前把这一类生物归为藻类植物。应用现代生物技术研究表明，它的细胞核没有核膜，70S 核蛋白体，没有细胞器，细胞壁也与细菌相似，由肽聚糖组成，以分裂方式进行繁殖，自生或与其它生物共生固氮，革兰染色阴性，所以现在将它们归属于原核生物中。

蓝细菌分布极广，土壤、岩石、树皮和水中均能成片生长。许多蓝细菌生长在池塘和湖泊中，并形成胶质浮于水面，甚至有的在 80℃以上的热温泉、含盐多的湖泊或其它极端环境中，也是占优势或是唯一进行光合作用的生物。

1. 蓝细菌的形态结构

各种蓝细菌差异极大，一般有球状或杆状的单细胞和丝状体两种形态，大小一般为直径或宽度 3～10μm，也有细胞直径大到 60μm 的，这在原核生物中极少见。当许多个体聚集在一起时，可形成肉眼可见的很大的群体，常使水的颜色随菌体颜色而变化。

在化学组成上，蓝细菌最独特之处是含有由两个或多个双键组成的不饱和脂肪酸，而其它原核生物（如细菌）差不多都含有饱和脂肪酸和单一不饱和脂肪酸（一个双键）。蓝细菌的细胞壁结构与革兰阴性细菌细胞壁结构相似，但其许多种能不断向细胞壁外分泌一种胶黏物质，类似于细菌的荚膜，将细胞包围形成菌胶团或菌胶鞘。大多数蓝细菌无鞭毛，但可通过“滑行”运动。许多蓝细菌的细胞质中还有气泡，可使菌体漂浮以便使菌体处于接受光线最佳的位置进行光合作用。

蓝细菌的光合作用在由多层膜片相叠而成的类囊体中进行。类囊体具有膜结构，蓝细菌是原核生物中唯一在其细胞质中具有膜结构的生物。在膜的片层结构中含有叶绿素 a、藻胆素（藻胆蛋白)、类胡萝卜素等光合色素。藻胆素在光合作用中起辅助色素的作用，是蓝细菌所特有的，藻胆素包括藻蓝素和藻红素两种，在大多数蓝细菌细胞中，以藻蓝素占优势，并与其它色素共同作用使细胞呈特殊的蓝色。

蓝细菌可自生固氮，也可共生固氮。丝状蓝细菌的丝状体细胞间或顶端常有少数细胞，形状与其它细胞不同，不含光合色素，细胞壁明显加厚，称为异形胞。实验证明，它是蓝细菌进行固氮作用的场所，异形胞通过胞间联结与邻近的营养细胞进行物质交换，如光合作用产物从营养细胞移向异形胞，而固氮作用的产物，则从异形胞移向营养细胞。异形胞中含少量藻胆素，并具光合系统Ⅰ，能通过不产氧的光合作用获得 ATP 和还原性物质，异形胞内的固氮酶系统则可在无氧条件下利用这些 ATP 和还原性物质还原分子态氮为氨。一些不形成异形胞的藻类，如单细胞球藻（*Gloeocapsa*）和微鞘藻（*Miccoleus*）也能进行有氧固氮。

多数蓝细菌是专性光能生物，其中一些是专性光能自养型，也有一些是化能异养型。光能自养型的蓝细菌能像绿色植物一样进行产氧光合作用，同化 CO_2 成为有机物质，加之其许多种还具有固氮作用，因此，它们的营养要求都不高，只要有空气、阳光、水分和少量无机盐类便能大量生长。

2. 蓝细菌的繁殖

蓝细菌没有有性生殖，而是以细胞二分裂进行无性繁殖，极少数种类有孢子。

我国已报道能固氮的蓝细菌有 30 多种，实际固氮类型可能会大大超过这个数。蓝细菌是很好的生物肥料，在水稻田中培养蓝细菌，可以提高土壤肥力。蓝细菌营养价值很高，在古代就有人把蓝细菌作为食物，蓝细菌所含的氨基酸与蛋清、大豆、标准蛋白不相上下。如极大螺旋藻、项圈藻含蛋白质65%，还含有微量元素；螺旋藻含维生素B_{12}、维生素B_1和维生素B_2。某些蓝细菌也能产生致命的急性中毒毒素，所以在用于食品以前必须做细致深入的毒性试验。

蓝细菌在生物进化过程中有非常重要的意义。蓝细菌是原核生物，具有原核生物的基本特性。然而蓝细菌的光合作用色素系统及产氧光合作用与其它光合细菌不同，而和真核生物相近，显示出它是比其它光合细菌高级的类型。从生物进化过程来看，蓝细菌可能是第一个产氧的光合生物，是最先使空气从无氧转为有氧的原因。

3. 蓝细菌的代表属

(1) 微囊藻属 (*Microcystis*) 它是在池塘、湖泊中常见的种类，细胞一般为球形，很小，细胞内常有空胞，无定向分裂，多次分裂产生的许多细胞密集在一起，被一共同的胶鞘膜包围，形成球形胶团，浮游在水中，夏秋两季则大量繁殖，使水体变色（图 2-22）。

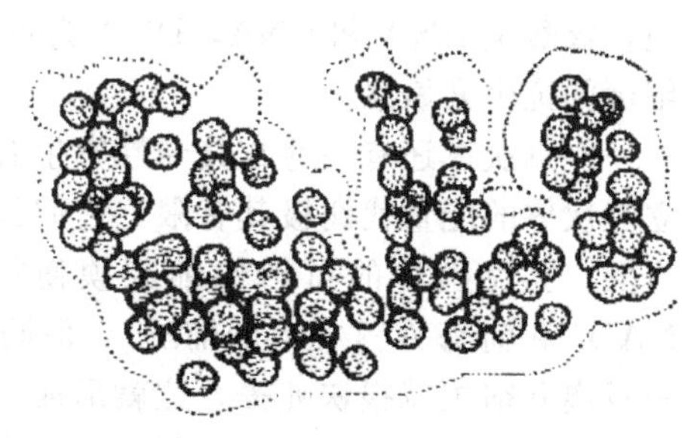

图 2-22 铜色微囊藻

(2) 鱼腥藻属 (*Anabaena*) 细胞呈球形，沿一个平面分裂，并排列成链状丝，在链状丝中有少数异形胞，链状丝外包以一层或薄或厚的胶鞘。许多链状丝包在一个共同的胶被内，形成一定形状的胶块，能在水中大量繁殖（图 2-23）。

(3) 单歧藻属 (*Tolypothrix*) 细胞沿着一个平面分裂，排列成整齐而有平行隔膜的细胞丝。异形胞长在细胞丝顶端，在细胞丝外有一共同的鞘膜，很多有鞘膜的细胞连在一起形成假分枝（图 2-24）。

(4) 颤藻属 (*Oscillatoria*) 生长于水中不断颤动而得名，细胞丝由饼状细胞叠垒而成，不分枝，也无假分枝和异形胞（图 2-25）。

(5) 念珠藻属 (*Nostoc*) 菌丝常不规则地弯曲于坚固胶被中，形成胶块，细胞和鱼腥藻相似，不少种有固氮能力，我国常见的地木耳即为念珠藻的一种，雨后大量繁殖，可供食用。

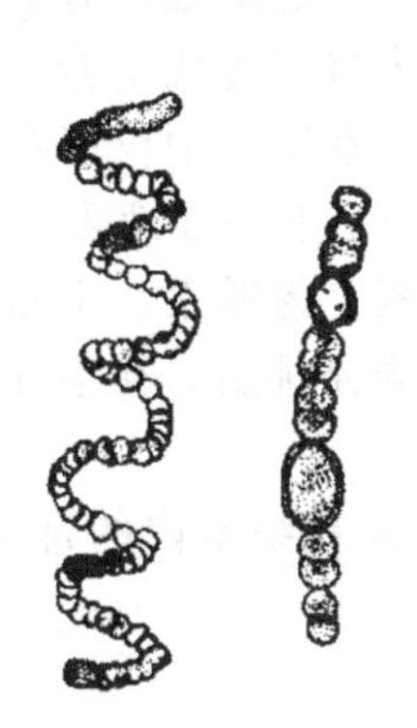

图 2-23 曲鱼腥藻

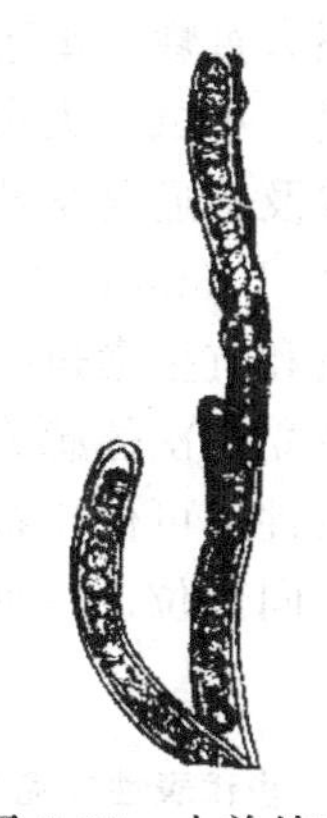

图 2-24 小单歧藻

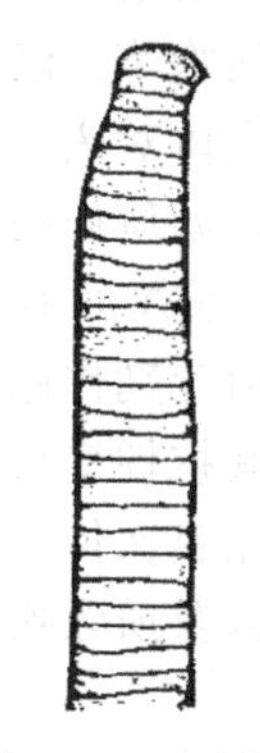

图 2-25 大颤藻

四、其它原核细胞微生物

1. 立克次体

立克次体是为纪念美国病理学家 H. T. Ricketts 发现它后因不幸感染此菌牺牲而命名

的。立克次体是专性活细胞内寄生的致病性原核微生物，其大小介于细菌和病毒之间，一般不能通过细菌过滤器。它不仅是动物细胞的寄生者，也寄生在植物细胞中，植物细胞中的立克次体被称为类立克次体（rickettsia-like organism，RLO）。

立克次体介于细菌与病毒之间，在许多方面又类似于细菌，细胞球状或杆状，球状体直径一般为0.2～0.5μm，杆状体一般为（0.3～0.5）μm×（0.3～2）μm，但随着宿主和发育阶段的不同，常表现出球状、双球状、短杆状、长杆状以至丝状等多种形态，一般在生长早期多为长杆状至丝状，生长最旺盛时多为大小比较一致的球状或球杆状，但是不论哪种形态，其毒力并无区别。立克次体不生芽孢，不运动，革兰染色阴性。细胞结构也与细菌相似，细胞壁含胞壁酸和二氨基庚二酸，还有与细菌内毒素相似的脂多糖复合物，但脂质含量高于一般细菌很多，细胞膜主要由磷脂组成，细胞内有丝状核质区、70S核蛋白体、包含体或空泡，核酸是RNA和DNA，DNA为正常双链形式，以二分裂方式繁殖。立克次体对许多抗细菌的抗生素敏感。

立克次体还有一些与其专性寄生有关的特性，细胞膜因较疏松而“渗漏性”较大。很多立克次体的能量代谢极其有限，它们只能氧化谷氨酸，不能氧化葡萄糖、6-磷酸葡萄糖或有机酸。立克次体的可透性细胞膜使得它们易从宿主细胞获得一些重要的物质（包括像NAD^+和辅酶A这样大的辅酶），但同时也会使一些重要物质离开立克次体，所以立克次体一旦离开宿主就很快死去，这就形成它们必须由蚤、蜱、螨等吸血节肢动物作为媒介而在动物间传代的特殊生活方式，所以立克次体为虫媒微生物，在虱等胃肠道上皮细胞中增殖并大量存在于其粪中，人受到虱等叮咬时，立克次体便随粪从抓痒时抓破的伤口或直接从昆虫口器进入人的血液并在其中繁殖，从而使人感染得病，当节肢动物再叮咬人吸血时，人血中的立克次体又进入其体内增殖，如此不断循环。立克次体可引起人与动物患多种疾病，如引起人类患洛基山斑点热、流行性斑疹伤寒、地方性斑疹伤寒、Q热和恙虫热等疾病。在我国现阶段，由立克次体引起的传染病已被控制或基本消灭。

立克次体严格的细胞内寄生这一点又与病毒相似，除战壕热立克次体外，均不能在人工培养基上生长繁殖，它入侵宿主细胞是一个主动过程，要求宿主都是活的，并在代谢上处于活跃状态，它主要在细胞质内以裂殖方式繁殖，直至充满整个细胞，最后宿主破裂，将新的立克次体释放到周围液体中。一般认为立克次体在宿主细胞的新陈代谢不旺盛接近衰退时，较适宜生长繁殖。立克次体通常在鸡胚卵黄囊、敏感动物组织细胞（骨髓细胞、血单核细胞和中性粒细胞等）以及实验动物（豚鼠、小鼠、大白鼠和猴等）体内进行传代培养。

立克次体对热、干燥、光照、脱水及普通化学药剂的抗性较差。在室温中仅能存活数小时至数日，如斑疹伤寒立克次体在50℃下5min、80℃下1min、100℃下30s即可灭活；但耐低温，－60℃可存活数年。它对磺胺和抗生素也很敏感，如四环素、氯霉素、土霉素等常用作化学治疗剂作用于立克次体。各种立克次体感染动物后随动物粪便排出，在空气中自然干燥后，其抗性变得相当强，在室温条件下可保持毒力数年。

不同立克次体寄生在宿主细胞的不同部位。一些代表性立克次体在细胞内的寄生部位、传播媒介以及所致疾病列于表2-3中。

表2-3　一些代表性立克次体的特征

菌体名称	细胞内寄生部位	媒介	所致疾病
立氏立克次体(*Rickettsia rickettsii*)	细胞质和细胞核	蜂	洛基山斑点热
普氏立克次体(*R. prowazekii*)	细胞质	虱	流行性斑疹伤寒
穆氏立克次体(*R. mooseri*)	细胞质	蚤	地方性斑疹伤寒

2. 支原体

支原体（*Mycoplasma*）被先后称为胸膜肺炎微生物（pleuropneumonia organism，PPO）和类胸膜肺炎微生物（pleuropneumonia-like organism，PPLO），又称类菌质体，它是一类已知最小、无细胞壁、能离开活细胞独立生活的，介于细菌与立克次体之间的原核微生物，1898年发现，1976年才被确定分类地位。支原体引起人和畜禽呼吸道、肺部、尿道以及生殖系统（输卵管和附睾）的炎症。植物原体（又称类支原体）是黄化病、矮缩病等疾病的病原体。支原体还是组织培养的污染菌。在污水、土壤或堆肥土中也常有支原体存在。

支原体个体很小，是已知的可以独立生长和生活的最简单的生命形式，也是最小的细胞型生物，菌体柔软，可通过孔径比自己小得多的细菌滤器。支原体直径仅有0.1～0.3μm，一般约0.25μm，因而在光学显微镜下勉强可见。支原体无细胞壁，只有细胞膜，所以支原体不含胞壁酸和二氨基庚二酸等组分。形态高度多形和易变，即使在同一培养基中，细胞也常出现不同大小的球形、扁圆形、玫瑰花形、丝状乃至分枝状等多种形态，这些丝状体还常高度分枝，形成丝状真菌样形体，故有支原体之称。革兰染色阴性，对青霉素等抗生素和溶菌酶不敏感，而对四环素等抗生素、表面活性剂［肥皂和苯扎溴铵（新洁而灭）等］和醇类敏感。质膜含固醇或脂聚糖（lipoglycan）等使它稳定的组分，因而比较坚韧，这就使得支原体对渗透溶解有较高抗性，而对通过作用于固醇而伤害细胞膜的多烯抗生素（如菲律宾霉素等）敏感。体外培养的要求苛刻，需在含血清、酵母膏或固醇等营养丰富的复合培养基上才能生长。很多支原体可在鸡胚绒毛尿囊膜与组织培养上生长。

典型的菌落呈“荷包蛋状”，直径仅0.1～1.0μm。中央较厚，颜色较深，边缘较薄而且透明，颜色较浅，这是因为中央菌体向培养基内生长的结果，用低倍光学显微镜或解剖镜才能看见。一般以二分裂方式繁殖，有时也出芽繁殖。

根据对固醇的需要把支原体分为两个类群：①需固醇类群，有支原体属、厌氧支原体属（*Anaeroplasma*）、螺原体属（*Spiroplasma*）和尿支原体属（*Ureaplasma*）；②不需固醇类群，包括无胆甾原体属（*Acholeplasma*）和热原体属（*Thermoplasma*）。

3. 衣原体

衣原体（*Chlamydia*）是介于立克次体与病毒之间，能通过细菌滤器，代谢活性丧失更多的专性活细胞寄生的致病性原核微生物。由于它没有产能系统，ATP得自宿主，故有“能量寄生物”之称，这是它区别于立克次体的最显著特征。曾有一段时间认为衣原体是“大型病毒”，但现在确定，它的性质更接近于细菌而不同于病毒，如细胞球形或椭圆形，革兰阴性细菌的细胞壁，同时含DNA和RNA，核蛋白体为70S，二分裂繁殖，对青霉素等抗生素敏感等。不过衣原体DNA的分子量很小，仅为大肠杆菌的1/4。

衣原体细胞比立克次体稍小，但形态相似，球形或椭圆形，直径0.2～0.3μm，革兰染色阴性。衣原体在宿主细胞内生长繁殖具有独特的生活周期，存在大小两种细胞类型的生活史。小细胞称原体，非生长型细胞，球状，直径约0.3μm，壁厚且硬，具感染性，中央有致密的类核结构，RNA/DNA＝1；大细胞称网状体（reticulate body），又称始体（initial body），生长型细胞，多形，直径约1μm，壁薄而脆，不具感染性，无致密类核结构，RNA/DNA＝3；衣原体不耐热，60℃10min即被灭活。但它不怕低温，冷冻干燥可保藏多年。0.1%甲醛、乙醚、0.5%石炭酸也可引起死亡。四环素、红霉素、氯霉素可抑制其生长。

衣原体是已知细胞型微生物中生活能力最简单的，它没有产ATP的系统，因而只能在鸡胚等活组织中培养。衣原体的蛋白质中缺少精氨酸和组氨酸，这表明，它们的繁殖不需要这两种氨基酸。衣原体感染始自原体，具有高度感染性的原体通过吞噬作用（phagocytosis）

进入宿主细胞，而后，原体渐大变成无致密类核结构的网状体。网状体在空泡中以二分裂方式反复繁殖，形成大量子细胞。然后，子细胞又变成原体，并通过宿主细胞破裂而释放，再感染新的宿主细胞。整个周期约48h。与立克次体不同，衣原体不需媒介，它直接感染宿主。

认识到的衣原体只有沙眼衣原体（*Chlamydia tmchomatis*）、鹦鹉热衣原体（*C. psittaci*）。沙眼衣原体首先是由我国微生物学家汤飞凡等于1956年通过鸡胚培养分离出来的，它可引起沙眼、小儿肺炎以及多种疾病（非淋菌尿道炎、附件炎、淋巴肉芽肿和新生儿眼炎等）。鹦鹉热衣原体引起鹦鹉、鸽、鸡、鹅，以及牛、羊多种疾病。值得注意的是，虽然鹦鹉热衣原体的天然宿主是鸟类和人以外的哺乳动物，但当人吸入鸟的感染性分泌物后，能导致肺炎和毒血症，因此鹦鹉热衣原体是人兽共患病的病原体。

4. 螺旋体

螺旋体（*Spirochaete*）是介于细菌与原生动物之间的一群形态结构和运动机理独特的单细胞原核微生物，因菌体细胞非常细长［(0.1～3.0)μm×(3～500)μm］、柔软、弯曲呈螺旋状而得名。但与螺菌不同，螺菌以鞭毛运动，而螺旋体无鞭毛，靠轴丝伸缩做特殊的弯曲扭动或像蛇一样运动。

螺旋体的细胞无鞭毛，不产生芽孢，主要有3个组成部分：原生质柱状体、轴丝和外鞘。原生质柱呈螺旋状卷曲，由细胞质和核质构成，外包细胞膜与细胞壁，为螺旋体细胞的主要部分，但壁没有细菌坚韧。轴丝位于细胞壁与细胞膜之间，轴丝和原生质柱状体由多层膜结构的外鞘包被，外鞘通常只能在负染标本或超薄切片的电镜照片中观察到，每个细胞的轴丝数为2～100条以上，视螺旋体种类而定，轴丝的超微结构（基部有“钩”，有成对的盘状结构）、化学组成（亚基螺旋排成的蛋白质）以及着生方式（一端连于细胞，一端游离）均与细菌鞭毛相似。螺旋体正是靠轴丝的旋转或收缩运动的，螺旋体的运动取决于所处环境，如果游离生活，细胞沿着纵轴游动；如果固着在固体表面，细胞就向前爬行。螺旋体以二均分裂方式繁殖。

螺旋体广泛分布于自然界及动物体内，种类很多，属于化能异养型，有腐生和寄生两大类。腐生型常存在于污泥和垃圾中；而寄生种类能引起人畜重要疾病，如梅毒、回归热等。

第二节 真核细胞微生物

真核细胞微生物（eukaryote）是一大类具有真正细胞核，即具有核膜与核仁分化，细胞质中有线粒体等细胞器和内质网等内膜结构的较高等的微生物。真核微生物包括真菌（fungi）、单细胞藻类（single cell algae）、原生动物（protozoon）等。真菌是最重要的真核微生物，广泛分布于土壤、水域、空气及动植物体内外，据估计全球约有150万种，目前已描述的种类约1万属、7万余种。真菌与农业的关系十分密切，与人类的生活息息相关。

在农业上，真菌可以引起植物病害，真菌是种类最多的植物病原微生物，也是为害最严重的植物病原菌，目前已知能侵染植物的真菌种类达3万种，占植物病害的70%～80%，如常见的霜霉病、白粉病、锈病、黑粉病等。在人类历史上真菌性植物病害曾多次大流行，给人类带来巨大的灾难。如1845～1846年马铃薯晚疫病在爱尔兰大流行，马铃薯几乎全部被毁坏，饿死数十万人，迫使150万人逃亡北美，这就是历史上著名的“爱尔兰大饥荒”；1942年水稻胡麻斑病在印度的孟加拉邦大流行，导致水稻绝产，直接饿死200多万人。近些年来真菌引起的植物病害仍是困扰农业发展的一大障碍。

在农业上真菌也有有益的作用。一些真菌可用于植物病虫草害的生物防治，半知菌亚门的白僵菌和绿僵菌是已商品化的真菌杀虫剂，在我国主要用于防治松毛虫和玉米螟；利用真菌的寄生作用或其代谢产物防治植物病害和杂草也是近年来研究的热点，市场上已有商品化的真菌杀菌剂和真菌除草剂。一些菌根真菌能与植物的根形成共生关系，帮助植物从土壤中吸收水分、无机盐、磷、有机质等，是很好的生物肥料资源。美味可口的食用菌也来自于真菌，特别是担子菌亚门真菌。

真菌也可以引起人类和动物的一些病害，主要是一些浅层感染，如皮肤癣症等。食品、中药材、纺织品、皮革、木材、纸张、照相材料等与人类生活密切相关的物品，经常出现霉变，这也是真菌对人类负面影响的一个重要方面；特别是一些真菌引起食品霉变，可产生毒性很强的真菌毒素，发霉的瓜子、花生、大豆等食品上就含有黄曲霉毒素。但是，真菌对人类的生活也有巨大的贡献。在食品制造方面，酱油、面包、酿酒等都是真菌发酵的产物；工业上的柠檬酸、葡萄糖酸、淀粉酶、蛋白酶等也是真菌产物；在药学上真菌还可以为人类提供青霉素、头孢霉素、灰黄霉素等抗生素类药物，以及灵芝、马勃、茯苓、虫草等中药；在基础理论研究方面，粗糙脉孢菌（*Neurospora crassa*）和构巢曲霉（*Aspergillus nidulans*）是微生物遗传学研究的良好材料。

真菌是一类低等的真核微生物，其区别于其它真核生物的特点主要有以下五方面：①无叶绿素，不能进行光合作用，生活方式为异养型；②一般以发达的菌丝体为营养体；③细胞壁主要成分为几丁质或纤维素；④有真正的细胞核；⑤以产生大量的孢子进行繁殖。因此，真菌区别于单细胞藻类的特点是真菌没有叶绿素，不能进行光合作用；区别于原生动物的特点是真菌有细胞壁，其主要成分为几丁质或纤维素，而原生动物无细胞壁。

在最早的两界分类系统中，真菌属于植物界真菌门。20 世纪中叶，学者提出了五界分类系统，在这个分类系统中，真菌独立成界，目前被各国真菌学家普遍采用的是安斯沃斯（G. C. Ainsworth）提出的 5 个亚门的分类系统。真菌界包含黏菌门和真菌门两大类群的真菌，真菌门分为 5 个亚门：鞭毛菌亚门（Mastigomycotina）、接合菌亚门（Zygomycotina）、子囊菌亚门（Ascomycotina）、担子菌亚门（Basidiomycotina）和半知菌亚门（Deuteromycotina）。其主要依据是有性孢子和无性孢子的不同（表 2-4）。

表 2-4　真菌五个亚门分类

亚门	有性孢子	无性孢子	亚门	有性孢子	无性孢子
鞭毛菌亚门	休眠孢子囊或卵孢子	游动孢子	担子菌亚门	担孢子	分生孢子
接合菌亚门	接合孢子	孢囊孢子	半知菌亚门	无	分生孢子
子囊菌亚门	子囊孢子	分生孢子			

为研究方便通常根据应用将真菌分为三类，即酵母菌（yeast）、霉菌（mould，mold）和蕈菌（mushroom）。

一、单细胞真菌——酵母菌

酵母菌是通常以出芽方式进行无性繁殖的低等单细胞真菌的统称，在分类学上主要归属于子囊菌亚门。酵母菌在自然界分布很广，水果、蜜饯的表面和果园土壤等偏酸的含糖环境中最为常见。酵母菌及其发酵产品大大改善和丰富了人类的生活，各种酒类生产，面包制造，甘油发酵，饲用、药用及食用单细胞蛋白生产等都是酵母菌的“专业”。酵母菌是一类特殊的真菌，归纳起来酵母菌的特点有：①个体一般以单细胞状态存在；②多数出芽繁殖，也有裂殖；③能发酵糖类产能；④细胞壁常含甘露聚糖；⑤喜在含糖量较高的偏酸性环境中生长。

(一) 酵母菌的形态和细胞结构

1. 酵母菌的形态和大小

大多数酵母菌为单细胞，形状因种而异。基本形态为球形、卵圆形和长形，有些酵母菌形状特殊，可呈尖顶形、柠檬形、长颈瓶形、三角形、弯曲形等（图 2-26）。酵母菌细胞大小因种类而异，长约 5～20μm，有的可达 50μm，宽约 1～5μm，有的可达 10μm 以上，比细菌大几倍至几十倍。有些酵母菌（如热带假丝酵母，*Candida tropicalis*）在进行一连串的芽殖后，长大的子细胞与母细胞并不立即分离，其间仅以极狭小的接触面相连，这种藕节状的细胞串称为“假菌丝”（图 2-27）。如果细胞相连，且其间的横截面积与细胞直径一致，这种竹节状的细胞串称真菌丝。

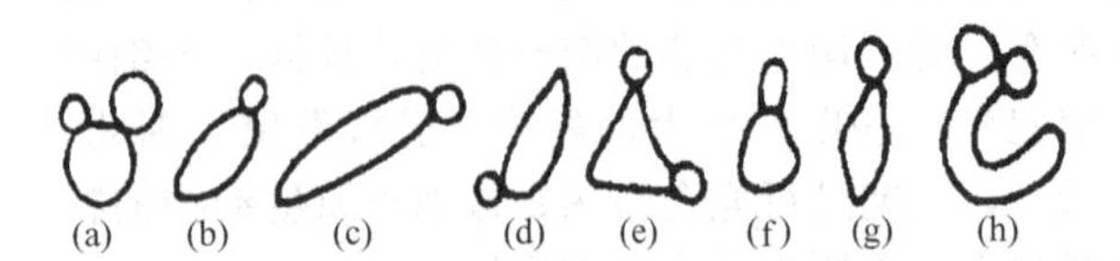

图 2-26 酵母菌的各种形态

（a）球形；（b）卵圆形；（c）长形；（d）尖顶形；（e）三角形；（f）长颈瓶形；（g）柠檬形；（h）弯曲形

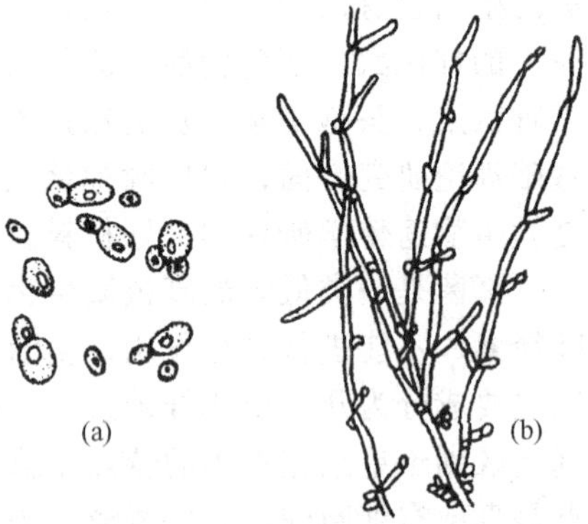

图 2-27 热带假丝酵母

（a）营养细胞；（b）假菌丝

2. 酵母菌的菌落特征

酵母菌的菌落形态特征与细菌极为相似，一般湿润，表面光滑，多数不透明，黏稠，质地均匀，与培养基结合不紧密，容易用接种针挑起，比细菌菌落大而厚，颜色单调，多数呈乳白色，少数红色，个别黑色，正反面及中央与边缘的颜色一致。不产生假菌丝的酵母菌，菌落更加隆起，边缘十分圆整；形成大量假菌丝的酵母，菌落较平坦，表面和边缘粗糙。酵母菌的菌落通常会散发出一股悦人的酒香味。

3. 酵母菌的细胞结构

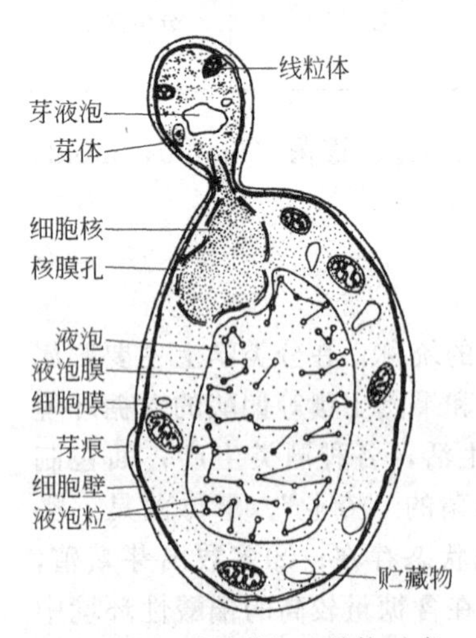

图 2-28 酵母菌细胞结构示意

酵母菌为真核微生物，其细胞结构见图 2-28，细胞核有核仁和核膜，细胞质有线粒体、核蛋白体、内质网、液泡等细胞器。

酵母菌细胞壁厚约 25nm，约占细胞干重的 25%，其主要成分为葡聚糖、甘露聚糖、蛋白质和几丁质，另有少量脂质。其中葡聚糖位于细胞壁内层，是赋予细胞壁机械强度的主要物质基础；蛋白质夹在葡聚糖和甘露聚糖中间，呈三明治状，起到结构蛋白和催化作用；最外层是甘露聚糖。酵母菌细胞膜的结构、成分与原核微生物基本相同，但功能不如原核微生物那样具有多样化。细胞核有多孔核膜包裹的定形结构，核膜上存在着大量直径 40～70nm 的圆形核孔。酵母菌的核外具有被称为“2μm 质粒”的遗传物质。

(二) 酵母菌的繁殖方式

酵母菌的繁殖分有性和无性两种方式，以无性繁殖为主。有的仅具有无性繁殖，尚未发现有性繁殖阶段，这类酵母菌被称为假酵母；既有无性繁殖也有有性繁殖的称为真酵母。繁殖方式对酵母菌的科学研究、菌种鉴定和菌种选育极为重要，下面是酵母菌的几种代表性繁殖方式。

1. 无性繁殖

（1）芽殖（budding） 芽殖是酵母菌最常见的繁殖方式。在良好的营养和生长条件下，酵母菌生长迅速，所有细胞上都长有芽体，芽体上还可形成新芽体，进而出现呈簇状的细胞团。当它们进行一连串的芽殖后，子细胞与母细胞不立即脱落，就形成假菌丝（图 2-27）。芽体又称芽孢子（budding spore），芽孢子脱落后在母细胞上留下一个芽痕（bud scar），在芽孢子上相应地留下一个蒂痕（birth scar）。任何细胞上的蒂痕仅一个，而芽痕有一至数十个，根据它的多少还可测定该细胞的年龄。

（2）裂殖（fission） 少数酵母菌，如裂殖酵母属（*Schizosaccharomyces*）的种类以二分裂的方式繁殖，与细菌的繁殖方式相仿。

（3）产生无性孢子 掷孢酵母属（*Sporobolomyces*）的酵母菌可在卵圆形营养细胞上生出小梗，梗上形成肾形掷孢子。掷孢子成熟后通过特有喷射机制射出，用倒置培养皿培养掷孢酵母时，皿盖上会出现掷孢子发射形成的模糊菌落“镜像”。地霉属（*Geotricum*）酵母菌在培养初期菌体为完整的多细胞丝状，在培养后期从菌丝内横隔处断裂，形成短柱状或筒状，或两端钝圆的节孢子。白假丝酵母（*Candida albicans*）在菌丝中间或顶端发生局部细胞质浓缩和细胞壁加厚，形成一些厚壁的厚垣孢子。

2. 有性繁殖

酵母菌主要以形成子囊孢子的方式进行有性繁殖。酵母菌产生的子囊孢子形状十分多样，如球形、椭圆形、半球形、帽子形、柠檬形、镰刀形、针形等（图 2-29）。子囊孢子的形成过程是两个邻近的细胞各伸出一根管状原生质突起，然后相互接触并融合而成一个通道，细胞质结合（质配），两个核在此通道内结合（核配），形成双倍体细胞，并随即进行减数分裂，形成 1～4 个子核，每一子核和其周围的原生质形成孢子。含有孢子的细胞称为子囊，子囊内的孢子称为子囊孢子。

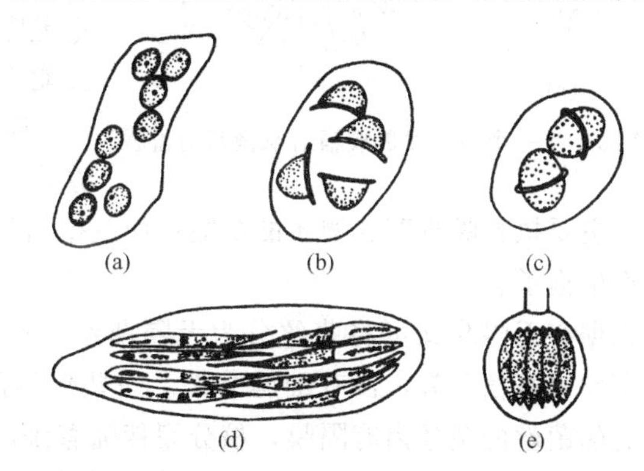

图 2-29 酵母菌不同类型的子囊孢子
（a）八孢裂殖酵母；（b）汉逊酵母（*Hansenula* sp.）
（c）土星汉逊酵母（*H. saturnus*）；（d）菜豆针孢酵母
（*Nematospora phaseoli*）；（e）饰精霉（*Spermophthora gossypii*）

酵母菌的繁殖方式
- 无性
  - 芽殖：各属酵母菌都存在
  - 裂殖：在裂殖酵母菌属（*Schizosaccharomyces*）中存在
  - 产生无性孢子
    - 节孢子：地霉属（*Geotricum*）等产生
    - 掷孢子：掷孢酵母菌属（*Sporobolomyces*）等产生
    - 厚垣孢子：白假丝酵母菌（*Candida albicans*）产生
- 有性（产子囊孢子）：酵母属（*Saccharomyces*）、接合酵母属（*Zygosaccharomyces*）等

二、霉菌

霉菌（mould，mold）是丝状真菌（filamentous fungi）的总称，原指“引起物品霉变的真菌”，凡生长在营养基质上形成绒毛状、蜘蛛网状或絮状菌丝体的小型真菌，统称为霉

菌。霉菌分属于所有的5个亚门中，在自然界的分布十分广泛，只要有有机物存在就有霉菌的踪迹，因此与农业、食品、医学、药学、工业等关系十分密切。

（一）霉菌的形态结构

1. 菌丝和菌丝体

霉菌营养体均由很细小且分枝的丝状体构成，单根丝状体称为菌丝（hypha，复数为hyphae），相互交织成的菌丝的集合体称为菌丝体（mycelium）。菌丝是构成霉菌营养体的基本单位，是一种管状的细丝，多数无色透明，直径一般为2～10μm，比细菌和放线菌的宽度大几倍到几十倍，与酵母菌差不多。菌丝通过顶端延长而生成丝状体，且不断产生分枝，顶端之后的菌丝细胞壁变厚而不能延伸，与维管束植物的一个重要区别是真菌细胞不能通过分生组织分裂而形成。霉菌的生长一般是由孢子萌发产生芽管，菌丝从这一中心点向四周呈辐射状延伸形成圆形的菌落（图2-30），所以叶部真菌性病害多呈现圆形。菌丝的生长和分枝都是无限度的，同时菌丝的各部分都有潜在的生长能力。

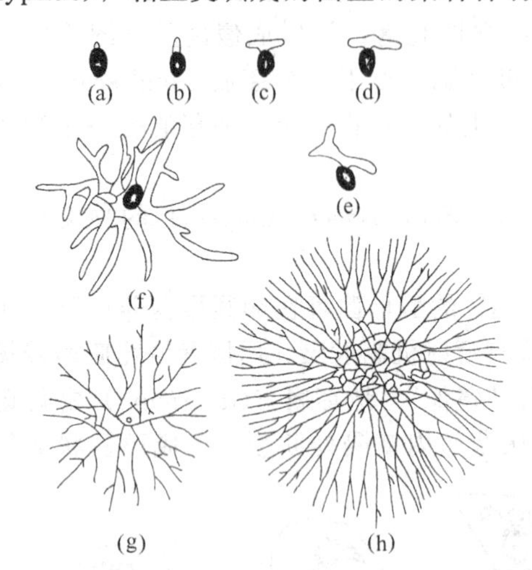

图2-30 从一个孢子发展成辐射状菌落的过程

根据菌丝的分化程度，霉菌的菌丝可分为营养菌丝和气生菌丝。营养菌丝密布在固体培养基内部，主要执行吸收营养物质的功能；而气生菌丝伸展到空中，其中一部分会分化成繁殖菌丝，产生孢子。

根据有无隔膜又可将菌丝分为无隔菌丝和有隔菌丝（图2-31）。无隔菌丝含多个细胞核，菌丝只有核分裂，没有细胞分裂。一些低等的霉菌如鞭毛菌和接合菌的菌丝是无隔膜的。有隔菌丝的菌丝内有隔膜，核分裂伴随着细胞分裂，成为由许多细胞连接而成的菌丝，每个细胞中有一个或多个细胞核。在其隔膜的中央有小孔相通（图2-32），使细胞质、细胞核和养料可以自由流通。高等的霉菌如子囊菌和担子菌的菌丝是有隔膜的。

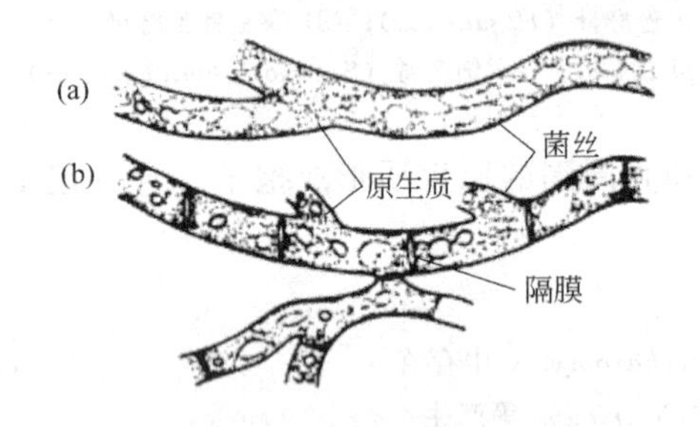

图2-31 霉菌的营养菌丝

(a) 无隔菌丝；(b) 有隔菌丝

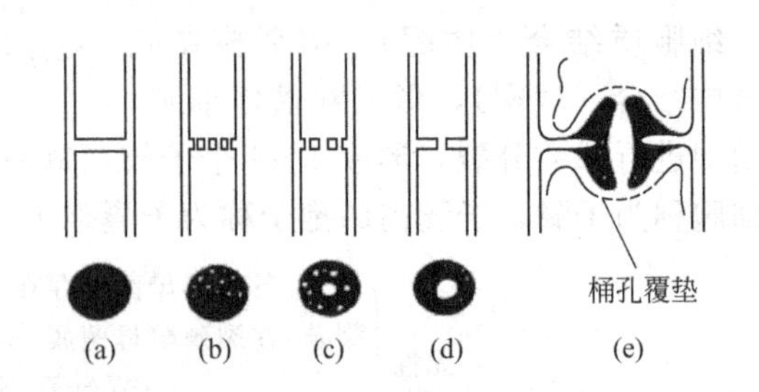

图2-32 霉菌菌丝隔膜类型

(a) 无隔菌丝霉菌在老龄时形成的全封闭隔膜；(b) 白地霉的隔膜（多孔隔）；(c) 镰孢菌的隔膜；(d) 子囊菌的典型隔膜（单孔隔）；(e) 担子菌的桶式型隔膜

2. 菌丝和菌丝体的各种分化形式

不同的霉菌在长期进化中，对各自所处的环境条件产生了高度的适应性，其菌丝或菌丝体的形态与功能发生了明显变化，形成了各种特化构造。

- 菌丝或菌丝体
  - 特化的营养菌丝
    - 吸收养料：假根、吸器
    - 附着：附着胞、附着枝
    - 休眠：菌核
    - 延伸：匍匐枝、菌索
    - 捕食线虫：菌环、菌网
  - 特化的气生菌丝（子实体）
    - 简单
      - 无性：分生孢子头、孢子囊
      - 有性：担子
    - 复杂
      - 无性：分生孢子器、分生孢子座、分生孢子盘
      - 有性：闭囊壳、子囊壳、子囊盘、子囊座

假根是根霉属（*Rhizopus*）霉菌菌丝的某个部位长出多根有分枝、外表像根的菌丝特化结构，深入培养基中吸收养分并固着菌体［图 2-33（a）］。吸器是一些专性寄生霉菌（如锈菌、霜霉菌、白粉菌等）从菌丝上产生出来的一种短小分枝，侵入寄主细胞内分化成指状、球状或丝状，用以吸收细胞内养料［图 2-33（b）］。附着胞是霉菌孢子萌发形成的芽管或菌丝顶端的膨大部分，可以牢固地吸附在寄主体表面。菌核是一种休眠的菌丝组织，在不良环境条件下可存活数年之久，形状为圆、长圆或不规则状，外层色深、坚硬，内层疏松，大多呈白色，许多植物病原真菌产生菌核，是其度过不良环境条件的主要方式。一些捕虫菌目和一些半知菌的菌丝常分化成圈环或网环的结构，称为菌环或菌网，可用以捕捉线虫，因此这些具菌环或菌网的霉菌可以用于植物病原线虫的生物防治（图 2-34）。气生菌丝主要特化成产生孢子的各种形态的子实体或产孢结构。

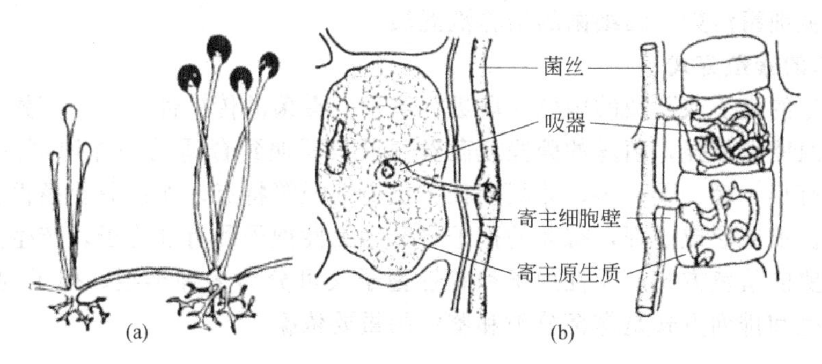

图 2-33 真菌菌丝的特化结构

（a）假根；（b）吸器

3. 菌丝的细胞结构

霉菌的细胞由细胞壁、细胞膜、细胞质、细胞核、核蛋白体、线粒体和其它内含物组成。幼龄菌丝的细胞质均匀透明，充满整个细胞，老龄菌丝的细胞质黏稠，出现较大的液泡，内含许多肝糖粒、脂肪滴等贮藏颗粒。霉菌细胞壁厚约 0.1～3μm，大部分霉菌的细胞壁主要由几丁质组成，鞭毛菌亚门的卵菌纲霉菌细胞壁的主要成分为纤维素。几丁质或纤维素构成了霉菌细胞壁的网状结构，它包埋在基质中。除此之外，霉菌细胞壁还含有蛋白质、脂类等复杂的化合物。

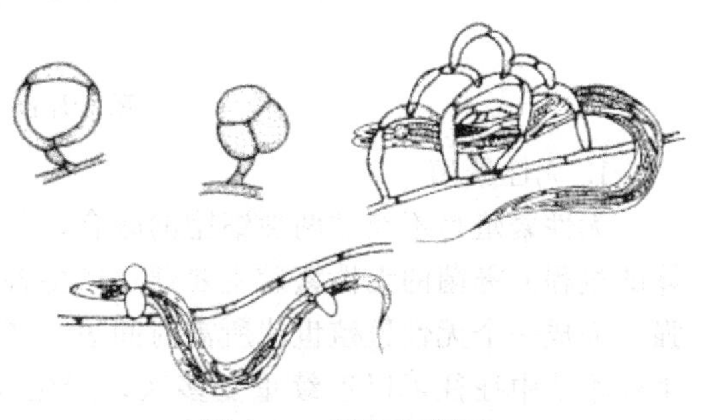

图 2-34 菌环和菌网

4. 霉菌的菌落特征

霉菌菌落的共同特征：菌落疏松，呈绒毛状、絮状或网状，外观干燥、不透明，不易挑取，菌落大，颜色十分多样，正反面颜色不

同，边缘与中央颜色也不同，常有霉味。霉菌的菌丝较粗且长，故形成的菌落呈绒毛状、絮状或网状，且疏松，这是区别于霉菌与其它微生物的主要菌落特征，有些霉菌产孢量大，菌落比较致密，但在其菌落边缘也可见到絮状的菌丝。与细菌的湿润、较透明、易挑取的菌落特征不同，霉菌的菌落外观干燥，完全不透明，菌落与培养基紧密结合，不易挑取，因此，在进行霉菌的相关实验挑取霉菌时，使用的是相对粗且硬的接种针，而不同于挑取细菌的细且软的接种环。有些霉菌，如根霉、毛霉、脉孢菌等可在固体培养基上无限生长，以致菌落没固定大小，多数霉菌的生长仍有局限性，即使如此，霉菌的菌落也要比细菌、放线菌的菌落大几倍到几十倍。霉菌在固体培养基上最初的菌落呈浅色或白色，当菌落产生各种颜色的孢子后，菌落表面呈现肉眼可见的不同结构和色泽，如红、黄、绿、黑、橙等，有些霉菌还分泌一些水溶性色素扩散到培养基内，使菌落正反面呈现不同的颜色。一些霉菌菌落，处于菌落中心的菌丝菌龄较大，发育分化和成熟的也较早，而位于边缘的菌丝则较幼小，使得菌落中心与边缘的颜色不同，一般菌龄越大，颜色越深，有些霉菌的菌落甚至会出现多层颜色的同心轮纹。同一种霉菌在不同成分的培养基上和不同条件下培养生长，形成的菌落特征有所变化，但各种霉菌在一定的培养基和一定的条件下形成的菌落大小、形状、颜色等却相对稳定，所以菌落特征是鉴定霉菌的重要依据之一。

在液体培养基中振荡培养时，菌丝往往产生菌丝球，这样菌丝体相互紧密纠缠形成颗粒，均匀地悬浮于培养液中，有利于氧的传递以及营养物和代谢产物的输送，对菌丝的生长和代谢产物形成有利；静止培养时，菌丝生长在培养基表面，培养液不混浊。有时可用来检查培养液是否被细菌污染，因细菌的培养液混浊。

（二）霉菌的繁殖方式

霉菌以产生的孢子或断裂的菌丝片段进行繁殖。霉菌的传染性强，与其繁殖方式密切相关。霉菌的繁殖能力很强，菌丝的碎段或菌丝截段只要遇到合适的条件均可发育成新个体。霉菌的孢子具有小、轻、干、多、休眠期长、抗逆性强等特点。所以只要条件合适，霉菌病害极易大流行。根据形成过程，霉菌的孢子可分为无性孢子和有性孢子，产生大量的无性孢子是霉菌最主要的繁殖方式。无性孢子和有性孢子又可分为多种类型。孢子的形态、色泽、细胞数目、产生和排列方式是霉菌分类和鉴定的重要依据。

- 霉菌的繁殖
  - 无性孢子
    - 内生孢子
      - 孢囊孢子
      - 游动孢子
    - 外生孢子
      - 分生孢子
      - 节孢子
    - 菌丝细胞形成——厚垣孢子
  - 有性孢子
    - 卵孢子
    - 接合孢子
    - 子囊孢子
    - 担孢子
  - 菌丝片段

1. 无性繁殖

无性繁殖是不经过两性细胞的融合，只是营养细胞的分裂或营养菌丝的分化而形成新个体的过程。霉菌的无性繁殖主要通过产生各种无性孢子来实现，大多数霉菌的无形繁殖能力强，完成一个无性繁殖世代所需时间短，产孢量大。植物病原真菌的无性繁殖在作物的一个生长季节中往往可以连续重复多次，产生大量新个体，在病害传播、蔓延和流行中起重要作用。

根据形成方式，无性孢子分为孢囊孢子、游动孢子、分生孢子、节孢子、厚垣孢子等，其中前 3 种孢子是真菌门分类的依据。

(1) 孢囊孢子（sporangiospore）　生在孢子囊内的无鞭毛的孢子称孢囊孢子，是一种内生孢子，为接合菌亚门霉菌的无性孢子。在孢子形成时，气生菌丝的顶端细胞膨大成圆形、椭圆形或犁形孢子囊，然后膨大部分与菌丝间形成隔膜，在囊中的核经过多次分裂，形成许多密集的核，每一核外包围原生质，囊内原生质分化成许多原生质小团，每一小团的周围形成一层壁，将原生质包围起来，形成孢囊孢子。顶端形成孢子囊的菌丝称为孢囊梗，孢囊梗伸入孢子囊内的部分，称为囊轴。孢子囊成熟后破裂，散出孢囊孢子（图 2-35）。该孢子遇适宜环境发芽，形成菌丝体。

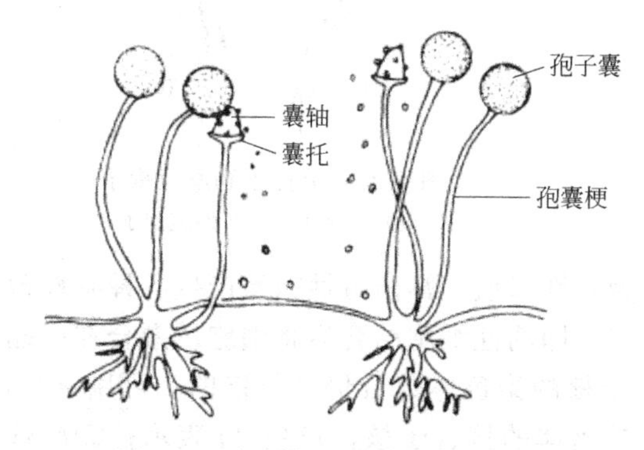

图 2-35　根霉的孢子囊和孢囊孢子

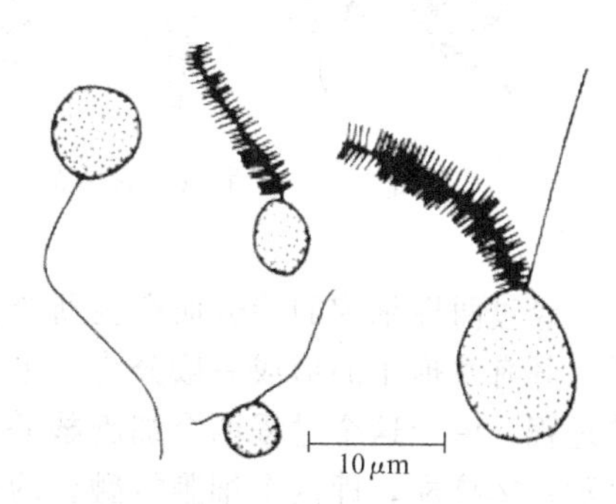

图 2-36　霉菌的游动孢子类型

(2) 游动孢子（zoospore）　同孢囊孢子，生在由菌丝膨大而形成的游动孢子囊内的有鞭毛的孢子称游动孢子，也是一种内生孢子，为鞭毛菌亚门霉菌的无性孢子。游动孢子通常为圆形、洋梨形或肾形，具一根或两根鞭毛，可以在水中游动，故称游动孢子。鞭毛的亚显微结构为真核生物共有的 9+2 型。鞭毛根据是否生有纤毛又可分为尾鞭和茸鞭，鞭毛的数目、类型和着生位置是鞭毛菌亚门分类的依据（图 2-36）。产生游动孢子的霉菌一般喜欢水，因此鞭毛菌亚门霉菌引起病害的发病条件一般需要湿润。

(3) 分生孢子（conidiospore）　这是霉菌中普遍存在的一类无性孢子，子囊菌亚门、担子菌亚门和半知菌亚门霉菌的无性孢子均为分生孢子。分生孢子是由菌丝顶端细胞或菌丝分化来的分生孢子梗的顶端细胞分割缢缩而形成的单个或成簇的孢子，是一种外生孢子，其形状（图 2-37）、大小、颜色、结构以及着生情况多样。如曲霉（*Aspergillus*）和青霉（*Penicillium*）具有明显分化的分生孢子梗，分生孢子着生情况两者又不相同。曲霉的分生孢子梗顶端膨大形成顶囊，顶囊的四周或上半部着生一排或两排小梗，小梗末端形成分生孢子链，整个产孢结构呈“头状”（图 2-55）；青霉的分生孢子梗顶端多次分枝成帚状（图 2-56），分枝顶端着生小梗，小梗上形成串生的分生孢子。有些霉菌的分生孢子的产孢结构还可以形成复杂的子实体，如分生孢子器、分生孢子盘、分生孢子座。

(4) 节孢子（arthrospore）　也称粉孢子，由菌丝断裂而成。节孢子的形成过程是菌丝生长到一定阶段，菌丝上出现许多横隔，然后从横隔处断裂，产生许多形如短柱状、筒状或两端钝圆形的孢子［图 2-38（a)］。

(5) 厚垣孢子（chlamydospore）　又称厚壁孢子，是一种休眠孢子，由菌丝顶端或中间的个别细胞膨大，原生质浓缩、变圆，细胞壁加厚形成的球形或纺锤形的孢子［图 2-38（b)］。它对外界环境有较强的抵抗力，菌丝体死亡之后，厚垣孢子仍然存活，一旦环境好转就能萌发成菌丝体。

2. 有性繁殖

图 2-37　分生孢子的形态

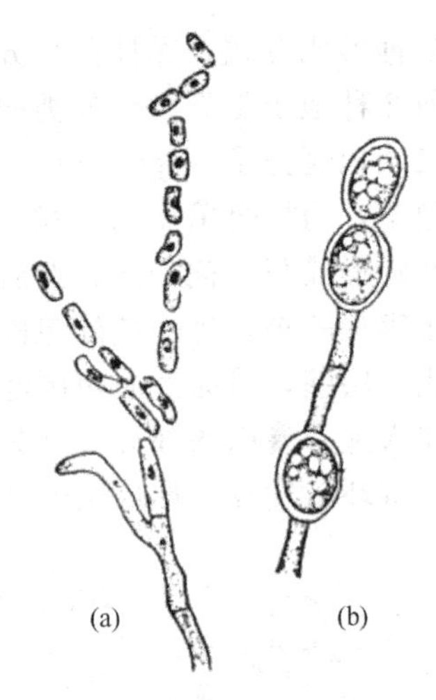

图 2-38　节孢子和厚垣孢子
(a) 节孢子；(b) 厚垣孢子

经过两性细胞的接合而产生新个体的过程称为有性繁殖。霉菌有性繁殖产生各种有性孢子。其有性孢子的形成一般分为 3 个阶段：①质配，即两性细胞结合后将细胞质融合在一起的过程，由于这个过程两个细胞核并未融合，每个核的染色体数目仍是单倍的，可用 $n+n$ 表示；②核配，即两个细胞核融合的过程，产生二倍体的接合子核，可用 $2n$ 表示；③减数分裂，核配后的二倍体接合子核通过减数分裂，细胞中的染色体数目又恢复到单倍体状态。在霉菌中有性繁殖不及无性繁殖那么普遍，多发生在特定条件下。往往在自然界发生较多，在一般培养基上不常发生。霉菌形成的有性孢子主要包括卵孢子、接合孢子、子囊孢子、担孢子等，这些孢子也是真菌分类上的重要依据。

(1) 卵孢子　卵孢子是鞭毛菌亚门卵菌纲霉菌产生的有性孢子，由形状不同的配子囊结合而产生（图 2-39）。其形成过程为：先在菌丝顶端产生雄器和藏卵器两个配子囊，大型的为藏卵器，小型的为雄器，藏卵器分化出一到多个单核卵球，卵球数目因菌种而异，成熟藏卵器有厚壁或表面有刺，壁厚度不均匀，有较薄处，便于雄器穿入，雄器产生于藏卵器的柄上、同一菌丝上或另一菌体上；雄器与藏卵器接触后雄器生出一根小管即受精管刺入藏卵器，并将核与细胞质输入到卵球内，受精后的卵球发育为卵孢子。卵菌纲霉菌的分类地位有一定的争议，其中一个原因是卵孢子是二倍体，而其它霉菌的孢子是单倍体。卵孢子的形成过程也与其它有性孢子不同，而是减数分裂、质配和核配的顺序。卵孢子大多呈球形，具厚壁，通常需经过一定时期休眠才能萌发。

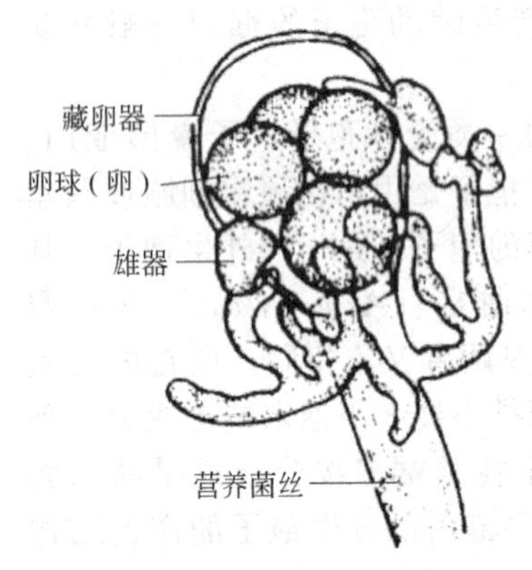

图 2-39　滨海水霉的卵孢子

(2) 接合孢子 (zygospore)　接合孢子是接合菌亚门霉菌产生的有性孢子。接合孢子由菌丝生出的结构基本相似、形态相同或略有不同的两个配子囊结合而成（图 2-40）。接合孢子的形成过程是：两个相邻的菌丝相遇，各自向对方生出极短的侧枝，称原配子囊，原配子囊接触后，顶端各自膨大并形成隔膜，即为配子囊，配子囊下面的部分称配囊柄，相接触的配子囊之间的横隔消失，其细胞质与细胞核互相配合，即形成接合孢子。接合孢子外有厚壁的接合孢子囊包被，接合孢子囊内包含一个接合孢子，接合孢子形成后通常需要较长时间的休眠才萌发。霉菌接合孢子的形成有同宗配合和异宗配合两种形式。同宗配合是指雌雄两个配子囊来自于同一个体，甚至来自于同一菌丝分枝；而异宗配合则来自于不同个体。

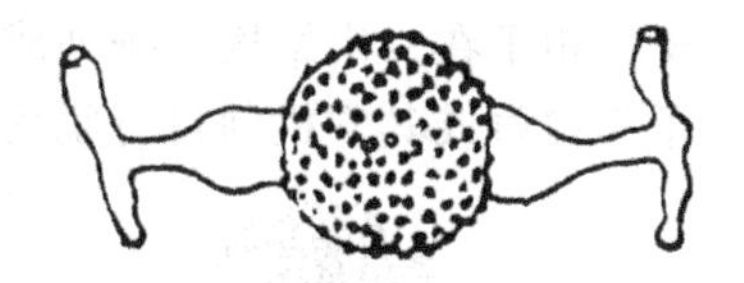
图 2-40 根霉的接合孢子

（3）子囊孢子（ascospore） 子囊孢子是子囊菌亚门霉菌产生的有性孢子。子囊孢子产生于子囊（ascus）中，子囊是一种囊状结构，圆球形、棒形或圆筒形（图 2-41）。一个子囊内通常含有 8 个子囊孢子，也有 2 个或 4 个的。子囊孢子的形状（图 2-42）、大小、颜色、纹饰等差别很大，是子囊菌分类的重要依据。

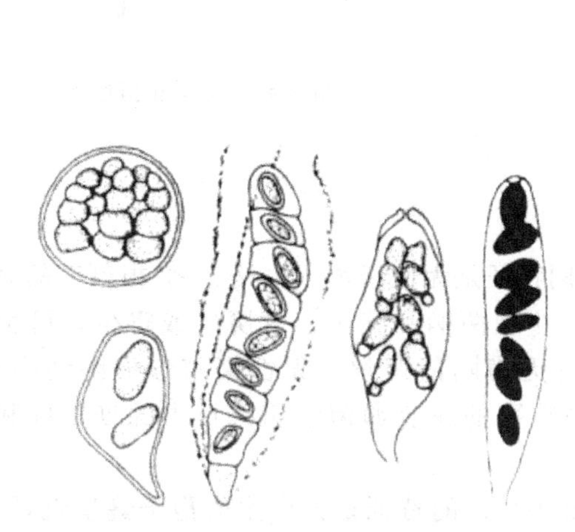
图 2-41 霉菌各种类型的子囊

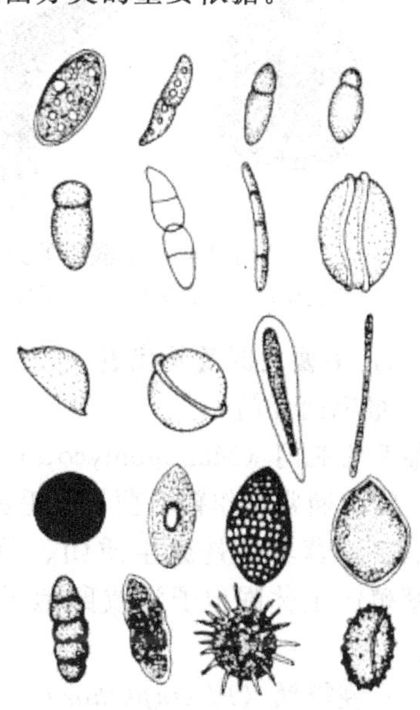
图 2-42 子囊孢子的类型

子囊孢子的形成过程是：部分菌丝体的分枝分别形成多核、较小的雄器和较大产囊体，雄器与产囊体上的受精丝接触，雄器中的细胞核通过受精丝进入产囊体，与其中的细胞核配对后形成成堆的双核，随后在产囊体的顶端形成产囊丝，产囊丝经过减数分裂产生子囊，子囊中形成子囊孢子。在子囊和子囊孢子的形成过程中，外部的菌丝体形成包被的保护组织，整个结构构成一个子实体，称为子囊果（ascocarp）。子囊果主要有四种类型（图 2-43）：①子囊果包被是完全封闭的，无固定孔口的闭囊壳；②子囊果包被有固定孔口的子囊壳；③子囊果呈盘状的子囊盘；④子囊单独、成束或成排地着生在子座内的子囊果类型称子囊座。寄生植物的子囊菌形成子囊果后，往往在病组织表面形成小黑点状的病症。子囊孢子成熟后靠子囊吸水增加膨压，强力将子囊和子囊果破裂，或通过子囊上的孔口释放出来。释放出的子囊孢子在合适条件下萌发芽管，长成新菌丝体。

（4）担孢子（basidiospore） 担孢子是担子菌亚门霉菌产生的有性孢子。担孢子着生在一种被称为担子的结构上，因此称为担孢子，每个担子上通常着生 4 个担孢子（图 2-44）。担孢子多为圆形、椭圆形、肾形和腊肠形。在担子菌中，两性器官多退化，以菌丝结合的方式产生双核菌丝，双核菌丝通过一个特殊的机制——锁状联合（图 2-61）蔓延生长。双核菌丝发育到一定时期，菌丝顶端的双核细胞膨大为担子，担子内的两个异核经融合后形成一个二倍体的细胞核，经减数分裂后形成 4 个单倍体的子核，同时在担子顶端长出 4 个小梗，小梗顶端稍微膨大，最后 4 个子核分别进入小梗的膨大部位，形成 4 个外生的单倍体的担孢子。担子在一定结构中排列成层，形成担子果。蘑菇和木耳就是人们最熟知的担子果。担孢子靠弹射或其它机制自行脱落。

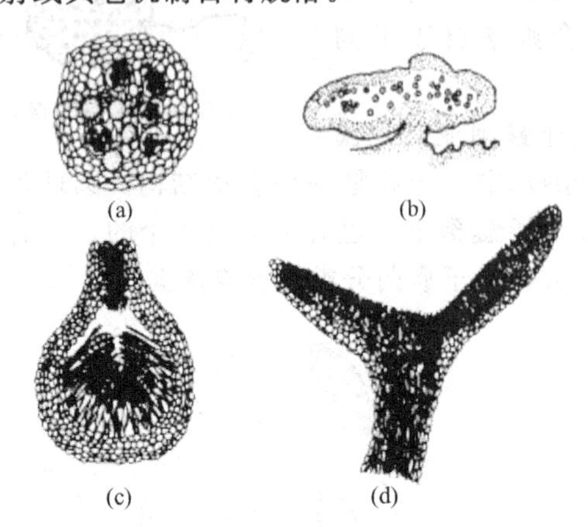

图 2-43　子囊果的类型

(a) 闭囊壳；(b) 子囊座；(c) 子囊壳；(d) 子囊盘

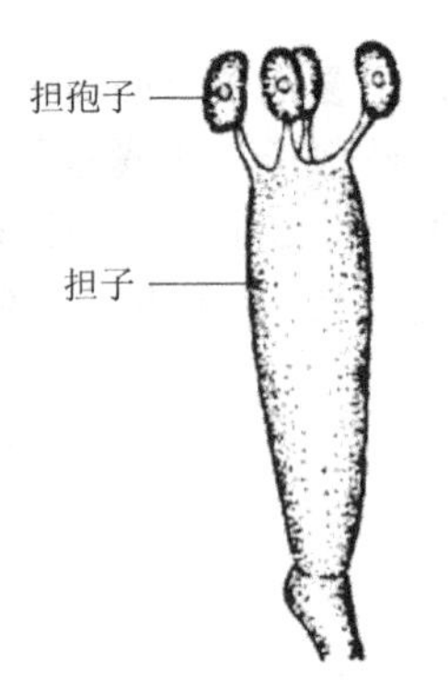

图 2-44　担子和担孢子

(三) 主要类群及其代表

1. 鞭毛菌亚门

鞭毛菌亚门（Mastigomycotina）霉菌的共同特征是无性繁殖产生具 1～2 根鞭毛的游动孢子，因此通常称作鞭毛菌。鞭毛菌大多水生，少数两栖和陆生。营腐生或寄生，可引起植物病害。营养体是原生质团、单细胞或具有无横隔的菌丝，无性繁殖形成游动孢子，有性繁殖产生休眠孢子囊或卵孢子。鞭毛菌中重要的属有卵菌纲霜霉目中的疫霉属和霜霉属。

(1) 疫霉属（*Phytophthora*）　疫霉属（图 2-45）的特征是：产生的孢子囊呈近球形、卵形或梨形，游动孢子在孢子囊内形成；孢囊梗与菌丝有一定差异，比菌丝细（直径 2～4μm），少数形成有特殊分化的孢囊梗，许多种类的孢子囊有层出现象，如致病疫霉；藏卵器内有一个卵孢子，卵孢子壁光滑，雄器包裹在藏卵器的柄上或着生在藏卵器的侧面，以厚垣孢子或卵孢子在土壤中存活。疫霉属霉菌是重要的植物病原物，该属几乎都是植物病原菌，寄主范围很广，可以侵染植物地上和地下部分。大多是兼性寄生的，寄生性从较弱到接近专性寄生，少数种类至今仍不能在人工培养基上培养。疫霉为害植物，在病斑表面形成白色棉絮状物或霜状霉层，所引起的病害通常称为疫病。致病疫霉（*P. infestans*）是疫霉属的模式种，为害马铃薯、番茄等作物引起晚疫病。马铃薯晚疫病在温度偏低（15～18℃）、阴雨高湿的条件下发病严重。如在 1845～1846 年因该病引起了著名的爱尔兰大饥荒。

(2) 霜霉属（*Peronospora*）　霜霉属（图 2-46）是专性寄生菌，菌丝体为发达、无色的无隔菌丝体，在寄主组织的细胞间隙扩展，产生丝状、囊状或裂瓣状吸器，进入寄主细胞内吸收养分。无性繁殖时，菌丝体分化出孢囊梗，孢囊梗有明显、粗壮的主轴，上部进行数次左右对称的二叉状分枝，末端分枝的顶端尖锐，这是霜霉属的主要特征。孢子囊近卵形，成熟时容易脱落，萌发时直接产生芽管，只偶尔释放游动孢子。卵孢子产生在寄主体内，卵孢子壁平滑或具有网纹和瘤状突起。霜霉属真菌也是重要的植物病原物，寄生霜霉（*P. parasitica*）是霜霉属最常见的种，可以为害许多十字花科植物，引起霜霉病。寄生霜霉以孢子囊萌发的芽管从气孔或直接穿过表皮侵入叶片，由于病原菌在叶片内的扩展受到叶脉的限制，叶片上的病斑大多呈多角形；同时因成丛的孢囊梗和孢子囊从患病叶片背面气孔

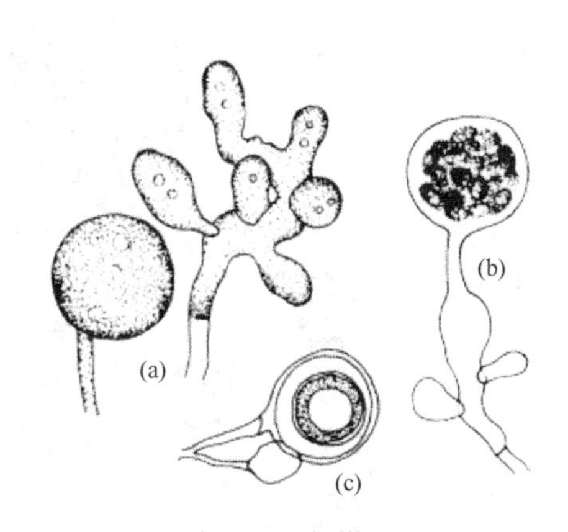

图 2-45 疫霉属
(a) 孢子囊梗和孢子囊；(b) 孢子囊萌发形成泡囊；
(c) 雄器和藏卵器

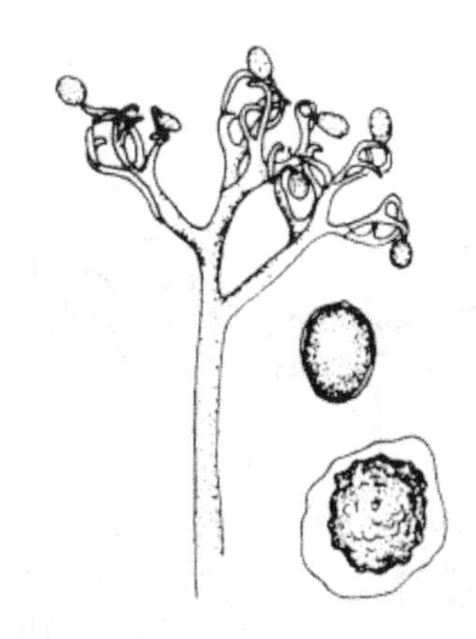

图 2-46 霜霉属的孢囊梗、孢子囊和卵孢子

伸出，因此在叶片叶斑背面有明显的霜状霉层；成熟的孢子囊随风传播，引起再侵染。低温高湿，特别是高湿有利于病害的发生，在适宜的条件下从侵入到发病只要几天的时间，除为害叶片外，还可为害茎和花序。

2. 接合菌亚门

接合菌亚门（Zygomycotina）真菌的共同特征是有性生殖产生接合孢子，通常称作接合菌。接合菌菌丝是无隔膜的，少数具隔膜。无性繁殖多数产生不具鞭毛不能游动的孢囊孢子，还有分生孢子、节孢子等。接合菌在自然界分布较广，空气中的接合菌是微生物实验室内的重要污染菌。大多数为腐生菌，腐生于土壤、植物残体和动物粪便中；少数是寄生菌，可以寄生在植物和昆虫体内，引起病害。接合菌的真菌在工业发酵上极为重要，能产生各种有机酸、氨基酸、酶类、维生素、生物碱及发酵食品等，如毛霉属（*Mucor*）真菌是豆制食品腐乳、豆豉等的制作菌。一些接合菌常引起贮藏的甘薯、果品、蔬菜等的腐烂；寄生于昆虫的接合菌主要分布于虫霉目（Entomophthorales）。

（1）根霉属（*Rhizopus*） 根霉属的典型特征是菌丝分化出假根和匍匐菌丝，孢囊梗单生或丛生，与假根对生，顶端着生球状的孢子囊，孢子囊内有许多孢囊孢子（图 2-47）。广泛分布于自然界，土壤、空气中都有很多根霉孢子，是实验室常见的污染菌。经常出现在淀粉质食品上，引起馒头、面包等发霉变质，俗称面包霉。根霉分解淀粉的能力强，在代谢过程中能产生淀粉酶和糖化酶，是酿造业中著名的生产菌种，存在于酒药和酒曲中，它也能分解蛋白质供大豆加工用，有的菌种能转化甾族化合物，产生脂肪酶和有机酸，也是发酵工业中应用的重要的菌种，常见的有匍枝根霉（*R. stolonifer*）、米根霉（*R. oryzae*）等。根霉大多为腐生菌，有些种对植物有一定的寄生性，如匐枝根霉可引起贮藏甘薯的甘薯软腐病。

（2）虫霉属（*Entomophthora*） 虫霉属主要寄生于昆虫，引起昆虫病害，该属全部为昆虫的专性病原菌，可用作害虫的生防菌。菌丝体全部或部分断裂成多核菌段，即虫菌体。分生孢子光滑，生于寄主体外，弹射释放。配子囊等大或不等大或缺，有性生殖产生接合孢子，从两接合细胞的侧芽上产生。常见的种如蝇虫霉（*E. muscae*）（图 2-48），寄生在苍蝇上，被害的苍蝇常贴附在玻璃窗上，寄主的周围由于散射的孢子而形成白色的晕。

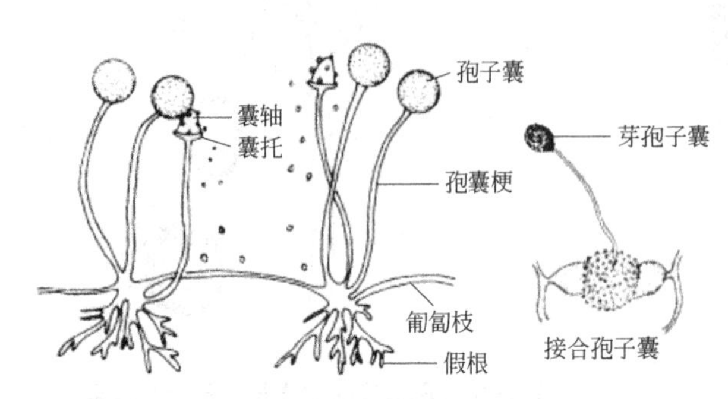

图 2-47 根霉的形态和构造

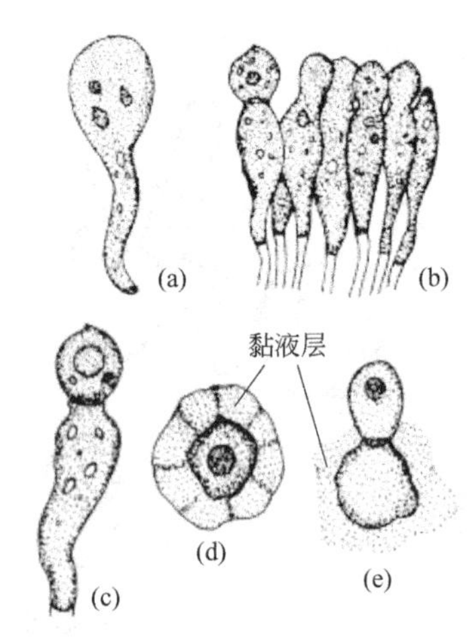

图 2-48 蝇虫霉

(a) 正在发芽的虫菌体；(b) 分生孢子梗；(c) 将要射出的分生孢子；(d) 脱落的分生孢子；(e) 正在发芽的分生孢子

3. 子囊菌亚门

子囊菌亚门（Ascomycotina）霉菌一般称作子囊菌，是一类高等霉菌，种类繁多，它们的共同特征是有性生殖形成子囊孢子，通常称为子囊菌。子囊菌的营养体除酵母菌为单细胞外，大多数具有发达的菌丝体，菌丝有隔膜。无性繁殖主要是在分生孢子梗上形成各种分生孢子。子囊菌大都是陆生，营养方式有腐生、寄生和共生，有许多是植物病原菌。腐生的子囊菌可以引起木材、食品、布匹和皮革的霉烂以及动植物残体的分解；有些菌种可用于生产有机酸、抗生素、激素，或用于酿造业，还有些可以食用（如羊肚菌、块菌），冬虫夏草则是名贵的药材，少数子囊菌和藻类共生形成地衣。寄生植物的子囊菌多引起根腐、茎腐、果（穗）腐、枝枯和叶斑等症状。

(1) 脉孢菌属（*Neurospora*） 脉孢菌（图 2-49）菌丝体有横隔、多核，由分枝的菌丝组成。无性繁殖产生分生孢子，分生孢子梗直立，二叉分枝、分枝上成串生长分生孢子，分生孢子呈橘红色；有性生殖产生子囊和子囊孢子，子囊黑色、棒形、内生 8 个长圆形子囊孢子，子囊孢子表面有纵行花纹，形似叶脉，故称脉孢菌。一般情况下进行无性繁殖，很少进

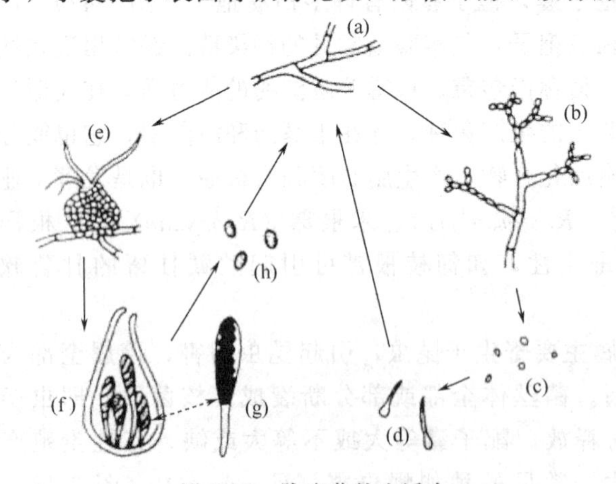

图 2-49 脉孢菌的生活史

(a) 菌丝；(b) 具分生孢子的菌丝；(c) 分生孢子；(d) 分生孢子萌发；(e) 原子囊壳；(f) 子囊壳；(g) 子囊；(h) 子囊孢子

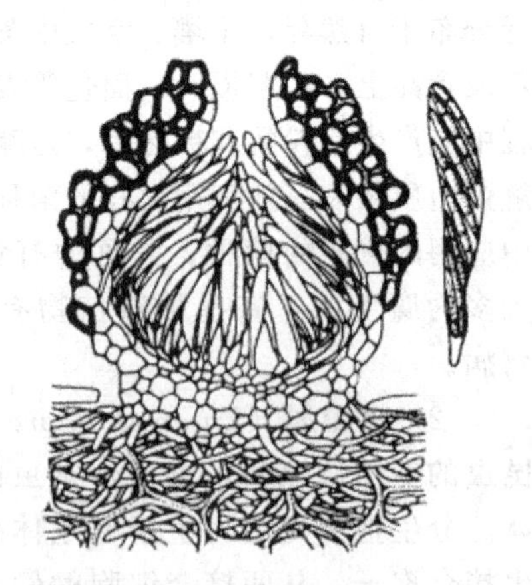

图 2-50 赤霉属的子囊壳和子囊

行有性繁殖。常用的菌种有好食脉孢菌（*N. sitophila*）和粗糙脉孢菌（*N. crassa*）等。脉孢菌是重要的遗传学和生化途径研究材料。有的脉孢菌种造成食物腐败，有的用于工业发酵，有的菌体内含丰富的蛋白质和维生素 B_{12}，可作饲料用。它们在自然界分布广泛，是微生物实验室的常见污染菌，也是土壤、空气或发霉的玉米轴上的习居菌。

（2）赤霉属（*Gibberela*） 赤霉菌（图 2-50）多寄生在植物体内，菌丝在寄主体内蔓延，并在寄主表面产生大量白色或粉红色分生孢子。赤霉菌的无性过程产生分生孢子，其分生孢子阶段大都属于镰孢菌属（*Fusarium*）；赤霉菌的有性生殖是形成子囊和子囊孢子，子囊生长在子囊壳内，子囊壳散生或聚生，壳壁蓝色或紫色，子囊长棒状，内含 8 个子囊孢子，子囊孢子 2～3 个隔膜，梭形、无色。赤霉属包括许多寄生于植物的病菌，如引起小麦和玉米赤霉病的玉蜀黍赤霉（*G. zeae*）、引起水稻恶苗病的藤仓赤霉（*G. fujikurio*）等。藤仓赤霉也就是赤霉素的产生菌。

（3）虫草属（*Cordyceps*） 本属最常见的是冬虫夏草（*C. sinensis*）（图 2-51），它寄生在鳞翅目昆虫（主要是尺蠖）的幼虫上，把虫体变成充满菌丝的僵虫，这是菌核部分，被害的昆虫冬天进入土内，夏天虫草菌从被害虫体中生出一有柄棍棒形的子座（即所谓的草）。子座单个，罕见 2～3 个，长 4～11cm，基部粗 1.5～4mm，向上渐细，头部不膨大或膨大呈圆柱形，褐色，初期内部充实，后变中空。在子座顶端膨大部分的边缘内形成许多子囊壳，子囊壳椭圆形至卵形，基部稍陷于子座内。子囊产生在子囊壳内，细长，每个子囊内含有 2 个具隔膜的子囊孢子，子囊孢子透明，线状。冬虫夏草是我国特产的名贵药材，是一种补药，具有补精益髓、保肺、益肾、止血化痰、止咳等功效，主要分布在我国青藏高原边缘的四川、云南、甘肃、青海、西藏等地。

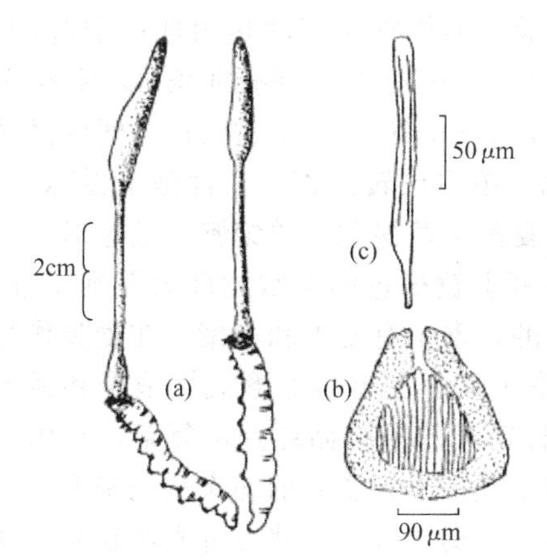

图 2-51 冬虫夏草
（a）菌核及子座；（b）子囊壳（内含子囊）；
（c）子囊（内含子囊孢子）

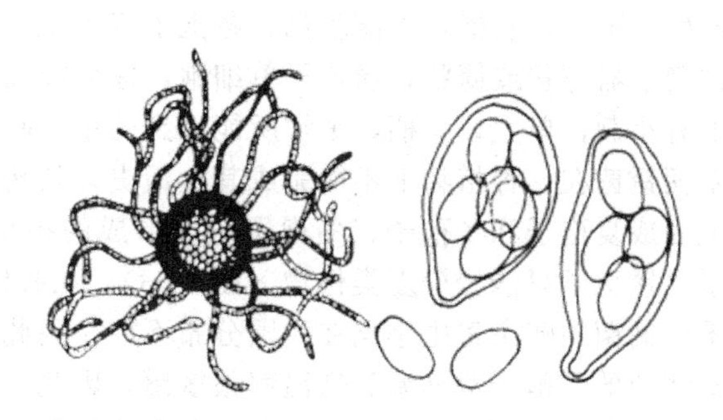
图 2-52 白粉菌属的闭囊壳、子囊和子囊孢子

（4）白粉菌属（*Erysiphales*） 白粉菌属是高等植物的专性寄生菌，引起植物的病害症状因似白粉，故称白粉病。白粉菌（图 2-52）菌丝无色透明（少数褐色），大都生长在寄主的表面，从上面产生球状或指状的吸器，伸入寄主表皮细胞中。无性繁殖是从菌丝体上形成分生孢子梗，上面形成单个或成串的分生孢子，分生孢子单胞、椭圆形或其它形状。有性繁殖产生闭囊壳，成熟的闭囊壳球形或近球形，四周或顶端有菌丝状的附属丝，闭囊壳内含多个子囊，闭囊壳用肉眼看呈小黑粒或小黑点状，子囊内含 2～8 个子囊孢子。白粉菌在世界各地均有分布，在温带比热带发育好，在热带往往只能进行无性繁殖，而不产生或很少产生闭囊壳，有性世代只在温带发生。白粉菌喜欢比较温凉的环境，能耐干旱的气候，即使在无

雨的季节发育仍十分繁茂。白粉菌属是白粉菌科中寄生植物种类最多的一个属，已报道的寄主至少包括80科近600属，有些是重要的经济作物，如蓼白粉菌（*E. polygoni*）、二孢白粉菌（*E. cichoracearum*）为害烟草、芝麻、向日葵及瓜类植物等。

4. 担子菌亚门

担子菌亚门（Basidiomycotina）霉菌一般称作担子菌，是霉菌中最高等的类群。担子菌亚门霉菌的共同特征是：有性生殖产生担孢子，担孢子着生在担子上，每个担子上一般形成4个担孢子；担子菌的菌丝发达，分枝、有隔膜、单倍体。在担子菌的发育过程中可发现两种性质不同的菌丝，即初生菌丝和次生菌丝。次生菌丝来源于初生菌丝，是经过性别不同的两初生菌丝的结合而形成的双核菌丝，一般看到的担子菌的营养菌丝就是这种双核次生菌丝。大多数担子菌的双核细胞菌丝形成紧密的子实体（担子果），也就是常见的蕈子。大多数担子菌的无性过程不发达或不发生。担子菌分布很广，腐生、寄生或共生，与人类的关系很密切。一方面，许多担子菌是食用菌和药用菌，如平菇、香菇、木耳等。另一方面，有害的担子菌如锈菌和黑粉菌，可引起作物得锈病和黑粉病，造成严重的经济损失；有些担子菌能引起森林和园林植物病害，许多大型的腐生担子菌能引致木材腐烂，常常造成较大的经济损失。也有一些担子菌能与植物共生形成菌根。

（1）柄锈菌属（*Puccinia*） 锈菌主要为害植物茎、叶，大部分引起局部侵染，在病斑表面往往形成锈状物的病症，所引起的病害一般称为锈病，影响寄主的蒸腾作用和光合作用，引起农作物严重的损失。以前认为是锈菌专性寄生菌，不能在培养基上生长，但已人为地在人工合成培养基上培养了部分锈菌。锈菌的生活史是复杂的，典型的锈菌在生活史中有五种孢子类型：性孢子、锈孢子、夏孢子、冬孢子和担孢子。柄锈菌属是锈菌中一个很大的属，包含3000多种，可为害很多科的高等植物，许多禾谷类作物锈病即是由此属引起的，如引起小麦秆锈病的禾柄锈菌（*P. graminis*）、引起小麦条锈病的条形柄锈菌（*P. striiformis*）、引起小麦叶锈病的小麦隐匿柄锈菌（*P. recondite* f. sp. *tritici*）。柄锈菌属产生冬孢子，有柄，不能胶化，冬孢子双细胞，深褐色，单主或转主寄生；性孢子器球形；锈孢子器杯状或筒状，锈孢子单细胞，球形或椭圆形；夏孢子黄褐色，单细胞，近球形，壁上有小刺，单生，有柄，平常所能见到的小麦叶片或茎秆上黄褐色的锈状物即为夏孢子堆。禾柄锈菌在一种植物上不能完成其生活史，是转主寄生的，寄主有麦类和小檗，在麦类作物上形成夏孢子和冬孢子，冬孢子萌发形成的担孢子侵染小檗，在小檗上形成性孢子和锈孢子，锈孢子只能侵染麦类作物（图2-53）。在我国小麦秆锈病的侵染循环并不复杂，是由于禾柄锈菌的转主寄主小檗在我国分布不广，因此在我国以夏孢子为主要的初次侵染来源。禾柄锈菌的夏孢子对高温和低温都很敏感，因此，一般认为禾柄锈菌是在北方春麦区越夏，秋季自北向南传到冬麦区，而在南方冬麦区越冬；第二年春天自南向北传到冬麦区，再进一步传到北方春麦区，并在春麦区越夏。

（2）黑粉菌属（*Ustilago*） 黑粉菌是一群重要的植物病原菌，为害寄主植物时，通常在发病部位形成黑色粉状物的病症，黑色粉状物即黑粉菌的冬孢子（也称厚垣孢子）所引起的病害一般称作黑粉病。黑粉菌大多为兼性寄生，寄生性较强，大多数可以在人工培养基上生长，但只有少数能在人工培养基上完成生活史。黑粉菌主要为害种子植物，在禾本科和莎草科植物上为害较多，多半引起全株性侵染，也有局部性侵染的，在寄主的花期、苗期和生长期均可侵入。为害农作物的属尤以黑粉菌属最为重要，黑粉菌属的特征是：冬孢子堆黑褐色，成熟时呈粉状，冬孢子堆产生于寄主的各个部位，但常在花器，冬孢子散生，单细胞，球形或近球形，直径大多4～8μm，壁光滑或有多种饰纹，萌发产生的担子有隔膜；担孢子侧生或顶生；有些种的冬孢子直接产生芽管，进而变成侵染丝，而不是担孢子。黑粉菌属寄

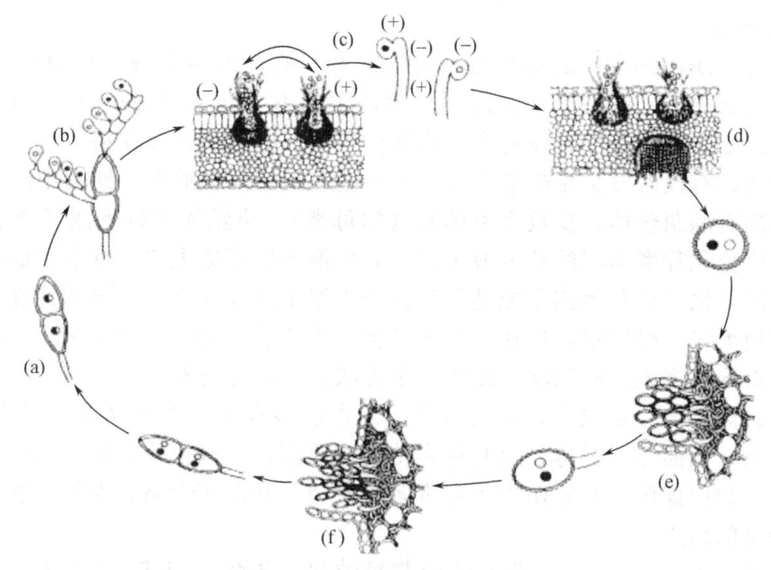

图 2-53 禾柄锈菌的生活史

(a) 成熟的二倍体冬孢子；(b) 长有担孢子的担子；(c) 小檗上的性孢子器阶段；(d) 小檗上的锈孢子器阶段；(e) 小麦上的夏孢子堆阶段；(f) 小麦上的冬孢子阶段

生在禾本科植物上较多，其中不少是重要的植物病原菌，如引起小麦散黑穗病的小麦散黑粉菌（*U. tritici*）、大麦散黑穗病的裸黑粉菌（*U. nudda*）、玉米瘤黑粉病的玉蜀黍黑粉菌（*U. maydis*）和大麦坚黑粉病的大麦坚黑粉菌（*U. hordei*）。各种黑粉菌的生活史虽然相似，但侵染方式是不同的。小麦、大麦散黑粉病是从花器侵入的，侵入后菌丝潜伏在麦粒的胚部，种子萌发时侵入生长点而引起全株性感染。玉蜀黍黑粉菌以担孢子在植物生长期侵入，引起局部性的感染形成肿瘤（图 2-54）。

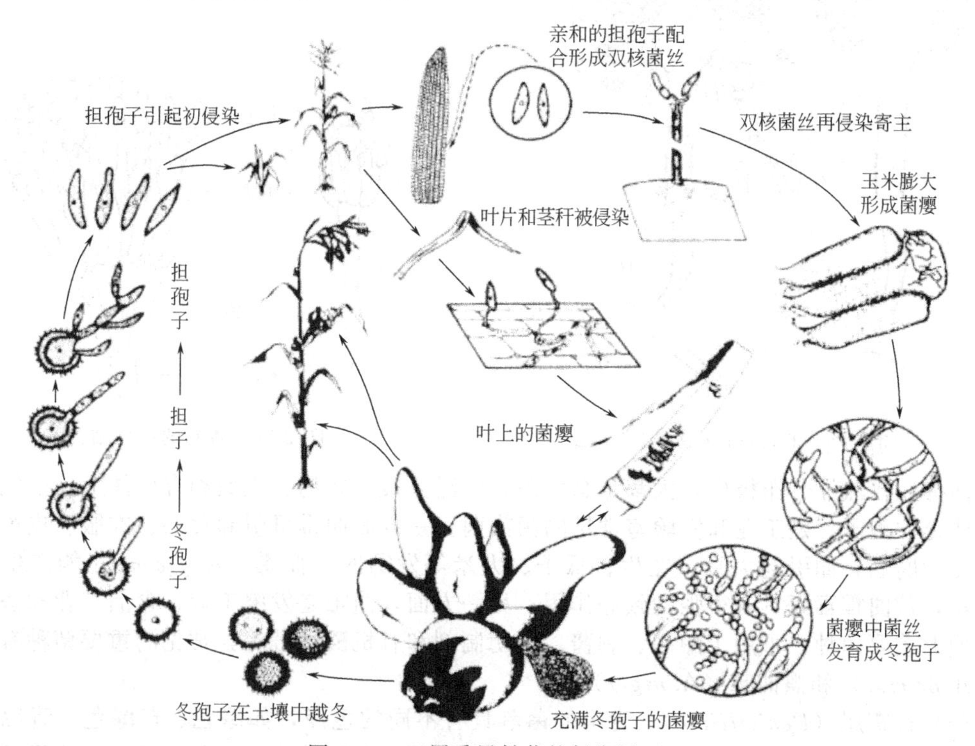

图 2-54 玉蜀黍黑粉菌的侵染循环

5. 半知菌亚门

半知菌亚门（Deuteromycotina）霉菌包括那些只有无性阶段或有性阶段尚未发现的霉菌，由于对其生活史只了解一半，故这类霉菌通常称为半知菌（fungi imperfecti）。严格地说，半知菌只包括未发现有性阶段的子囊菌和担子菌，但习惯上往往将一些无性阶段发达而且具有经济意义，有性阶段少见或不重要的子囊菌和担子菌都放在半知菌中。半知菌的营养体大多为发达的有隔菌丝体，少数为单细胞（酵母类），菌丝体可以形成子座、菌核等菌组织，也可以形成分化程度不同的分生孢子梗。分生孢子梗有散生的，有聚生成分生孢子梗束或分生孢子座的，也有些分生孢子梗是着生在分生孢子盘或分生孢子器的特殊结构上的。半知菌的无性繁殖大多十分发达，即在分生孢子梗上产生分生孢子。分生孢子形态变化很大，可分为单胞、双胞、多胞、砖隔状、线状、螺旋状和星状等类型。

半知菌在自然界的分布很广，种类繁多，约占已知真菌的30%左右。半知菌中有许多重要的工业霉菌，如曲霉、青霉；也有许多植物病原菌，如镰孢菌、炭疽菌；有的半知菌可用于生物防治，如白僵菌。半知菌中也有许多腐生菌，常败坏食品、衣物、器材；有些还是工业上和实验室的污染菌。

（1）曲霉属（*Aspergillus*） 曲霉的菌落呈绒状，毡状或絮状，并有各种不同的颜色。菌丝有横隔。分生孢子梗从特化的厚壁而膨大的菌丝细胞（足细胞）垂直生出，不分枝，无横隔，光滑、粗糙或有疣点，分生孢子梗顶端膨大呈半球形、圆形、椭圆形或棍棒状，称为顶囊，在顶囊表面辐射状长满一层或两层小梗，下层小梗称初生小梗，柱状；上层小梗称次生小梗，瓶状；瓶状小梗顶端生成串的球形分生孢子（图2-55）。已知有些曲霉菌种的有性阶段为子囊菌，但不易产生。

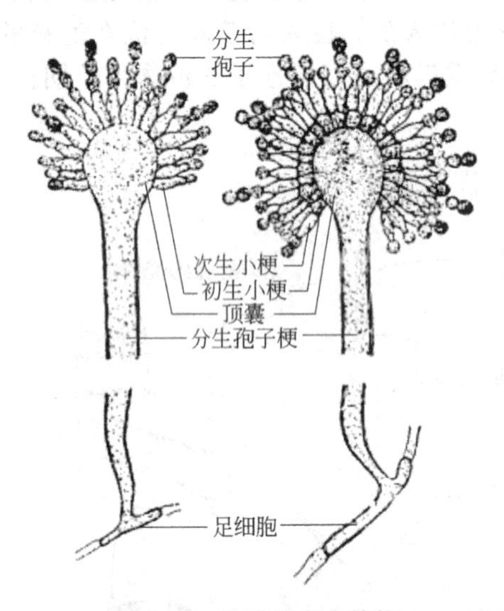

图2-55 曲霉的产孢结构

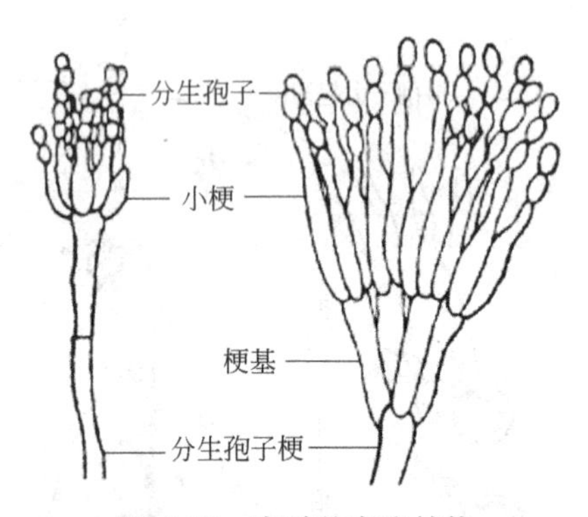

图2-56 青霉的产孢结构

曲霉在自然界分布极广，大都是腐生菌，广泛分布在谷物、土壤和有机体上，空气中经常有曲霉的孢子，是工业和实验室常见的污染菌。一方面曲霉可引起食品、衣服、皮革等物品发霉、腐烂，如引起大豆、花生、瓜子、大米等发霉的黄曲霉（*A. flavus*）能产生黄曲霉毒素，黄曲霉毒素具有很强的致癌作用；另一方面，曲霉是发酵工业、食品工业和医药工业方面的重要菌种，可用于酿酒、制酱、制酶制剂和有机酸发酵等，常见的重要菌种有米曲霉（*A. oryzae*）和黑曲霉（*A. niger*）等。

（2）青霉属（*Penicillium*） 青霉的菌落具有不同的色泽，如绿色、黄绿色、青绿色或灰绿色等。菌丝无色、淡色或有鲜艳的颜色，具横隔。菌丝体产生长而直的分生孢子梗，上半部分产生几轮对称或不对称的小梗，小梗顶端着生成串的球状至卵形的分生孢子，整个产孢结构形如扫帚（图 2-56）。青霉和曲霉形态上的区别在于：青霉没有足细胞，分生孢子梗顶端不膨大成顶囊。

青霉广泛分布在土壤、空气、水果和粮食上，也是工业和实验室常见的污染菌，有的种与动物、人的疾病有关。很多青霉能引起植物病害，主要是为害水果，青霉在腐烂柑橘皮上极易生长，呈青绿色，即柑橘青霉病。另外，青霉也是工业上经济价值很高的菌种，例如有些青霉能产生柠檬酸、延胡索酸、草酸、葡萄糖酸等有机酸，也可用于食品发酵，青霉素、灰黄霉素等抗生素也是青霉产生的，常见的重要菌种有产黄青霉（*P. chrysogenum*）、点青霉（*P. notatum*）等，它们都是产生青霉素的菌种。

（3）镰孢菌属（*Fusarium*） 镰孢菌属气生菌丝在固体培养基上铺散成平坦的绒毛状，菌落为白色、粉红色、红色、紫色、黄色等各种颜色，有些种还能分泌色素到培养基中。分生孢子梗无色，在自然情况下常结合成分生孢子座。产生大小两种类型的分生孢子（图 2-57）：大分生孢子多细胞，镰刀形，无色；小分生孢子单细胞，少数双细胞，卵圆形或椭圆形，单生或串生。有些种类在菌丝或大型分生孢子上产生近球形的厚垣孢子。该属的种类很多，在自然界分布很广，有腐生的和寄生的，大都是土壤习居菌，菌丝体和厚垣孢子可以在土壤中长期存活。寄生性的镰孢菌可为害 50 多科植物，主要引起根腐、茎腐、穗腐、果腐、块根或块茎的腐烂。瓜类、棉花等的枯萎病就是镰孢菌侵染植物维管束组织引起的严重病害。农民所谓的“西瓜重茬病”即指西瓜枯萎病，导致同一块田地需要与其它非瓜类作物轮作 6 年以上才可再种植西瓜。有些镰孢菌也是人和动物的致病菌，甚至有些镰孢菌可以产生真菌毒素。

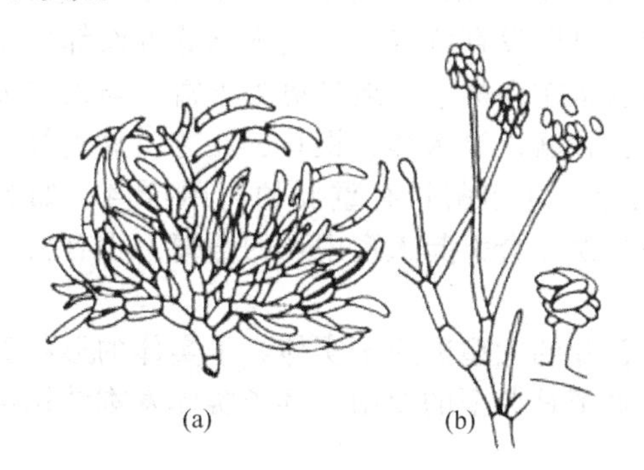

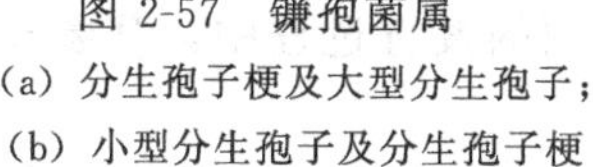
图 2-57 镰孢菌属
（a）分生孢子梗及大型分生孢子；
（b）小型分生孢子及分生孢子梗

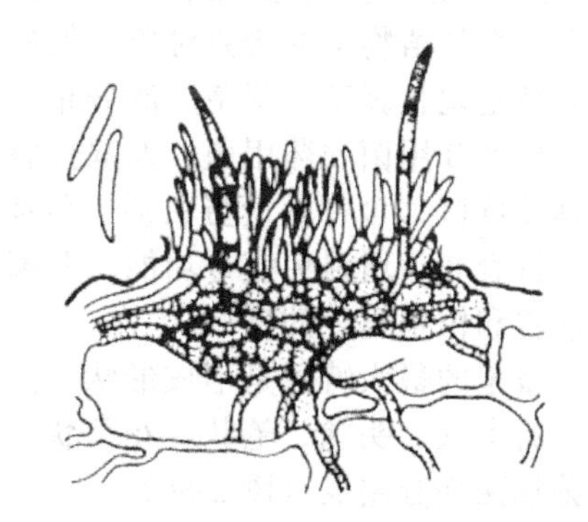
图 2-58 炭疽菌属的分生孢子盘和分生孢子

（4）炭疽菌属（*Colletotrichum*） 炭疽菌属是重要的植物病原菌（图 2-58）。其特征是：分生孢子盘生于寄主角质层下或表皮下，黑褐色，成熟时突破寄主表皮外露，盘上有时产生褐色、有分隔、表面光滑、顶部渐尖的刚毛；分生孢子梗无色至褐色，具分隔，紧密地排列在分生孢子盘内；分生孢子无色，单胞，长椭圆形或新月形，萌发后芽管顶端产生附着胞。炭疽菌属的有性阶段是子囊菌。炭疽菌属的寄主范围很广，可造成禾本科、果树、蔬菜及经济植物病害，患病组织迅速死亡，这类病害称为炭疽病。其中最常见的是胶孢炭疽菌（*C. gleosporidea*），引起苹果、梨、葡萄、冬瓜、黄瓜、辣椒、茄子等十多种果树和蔬菜的炭疽病。炭疽菌的某些种目前已用于生物防治，中国成功利用的第一个微生物除草剂“鲁保一号”，就是从菟丝子上分离的炭疽菌，用于防治大豆菟丝子。

（5）白僵菌属（*Beauveria*） 白僵菌（图 2-59）是常见的昆虫寄生菌，菌丝无色透明，具隔膜，有分枝，较细，直径 1.5～2μm。以分生孢子进行无性繁殖，分生孢子着生在多次分叉的分生孢子梗顶端，并聚集成团，孢子是球状至卵形的无色单胞，直径 2～2.5μm。白僵菌的孢子在昆虫体上萌发后，可穿过体壁进入虫体内大量繁殖，使其死亡，虫体僵直，同时白色的菌丝长满昆虫体表，故将该菌称为白僵菌。白僵菌已广泛用于杀灭农林害虫，对鳞翅目及半翅目的许多种类害虫有很好的防效，但是白僵菌对家蚕也有杀害作用。重要的种有球孢白僵菌（*B. bassiana*）、卵孢白僵菌（*B. tenalla*）和小球孢白僵菌（*B. globulifera*）。

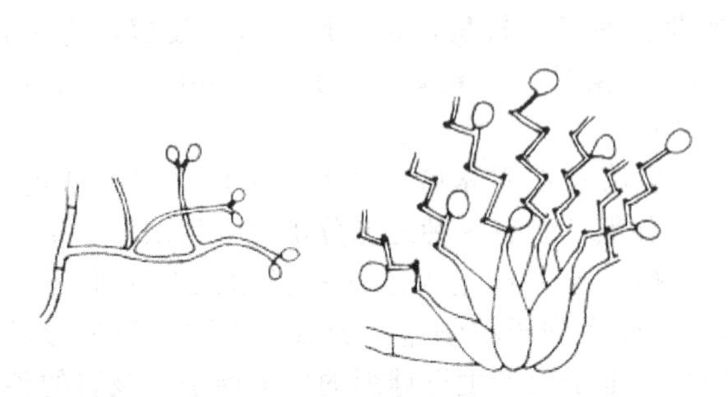

图 2-59　球孢白僵菌各种形态的分生孢子梗和分生孢子

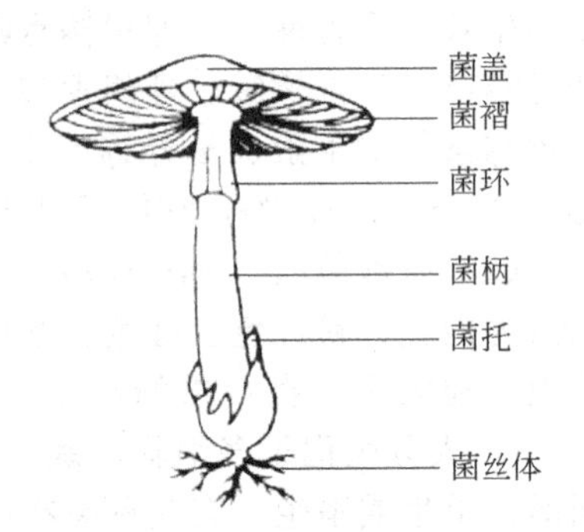

图 2-60　伞菌子实体的结构

三、蕈菌

蕈菌（mushroom）又称大型真菌、伞菌等，也是一个通俗名称，通常指那些能形成大型肉质子实体的真菌，菌体大小约为（3～18)cm×(4～20)cm，有的更大。在分类学上主要属于担子菌亚门，极少数属于子囊菌亚门，均为丝状真菌。从外表来看，蕈菌不像微生物，过去一直是植物学的研究对象，但从细胞结构、早期发育特点、历史进化等方面都可以证实蕈菌就是丝状真菌。蕈菌广泛分布于各处，特别是在森林落叶地带更为丰富，与人类关系密切，包括食用菌和药用菌，如双孢蘑菇、草菇、香菇、黑木耳、银耳、灵芝、猴头等。食用菌鲜美可口，含有大量蛋白质、维生素、多糖等；药用菌具有重要的药用价值，如具有抗癌、抗衰老、增强免疫等功能。蕈菌中还有一些误食会引起人畜中毒的毒蕈，也有会引起树木病害和树木腐烂的害蕈。

蕈菌的最大特征是形成形状、大小、颜色各异的大型肉质子实体，子实体的形状五花八门，有伞状、头状、笔状、花朵状、舌状等。伞菌是典型的蕈菌，其子实体基本结构由菌盖和菌柄两部分组成（图 2-60）。

蕈菌和霉菌一样，也形成绒毛状的菌丝体。在蕈菌的发育过程中，其菌丝的分化可明显地分成如下 5 个阶段。

① 形成一级菌丝　担孢子萌发，形成由许多单核细胞构成的菌丝，称为一级菌丝或初生菌丝。

② 形成二级菌丝　不同性别的两个一级菌丝发生接合后，通过质配形成了由双核细胞构成的二级菌丝，也称次生菌丝，它通过独特的“锁状联合”，即形成喙状突起而联合两个细胞的方式不断地使双核细胞分裂，从而使菌丝尖端不断向前延伸，蕈菌的二级菌丝十分发达，一般见到的蕈菌营养菌丝就是二级菌丝体。

③ 形成三级菌丝　条件合适时，大量二级菌丝分化为多种菌丝束，即为三级菌丝。

④ 形成子实体　菌丝束在适宜条件下会形成菌蕾，然后再分化，膨大成大型子实体。

⑤ 产生担孢子　子实体成熟后，双核菌丝的顶端膨大，其中的两个核融合成一个新核，发生核配，新核经两次分裂（其中一次为减数分裂），产生 4 个单倍体子核，同时顶细胞膨大变成担子，然后担子生出 4 个小梗，小梗顶端稍微膨大，4 个子核分别进入 4 个小梗内，此后每核各发育成为一个担孢子［图 2-61（b)］。

锁状联合是担子菌形成由双核细胞构成的二级菌丝的特殊方式，其过程［图 2-61（a）］是：当双核细胞分裂时，菌丝细胞在两核之间生出一个喙状突起；细胞中的一个核进入突起中，另一个仍留在菌丝里，两核同时分裂成 4 个核；分裂后喙状突起中的两个核，一核仍留在突起中，另一核进入菌丝细胞前端；而原来留在菌丝细胞中的核分裂后，一核向前移，另一核留在后面；此时喙状突起向下弯曲与菌丝细胞壁接触，接触处细胞壁溶化，成为一“桥”形，同时在喙状突起的基部产生一个隔膜；最后突起中的核由菌丝细胞壁溶化处进入菌丝细胞，在“桥”的下方菌丝内产生一横隔，将菌丝细胞分裂成两个子细胞；每一子细胞中具有来源于父母亲本的两个核，最终在菌丝上就增加了一个双核细胞。

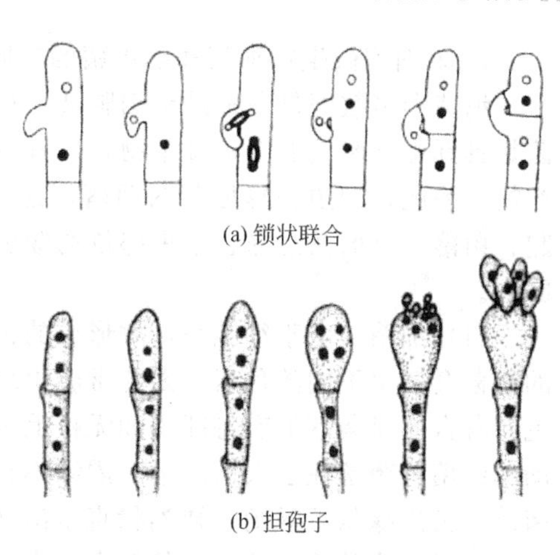

(a) 锁状联合

(b) 担孢子

图 2-61　锁状联合和担孢子的形成

四、四大类微生物的细胞形态和菌落特征比较

原核微生物的细菌和放线菌，真核微生物的酵母菌和霉菌，是细胞型微生物的主要类群，这四大类微生物在微观细胞形态和宏观菌落特征上各有自己的特点。细胞形态方面的区别是微生物的本质区别；微生物在微观上的差异表现在宏观上就出现菌落特征的不同。菌落特征是微生物鉴定的主要形态学指标，认识和掌握不同微生物类群的形态特征，在实验室和生产实践中有着重要的意义。现将四大类微生物细胞和菌落形态等特征作一比较，以利于识别和应用（表 2-5）。

表 2-5　四大类微生物细胞形态和菌落特征的比较

比较项目		单细胞微生物		菌丝状微生物	
		细菌	酵母菌	放线菌	霉菌
细胞特征	细胞核	原核	真核	原核	真核
	细胞相互关系	单个分散或以一定方式排列	单个分散或假丝状细胞	菌丝交织	菌丝交织
	细胞形态特征(高倍镜下)	小,均匀一团	大,有模糊轮廓	小,模糊丝状	大,有模糊轮廓
	细胞生长速率	一般很快	较快	慢	一般较快
菌落特征	外观形态	小而突起或大而平坦	大而突起	小而紧密	大而疏松或大而致密
	含水状态及菌落表面	很湿或较湿,表面黏稠	较湿	干燥或较干燥,表面粉末状	干燥,表面棉絮状
	与培养基结合程度	不紧密	不紧密	牢固结合	较牢固结合
	透明度	透明或稍透明	稍透明	不透明	不透明
	颜色	多样	单调,多呈乳脂或矿蜡色,少数红或黑色	十分多样	十分多样
	正反面颜色差别	相同	相同	一般不同	一般不同
	边缘(低倍镜下)	一般看不到细胞	可见球形、卵圆状或假丝状细胞	有时可见模糊细丝状细胞	可见粗丝状细胞
培养气味		常有臭味	多有酒香味	常有土腥味	常有霉味

1. 单细胞微生物细菌和酵母菌的异同

细菌和多数酵母菌都是单细胞微生物，但细菌为不具真正细胞核的原核微生物，而酵母菌是具真正细胞核的真核微生物，二者的菌落中各细胞间都充满毛细管水、养料和某些代谢产物，因此，细菌和酵母菌的菌落形态具有类似的特征，如湿润、较光滑、较透明、易挑起、菌落正反面及边缘、中央部位的颜色一致，且菌落质地较均匀等。二者之间也具明显的区别。

(1) 细菌　由于细胞小，故形成的菌落也较小、较薄、较透明，且有“细腻”感，不同的细菌会产生不同的色素，因此常会出现五颜六色的菌落。此外具有特殊细胞结构的细菌，也有各自明显菌落形态特征。如无鞭毛不能运动的细菌其菌落外形较圆而凸起，有鞭毛能运动的细菌其菌落往往大而扁平，周缘不整齐，而运动能力特强的细菌则出现更大、更扁平的菌落，其边缘从不规则、缺刻状直至出现迁移性的菌落；有荚膜的细菌，其菌落往往十分光滑，并呈透明的蛋清状，形状较大；产芽孢的细菌，产生了既粗糙、多褶、不透明，又有外形及边缘不规则特征的独特菌落。细菌还常因分解含氮有机物而产生臭味，这也有助于菌落的识别。

(2) 酵母菌　由于细胞较大（直径约比细菌大10倍）且不能运动，故其菌落一般比细菌大、厚，而且透明度较差。酵母菌产生色素较为单一，通常呈乳脂或矿蜡色，少数为橙红色，个别为黑色。但也有例外，如假丝酵母因形成藕节状的假菌丝，故细胞易向外圈蔓延造成菌落大而扁平和边缘不整齐等特有形态。酵母菌因普遍能发酵含碳有机物而产生醇类，故其菌落常有酒香味，这也是区别细菌的典型特征。

2. 菌丝状微生物放线菌和霉菌的异同

原核微生物放线菌和真核微生物霉菌的细胞都是丝状的，但霉菌菌丝直径比放线菌大得多，当生长于固体培养基上时二者都有基内菌丝和气生菌丝的分化，气生菌丝之间无毛细管水，因此菌落外观呈干燥、不透明的丝状、绒毛状或絮状等特征。由于基内菌丝伸入培养基中使菌落和培养基连接紧密，故菌丝不易被挑起，同时气生菌丝、孢子和基内菌丝颜色不同，常使菌落正反面呈不同的颜色。二者菌落的颜色都十分多样，且丝状微生物是以菌丝顶端延长的方式进行生长的，越近菌落中心的气生菌丝其生理年龄越大，也越早分化出产孢结构或分生孢子，从而反映在菌落颜色上的变化，一般情况下，菌落中心的颜色常比边缘深，有些甚至出现由浅到深的多层颜色轮纹。有些菌的气生菌丝在生长后期还会分泌液滴，因此，在菌落上出现“水珠”。二者之间的区别如下。

(1) 放线菌　放线菌菌丝纤细，生长较慢，气生菌丝生长后期逐渐分化出孢子丝，因此菌落较小，表面呈紧密的绒状或粉状等特征。由于菌丝伸入培养基中常使菌落边缘的培养基呈凹陷状。不少放线菌还产生特殊的土腥味。

(2) 霉菌　霉菌的菌丝一般较放线菌粗（几倍）且长（几倍至几十倍），其生长速率比放线菌快，故菌落大而疏松或大而紧密，有明显的絮状菌丝。由于气生菌丝会形成一定形状、构造和色泽的子实体，所以菌落表面往往有肉眼可见的构造和颜色。

第三节　非细胞微生物——病毒

病毒是广泛寄生在人、动物、植物、微生物细胞中的一类超显微生物，介于生命与无生命的交界处，是现代分子生物学中研究生命本质、遗传机制以及探讨大分子结构和功能关系等基本理论的重要材料。20世纪70年代以来，陆续发现了比病毒更小、结构更简单的亚病毒因子，如类病毒、卫星病毒、卫星RNA、朊病毒等，更是小分子核酸研究的重要模型。

因此，现代病毒学家已把病毒这类非细胞生物分为真病毒（简称病毒）和亚病毒两大类。在药学上可以利用病毒进行疫苗生产，在农业上昆虫病毒作为植物害虫的生物防治农药已经用于生产实践。

病毒给人类带来不利因素。病毒具有侵染性和传染性，所有类型的细胞型生物都能被病毒侵染，引起病毒性病害。病毒可引起人类严重的病害，如称为“非典”的严重急性呼吸道综合征（severe acute respiratory syndrome，SARS）、获得性免疫缺陷综合征（acquired immunodeficiency syndrome，AIDS）即艾滋病，以及天花、流感等病害。在种植业上植物病毒的为害也十分严重，特别是一些毁灭性病害，植物病毒病害的地位仅次于真菌病害，位于第二位，每年给农业生产造成重大损失，较常见的植物病毒如烟草花叶病毒（tobacco mosaic virus，TMV）、黄瓜花叶病毒（cucumber mosaic virus，CMV）、大麦黄矮病毒（barley yellow dwarf virus，BYDV）、花椰菜花叶病毒（cauliflower mosaic virus，CaMV）等。

一、病毒的形态结构和化学组成

病毒（virus）是只含一种核酸（DNA或RNA），专性活细胞寄生，借助寄主的代谢系统完成增殖的非细胞微生物。病毒区别于其它生物的主要特点：①无细胞结构，也称为分子生物；②个体极其微小，能通过细菌过滤器，需借助电子显微镜才能观察；③化学组分简单，一些简单的病毒仅由核酸和蛋白质组成；④每一种病毒只含有一种核酸，DNA或RNA；⑤严格的活细胞寄生，在活体外没有生命特征，仅以无生命大分子状态存在，并保持其侵染性；⑥缺乏独立的代谢能力，利用寄主细胞的代谢系统完成核酸的复制和合成蛋白质；⑦对一般抗生素不敏感，但对干扰素敏感。

1. 病毒毒粒的形态

成熟的、结构完整的具有侵染力的单个病毒颗粒称为毒粒（virion）或病毒颗粒。病毒毒粒的形态多种多样，有杆状、球状、蝌蚪状、丝状、卵圆状、砖状、弹状等（图2-62），但基本形态为杆状、球状和蝌蚪状。动物病毒毒粒大多呈球状，少数为弹状或砖状，如腺病毒为球状，而痘病毒为砖形。植物病毒和昆虫病毒的毒粒多呈杆状或丝状，少数为球状，如烟草花叶病毒（TMV）为杆状，黄瓜花叶病毒（CMV）为球状。噬菌体多呈蝌蚪状，*E. coli*T偶数噬菌体即T2、T4、T6为蝌蚪状。

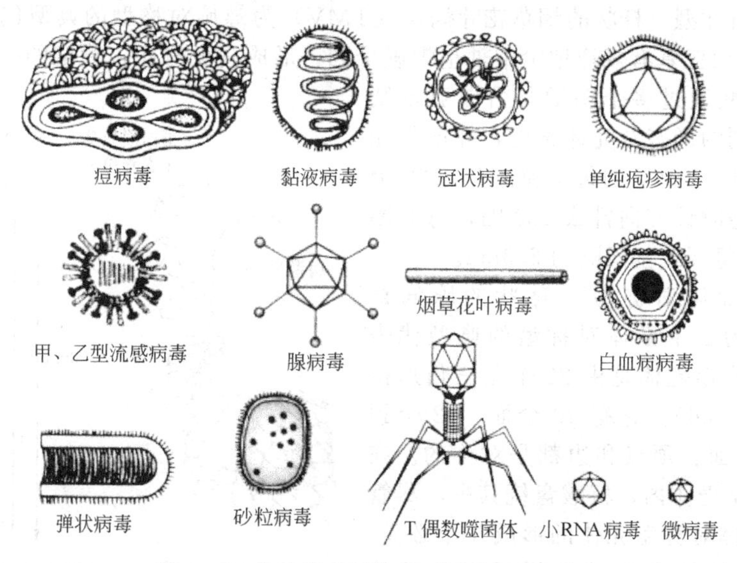

图2-62 常见病毒颗粒的不同形态和大小

2. 病毒毒粒的大小

病毒毒粒的个体极其微小，计算单位是纳米（nm），只有借助电子显微镜放大几万倍才能观察到，大多数病毒毒粒能通过细菌过滤器。不同病毒的毒粒大小差别很大，最大者如动物的痘病毒（poxviruses），大小为（170～260）nm×（300～450）nm，最小的病毒如植物双粒病毒（geminiviruses），大小仅为 18～20 nm，大多数病毒毒粒在 10～300nm。

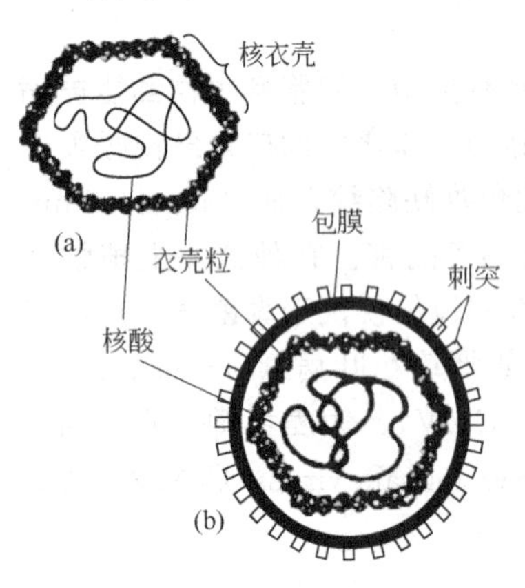

图 2-63　病毒的基本结构
(a) 裸露病毒；(b) 包膜病毒

3. 病毒毒粒的结构

病毒颗粒的基本成分为核酸和蛋白质，病毒核酸位于毒粒的中心，构成核心，四周由蛋白质构成的壳体(capsid)或衣壳所包围，壳体由大量的被称为衣壳粒（capsomer）或壳粒的蛋白质亚基以次级键结合而成。核心和衣壳粒合称为核衣壳（nucleocapsid），它是任何病毒都具有的基本结构。有些病毒在核衣壳外还具有含蛋白质或糖蛋白的类脂双层膜的包膜（envelope），有的包膜上还长有刺突(spike)。只具有核衣壳这一基本结构的病毒称为裸露病毒（naked virus），具有包膜的病毒称为包膜病毒（enveloped virus）(图 2-63)。

4. 病毒毒粒的对称性

病毒衣壳的衣壳粒排列具有高度对称性。二十面体对称（helical symmetry）和螺旋对称（icosahedral symmetry）是两种基本的对称型，兼有这两种的称为双对称(bi-symmetry)（表 2-6)。

表 2-6　病毒的形态及其对称型结构

形　态	对称型结构	代　表　病　毒
杆状	螺旋对称型	烟草花叶病毒
球状	二十面体对称型	腺病毒
蝌蚪状	双对称型	*E. coli* T 偶数噬菌体

(1) 螺旋对称型　杆状的烟草花叶病毒（TMV）为螺旋对称型的典型代表（图 2-64)。TMV 毒粒的蛋白亚基有规律地沿中轴呈螺旋排列，形成高度有序、稳定的壳体结构。在其壳体结构中核酸通过多个弱键与蛋白亚基结合，能控制排列的形态及壳体长度，并增强壳体结构的稳定性。TMV 的每个粒体有 2130 个蛋白亚基，以逆时针方向排成 130 圈，每 3 圈有 49 个亚基，每圈亚基间隔约 2.3nm。

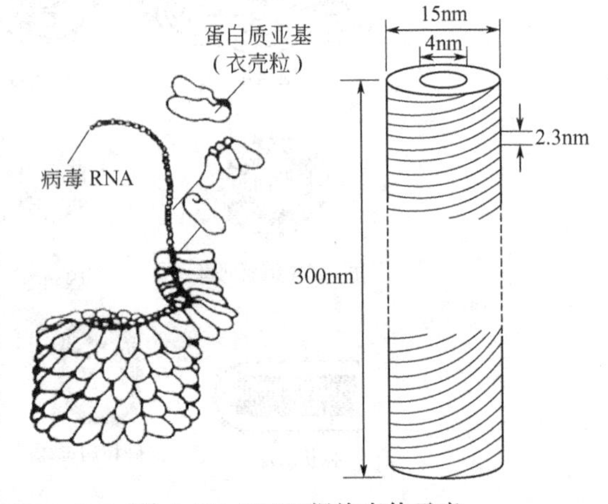

图 2-64　TMV 螺旋壳体示意

(2) 二十面体对称型　球状的腺病毒(adenovirus) 为二十面体对称型的典型代表(图 2-65)。腺病毒壳体是由 20 个正三角形拼接而成的（图 2-66)，它有 20 个面、12 个顶点和 30 个边，面、顶点和边都是对称的。在二十面体对称型壳体内，核酸盘绕其中，尽管核酸对二十面体对称型壳体的形成并非必需，但核酸与壳体的结合有助于增强壳体的稳定性。

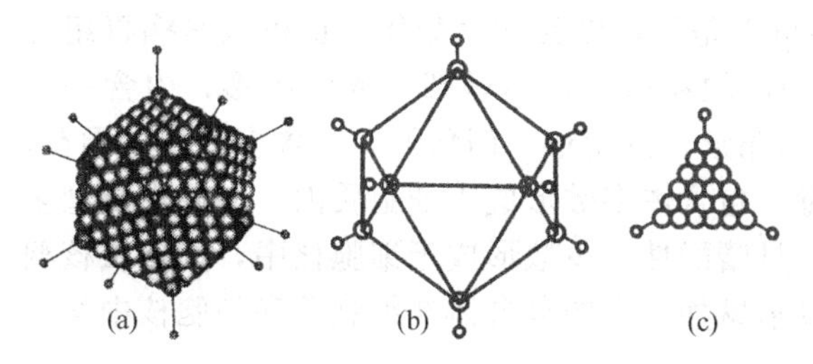

图 2-65 腺病毒二十面体对称型壳体的衣壳粒排列
(a) 腺病毒的形态；(b) 二十面体的形态；
(c) 单个等边三角形（示衣壳粒）

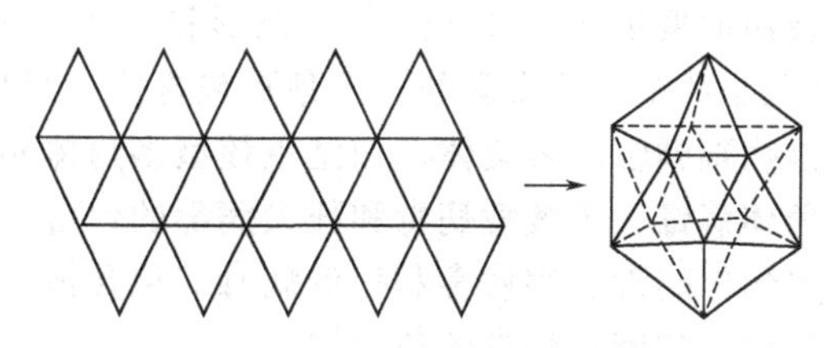

图 2-66 正三角形折叠成二十面体示意

(3) 双对称型　蝌蚪状的 *E. coli* T 偶数噬菌体是双对称型的典型代表（图 2-67）。其头部为二十面体对称型结构，尾部为螺旋对称型结构，核酸位于头部，因兼具二十面体对称型和螺旋对称型结构，故称为双对称型。在蝌蚪形的噬菌体中，*E. coli* T4 噬菌体的头尾相接处有一构造简单的颈部，包括颈环和颈须，尾部由不同于头部的蛋白质组成，外面包围着可收缩的尾鞘，中间为中空的尾管。尾鞘末端附有有中央孔的六边形基板，上面长有 6 个刺突和 6 根细长的尾丝。头部的外壳（衣壳）对包在其中的遗传物质起着保护作用，尾部为感染时吸附寄主的器官。

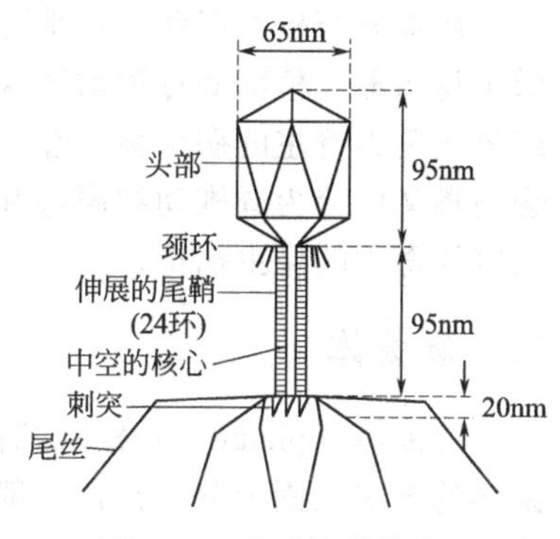

图 2-67 噬菌体的模式

5. 病毒化学组成

病毒的基本化学组成为核酸和蛋白质，有包膜的病毒和某些无包膜的病毒还含有脂类、糖类等组分。

(1) 病毒核酸　核酸是病毒的遗传物质，一种病毒只含一种核酸，DNA 或 RNA。病毒核酸携带着病毒所有的遗传信息，控制着病毒的增殖和侵染、遗传与变异等特性。病毒的核酸类型极为多样化，病毒的 DNA 与 RNA 均有单链和双链之分，单链也有正链（＋）和负链（－）之分。规定将碱基序列与 mRNA 一致的核酸单链定为正链，将碱基序列与 mRNA 互补的核酸单链定为负链。病毒的核酸有五种类型：双链 DNA（dsDNA）、单链 DNA（ssDNA）、双链 RNA（dsRNA）、（＋）单链 RNA（＋ssRNA）、（－）双链 RNA（－ssRNA）。植物病毒绝大多数为＋ssRNA，如 TMV；少数为 DNA，如 CaMV。动物病毒有些含 DNA，如天花病毒为 dsDNA 病毒；有些含 RNA，如流感病毒为－ssRNA 病毒。大多数噬菌体含有 dsDNA，少数噬菌体含有 ssDNA 或 ssRNA。另外，昆虫病毒多数含 DNA，少数含 RNA，真菌病毒含 RNA。

(2) 病毒蛋白质　有的病毒只有一种蛋白质，如 TMV；多数含有为数不多的几种蛋白质，如流感病毒含 10 种蛋白质，T4 噬菌体含 30 余种蛋白质。根据其是否存在于毒粒中可将病毒蛋白质分为结构蛋白（structure protein）和非结构蛋白（non-structure protein），结构蛋白是指构成一个形态成熟的病毒颗粒所必需的蛋白质，包括壳体蛋白、包膜蛋白和存在于毒粒中的酶等；非结构蛋白是指由病毒基因组编码的，在病毒复制过程中产生并具有一定功能，但不结合于毒粒中的蛋白质。病毒蛋白质主要起到结构和保护功能。有一些蛋白质，如噬菌体的尾丝蛋白，在病毒的侵染过程中可吸附在寄主细胞表面受体上；也有一些蛋白质协助病毒破坏寄主细胞壁和细胞膜；各种酶类参与病毒增殖过程的大分子的物质的合成。

6. 病毒的包含体

细胞被病毒感染后在细胞质或细胞核内形成的，在光学显微镜下可见的，具有一定形态的小体称为包含体（inclusion body）。包含体可以是病毒颗粒的聚集体，也可以是病毒组分蛋白的聚集体。包含体有颗粒形和多角形两种，颗粒形包含体呈圆形或卵圆形，内含一个（偶尔两个）病毒颗粒；多角形包含体一般呈六角形、五角形、四角形，内含多个病毒颗粒，是病毒颗粒的聚集体，如昆虫核型多角体病毒。包含体多数形成于细胞质内，如昆虫质型多角体病毒、多数痘病毒和狂犬病毒的包含体，具嗜酸性；少数形成于细胞核中，如昆虫核型多角体病毒、腺病毒和疱疹病毒的包含体，具嗜碱性。有的包含体在细胞质和细胞核中均可形成，如麻疹病毒的包含体。

包含体的主要成分是多角体蛋白，这种蛋白不同于寄主细胞蛋白，也不同于病毒蛋白，不易被正常的蛋白酶水解，在自然界较稳定，在土壤中能保持活性几年到几十年，再次接种仍能引起感染。不同病毒包含体的大小、形态、组分以及在寄主细胞的存在部位均不同，因此包含体可用于病毒的快速鉴别和某些病毒病害的辅助诊断指标。

7. 病毒的类群

病毒分布极为广泛，几乎可以感染所有的生物。习惯上，人们根据寄主类型将病毒分为微生物病毒、植物病毒和动物病毒。不同寄主类型的病毒还可具体再分，如以原核生物细菌或放线菌为寄主的病毒称为噬菌体，以真菌为寄主的病毒称为噬真菌体（或真菌病毒）；动物病毒又可分为脊椎动物病毒和非脊椎动物病毒，其中非脊椎动物病毒中最大的类群为以昆虫纲为寄主的昆虫病毒。

二、噬菌体

噬菌体（phage）是侵染细菌和放线菌等细胞型微生物的病毒，广泛分布于自然界。噬菌体的寄主范围十分严格，一般不超过细菌“属”的界限，甚至在寄主的不同品系间也存在特异性。虽然植物病毒在病毒学发展史上曾起过领先的作用，但由于噬菌体和它的寄主都是结构简单、繁殖迅速的生物，因而在病毒中最早得到了广泛深入的研究。

噬菌体一般对自然环境的抵抗力很小，对阳光、紫外线、干燥和温度等外界因子都很敏感。

1. 噬菌体的形态结构

噬菌体的主要形态结构共有六种（图 2-68）。

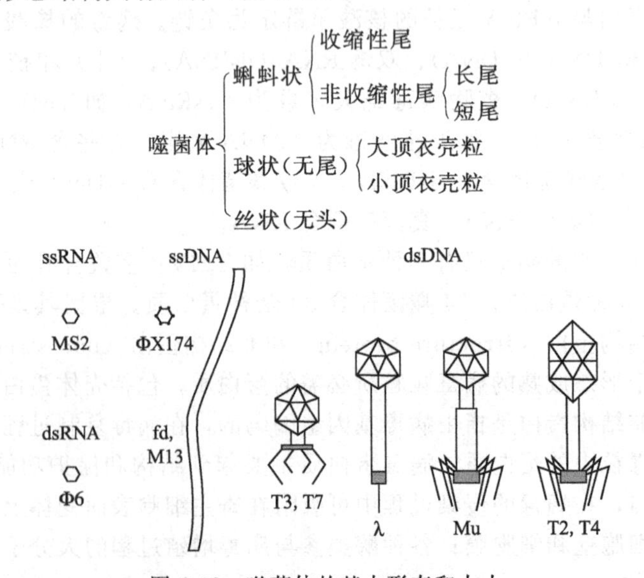

图 2-68 噬菌体的基本形态和大小

2. 噬菌体的增殖

病毒只能在活的寄主细胞内进行增殖（multiplication)，其繁殖方式不同于细菌的分裂，是病毒的基因组复制与表达的结果，故把它的增殖叫做复制（replication)。病毒的增殖无生长过程，由病毒基因组的核酸指令寄主细胞复制大量病毒核酸，继而合成大量病毒蛋白质，最后装配形成大量子病毒，并自寄主细胞中释放出来。病毒的繁殖一般分为5个阶段，即吸附、侵入与脱壳、大分子的生物合成、装配和释放。噬菌体的增殖过程也如此（图2-69）。

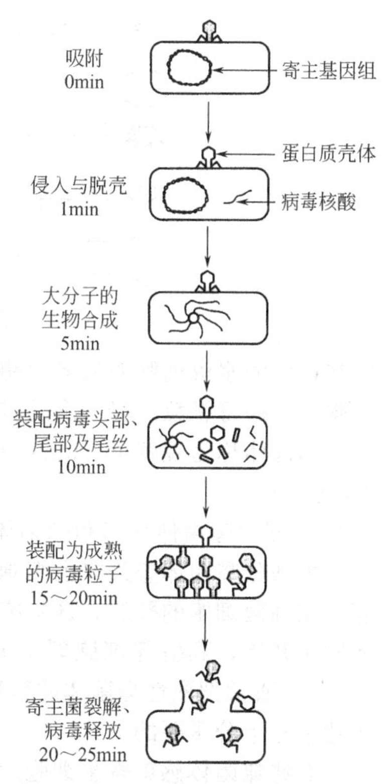

图2-69　T4噬菌体的裂解周期

(1) 吸附（adsorption）　吸附是病毒感染的第一阶段，它启动感染的发生。寄主细胞壁上有一些具有特定化学组成的区域，作为噬菌体吸附的特异性受点，专一寄生的噬菌体由此而吸附侵入。因此噬菌体在吸附到寄主细胞表面时首先是一个相互识别的过程，噬菌体与非寄主细胞或寄主细胞非特异性受点接触时，发生可逆吸附，脱落。当噬菌体与寄主细胞特异性受点接触时，就可触发颈须把卷曲的尾丝散开，随即吸附到受体上，从而把刺突、基板固着于细胞表面。吸附作用受噬菌体的数量、阳离子浓度、温度、其它辅助因子（色氨酸、生物素等）等内外因素的影响。

(2) 侵入与脱壳（penetration and uncoating）　吸附后尾管所携带的少量溶菌酶可把寄主细胞壁上的肽聚糖水解，以利于侵入，同时尾丝收缩，以“注射”的方式将头部的核酸迅速地通过尾管及其末端的小孔注入寄主细胞内，并将蛋白质外壳留在壁外。有的没有尾鞘或不能收缩的噬菌体，也能将核酸物质注入细胞，这表明尾管并不是噬菌体侵入所必需的，但它可以加快噬菌体的侵入速度。部分线性噬菌体，侵入时则全部进入寄主细胞内，在寄主细胞内脱去蛋白质外壳。

(3) 大分子的生物合成　大分子的生物合成包括核酸的复制和蛋白质的合成，它们均按照中心法则进行。噬菌体侵入寄主细胞后，寄主细胞的代谢不再受自身支配，而受噬菌体核酸携带的信息所控制，噬菌体借助寄主细胞代谢机构，利用寄主细胞核酸等降解物、代谢库内的贮藏物或外界养料进行生物合成。*E. coli* T偶数噬菌体的生物合成过程是：先利用寄主的RNA聚合酶等进行转录，生成噬菌体的mRNA，再由寄主的蛋白质合成体系进行翻译，合成复制噬菌体DNA所需的酶类，此为早期过程；然后是次早期过程，利用早期产生的RNA聚合酶转录噬菌体次早期基因，生成mRNA，并转译出分解寄主细胞DNA的DNA酶，复制噬菌体DNA的DNA聚合酶，以及供晚期基因转录用的晚期mRNA聚合酶等；最后晚期过程转录晚期基因，并最终产生一大批可用于噬菌体装配的头部蛋白、尾部蛋白、各种装配蛋白和溶菌酶等。

(4) 装配（assembly）　病毒的装配是指在病毒感染的寄主细胞内，将合成的病毒蛋白质和核酸以及其它“部件”以一定的方式结合组装成成熟的病毒颗粒的过程。T4噬菌体的装配过程比较复杂，主要步骤有：①头部壳体装入缩合DNA的分子，形成成熟的头部；②由基板、尾管、尾鞘等“部件”组装成无尾丝的尾部；③头部和尾部自发结合；④最后再装上尾丝（图2-70）。

(5) 释放（release）　当寄主细胞内的大量子代噬菌体成熟后，借助于大分子生物合成

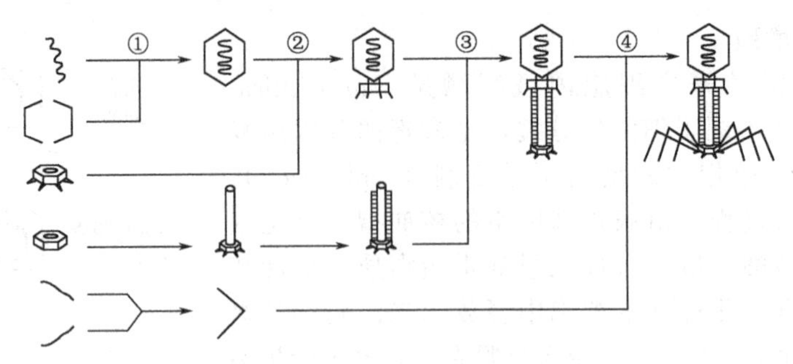

图 2-70 T 偶数噬菌体的装配过程

时转译出的水解细胞壁的溶菌酶、水解细胞膜的脂肪酶等的作用，促使寄主细胞裂解，释放出噬菌体病毒颗粒。释放出的噬菌体可引起寄主再次感染。平均每一寄主细胞裂解后产生的子代噬菌体称为裂解量（burst size），不同的噬菌体有不同的裂解量，例如 T2 为 150 左右，T4 为 100。

3. 烈性噬菌体和温和噬菌体

大部分噬菌体感染寄主细胞后，能在寄主细菌细胞内迅速增殖，产生大量子噬菌体并引起寄主细菌细胞的裂解，这类噬菌体被称为烈性噬菌体（virulent phage）。从烈性噬菌体进入寄主开始，到引起细胞裂解并释放出噬菌体子代为止，为一个增殖周期，一般需 15～20min。通常把烈性噬菌体的繁殖看做噬菌体的正常表现，检查和防治噬菌体的感染在发酵工业上是十分重要的。

有些噬菌体感染寄主细胞后，并不马上引起细胞裂解，而是把噬菌体 DNA 整合至细菌染色体中，并随着细菌细胞的分裂而一代一代传下去，这类噬菌体被称为温和噬菌体（temperate phage）(图 2-71)。温和噬菌体的侵入并不引起寄主细胞裂解的现象称为溶源性或溶源现象；整合到寄主细胞内的温和噬菌体基因组称为原噬菌体；而带有原噬菌体的细菌称为溶源菌（lysogen）。噬菌体中有很多温和噬菌体，如 *E. coli* 的 λ、Mu-1、P1 和 P2 噬菌体等、鼠伤寒沙门菌的 P22 噬菌体等。溶源菌若经紫外线、氮芥、X 射线等理化因子处理，可以发生裂解，释放出大量子噬菌体。溶源性细菌的检出在发酵工业上具有重要的意义。检查某菌株是否为溶源菌的方法，是将少量溶源菌与大量的敏感性指示菌（遇溶源菌裂解后所释放的温和噬菌体会发生裂解性循环者）相混合，然后与琼脂培养基混匀后倒平板，经培养后溶源菌就一一长成菌落。由于溶源菌在细胞分裂过程中有极少数个体会引起自发裂解，其释放的噬菌体可不断侵染溶源菌菌落周围的指示菌菌苔，于是就形成了一个个中央为溶源菌的小菌落，四周有透明圈围着的特殊噬菌斑（图 2-72）。

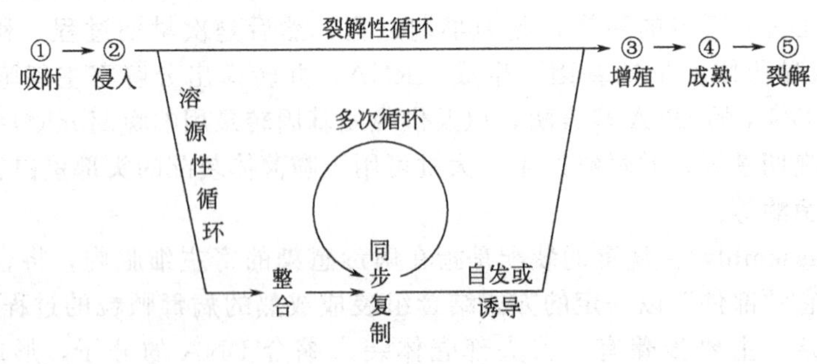

图 2-71 烈性噬菌体与温和噬菌体生活史的比较

4. 噬菌体的应用

侵染原核微生物的噬菌体的某些生物学特性，使其在人类的生产实践和生物学基础理论研究中都有一定的价值。噬菌体可用于检验和鉴定植物病原原核微生物，如植物检疫部门利用特异性的噬菌体检验种子是否携带某种植物病原细菌，植保工作者利用噬菌体对寄主细胞的高度专一性和敏感性，鉴定植物细菌性病害的病原菌；噬菌体也可用于防治植物细菌性病害；噬菌体也已成为进行分子生物学研究的重要工具和较为理想的材料。

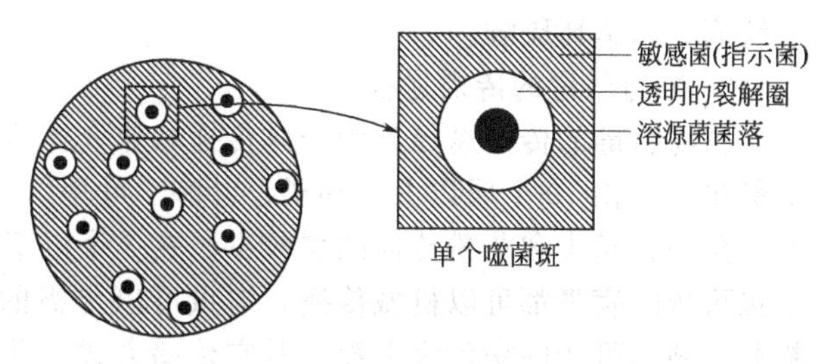

图 2-72　溶源菌及其特殊噬菌斑

三、植物病毒

植物病毒侵染植物引起严重的植物病害，植物病毒病害的为害和种类次于植物病原真菌，为第二大类植物病原生物。最新的植物病毒分类系统（2005 年）显示植物病毒包括 1122 个种，分布在 18 个科、81 个属（其中 17 个属尚无科）中，其中确定种 763（包括科内未归属确定种 23 个），暂定种 279 个，科内未归属病毒 64 个，未分类的病毒 16 个。植物病毒大多为+ssRNA 病毒，其基本形态为杆状、球形和丝状，一般无包膜。

1. 植物病毒的增殖

植物病毒的增殖过程总体上与噬菌体增殖相似，但在具体细节上有许多不同之处。噬菌体一般为在寄主细胞外脱去蛋白质外壳，将核酸侵入；植物病毒则必须在侵入寄主细胞后才脱去蛋白质外壳（或加上包膜）。植物病毒的侵入方式主要有：①借助携带植物病毒的昆虫刺吸式口器损伤植物细胞而侵入，主要是半翅目的蚜虫、叶蝉、飞虱等昆虫；②通过人为的或自然的寄主伤口侵入。植物病毒的装配过程也与噬菌体不同，一些杆状的植物病毒的装配都经历双层盘阶段才能完成，TMV 的 2130 个相同的蛋白质亚基在装配时先初装成许多双层盘（每层 17 个亚基，共 34 个亚基），然后随着 pH 值的降低，双层盘与 RNA 结合，RNA 贯穿螺旋的中心孔，双层盘变成双圈螺旋状的装配单位，最后这些双圈螺旋装配单位再聚合成 TMV 的完整衣壳（图 2-73）。

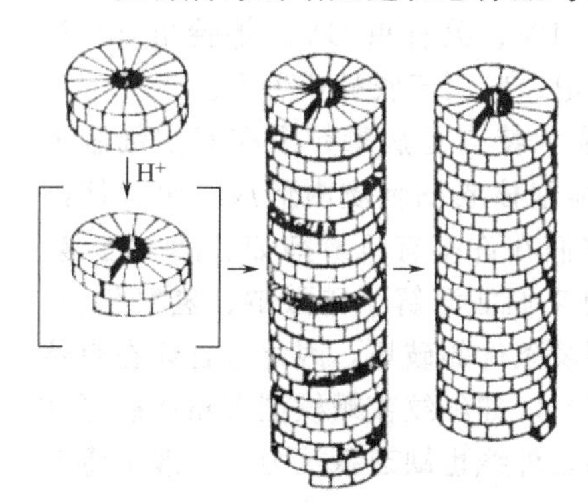

图 2-73　TMV 病毒的装配模式

2. 植物病毒病的症状

植物病毒和其它病毒一样严格专性寄生，但它们的专一性不强。一种病毒往往能寄生在不同的科、属、种的栽培植物和野生植物上，有较广泛的寄主范围。例如 TMV 能侵染十几个科、百余种草本和木本植物。

绝大多数种子植物，尤其是栽培的禾本科、葫芦科、茄科、豆科、十字花科和蔷薇科植物都易发生病毒病。植物患病后，主要表现出三类症状。

① 变色　花叶是植物病毒性病害最常见的症状，如烟草花叶病、黄瓜花叶病等，这是因为植物的幼嫩叶片叶绿体受到破坏或不能形成叶绿素，在叶片上出现不均匀的变色，引起花叶。也有些病毒引起黄化、红化等症状。

② 畸形　病毒阻碍植株发育而引起植株出现矮化、矮缩、丛枝、花变叶、卷叶、蕨叶等症状，如小麦黄矮病、小麦丛矮病。

③ 坏死　病毒杀死植物细胞引起坏死性的症状，环斑、环纹、蚀纹、线纹等，如烟草

蚀纹病、烟草环斑病。

3. 植物病毒的传播途径

植物病毒的传播途径分为介体传播和非介体传播。其中机械摩擦传播和蚜虫传播的病毒属最多，都在10个属以上；种子、叶蝉、叶甲、线虫、真菌传播的属有5～8个，飞虱、粉虱、蓟马、螨类和花粉传播的属较少，在3个以下。不同传播方式之间也有一定的关系，如甲虫可传的病毒都可以机械传播，蚜虫可以传播的病毒大多也可以机械传播；叶蝉、飞虱、粉虱、蓟马可传的病毒大多没有其它传播方式；花粉可以传播的病毒属均可种子传播。

- 植物病毒传播方式
  - 介体传播
    - 昆虫介体：蚜虫、叶蝉、飞虱、叶甲、蓟马等
    - 土壤中的介体：线虫、真菌等
  - 非介体传播
    - 机械摩擦
    - 无性繁殖材料和嫁接
    - 种子、花粉

四、昆虫病毒

以昆虫纲动物为寄主的病毒称为昆虫病毒。已知的昆虫病毒种类超过1600种，其中以农林生产中为害最严重的鳞翅目的昆虫病毒种类最多，也在双翅目、膜翅目、鞘翅目、等翅目、脉翅目等害虫中分离到许多昆虫病毒。由于昆虫病毒具有高度的寄主专一性，对非靶标昆虫、高等动物和环境安全，且在靶标昆虫种群内极易流行，因此昆虫病毒在农林害虫的生物防治中具有巨大发展潜力。目前，我国已有斜纹夜蛾NPV、菜青虫GV、棉铃虫NPV、甜菜夜蛾NPV、马尾松毛虫CPV等8种昆虫病毒注册登记，应用于农林业生产。

昆虫病毒多呈杆状或球状，核酸为RNA或DNA。最大特点是病毒粒子在寄主细胞内形成多角形的包含体，其直径一般为0.5～10μm，可在细胞核或细胞质内形成，包含体内病毒毒粒的数目不定。包含体成分为碱溶性结晶蛋白，它们在许多有机溶剂如乙醇、乙醚、氯仿、苯和丙酮中不能溶解，也不能为蛋白酶所分解，但它们能溶解于碳酸钠、氢氧化钠、氨的水溶液中。包含体可以保护病毒毒粒免受外界不良环境条件的破坏，因此包含体在自然条件下比较稳定，落到土壤中的包含体病毒能保持活性多年，如斜纹夜蛾核型多角体病毒在土壤中可保持活性5年。但包含体对高温敏感，对阳光和紫外线也缺乏抵抗力，一般消毒剂也可使包含体病毒失活。

1. 昆虫病毒的种类

根据包含体的有无及其在细胞中的位置、形状，可将昆虫病毒分为四类。

(1) 核型多角体病毒（nuclear polyhedrosis virus，NPV） 病毒粒子杆状，是dsDNA病毒，包在包含体内，包含体呈多角体，在昆虫细胞核内增殖。大多数在鳞翅目中发现，如棉铃虫NPV、斜纹夜蛾NPV、茶尺蠖NPV等；也在双翅目、膜翅目、脉翅目中发现。NPV是目前发现种类最多，农业生产应用最广泛的昆虫病毒。

(2) 质型多角体病毒（cytoplasmic polyhedrosis virus，CPV） 病毒粒子球状，为二十面体，无脂蛋白膜存在，有双层蛋白质构成的衣壳，在其12个顶角上各有一条突起。在昆虫细胞质内增殖，形成多角形包含体。主要在鳞翅目、双翅目、膜翅目中发现，如油松毛虫CPV、小地老虎CPV、埃及伊蚊CPV等。我国用CPV防治松毛虫效果很好。

(3) 颗粒病毒（granulosis virus，GV） 病毒粒子杆状，dsDNA，包含体呈圆形、椭圆形或肾形，在细胞质和细胞核内均可增殖，每个包含体内通常只含一个病毒粒子。多在鳞翅目中发现，如菜青虫GV、稻纵卷叶螟GV、云杉卷叶蛾GV等。我国已用菜青虫GV防治菜青虫等害虫。

(4) 非包含体病毒　病毒粒子球状，不形成包含体，主要有大蜡螟浓核症病毒、中蜂大幼虫病病毒等。

2. 昆虫病毒的侵染

病毒主要通过口器侵染。包含体病毒杀虫过程一般为：从口腔进入中肠腔，由于肠液呈碱性，包含体蛋白质被溶解，释放出病毒粒子；接着病毒粒子侵入中肠细胞，继续侵入血细胞、脂肪细胞、神经节细胞等，在这些细胞里大量增殖和重复侵染，造成寄主生理功能紊乱、破坏组织，最终导致死亡。昆虫幼虫感染病毒后，食欲减退，动作迟钝，爬向植株顶端或开阔处，躯体软化，体内组织液化，白色或褐色体液从破裂的皮肤流出，一般从感染到死亡整个过程为4～20天。病死的幼虫倒吊在植物枝条上，由于组织液化下坠，使下端膨大，这是寻找病毒感染虫体的主要特征。

五、亚病毒

亚病毒包括类病毒、卫星病毒、卫星RNA和朊病毒，其结构或功能比仅有蛋白质外壳和核酸核心组成的病毒还简单。

1. 类病毒

类病毒（viroid）是一类只含RNA，而无蛋白质等其它成分，专性寄生在活细胞内的分子病原体。其大小仅为最小病毒的1/20，核酸为裸露的环状ssRNA，所含核苷酸分子数不足以编码一个蛋白质分子。但这种RNA能在敏感细胞内自我复制，不需要辅助病毒。第一个发现的类病毒是马铃薯纺锤形块茎类病毒（potato spindle tuber viroid，PSTV）(图2-74)。除马铃薯外，类病毒还可以侵染番茄、苹果、柑橘、椰子等引起严重的危害，椰子死亡类病毒曾造成菲律宾几百万棵椰子树死亡。类病毒侵染力强，可以通过机械摩擦、嫁接、种子等传播，侵染后一般引起类似于病毒感染的矮化、斑驳、叶变形、坏死等症状。

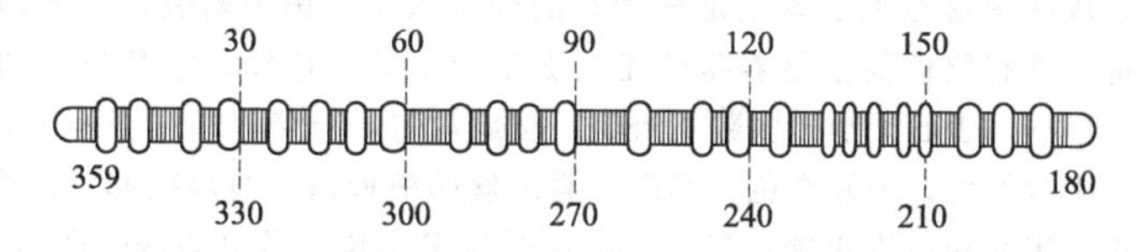

图2-74　马铃薯纺锤形块茎类病毒（PSTV）的结构

2. 卫星病毒

卫星病毒（satellite virus）是一类基因组缺损，需要依赖辅助病毒，基因才能复制和表达，才能完成增殖的亚病毒，如卫星烟草花叶病毒（satellite tobacco mosaic virus，STMV）需要依赖辅助病毒TMV提供的复制酶进行复制，完成增殖。

3. 卫星RNA

卫星RNA（satellite RNA）是一类寄生于辅助病毒壳体内，虽然与辅助病毒基因组无同源性，但必须依赖于辅助病毒才能复制的RNA分子片段，其本身对辅助病毒的复制不是必需的，有人也称为拟病毒（virusoid）。目前已在许多植物病毒中发现了卫星RNA的存在，如黄瓜花叶病毒卫星RNA、烟草环斑病毒卫星RNA、番茄丛矮病毒卫星RNA等。卫星RNA可干扰辅助病毒的复制和减轻对寄主的危害，植物病毒的卫星RNA可用于植物病毒病害的生物防治。

4. 朊病毒

朊病毒（proin）是一类不含核酸，具有侵染性并能在寄主细胞内复制的小分子无免疫性疏水蛋白质，能引起寄主体内现成的同类蛋白质分子发生与其相似的构象变化，从而可使寄主致病。至今已发现10余种与哺乳动物脑部相关的疾病是由朊病毒引起的，如牛海绵状脑病，即疯牛病。朊病毒引起的疾病是继癌症、艾滋病之后对人类提出的又一巨大挑战，其本质、生物学特征、致病机理、繁殖等问题还有待于进一步阐明。

本章小结

本章主要讲述了原核细胞微生物、真核细胞微生物和病毒部分，了解它们的形态结构、菌落特征及繁殖方式。

原核微生物个体小，通常以微米（μm）为单位，主要包括细菌、放线菌、蓝细菌。细菌有3种基本形态，即球状、杆状和螺旋状；细菌细胞一般由细胞壁、细胞膜、细胞质、原核等基本结构组成，此外还有鞭毛、纤毛、芽孢、伴孢晶体、荚膜等特殊结构；细菌细胞壁的主要成分是肽聚糖，可用革兰染色法鉴别分类；细菌以二分裂进行繁殖。放线菌的个体由分枝状菌丝组成，是抗生素的主要产生菌。蓝细菌能够进行光合作用，凡是能形成异形胞的蓝细菌都有固氮能力。其它原核细胞微生物还有立克次体、支原体、衣原体、螺旋体等。

真菌是一类低等的真核微生物，其特点主要有：①无叶绿素，不能进行光合作用，为异养型；②一般以发达的菌丝体为营养体；③细胞壁主要成分为几丁质或纤维素；④有真正的细胞核；⑤以产生大量的孢子进行繁殖。真菌又分为酵母菌、霉菌和蕈菌。

酵母菌有性繁殖产生子囊孢子，无性繁殖以出芽繁殖为主，也产生无性孢子（节孢子、掷孢子和厚垣孢子）。霉菌的菌丝有两种，即无隔菌丝和有隔菌丝，繁殖产生无性孢子（孢囊孢子、游动孢子；分生孢子、节孢子；厚垣孢子）和有性孢子（卵孢子、接合孢子、子囊孢子、担孢子）。蕈菌的菌丝有两种：一级菌丝（单核菌丝）和二级菌丝（双核菌丝），生活史中产生担子和担孢子。

四大类微生物（细菌、放线菌与酵母菌、霉菌）的形态结构和菌落特征不同。菌落特征如下。①细菌菌落一般呈现湿润、较光滑、较透明、较黏稠、易挑取、质地均匀以及菌落正反面或边缘与中央部位的颜色一致等特征。②放线菌的菌落质地致密、表面呈较紧密的绒状或坚实、干燥、多皱，菌落较小而不蔓延；基内菌丝长在培养基内，与培养基结合较紧密，用接种针很难挑起；幼龄菌落因尚未形成孢子丝，其表面与细菌相似不易区分；成熟菌落在孢子丝上形成大量的分生孢子布满菌落表面，因而表面粉末状或颗粒状；且因基内菌丝、孢子常有颜色而使培养基的正反面呈现不同的色泽。③酵母菌的菌落特征与细菌相似，较大而厚，黏稠、湿润，表面光滑，多数不透明，质地均匀，与培养基结合不紧密，易被挑起；颜色单调，多数呈乳白色，少数红色，个别黑色；不产生假菌丝的酵母菌，菌落隆起，边缘圆整；形成假菌丝的酵母菌，菌落较平坦，表面和边缘粗糙；酵母菌的菌落散发出悦人的酒香味。④霉菌的菌丝较粗且长，有些蔓延不成形；菌丝较疏松，最初呈浅色或白色（这是菌丝的颜色）；霉菌产孢量大，菌落较大，比较致密，在其边缘也可见到絮状的菌丝，呈绒毛状、絮状或网状，外观干燥、不透明，菌落与培养基紧密结合，不易被挑取；当产生各种颜色的孢子后，菌落表面呈现不同的结构和色泽，有些霉菌还分泌一些水溶性色素扩散到培养基内，使菌落正反面呈现不同的颜色，边缘与中央颜色也不同，一般菌龄越大，颜色越深，有些霉菌的菌落会出现多层颜色的同心轮纹；常有霉味；不同的霉菌形成的菌落特征也不同；液体振荡培养时，会产生菌丝球，静止培养时，菌丝生长在培养基表面，培养液不混浊。

病毒属非细胞生物，是一类个体极其微小、只含一种核酸、严格活细胞寄生的微生物。病毒的形态主要有杆状、球状和蝌蚪状，每一种形态对应着一种典型的对称型结构。一些病毒可形成一定形状的包含体。病毒的增殖一般分为吸附、侵入与脱壳、大分子的生物合成、装配和释放5个阶段。植物病毒是第二大类植物病原生物，引起的植物病害主要症状为变色、畸形、坏死。昆虫病毒在农林害虫的生物防治中具有巨大的发展潜力。比病毒结构或功能还简单的亚病毒包括类病毒、卫星病毒、卫星RNA和朊病毒。

复习思考

1. 哪些属原核微生物？哪些属真核微生物？原核微生物与真核微生物有哪些主要区别？
2. 细菌的基本形态有哪些？
3. 革兰染色法的过程、结果及原理是什么？
4. 细菌细胞有哪些主要结构？它们的功能是什么？

5. 细菌细胞有哪些特殊结构？
6. 试从芽孢的特殊结构与成分说明它的抗逆性。
7. 什么是菌落？细菌和放线菌的菌落有何区别？
8. 细菌如何进行繁殖？
9. 试述放线菌的应用价值。
10. 高等放线菌——链霉菌属的形态和繁殖方式是什么？
11. 试述真核细胞的主要结构特征。
12. 试述真菌的特点及研究真菌的意义。
13. 举例说明真菌与农业生产的关系。
14. 酵母菌的形态结构如何？
15. 霉菌的形态结构如何？
16. 比较霉菌和酵母菌的繁殖方式。
17. 蕈菌的菌丝体和子实体的形成有何独特之处？
18. 真菌有哪些无性孢子和有性孢子？它们的主要特征是什么？
19. 熟悉真菌主要类群代表属的形态特征。
20. 试比较四大类微生物的形态和菌落特征。
21. 什么是病毒？病毒的特点是什么？与其它微生物有什么区别？
22. 病毒的衣壳有哪几种对称型？试举例说明。
23. 病毒增殖有什么特点？举例说明增殖过程。
24. 植物病毒的主要传播途径有哪些？
25. 试述昆虫病毒的杀虫过程。
26. 各类亚病毒不同于病毒的特点有哪些？

实验实训一　显微镜、油镜的使用与细菌的简单染色

一、目的要求

了解显微镜的构造、原理、维护及保养方法；学会普通光学显微镜的使用方法，特别是利用油镜观察细菌的方法；掌握细菌简单染色的具体方法步骤；初步认识细菌的形态特征。

二、基本原理

1. 显微镜的基本构造及油镜的工作原理

现代普通光学显微镜利用目镜和物镜两组透镜系统来放大成像，故又被称为复式显微镜。它们由机械装置和光学系统两大部分组成（实图 2-1）。

在显微镜的光学系统中，物镜的性能最为关键，它直接影响着显微镜的分辨率。而在普通光学显微镜通常配置的几种物镜中，油镜的放大倍数最大，对微生物学研究最为重要。与其它物镜相比，油镜的使用比较特殊，需在载玻片与镜头之间加滴镜油，这主要有如下两方面的原因。

（1）增加照明亮度　油镜的放大倍数可达100×，放大倍数这样大的镜头，焦距很短，直径很小，但所

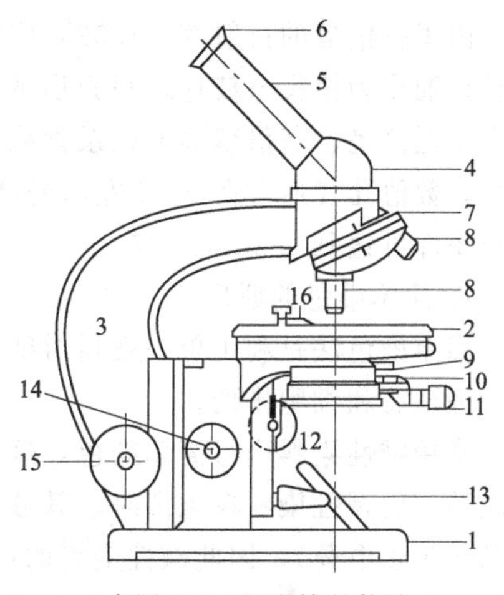

实图 2-1　显微镜的构造

1—镜座；2—载物台；3—镜臂；4—棱镜套；5—镜筒；6—接目镜；7—转换器；8—接物镜；9—聚光器；10—虹彩光圈；11—光圈固定器；12—聚光器升降螺旋；13—反光镜；14—细调节器；15—粗调节器；16—标本夹

需要的光照强度却最大（实图 2-2）。从承载标本的玻片透过来的光线，因介质密度不同（从玻片进入空气，再进入镜头），有些光线会因折射或全反射，不能进入目镜头（实图 2-3），致使在使用油镜时会因射入的光线较少，物像显现不清。所以为了不使通过的光线有所损失，在使用油镜时须在油镜与玻片之间加入与玻璃的折射率（$n-1.55$）相仿的镜油（通常用香柏油，其折射率 $n-1.52$）。

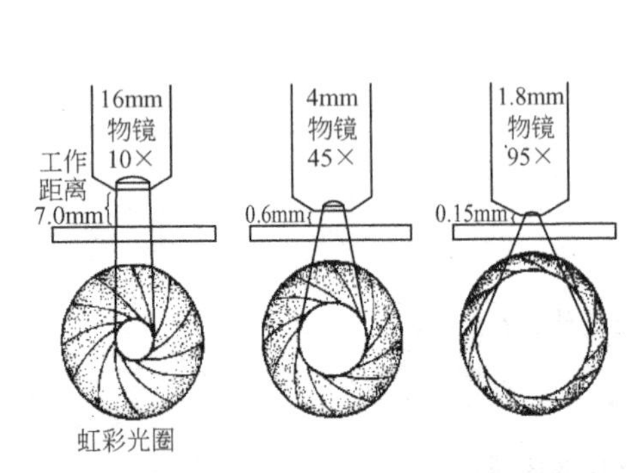

实图 2-2 物镜的焦距、工作距离和虹彩光圈的关系

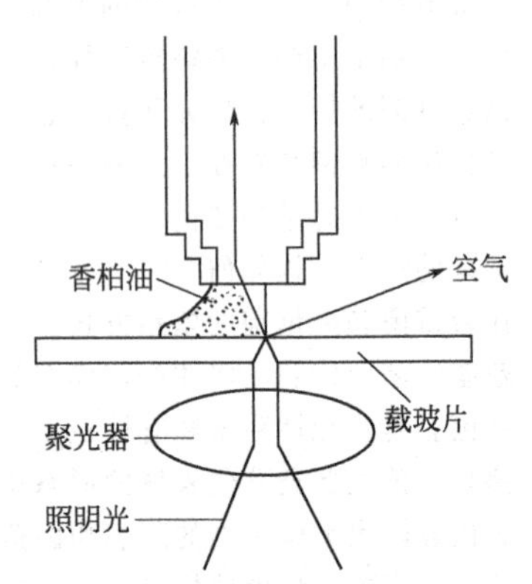

实图 2-3 介质折射率对物镜照明光路的影响

（2）增加显微镜的分辨率 显微镜的分辨率或分辨力是指显微镜能辨别两点之间的最小距离的能力。从物理学角度看，光学显微镜的分辨率受光的干涉现象及所用物镜性能的限制，可表示为

$$分辨率(最大可分辨距离)=\frac{\lambda}{2NA}$$

式中，λ 表示光波波长；NA 表示物镜的数值孔径值。

光学显微镜的光源不可能超出可见光的波长范围（0.4～0.7μm），而数值孔径值则取决于物镜的镜口角和玻片与镜头间介质的折射率，可表示为：$NA=n\sin\alpha$。

式中，α 为光线最大入射角的半数，它取决于物镜的直径和焦距，一般来说在实际应用中最大只能达到 120°；n 为介质折射率。

由于香柏油的折射率（1.52）比空气及水的折射率（分别为 1.0 和 1.33）要高，因此以香柏油作为镜头与玻片之间介质的油镜所能达到的数值孔径值（NA 一般在 1.2～1.4），要高于低倍镜、高倍镜等干燥系物镜（NA 都低于 1.0）。若以可见光的平均波长 0.55μm 来计算，数值孔径通常在 0.65 左右的高倍镜只能分辨出距离不小于 0.4μm 的物体，而油镜的分辨率却可达到 0.2μm 左右。

2. 简单染色的原理

简单染色法是利用单一染料对细菌进行染色的一种方法。此法操作简便，适用于观察菌体一般形态和细胞排列。

常用碱性染料进行简单染色，这是因为在中性、碱性或弱酸性溶液中，细菌细胞通常带负电荷，而碱性染料在电离时，其分子的染色部分带正电荷（酸性染料电离时，其分子的染色部分带正电荷），因此碱性染料的染色部分很容易与细菌结合使细菌着色。经染色后的细菌细胞与背景形成鲜明的对比，在显微镜下更易于识别。常用作简单染色的染料有美蓝、结晶紫、碱性复红等。

当细菌分解糖类产酸使培养基 pH 下降时，细菌所带正电荷增加，此时可用伊红、酸性复红、刚果红等酸性染料染色。

三、材料和器具

1. 菌种

金黄色葡萄球菌、枯草芽孢杆菌、四联球菌、八叠球菌、苏云金芽孢杆菌等培养12～18h的斜面培养物。

2. 溶液或试剂

细菌的无菌平板、香柏油、二甲苯、石炭酸复红、美蓝、结晶紫、无菌蒸馏水等。

3. 器具

显微镜、擦镜纸、干净载玻片、接种环、吸水纸、废液缸、酒精灯、洗瓶、火柴、纱布、记号笔等。

四、方法与步骤

1. 细菌细胞的简单染色

(1) 涂片　取一块洁净载玻片，滴一小滴（或用接种环挑取少许）无菌蒸馏水于载玻片中央，用接种环按无菌操作要求分别从枯草芽孢杆菌等斜面上挑取少许菌苔于水滴中，混匀并涂成薄膜。

(2) 干燥　室温自然干燥或酒精灯火焰上方烘干。

(3) 固定　涂面朝上，通过火焰2～3次。此操作过程称热固定，其目的是使细菌细胞质凝固，以固定细菌细胞形态，并使之牢固附着在载玻片上。

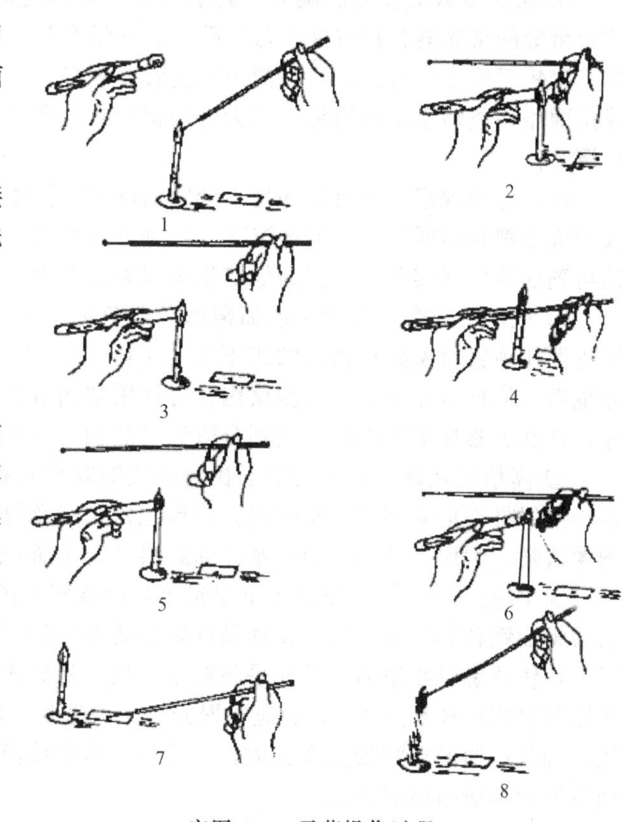

实图 2-4　无菌操作过程

(4) 染色　将玻片平放于玻片搁架上，滴加染液于涂片上（染液以刚好覆盖涂片薄膜为宜）。吕氏碱性美蓝染色1～2min或石炭酸复红（或草酸铵结晶紫）染色约1min。

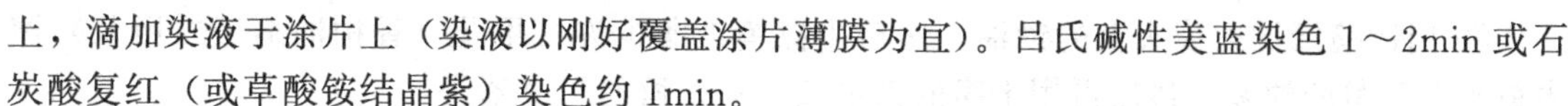

(5) 水洗　倒去染液，倾斜玻片，在涂片上方用自来水细小水流轻轻冲洗，直至涂片上流下的水无色为止。

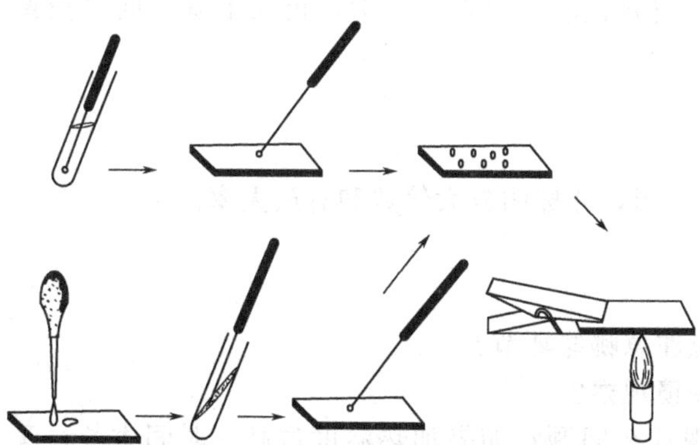
实图 2-5　涂片、干燥和热固定

(6) 干燥　自然干燥，或用电吹风吹干，也可用吸水纸吸干。

(7) 镜检　涂片干后镜检。涂片必须完全干燥后才能用油镜镜检。

操作过程见实图 2-4、实图 2-5。

2. 显微镜的使用

(1) 观察前的准备

① 显微镜的安置　置显微镜于平整的实验台上，镜座距实验台边缘3～4cm，镜检时姿势要端正。

② 光源调节　安装在镜座内的光源灯可通过调节电压以获得适当的照明亮度，而使用反光镜采集自然光或灯光作为照明光源时，应根据光源的强度及所用物镜的放大倍数选用凹面或凸面反光镜并调节其角度，使视野内的光线均匀，亮度适宜。

③ 调节双筒显微镜的目镜　根据使用者的个人情况，双筒显微镜的目镜间距可以适当调节，而左目镜上一般还配有屈光度调节环，可以适应眼距不同或两眼视力有差异的不同观察者。

④ 聚光器数值孔径的调节　调节聚光器虹彩光圈值与物镜的数值孔径相符或略低。有些显微镜的聚光器只标有最大数值孔径，而没有具体的光圈数刻度，使用这种显微镜时可在样品聚焦后取下一目镜，从镜筒中一边看着视野，一边缩放光圈，调整光圈的边缘与物镜边缘黑圈相切或略小于其边缘。因为各物镜的数值孔径不同，所以每转换一次物镜都应进行这种调节。

(2) 显微观察　在目镜保持不变的情况下，使用不同放大倍数的物镜所能达到的分辨率及放大率都是不同的。一般情况下，特别是初学者，进行显微观察时应遵守从低倍镜到高倍镜再到油镜的观察程序，因为低倍物镜视野相对大，易发现目标及确定检查的位置。

① 低倍镜观察　将金黄色葡萄球菌染色标本玻片置于载物台上，用标本夹夹住，移动推进器使观察对象处在物镜的正下方，下降10×物镜，使其接近标本，用粗调节器慢慢升起镜筒，使标本在视野中初步聚焦，再使用细调节器调节图像清晰，通过推进器慢慢移动玻片，认真观察标本各部位，找到合适的目的物，仔细观察并记录所观察到的结果。

② 高倍镜观察　在低倍镜下找到合适的观察目标并将其移至视野中心后，轻轻转动物镜转换器将高倍镜移至工作位置，对聚光器光圈及视野亮度进行适当调节后微调细调节器使物像清晰，利用推进器移动标本仔细观察并记录所观察到的结果。

③ 油镜观察　在高倍镜或低倍镜下找到要观察的样品区域后，用粗调节器将镜筒升高，然后将油镜转到工作位置。在样品区域加滴香柏油，从侧面注视，用粗调节器将镜筒小心地降下，使油镜浸在镜油中并几乎与标本相接。将聚光器升至最高位置并开足光圈，若所用聚光器的数值孔径超过1.0，还应在聚光镜与载玻片之间也加滴香柏油，保证其达到最大的效能。调节照明使视野的亮度合适，用粗调节器使镜筒徐徐上升，直至视野中出现物像并用细调节器使其清晰准焦为止。

(3) 显微镜用毕后的处理

①上升镜筒，取下标本玻片。

② 用擦镜纸拭去镜头上的镜油，然后用擦镜纸蘸少许二甲苯（香柏油溶于二甲苯）擦去镜头上残留的油迹，最后再用干净的擦镜纸擦去残留的二甲苯。

③ 用擦镜纸清洁其它物镜及目镜，用纱布清洁显微镜的金属部件。

④ 将各部分还原，反光镜垂直于镜座，将物镜转成“八”字形，再向下旋。同时把聚光镜降下，以免接物镜与聚光镜发生碰撞。

五、实验报告

根据观察结果，分别绘出5种细菌的形态图，并标明放大倍数和总放大率。

六、思考题

1. 你认为制备细菌染色标本时，尤其应注意哪些环节？

2. 为什么要求制片完全干燥后才能用油镜观察？

3. 如果你的涂片未经热固定，将会出现什么问题？如果加热温度过高，时间太长，又会怎样？

4. 用油镜观察时应注意哪些问题？在载玻片和镜头之间加滴什么油？起什么作用？
5. 影响显微镜分辨率的因素有哪些？

实验实训二　细菌的革兰染色及形态观察

一、目的要求

进一步熟悉显微镜、油镜的使用方法，初步掌握革兰染色法，了解革兰染色法的原理及其在细菌分类鉴定中的重要性，进一步观察细菌形态特征。

二、基本原理

革兰染色法是1884年由丹麦病理学家Christain Gram创立的，而后一些学者在此基础上作了某些改进。革兰染色法是细菌学中最重要的鉴别染色法。

革兰染色法将细菌分为革兰阳性细菌和革兰阴性细菌。实际上，当用结晶紫初染后，像简单染色法一样，所有细菌都被染成初染剂的蓝紫色，碘作为媒染剂，它能与结晶紫结合成结晶紫-碘的复合物，从而增强了染料与细菌的结合力。当用脱色剂处理时，两类细菌的脱色效果是不同的：革兰阳性细菌的细胞壁主要由肽聚糖形成的网状结构组成，壁厚，用乙醇（或丙酮）脱色时细胞壁脱水，使肽聚糖层的网状结构孔径缩小，透性降低，从而使结晶紫-碘的复合物不易被洗脱而保留在细胞内，经脱色和复染后仍保留初染剂的蓝紫色；革兰阴性菌则不同，由于其细胞壁肽聚糖层较薄，类脂含量高，所以当用脱脂溶剂脱色处理时，类脂被乙醇（或丙酮）溶解，细胞壁透性增大，使结晶紫-碘的复合物比较容易被洗脱出来，用复染剂复染后，细菌细胞被染上复染剂的红色。

三、材料和器具

1. 菌种

大肠杆菌约24h营养琼脂斜面培养物、金黄色葡萄球菌约24h营养琼脂斜面培养物、蜡样芽孢杆菌12～20h营养琼脂斜面培养物。

2. 溶液或试剂

革兰染色液、香柏油、二甲苯。

3. 器具

显微镜、接种环、酒精灯、载玻片、洗瓶、小试管、试管架、盖玻片、吸水纸、擦镜纸、纱布等。

四、方法与步骤

革兰染色程序见实图2-6。

（1）制片　取菌种培养物常规涂片、干燥、固定。

（2）初染　滴加结晶紫（以刚好将菌膜覆盖为宜）染色1～2min，水洗。

（3）媒染　用碘液冲去残水，并用碘液覆盖约1min，水洗。

（4）脱色　用吸水纸吸去玻片上的残水，将玻片倾斜，在白色背景下，用滴管流加95%的乙醇脱色，直至流出的乙醇无紫色时（约20～30s），立即水洗。

（5）复染　用番红液复染约2～3min，水洗。

（6）镜检　干燥后，用油镜镜检。菌体被染成蓝紫色的是革兰阳性菌，被染成红色的为

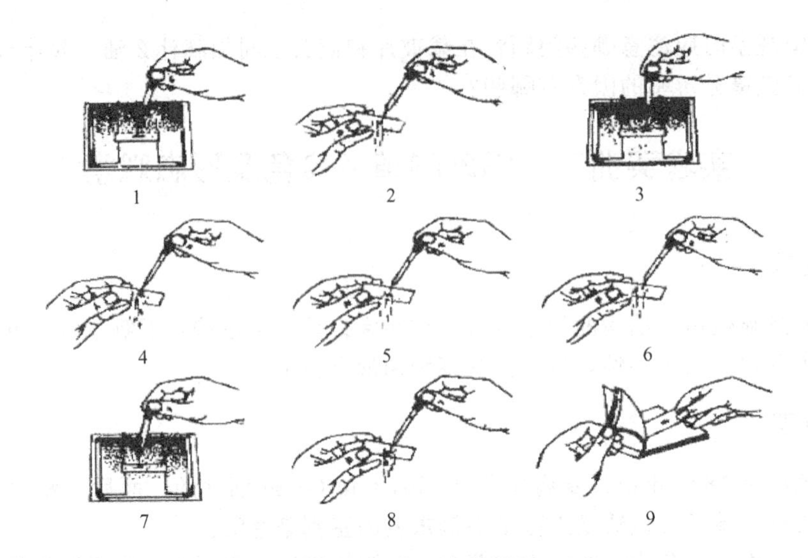

实图 2-6 革兰染色程序

1—加草酸铵结晶紫染 1～2min；2—水洗；3—加碘液媒染 1min；4—水洗；5—乙醇脱色约 20～30s；6—水洗；7—番红液复染约 2～3min；8—水洗；9—用吸水纸吸干

革兰阴性菌。

(7) 混合涂片染色 按上述方法，在同一载玻片上，以大肠杆菌和蜡样芽孢杆菌或大肠杆菌和金黄色葡萄菌做混合涂片、染色、镜检进行比较。

五、实验报告

列表简述 3 株细菌的染色观察结果（说明各菌的形状、颜色和革兰染色反应）。

六、思考题

1. 革兰染色时，哪些环节会影响结果的正确性？其中最关键的环节是什么？

2. 革兰染色时，为什么强调菌龄不能太老？用老龄细菌染色会出现什么问题？

3. 革兰染色时，初染前能加碘液吗？乙醇脱色后复染之前，革兰阳性菌和革兰阴性菌分别是什么颜色？

4. 你认为革兰染色中，哪一个步骤可以省去而不影响最终结果？在什么情况下可以采用？

实验实训三 细菌的特殊染色法（芽孢染色、荚膜染色等）

一、目的要求

学习并掌握芽孢染色法，初步了解芽孢杆菌的形态特征；学习并掌握荚膜染色法；学习并掌握鞭毛染色法，观察细菌鞭毛的形态特征。

二、基本原理

1. 芽孢染色原理

芽孢又叫内生孢子，是某些细菌生长到一定阶段在菌体内形成的休眠体，通常呈圆形或椭圆形。细菌能否形成芽孢以及芽孢的形状、芽孢在芽孢囊内的位置、芽孢囊是否膨大等特征是鉴定细菌的依据之一。由于芽孢壁厚、透性低、不易着色，当用石炭酸复红、结晶紫等染液进行单染色时，菌体和芽孢囊着色，而芽孢囊内的芽孢不着色或仅显很淡的颜色，游离的芽孢呈淡红或淡蓝紫色的圆或椭圆形的圈。为了使芽孢着色便于观察，可用芽孢染色法。

芽孢染色法的基本原理是用着色力强的染色剂孔雀绿或石炭酸复红，在加热条件下染色，使染料不仅进入菌体也可进入芽孢内，进入菌体的染料经水洗后被脱色，而芽孢一经着色难以被水洗脱，当用对比度大的复染剂染色后，芽孢仍保留初染剂的颜色，而菌体和芽孢囊被染成复染剂的颜色，使芽孢和菌体更易于区分。

2. 荚膜染色原理

荚膜是包围在细菌细胞外的一层黏液状或胶质状物质，其成分为多糖、糖蛋白或多肽。由于荚膜与染料的亲和力弱，不易着色，而且可溶于水，用水冲洗时被除去。所以通常用负染色法染色，使菌体和背景着色，而荚膜不着色，在菌体周围形成一透明圈。由于荚膜含水量高，制片时通常不用热固定，以免变形影响观察。

3. 鞭毛染色原理

鞭毛是细菌的运动“器官”，细菌是否具有鞭毛，以及鞭毛着生的位置和数目是细菌的一项重要形态特征。细菌的鞭毛很纤细，一般均不能用光学显微镜直接观察到，而只能用电子显微镜观察。要用普通光学显微镜观察细菌的鞭毛，必须用鞭毛染色法。

鞭毛染色的基本原理是在染色前先用媒染剂处理，使它沉积在鞭毛上，使鞭毛直径加粗，然后再进行染色。

三、材料和器具

1. 菌种

蜡样芽孢杆菌约2天营养琼脂斜面培养物、球形芽孢杆菌1～2天营养琼脂斜面培养物、褐球固氮菌（或胶质芽孢杆菌）约2天无氮培养基琼脂斜面培养物、苏云金芽孢杆菌、金黄色葡萄球菌等。

2. 溶液或试剂

5%孔雀绿水溶液、0.5%番红水溶液、绘图墨水、1%甲基紫水溶液、1%结晶紫水溶液、6%葡萄糖水溶液、20%硫酸铜水溶液、甲醇、硝酸银染色液（见附录Ⅲ）、无菌水、二甲苯等。

3. 器具

小试管、滴管、烧杯、试管架、载玻片、盖玻片、显微镜、吸水纸、接种环、酒精灯、木夹子、擦镜纸、纱布等。

四、方法与步骤

1. 芽孢染色

（1）制片　按常规涂片、干燥、固定。

（2）染色　加数滴孔雀绿染液于涂片上，用木夹夹住载玻片一端，在微火上加热至染液冒蒸汽（但不沸腾）并开始计时，维持5～8min。

（3）水洗　待玻片冷却后，用缓流自来水轻轻冲洗，直至流出的水无色为止。

（4）复染　用番红染液复染2min。

（5）水洗　用缓流水洗后，吸干。

（6）镜检　干后油镜镜检。芽孢呈绿色，芽孢囊及营养体为红色。

2. 荚膜染色（湿墨水法）

（1）制备菌和墨水混合液　加一滴墨水于洁净的载玻片上，然后挑取少量菌体与其混合均匀。

（2）加盖玻片　将一洁净盖玻片盖在混合液上，然后在盖玻片上放一张吸水纸，轻轻按压以吸去多余的混合液。加盖玻片时勿留气泡，以免影响观察。

（3）镜检　背景灰色，菌体较暗，在菌体周围呈现明亮的透明圈即为荚膜。

3. 鞭毛染色（硝酸银染色法）

（1）菌种的准备　要求用对数生长期菌种作鞭毛染色材料。对于冰箱保存的菌种，通常要连续移种2～4次，然后可选用下列方法接种培养作染色用菌种。

① 取新配制的斜面（表面较湿润，基部有冷凝水）接种，28～32℃培养10～14h，取斜面和冷凝水交接处培养物作染色观察材料。

② 取新制备的平板，用接种环将新鲜菌种点种于平板中央，28～32℃培养18～30h，让菌种扩散生长，取菌落边缘的菌苔（不要取菌落中央的菌苔）作染色观察的菌种材料。

（2）载玻片的准备　将载玻片在含适量洗衣粉的水中煮沸约20min，取出用清水充分洗净，沥干水后置于95%乙醇中，用时取出在火焰上烧去酒精及可能残留的油迹。

（3）菌液的制备　取斜面或平板培养物数环于盛有1～2mL无菌水的试管中，制成轻度混浊的菌悬液用于制片。也可用培养物直接制片，但效果往往不及制备菌液。

（4）制片　取一滴菌液于载玻片的一端，然后将玻片倾斜，使菌液缓缓流向另一端，用吸水纸吸去玻片下端多余菌液，室温（或37℃温室）自然干燥。

（5）染色　涂片干燥后，滴加硝酸银染色液A液（见附录Ⅲ）覆盖3～5min，用蒸馏水充分洗去A液。用B液（见附录Ⅲ）冲去残水后，再加B液覆盖涂片染色约数秒至1min，当涂面出现明显褐色时，立即用蒸馏水冲洗。若加B液后显色较慢，可用微火加热，直至显褐色时立即水洗。自然干燥。

（6）镜检　干后用油镜镜检。观察时，可从玻片的一端逐渐移至另一端，有时只在涂片的一定部位观察到鞭毛。菌体呈深褐色，鞭毛显褐色，通常呈波浪形。

五、实验报告

1. 绘图表示两种芽孢杆菌的形态特征（注意芽孢的形状、着生位置及芽孢囊的形状特征）。

2. 绘图说明你所观察到的细菌的菌体和荚膜的形态。

3. 绘图表示有鞭毛细菌的形态特征。

六、思考题

1. 说明芽孢染色法的原理。用简单染色法能否观察到细菌的芽孢？

2. 通过荚膜染色法染色后，为什么被包在荚膜里面的菌体着色而荚膜不着色？

3. 用鞭毛染色法准确鉴定一株细菌是否具有鞭毛，要注意哪些环节？

实验实训四　放线菌的印片法及形态观察

一、目的要求

学习并掌握观察放线菌形态的印片法，初步了解放线菌的形态特征。

二、基本原理

放线菌是指能形成分枝丝状体或菌丝体的一类原核细胞微生物。常见放线菌大多能形成菌丝体，紧贴培养基表面或深入培养基内生长的叫基内菌丝（简称基丝），基丝生长到一定阶段向空气中生长出气生菌丝（简称气丝），并进一步分化产生孢子丝及孢子。在显微镜下直接观察时，气丝在上层，基丝在下层，气丝色暗，基丝较透明。孢子丝依种类的不同，有直、波曲、螺旋形或轮生。在油镜下观察，放线菌的孢子有球形、椭圆、杆状或柱状。为了观察放线菌的形态特征，人们设计了各种培养和观察方法，如插片法、玻璃纸法、印片法等，这些方法的主要目的是尽可能保持放线菌自然生长状态下的形态特征。本实验主要介绍印片法。

印片法的基本原理是将要观察的放线菌的菌落或菌苔，先印在载玻片上，染色后观察。这种方法主要用于观察孢子丝的形态、孢子的排列及其形状等，方法简便，但形态特征可能有所改变。

三、材料和器具

1. 菌种

5406 放线菌。

2. 培养基和试剂

灭菌后的无菌高氏 1 号平板、石炭酸复红染液、无菌水等。

3. 器具

经灭菌的平皿、玻璃纸、盖玻片、玻璃涂棒、载玻片、接种环、接种铲、镊子、显微镜、吸水纸、擦镜纸等。

四、方法与步骤

（1）接种培养　用无菌高氏 1 号琼脂平板，无菌操作常规划线接种或点种，28℃培养 4～7 天。

（2）印片　用接种铲或解剖刀将平板上的菌苔连同培养基切下一小块，菌面朝上放在载玻片上。另取一洁净载玻片置火焰上微热后，盖在菌苔上，轻轻按压，使培养物（气丝、孢子丝或孢子）黏附（“印”）在后一块载玻片的中央，有印迹的一面朝上，通过火焰 2～3 次固定。

（3）染色　用石炭酸复红覆盖印迹，染色约 1min 后水洗。

（4）镜检　干后用油镜观察。

五、实验报告

绘图说明你所观察到的放线菌的主要形态特征。

六、思考题

镜检时，如何区分放线菌的基内菌丝和气生菌丝？

实验实训五　酵母菌的形态观察及死活细胞的鉴别

一、目的要求

1. 观察酵母菌的菌落形态。

2. 观察酵母菌的细胞形态及出芽生殖方式。

3. 学习掌握区分酵母菌死、活细胞的染色方法。

二、基本原理

酵母菌细胞一般呈球形、卵圆形、圆柱形或柠檬形。每种酵母细胞都有其一定的形态大小。大多数酵母菌在平板培养基上形成的菌落较大而厚，湿润，较光滑，颜色较单调（多数乳白色，少有红色，偶见黑色）。酵母菌细胞核与细胞质有明显的分化，个体直径比细菌大几倍到几十倍。繁殖方式也较复杂，无性繁殖主要是出芽生殖，有性繁殖是通过接合产生子囊孢子。

美蓝是一种无毒性染料，它的氧化型是蓝色的，而还原型是无色的，用它来对酵母菌的活细胞进行染色，由于酵母菌细胞中新陈代谢的作用，使酵母菌细胞内具有较强的还原能力，可将美蓝从蓝色的氧化型变为无色的还原型，所以酵母菌的活细胞无色，而对于死细胞则因其无此还原能力，而被美蓝染成蓝色或淡蓝色。因此，用美蓝水浸片不仅可观察酵母菌的形态，还可以区分死、活细胞，但美蓝的浓度、作用时间等均有影响，应加注意。

三、材料和器具

1. 菌种

酿酒酵母（*Saccharomyces cerevisiae*）或卡尔酵母（*S. calsbergensis*）。

2. 试剂

吕氏碱性美蓝染液（0.05%、0.1%）。

3. 器具

显微镜、载玻片、盖玻片、接种环等。

四、方法与步骤

1. 菌落特征的观察

取少量酿酒酵母划线接种在平板培养基上，置于28～30℃下培养3天。观察酵母的菌落特征，注意菌落表面是湿润还是干燥，有无色泽、隆起形状，边缘的整齐度、大小、颜色等。

2. 细胞形态、芽殖方式的观察和死活细胞的染色鉴别

① 在载玻片中央加一滴0.1%吕氏碱性美蓝染液，然后按无菌操作法用接种环取在豆芽汁琼脂斜面上培养48h的酿酒酵母少许，放在美蓝染液中，使菌体与染液均匀混合。

② 用镊子夹盖玻片一块，先将盖玻片的一边与液滴接触，然后将整个盖玻片慢慢放下，盖在液滴上，注意不要产生气泡。

③ 将制好的水浸片放置3min后镜检。先用低倍镜观察，然后换用高倍镜观察酿酒酵母的形态和出芽情况，同时可以根据是否染上颜色来鉴别死活细胞。

④ 染色半小时后，再观察一下死细胞数是否增加。

⑤ 用0.05%吕氏碱性美蓝染液重复上述的操作。

五、实验报告

1. 描述观察到的酵母菌落形态特征。

2. 绘观察到的酵母菌菌体、出芽方式的形态特征图。

3. 说明观察到的吕氏碱性美蓝染液浓度和作用时间对死活细胞数的影响。

实验实训六　霉菌的形态观察

一、目的要求

1. 观察霉菌的菌落特征。
2. 学习并掌握观察霉菌形态的制片方法。
3. 观察霉菌个体形态及各种孢子的形态。

二、基本原理

霉菌由许多交织在一起的菌丝体构成，在培养基上生长繁殖出丝状、绒毛状或絮状菌丝体的菌落，并在形态及功能上分化成多种特化结构，霉菌的菌落颜色十分多样，形态较大，质地较疏松。霉菌菌丝较粗大，细胞易收缩变形，菌丝无色，显微观察较困难，而且孢子很容易飞散，所以制标本时常用乳酚油棉蓝染色液。此染色液制成的霉菌标本片细胞不变形，能保持较长时间，溶液本身呈蓝色，还有一定染色效果。

霉菌形态的观察可以直接挑取在载玻片上观察，但许多霉菌的产孢结构用直接法制片时容易被破坏，不能观察到完整的产孢结构，因此需要在自然状态下才能观察。霉菌自然生长状态下的形态观察，有两种方法：①载玻片观察法，此法是接种霉菌孢子于载玻片上的适宜培养基上，培养后用显微镜观察；②玻璃纸透析培养观察法，此法是利用玻璃纸的半透膜特性及透光性，让霉菌生长在覆盖于琼脂培养基表面的玻璃纸上，然后将长菌的玻璃纸剪取一小片，贴放在载玻片上用显微镜观察，这样可以得到清晰、完整、保持自然状态的霉菌形态。

三、材料和器具

1. 菌种

曲霉（*Aspergillus* sp.）、青霉（*Penicillium* sp.）、根霉（*Rhizopus* sp.）、毛霉（*Mucor* sp.）(培养好的平板和斜面各一个)。

2. 试剂

乳酚油棉蓝染色液、20%甘油、无菌水、PDA 培养基。

3. 器具

无菌吸管、接种针、载玻片、盖玻片、U 形棒、涂布棒、玻璃纸、滤纸等。

四、方法与步骤

1. 菌落特征的观察

观察曲霉、青霉、根霉和毛霉平板中的菌落，描述其菌落特征。注意菌落形态的大小、菌丝的生长密度，孢子颜色和菌落表面等状况。并与细菌、放线菌、酵母菌菌落进行比较。

2. 制片观察

(1) 一般观察法　于洁净载玻片上，滴一滴乳酚油棉蓝染色液，用接种针从霉菌菌落的边缘处取小量带有孢子的菌丝置染色液中，再细心地将菌丝挑散开，然后小心地盖上盖玻片，置显微镜下观察。

(2) 载玻片观察法

① 将略小于培养皿底内径的滤纸放入皿内，再放上 U 形玻棒，其上放一洁净的载玻

片，然后将两块盖玻片分别斜立在载玻片的两端，盖上皿盖，把数套如此的培养皿包扎好，灭菌，备用。

② 将 6～7mL 灭菌的 PDA 培养基倒入直径为 9cm 的灭菌平皿中，待凝固后，切成 0.5～1cm^2 的琼脂块，取 2 块放在已灭菌的培养皿内的载玻片上。

③ 用灭菌的尖细接种针取一点霉菌孢子，轻轻点在琼脂块的边缘上，用无菌镊子夹着立在载玻片旁的盖玻片盖在琼脂块上，再盖上皿盖。

④ 在培养皿的滤纸上，加无菌的 20%甘油数毫升，至滤纸湿润即可停加。将培养皿置 28℃下培养一定时间后，取出载玻片置显微镜下观察。

（3）玻璃纸透析培养观察法

① 向霉菌斜面试管中加入 5mL 无菌水，洗下孢子，制成孢子悬液。

② 用无菌镊子将已灭菌的、直径与培养皿相同的圆形玻璃纸覆盖于 PDA 培养基平板上。

③ 用 1mL 无菌吸管吸取 0.2mL 孢子悬液于上述玻璃纸平板上，并用无菌涂布棒涂抹均匀。

④ 置 28℃温室培养 48h 后，取出培养皿，打开皿盖，用镊子将玻璃纸与培养基分开，再用剪刀剪取一小片玻璃纸置载玻片上，用显微镜观察。

五、实验报告

1. 描述观察到的霉菌菌落形态特征。
2. 绘观察到的霉菌形态特征图。
3. 比较细菌、放线菌、酵母菌和霉菌形态上的异同。

生产实习　调查当地微生物种类

一、目的要求

了解当地涉农企业、农村建设、研究所（院）、高校实验室等使用的微生物的种类及其应用或研究意义。

二、内容和方法

由指导教师联系当地相关微生物农药、微生物肥料、微生物饲料、食用菌生产企业，沼气建设的村镇，涉及微生物的研究所（院）或一些高校的实验室等单位，并带领学生前往参观实习。由该单位技术人员介绍所使用的微生物种类、应用（研究）意义、生产流程和微生物菌种的培养、形态、分类、发酵、活化、保存等相关内容。

三、作业

1. 记录各单位使用的微生物种类的种名和使用（研究）意义。
2. 简述参观企业的收获和感受。

第三章　微生物的营养和培养基

知识目标

了解微生物所必需的营养物质及对营养物质的吸收方式。熟悉微生物的不同营养类型，选择和制备培养基的原则，消毒灭菌原理与方法。

技能目标

掌握配制培养基的基本操作技能和常用的消毒灭菌方法，学会根据微生物的营养需求选择培养基，并选用适当的消毒灭菌方法进行灭菌。

第一节　微生物的营养物质

微生物同所有生物一样，在其生长繁殖及生命活动过程中，都需要不断地从外界获取能量和营养物质，在体内转化为自身的细胞成分并获得可利用的能量，将代谢废物排出体外，并可能为人们产生多种有益代谢产物。外界环境中可为细胞提供结构组分、能量、代谢调节物质和良好生理环境的化学物质称为营养物质。微生物主动摄取和利用营养物质的过程称为营养。营养物质是微生物生命活动的物质基础。

一、微生物细胞的化学组成

通过分析微生物细胞的化学组成，可为弄清微生物的营养物质提供理论依据。微生物细胞的化学组成与其它生物的细胞成分大同小异。除大量水分外，还含有10%～30%的干物质。干物质由有机物质和矿质元素组成（见表3-1）。

表3-1　微生物细胞的主要成分

细胞成分			含量/%	主要元素	细菌/%	酵母菌/%	霉菌/%
水分			70～90	氢、氧	75～85	73～75	84～85
干物质	有机物质	蛋白质	占干物质90～97	碳、氢、氧、氮、硫	50～80	32～75	14～52
		核酸		碳、氢、氧、氮、磷	10～20	6～8	1～2
		碳水化合物		碳、氢、氧	12～28	27～63	7～40
		脂肪		碳、氢、氧	5～20	2～15	4～40
		矿质元素	占干物质3～10	磷、硫、镁、钙、钾、钠等	6～10	7～10	7～10

1. 微生物细胞的水分

水是微生物细胞中含量最多的成分，占鲜重的70%～90%。不同种类的微生物含水量不同，就是同一种微生物随发育阶段和生活条件不同也有差异。一般地说，细菌的含水量为细胞鲜重的75%～85%，酵母菌为73%～75%，霉菌为84%～85%。衰老细胞较幼龄细胞含水量少，休眠体较营养体含水量更少，如细菌的芽孢含水量为40%，曲霉的分生孢子含水量为20%。

2. 微生物细胞的有机物质

微生物细胞的干物质中90%以上为有机物质，其中主要是蛋白质、核酸、碳水化合物和脂类，这些物质的含量也随菌种和生活条件不同有明显的差异。它们既是细胞内同化成高分子化合物的前体，也是进一步分解代谢的中间产物，有些还以次生代谢产物的形式积累于细胞内或分泌到环境中。它们在细胞内的生理功能如下。

(1) 蛋白质　蛋白质是组成细胞原生质的基本物质。蛋白质在微生物体内的含量约占干重的一半，在细胞中蛋白质大部分和其它物质结合在一起，成为结合蛋白。如以组蛋白形式与DNA结合构成真核生物细胞的染色体，与RNA结合构成核蛋白体，与磷脂共同构成细胞质膜和细胞器的膜结构，与金属离子结合成金属蛋白，以鞭毛蛋白形式构成鞭毛等。细胞的酶都是由蛋白质组成的，有些单成分的酶本身就是蛋白质，有的连接在细胞的结构上，有的游离于细胞中，有的甚至可以分泌于体外，它推动着细胞中一切生化反应的进行。

(2) 核酸　核酸是组成染色体和核蛋白体的基本成分。只有少量分子量较小的核酸(tRNA)游离于细胞质内。核酸的生理功能非常重要，它传递生物的遗传信息，指导并参与蛋白质的生物合成。核酸有核糖核酸(RNA)和脱氧核糖核酸(DNA)两种。RNA有三种类型：rRNA参与构成核蛋白体，参与细胞内蛋白质合成；mRNA是蛋白质合成的模板；tRNA与特定的氨基酸结合并转运到相应的mRNA上合成蛋白质。RNA在细胞中的含量在微生物生长过程中有较大变化，当微生物旺盛生长时，其含量迅速增加，反之则下降。如大肠杆菌为20%，酵母菌为6%～8%，RNA含量为细胞干重的20%左右，生长旺盛细胞比衰老细胞中含量多，主要存在于细胞质中，除少量呈游离状态外，多数与蛋白质结合成核蛋白体，在蛋白质的形成过程中起重要作用。DNA主要存在于细胞核、质粒和某些细胞(如叶绿体和线粒体)中。DNA含量为细胞干重的3%～4%，其功能是传递遗传性状。DNA在细胞中的含量随微生物种类而变化，如大肠杆菌为3%～4%，酵母菌只有0.3%。

(3) 碳水化合物　微生物细胞内的碳水化合物，除少量为单糖和双糖外，大多以多糖形式存在。它们参与组成各种细胞结构，如脱氧核糖和核糖是DNA和RNA的重要成分。多糖有的是组成细菌的细胞壁和荚膜等结构；微生物的细胞壁约占细胞干重的10%～50%，细胞壁的厚度和质量随菌龄和环境而变化，一般在生长后期细胞壁的质量有所增加；细胞壁的功能是保持各种微生物细胞的外形，并保护细胞不致因细胞内外渗透压差而崩解；有的则是微生物细胞的重要贮藏物质，主要有淀粉和糖原两种，淀粉和糖原都以颗粒状分散于细胞中，这些贮藏的物质在微生物细胞中的含量，随菌龄的环境条件而变化，它们一般是在生长稳定期形成，特别是当外界碳源物质丰富时可大量形成(如酵母菌的糖原可达干重的20%)，但在生长后期当外界碳源缺少时又可当作内源碳源和能源被利用。单糖主要是己糖和戊糖。己糖及其衍生物参与细胞壁中肽聚糖、纤维素、几丁质和果胶等的合成，也与类脂物结合成脂多糖存在于细胞壁和细胞膜中，己糖是能量的主要来源，也是多糖组成的单位。戊糖除作能源外，也是核酸的组成成分。

(4) 脂类物质　脂类是一类化合物的总称，包括脂肪、磷脂、蜡和固醇等脂溶性化合物。它们在化学结构上虽然不尽相同，但是它们共同的物理特性是都不溶于水而溶于有机溶剂。脂肪是许多微生物的贮藏物质，以油滴状态出现。因不同菌种、不同菌龄和不同生活条件，微生物细胞中的脂肪含量也会改变。一般来说，当培养基中C/N大时，有利于它们的积累，当生长后期培养基中缺少碳源时，又可作为能源和碳源被利用。有些微生物细胞脂肪含量很高，如油脂酵母菌含脂肪40%～60%，用来生产脂肪。磷脂是磷酸化的甘油酯，磷脂与蛋白质结合成脂蛋白，磷脂是组成微生物细胞膜、内质网膜和线粒体膜的主要成分，其化学组成随不同微生物而异。蜡存在于一些真菌分生孢子的外壁，有保护作用。固醇又称甾体，也参与生物膜结构，存在于真核生物和个别原核生物（如支原体）细胞中，酵母菌中含量较多，是维生素D的前体，如啤酒酵母菌的甾体含量可占细胞干重的1%～9%。

（5）维生素　微生物细胞中的维生素，主要是水溶性的B族维生素，它们都是各种酶的活性基的组成部分，对微生物的生理活动非常重要。各种维生素的含量，因不同微生物而异，如酵母菌可以合成多种B族维生素，即用其细胞制成酵母粉或酵母汁，可作为细菌等培养基中B族维生素的来源。微生物细胞所产生的维生素可以结合状态存在于细胞内，也可以游离状态分泌于体外。有些类群微生物可以产生高量核黄素或维生素B_{12}，用于工业化生产。

（6）其它有机物质　微生物细胞中还含有抗生素、毒素、色素等有机物质。核黄素、尼克酰胺和细胞色素等是生物体内重要的氧化还原酶的辅基。抗生素是微生物所产生的，具有特异性抗菌作用的一类物质的总称。微生物可产生各种毒素，可将细菌毒素分成内毒素和外毒素两大类。内毒素是病原菌细胞壁的组成成分，在化学性质上是脂多糖-蛋白质的复合物，只有革兰阳性细菌才有；外毒素是病原菌的代谢产物，在化学性质上都是蛋白质。

3. 微生物细胞的矿质元素

微生物细胞的干物质中有3%～10%的矿质元素，分为主要元素和微量元素两大类。主要元素包括磷、钾、钙、镁、硫、钠等六种，其中以磷含量最高，占矿质元素的50%左右，它们分别参与细胞结构物质的组成、能量转移、物质代谢以及调节细胞原生质的胶体状态和细胞透性等。铜、锌、锰、硼、钴、钼等含量极微，称为微量元素，在制作培养基中常需要添加这些微量元素，它们多是辅酶和辅基的元素成分或酶的激活剂。微生物对微量元素的需要量很少，如果在制作过程中，加入过量会对微生物产生毒害作用。

二、微生物的营养物质及其生理功能

微生物种类繁多，多类微生物对营养物质有很大差别，但从总体来看，微生物所需要的营养物质主要有：水、碳源、氮源、无机盐、能源和生长因子等。

1. 水分

水分是微生物最基本的营养要素。因为水是微生物机体的组成成分，微生物生长繁殖缺少不了水。微生物对营养物质的吸收和代谢物的排出，都要以水为媒介。除休眠体外（如芽孢、孢子的孢囊等），无论是水生还是陆生生物的生命活动都离不开水。在微生物细胞中，它以游离状态和结合状态两种形式存在，其中结合状态的水一般占细胞总水量的17%～28%。结合水的特点是不易蒸发，不能渗透，也不能冻结。如在细菌的芽孢和霉菌的孢子中，结合水的比例就比营养体细胞增大，因而对干燥等恶劣环境条件的抵抗能力也明显增强。呈游离状态的自由水，是细胞中各种生化反应的介质，也是基本溶剂，一定量的水分是维持细胞膨压的必要条件，微生物体内的生化反应，必须在水溶液中进行，同时水分子容易扩散，利于散热，能调节细胞的温度。水分能提供氢氧两种元素，若水分不足，将会影响整个机体的代谢。培养微生物应注意水中矿物质是否过多，如过多，应转化后再用。一般用自来水、井水、河水等，如有特殊要求可用蒸馏水。

2. 碳源

凡能为微生物提供碳素营养的物质称为碳源。碳素是组成菌体有机物质代谢产物和贮藏物质的主要元素。微生物需要的碳源有无机碳源和有机碳源两大类。微生物利用碳源的广泛性大大超过了动植物，自然界所有有机物质都可被相应微生物利用，甚至是高度不活跃的碳氢化合物，如石蜡、氰等有毒物质，有些微生物还可以在人工合成塑料上生长，可利用这些微生物净化环境，并生产菌体蛋白。无机碳源主要是空气中的二氧化碳和土壤中的碳酸盐。

有机碳源是指含有碳元素的有机物质，主要有各种糖类、醇类、有机酸、烃类、脂类、淀粉、果胶、纤维素等。由于微生物的种类多，它们的习性不同，所需要的碳素物质不同。就某一种微生物来说，它所利用的碳源是有限的，如 CO_2 可以作为无机营养型微生物的唯一碳源，同化 CO_2 所需的能量来自光能或化学能，还原 CO_2 所需的供氢体来自水或其它还原性物质。一般微生物利用有机碳源，糖类是常用的有机碳源，特别是单糖中的葡萄糖。多数微生物也能利用双糖中的蔗糖和麦芽糖，霉菌、芽孢杆菌和放线菌还能利用多糖中的淀粉。氨基酸既是氮素养料，也是碳素养料。生产上，常以农副产品和工业废弃物为碳源，如玉米粉、马铃薯、麦麸、米糠、酒糟等。实验室中常用葡萄糖、蔗糖、麦芽糖、淀粉等作为培养微生物的碳源。纤维素、半纤维素和果胶等，能被少数微生物利用。有机碳源也是异养微生物的能源，自养微生物只能利用来自于光能或来自于无机物氧化过程中释放的化学能。

碳源在微生物细胞内主要是构成细胞结构物质和合成某些次生代谢产物的原料。在分解过程中，碳源可提供微生物生命活动的能量。

3. 氮源

凡能为微生物提供氮素营养的物质统称为氮源。氮素化合物是构成蛋白质与核酸的重要成分。依据微生物对氮源利用的差异，可以分为三种类型：无机氮源、有机氮源和 N_2。不同形式的氮源都可被相应的微生物利用，微生物对氮源的利用范围也大大广于动植物。不同种类微生物所能利用的氮源各异，有些氮源还能在氧化过程中为微生物提供能量。无机氮源主要有铵盐、硝酸盐等，很多微生物都能利用，它们可以合成自己需要的全部有机氮化物，但硝酸盐不如铵盐利用得快，铵盐几乎被所有微生物利用。有机氮源主要是蛋白质、氨基酸和一些含氮的有机化合物，氨基酸、嘌呤、嘧啶、蛋白胨、尿素等简单有机氮化物可被微生物快速吸收利用。实验室中常用的氮源有铵盐、硝酸盐、尿素、蛋白质水解物等。工业发酵常用鱼粉、花生饼粉、豆饼粉、蚕蛹粉等。氮源的生理功能主要是作为合成细胞原生质、生理活性物质、细胞结构物质和某些代谢产物的原料。

4. 无机盐

矿质元素的化合物为无机盐，矿质元素多以无机盐形式存在，是微生物生长的必要物质。矿质元素包括主要元素与微量元素两种，主要元素有磷、硫、镁、钾、钠、钙等。

磷是组成核酸和磷脂的成分，并参与碳水化合物磷酸化过程，生成高能磷酸化合物，转移能量。微生物对磷的需要量较高，主要是从无机磷化合物中获得磷，进入细胞后即迅速同化为有机的磷酸化合物。此外磷酸盐还对细胞和环境中的 pH 值起缓冲调节作用。

硫存在于细胞蛋白质、辅酶和辅基中，是含硫氨基酸的组成成分，如胱氨酸、半胱氨酸、蛋氨酸中都含有硫，在细胞的化学组成和代谢活性等方面有重要作用。许多微生物也可以利用硫代硫酸盐作为唯一的能源和硫源，少数微生物需要供给还原型的硫化物（如 H_2S 和半胱氨酸）才生长。此外，硫和硫化氢也是无机营养的硫细菌的能源。

镁是组成细菌光合色素的成分，也是一些酶作用的激活剂或调节剂。此外，镁离子的浓度在控制核蛋白体的聚合中起重要作用，是核蛋白体和膜结构的稳定剂，对某些重金属对生物细胞的毒害还具有一定的拮抗作用，常用硫酸镁。

钾不能参与细胞结构物质的组成，以游离状态控制细胞原生质的胶体状态和细胞膜的透性。试验表明生物细胞膜内钾离子的浓度较细胞外要高得多，常用磷酸氢二钾和硝酸钾等。

钠在细胞中不参加生理作用，而是控制细胞和培养液的渗透压。已知海洋微生物和嗜盐微生物细胞内含有较高浓度的钠离子，常用氯化钠。

钙也不能参与细胞组成，是以离子状态控制着细胞的生理状态，如降低细胞质膜的透性，调节酸度，并对一些阳离子的毒性有拮抗作用。少数微生物还可在壁或膜外形成钙质的鞘或外壳，常用磷酸钙和氯化钙等。

微量元素有铁、铜、锌、锰、硼、钴、钼、碘、镍、溴、钒等。它们一般是酶的活性基成分或激活剂。缺少微量元素能引起微生物生命活动降低，甚至不能生长。但是，微生物对微量元素需要量极微，一般多数微生物在粗放的培养条件下，混杂于水和其它营养物质中的数量就能满足需求。但对有些种类，对微量元素要求很突出时，即使粗放培养，仍需要在培养基中加入某些微量元素。一般微生物不需要另外添加，过量的微量元素对微生物反而会有毒害作用。

微生物对无机盐的需求量很小，凡生长所需浓度在 10^{-3}～10^{-4}mol/L 的元素为大量元素，凡生长需要浓度在 10^{-6}～10^{-8}mol/L 的元素为微量元素。

5. 生长因子

微生物生长必不可少而需求量极微的有机物质称为生长因子，包括氨基酸、维生素和碱基等。生长因子有十分重要的生理功能，是酶的组成成分或酶的活性基，还具有调节代谢和促进生长的作用。B族维生素对微生物的生长很重要，没有它们酶就不能活动，生命就停止。各种微生物对生长因子的合成能力差别很大。合成能力强的微生物不需要人为供给，它们不但能满足自己需要，还能在细胞内大量贮积。合成能力弱的微生物，必须从环境中摄取大部分生长因子，才能进行正常的生命活动。如乳酸杆菌、根瘤菌等，在培养基中加少量牛肉膏、酵母膏、马铃薯汁等，就可满足其对生长因子的需求。不同类群微生物对生长因子的需要有明显的差异（见表 3-2）。

表 3-2 某些微生物生长所需要的生长因子

微生物	生长因子	每毫升培养基需要量	微生物	生长因子	每毫升培养基需要量
丙酮丁醇梭菌	对氨基苯甲酸	0.15ng	阿拉伯聚糖乳杆菌	烟碱酸	0.1μg
弱氧化醋酸杆菌	对氨基苯甲酸	0～10ng		泛酸	0.02μg
第Ⅲ型肺炎球菌	胆碱	6μg		甲硫氨酸	10μg
强氧化醋酸杆菌	烟碱酸	3μg	粪链球菌	叶酸	200μg
肠膜状明串珠菌	吡哆醛	0.025μg		精氨酸	50μg
金黄色链球菌	硫胺素	0.5ng	戴氏乳杆菌	色氨酸	8μg
肠膜状乳杆菌	胱氨酸	5μg		胸腺核苷	0～2μg
白喉棒杆菌	β-丙氨酸	1.5μg	干酪乳杆菌	生物素	1ng
破伤风梭状芽孢杆菌	尿嘧啶	0～4μg		麻黄素	0.05μg

第二节 微生物的营养类型和吸收方式

一、微生物的营养类型

微生物的营养类型比较复杂，这主要是由于微生物种类繁多，对营养物质的需求以及对能源的所需不一样而决定的。凡是其它生物中有的营养类型在微生物中都有，微生物能利用自然界中几乎所有的无机物和有机物，由此说明微生物比其它生物都更能适应生存环境。

根据微生物所需碳源的不同，可将其营养类型分为自养型和异养型两大类。

（一）自养型微生物

以二氧化碳或无机碳酸盐为唯一或主要碳源的微生物，称为自养型微生物。它们不需要有机养料，可生活在无机环境中，将无机碳源同化为细胞有机物质时，一定要有能量的推动。根据所需能源的不同又可将其分为光能自养型和化能自养型。

1. 光能自养型

以日光为能源，以 CO_2 为碳源的微生物称为光能自养微生物。该类型的微生物体内有光合色素，能利用日光能进行光合作用，以水或其它无机物为供氢体，将 CO_2 合成细胞有机物质。单细胞藻类、蓝细菌、紫硫细菌、绿硫细菌都属于光能自养微生物。光合色素是一切光合生物特有的色素，主要有叶绿体（或菌绿素）、类胡萝卜素和藻胆素三大类，其中叶绿素或菌绿素是主要的光合色素，类胡萝卜素和藻胆素为辅助色素，不能单独进行光合作用，其主要功能是捕获光能并可能在强光照条件下对叶绿素起保护作用。

在微生物的光能自养菌中，光合作用的方式有两种：一种与绿色植物的光合作用相同，如藻类、蓝细菌；另一种与绿色植物的光合作用不同，如泥生硫菌。

第一种是藻类细胞和蓝细菌体内有叶绿素，具有与高等植物相同的光合作用，在还原 CO_2 时，以水为供氢体，在光的作用下合成有机物质，并放出氧气。

$$H_2O+CO_2 \xrightarrow[\text{叶绿素}]{\text{光能}} [CH_2O]^{❶}+O_2\uparrow$$

藻类的叶绿体中含有叶绿素 a 和类胡萝卜素，其它光合色素则随类群而不同。如绿藻含有叶绿素 b，红藻含有叶绿素 a 和藻胆素，多数藻类水生，只要环境中有光照、水、少量氮素和无机盐就能生长。

由于蓝细菌能吸收光能并同化 CO_2，一般也不需要特殊的生长因子，只要有水、光照、少量氮素、无机盐和 pH 为中性到微碱性的环境就可生长。

第二种是污泥中的绿硫细菌和紫硫细菌细胞内无叶绿素，只有菌绿素，它们可在厌氧条件下进行光合作用。但不能进行以水为供氢体的非环式光合磷酸化作用，不放出氧气。以 H_2S 为供氢体，将 CO_2 还原为有机物质，而产生元素硫，产生的元素硫或积累在细胞内或排泌到细胞外。

$$CO_2+2H_2S \xrightarrow[\text{菌绿素}]{\text{光能}} [CH_2O]+H_2O+2S\downarrow$$

绿硫细菌和紫硫细菌主要存在于富含有机质、CO_2、H_2 和硫化物的浅水池塘和湖泊的次表层水域中，藻类和蓝细菌在表层生长。绿硫细菌和紫硫细菌利用从表层透过的蓝绿及绿色等长波光线、无氧环境和来自底层的 H_2S 等硫化物来繁殖。

2. 化能自养型

以无机碳为主要碳源，以利用无机物氧化所产生的化学能为能源的微生物，称为化能自养型微生物。由于受从无机物氧化产生能量有限的制约，该类型微生物的生长一般较迟缓，某些类群（如亚硝酸细菌）甚至只能在严格的无机环境中生长，有机物的存在均对它们有毒害作用。如亚硝酸细菌可利用氨氧化为亚硝酸时产生的能量，将二氧化碳还原为有机物质。

$$2NH_3+2O_2 \longrightarrow 2HNO_2+4H^++\text{能量}$$

$$CO_2+4H^+ \longrightarrow [CH_2O]+H_2O$$

如硫化细菌和硫细菌能在含硫环境中进行化能自养生活，将 H_2S 或硫氧化为硫酸。氧化成的硫酸常使金属物品及管道腐蚀。

---

❶ $[CH_2O]$代表最初合成的有机物质。

$$\left.\begin{array}{l} 2H_2S+O_2 \longrightarrow 2H_2O+2S+\text{能量} \\ 2S+3O_2+2H_2O \longrightarrow 2H_2SO_4+\text{能量} \end{array}\right\}$$

$$CO_2+H_2O \longrightarrow [CH_2O]+O_2$$

可利用这样的微生物将贫矿和尾矿中的金属以硫酸盐形式溶解出来，这种用细菌溶解矿石的方法称为细菌冶金。自然界中化能自养微生物的种类较少，而且对无机物的氧化有很强的专一性。

（二）异养型微生物

以有机碳为碳源的微生物称为异养型微生物，它们不能在完全无机的环境中生活，按其所需能源不同，可分为光能异养型和化能异养型。

1. 光能异养型

以日光为能源，以有机碳或 CO_2 为碳源，以有机物为供氢体的微生物称为光能异养型微生物。该类微生物具有光合色素，能进行光合作用，将有机碳化物或 CO_2 同化为细胞物质，不产生氧气。例如污泥或湖泊中的红螺菌在生长繁殖中需要有机物异丙醇作为碳源，而异丙醇在光合作用中起着供氢体的作用。其反应式为：

$$CO_2+2\,\overset{\displaystyle CH_2}{\underset{\displaystyle CH_2}{\overset{|}{\underset{|}{C}}}}HOH \xrightarrow[\text{光合色素}]{\text{光能}} [CH_2O]+2\,\overset{\displaystyle CH_2}{\underset{\displaystyle CH_2}{\overset{|}{\underset{|}{C}}}}{=}O+H_2O$$

在有些光能型微生物的生命活动中，它们离不开有机碳化物，尽管在这些微生物细胞中含有光合色素，同样能利用光能，同样能在细胞内进行光合作用，但是光合作用的方式既不同于绿色植物，也不同于光能自养细菌。这种光能异养型是微生物特有的营养类型之一，这一类型与光能自养型微生物的主要区别在于氢和电子供体的来源不同。该类型微生物虽种类很少，但很有发展前途，目前已开始利用这类微生物来净化高浓度的有机废水，以消除污染、净化环境，又可从中产生菌体蛋白。

2. 化能异养型

以有机碳为碳源，以有机物分解放出的能量为能源的微生物，称为化能异养微生物。种类最多，作用也最强。腐生的、寄生的、共生的都有。化能异养微生物同人类的关系极为密切，目前在工业发酵中使用的菌种（细菌、放线菌、酵母菌、霉菌）都是该类型的。化能异养微生物的具体营养要求随种类而异，下面针对主要类型作简要介绍。

（1）细菌　种类多、数量大、分布广和作用强，它们几乎能利用全部的天然有机化合物和多种人工合成的有机物聚合物。在碳源和能源方面，单糖、双糖、醇和有机酸等最易为多数细菌类群所利用；淀粉和糊精等次之；纤维素、果胶、木质素和几丁质等复杂的天然有机物可被少数类群所分解。无机氮中的铵盐和硝酸盐、氨基酸、肽、蛋白质能为大多数细菌所利用。牛肉膏蛋白胨培养基和葡萄糖酵母汁培养基是常用的细菌培养基。

（2）放线菌　其营养要求有一定的特殊性，含有淀粉和硝酸钾的高氏1号培养基是常用的放线菌培养基。

（3）真菌　淀粉、糊精、果糖、葡萄糖、麦芽糖、蔗糖和甘露醇等是多数真菌的合适碳源。真菌对氮素的利用，以多肽、氨基酸和铵盐最好，硝酸盐和尿素等次之。含有葡萄糖和蛋白质的马丁培养基、天然的马铃薯或豆芽汁培养基都是常用的真菌培养基。

许多化能异养微生物从环境中获得营养物质的过程有一个显著的特点，就是能产生胞外酶。所谓胞外酶，即细胞外酶，它由微生物细胞合成，再分泌到细胞外起作用。化能异养微生物的胞外酶在工业上已得到广泛应用，如用霉菌、酵母菌来酿酒、制醋，生产酱、酱油、腐乳等，就是利用这些微生物产生的淀粉酶、糖化酶、蛋白酶等的作用。微生物的营养类型综合起来可归纳为四种（表 3-3）。

表 3-3 微生物的营养类型

营养类型	能源	主要碳源	供氢体	微 生 物
光能自养型	日光	CO_2	水或还原态无机物	蓝细菌、紫硫细菌、绿硫细菌、藻类
化能自养型	无机物	CO_2 或 CO_3^{2-}	还原态无机物	硫化细菌、硝化细菌
光能异养型	日光	CO_2 及简单有机物	有机物	红螺菌科的细菌，即紫色非硫细菌
化能异养型	有机物	有机物	有机物	绝大多数细菌、全部放线菌及真核微生物

二、微生物对营养物质的吸收方式

具有独立生活能力的微生物都没有专门分化的营养器官，摄取营养物质是依靠整个细胞表面进行的。微生物细胞小，吸收营养物质的速度比高等植物快，对环境中营养物质的吸收和利用有很强的能力和高度的选择性。并非所有的营养物质都可被微生物细胞吸收，微生物吸收营养物质与细胞膜的透性关系十分密切，决定于细胞膜的结构特性和细胞的代谢活动。

微生物的细胞膜主要由蛋白质和磷脂构成。蛋白质是非连续的，它们镶嵌在连续的磷脂中间。细胞膜上的蛋白质大多数都是带有专一性的酶，它们在细胞内外的物质运输中发挥作用。蛋白质按其与磷脂相互作用的不同方式分两种：一是外周蛋白，结合于膜的表面；二是固有蛋白，插入或贯穿在磷脂双分子层的非极性部分。膜蛋白质的结构复杂，种类很多，在不同的膜中，蛋白质的种类和数量都各不相同，这就使不同的微生物在选择吸收营养物质方面具有不同的功能。

磷脂是一种极性分子，每一分子的磷脂都是由磷酰基的极性部分和脂肪酸碳氢链的非极性部分构成的两性分子。在细胞膜中磷脂很规则地排列成双分子层，其极性部分向外，非极性部分向内。由于脂类的双分子层通透性很低，因此给细胞表面形成一个很好的隔膜。

具有磷脂双分子层和嵌合蛋白质分子的细胞膜是控制营养物进入和代谢物排出的主要屏障。一般认为，细胞膜有单纯扩散、促进扩散、主动运输和基团移位四种方式控制物质的吸收。

1. 单纯扩散

单纯扩散又称被动吸收，它是由于细胞质膜内外营养物质的浓度差而产生的物理扩散作用。溶质分子从浓度高的区域向浓度低的区域扩散，直到两边的浓度相等为止。扩散是非特异性的，扩散速率取决于营养物质的浓度差、分子大小、溶解性、极性、pH、离子强度和温度等因素。进行单纯扩散的物质种类不多，主要是氧、二氧化碳、乙醇和氨基酸分子，许多小分子、非电离分子、尤其是亲脂性的分子可被动地透入。该吸收方式不消耗能量，也不是微生物吸收营养物质的主要方式，细胞不能通过该方式来选择必需的营养物质（见图 3-1）。

2. 促进扩散

促进扩散与单纯扩散一样，也是以细胞内外的浓度差为动力，不消耗能量，所不同的是有载体蛋白参加。载体蛋白也叫渗透酶，是一种位于细胞膜上的特异性蛋白质，起着“渡船”的作用，把物质从膜外运到膜内（见图 3-2）。

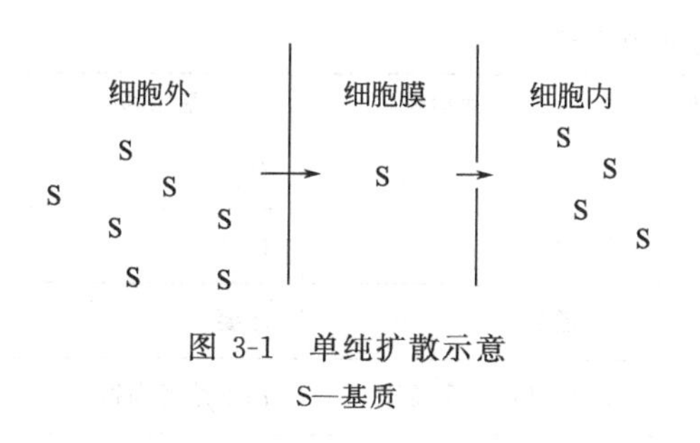

图 3-1 单纯扩散示意

S—基质

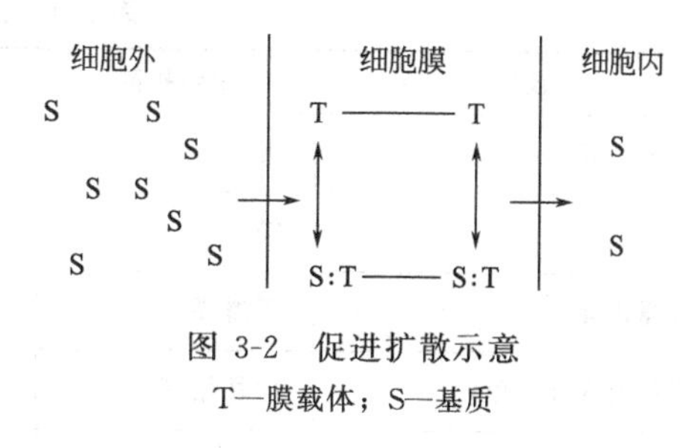

图 3-2 促进扩散示意

T—膜载体；S—基质

载体蛋白的作用具有专一性，不同载体蛋白运载不同的营养物质。例如葡萄糖载体只输送葡萄糖，大肠杆菌有亮氨酸、异亮氨酸和缬氨酸等多种载体。由于载体蛋白的参与，促进扩散的速度比单纯扩散快。促进扩散只能把环境中浓度较高的溶质分子加速扩散到细胞内，直至细胞膜两侧的溶质浓度相等为止，但也不会引起溶质逆浓度差的输送。因此，它只对生长在高营养浓度下的微生物起作用，使扩散的物质具有选择性。

3. 主动运输

主动运输又称主动吸收，是微生物吸收营养的主要方式，其特点是：①具有养料和载体蛋白对应的专一性；②消耗能量；③能逆浓度吸收；④能改变养料运输反应的平衡点。这种吸收方式是在代谢能的推动下，通过膜上的特殊载体蛋白逆浓度梯度吸收营养物质的过程。载体蛋白在细胞膜外侧有选择性地与溶质分子结合，当进入细胞内侧后，在能量参与下，载体蛋白发生构型变化，与溶质的亲和力降低，将其释放出来。释放了结合物质的载体蛋白又重新恢复了原来的分子构型，并将口转向膜外，又可重新与特异性物质结合（见图 3-3）。

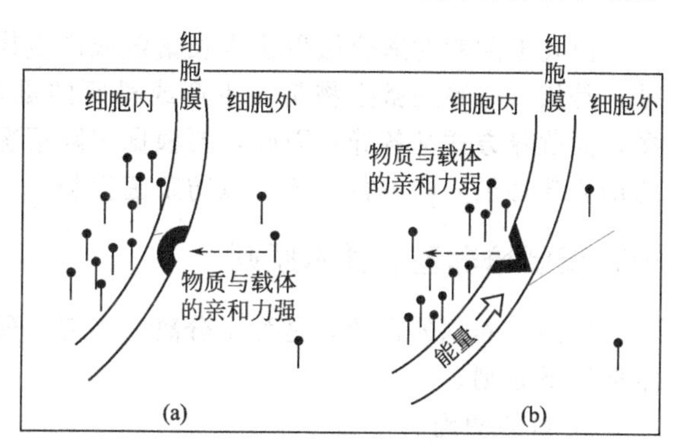

图 3-3 主动运输示意

(a) 载体面向表面；(b) 载体面向内侧

主动运输可使生活在低营养环境下的微生物获得浓缩形式的营养物。该吸收方式的营养物质主要有无机离子、一些糖类、氨基酸和有机酸等。

4. 基团移位

基团移位也是一种需要特异性载体蛋白和消耗能量的吸收方式，但不同于主动运输的是在运输过程中改变了被运输基质的性质，某溶质进入细胞膜内会发生化学变化。基团移位在养料运输的同时实现其磷酸化，磷酸化的糖可以立即进入细胞的合成代谢或分解代谢，从而能避免细胞内糖浓度过高，因而是一种经济有效的养料运输方式。可经基团移位方式运输的糖类主要有乳糖、葡萄糖、麦芽糖、果糖、甘露醇和 *N*-乙酰葡萄糖胺等。

基团移位运输方式分如下三步完成（PEP 为磷酸烯醇式丙酮酸，HPr 为热稳定性蛋白质）：

$$\text{PEP}+\text{HPr}\xrightarrow[\text{细胞质中}]{\text{酶 I},\text{Mg}^{2+}}\text{HPr}\sim\text{磷酸}+\text{丙酮酯}$$

$$\text{HPr}\sim\text{磷酸}+\text{因子 III}\xrightarrow{\text{细胞质中}}\text{因子 III}\sim\text{磷酸}+\text{HPr}$$

$$\text{因子 III}\sim\text{磷酸}+\text{糖}\xrightarrow{\text{酶 II},\text{细胞膜上}}\text{糖-磷酸酯}+\text{因子 III}$$

四种吸收方式比较见表 3-4。

表 3-4 四种吸收方式的比较

比较项目	单纯扩散	促进扩散	主动运输	基团移位
特异性载体蛋白	无	有	有	有
运输速度	慢	快	快	快
能量消耗	不需要	不需要	需要	需要
平衡时内外浓度	内外相等	内外相等	内部浓度高得多	内部浓度高得多
溶质运送方向	由浓到稀	由浓到稀	由稀到浓	由稀到浓
运送分子	无特异性	特异性	特异性	特异性
运送前后溶质分子	不变	不变	不变	改变

第三节 培 养 基

由人工配制的适合微生物生长繁殖或产生代谢物的营养基质，称为培养基。配制好培养基，是从事一系列微生物制品生产或科研的重要基础工作。由于自然界中微生物的种类繁多，而营养方式又各异，因此，要根据实际情况有所调整、改善，才能配制好培养基。配制的培养基必须立即进行灭菌，以防杂菌生长。

一、配制培养基的基本原则

配制培养基的目的，是为了分离、培养、研究和利用微生物，因此要配好培养基，必须掌握以下原则。

1. 目的明确

由于培养目的不同，所用的培养基或培养基成分、比例也不同。人工培养微生物，按照培养目的来配制培养基，有时是为了获得微生物菌体，有时是为了获得微生物的某种代谢产物，有时是为了实验室用或大生产用。如果为了得到菌体，可增加培养基中的氮的含量，有利于菌体蛋白质的合成。如果是为了得到代谢产物，若代谢产物是不含氮的有机酸或醇类时，培养基中的碳源比例要高；若代谢产物是含氮量较高的氨基酸类时，氮源的比例就应高些。如用酵母菌发酵生产乙醇时，在菌体生长阶段需要供应充足的氮源，而在发酵产生乙醇的阶段，则通过限制氮源的供应来限制菌体的生长。若某种培养基用于实验室研究时，一般不必过多地计较其成本。实验室中常用一些农产品，如土豆、豆芽、麦芽、玉米面、胡萝卜等。若配制生产上的发酵培养基，应尽量减少成本，选用合适的原料，如所用的碳源多为薯干淀粉、玉米粉、葡萄糖等。从经济效果考虑，可用植物淀粉、纤维水解物、废糖蜜等来代替，如所用的氮源多为花生饼粉、黄豆粉、尿素等，也可用棉籽饼粉、玉米酱、花生饼、豆饼、酒精、蚕蛹粉等。

2. 选择适宜的营养物质

制备培养基首先应根据所培养微生物的特性和培养目的，选择所需要的一切物质。微生物的营养物质，如上节所述，包括碳源、氮源、矿质元素、水及生长因子等。但不同营养类型的微生物要求不同。如自养微生物可用 CO_2 为唯一的或主要的碳源，所用的培养基不能含有有机物，应完全是简单的无机物，因为它们有较强的合成能力，可将这些简单的物质及 CO_2 合成自己细胞的糖、脂肪、蛋白质、核酸、维生素等复杂物质；如异养微生物由于不

能用 CO_2 为主要碳源，培养基中则必须至少有一种有机物，有的还需要多种有机物质。有机物是多种多样的，微生物利用有机物的能力各不相同，在培养基中加入有机物时必须注意。自生固氮微生物的培养基不需要添加氮源，否则会丧失固氮能力，自养菌利用的是无机氮。异养菌的氮源可以是无机的，也可以是有机的。实验室中常用的无机氮源是铵盐和硝酸盐；有机氮源是蛋白胨、酵母膏、豆芽汁、马铃薯汁等，这些物质除作为氮源外，还可提供无机盐、维生素、氨基酸、生长素及碳水化合物等。若分离某种特异的微生物，还应采用特殊的培养基。对于某些需要添加生长因子才能生长的微生物，还需要加入它们需要的生长因子。

3. 注意各成分的比例和浓度

培养基中各种营养物质的比例是影响微生物生长的重要因素。如果某种物质过量，会影响微生物生长和代谢产物的产量；不足时会阻碍微生物的生长。配制培养基一定要注意营养物质的浓度和比例。在浓度方面，微生物一般不适宜在高浓度下生长，如蔗糖是许多微生物的主要营养物质，浓度适宜时是良好的碳源，但是高浓度的蔗糖反而抑制微生物的生长。应注意培养基内有机物质和矿质元素浓度的限制。在培养基内，一般碳源占百分之几，氮源占千分之几，磷、钾用量为0.05%左右，镁、硫用量为0.02%左右。在配比方面，要考虑碳源和氮源的配比，即碳氮比（用C/N表示，它是指培养基中所含的碳原子物质的量与氮原子物质的量之比）。对于化能异养微生物，碳源又是能源，因而需要量最多。氮源是合成原生质的主要原料，对微生物的生长繁殖影响也很大。不同的微生物对营养物质的碳氮比要求不同，营养物质的碳氮比约在（20～25）∶1时，有利于大多数微生物的生长。如细菌和酵母菌细胞的C/N约为5∶1，而霉菌细胞的C/N约为10∶1。

4. 调节好适宜的酸碱度（pH值）

培养基应保持微生物生长发育所需要的酸碱度。酸碱度通常用氢离子浓度的负对数pH值来表示。微生物对环境的pH值很敏感，适合的pH值有利于微生物的生长和代谢，而不适宜的pH值环境则会抑制微生物的生长和代谢。所谓适合的pH值，是指在这种pH值条件下，微生物的生长或代谢旺盛。配制培养基时，应选用氢氧化钠、石灰、盐酸或过磷酸钙等来调节pH值。一般放线菌、细菌所需的pH值为中性至微碱性（pH值在7.0～7.5），酵母菌和霉菌需偏酸性（pH值4.5～6.0）。因培养基经灭菌和微生物生长后易变酸，所以灭菌前培养基的pH值应略高于所需求的pH值。

培养基的pH值常会随代谢产物的增加而变化，从而会影响生长，甚至导致死亡。因此，工业生产上，要重视pH值的调节。如用黑曲霉来生产糖化酶时，在前期必须将pH值控制在6.5左右，菌体才能旺盛地生长；到了中期，即菌体进入产霉的时期，pH值必须自然下降或人工控制在3.5以下，使酶的产量达到高峰，否则会出现只长菌体而不产酶，或酶活力极低的现象。实验室中，通常加入一些缓冲物质，如磷酸盐、碳酸盐、蛋白胨、氨基酸等，除提供营养作用外，还可使酸碱度有一定缓冲性。常用的缓冲剂是磷酸氢二钾和磷酸二氢钾。当配制产酸能力强的微生物的培养基时，除加缓冲剂外，还要加入1%～5%的碳酸钙，以不断中和微生物所产生的酸。

5. 调整适宜的氧气和二氧化碳的浓度

氧气是好氧性微生物的基本营养。但对于专性厌氧微生物来说，氧气是有害因素，在配制这类微生物的培养基时，要加入还原剂如胱氨酸、巯基乙酸钠、Na_2S 和抗坏血酸等。培养自养型微生物时，可在培养基中加入 $NaHCO_3$ 提高二氧化碳的含量，但在好氧条件下不能采用这种方法，因为二氧化碳会很快散失到大气中，使培养基呈碱性。

二、培养基的类型

因不同微生物需要不同的营养物质，即使是同一种微生物，因培养目的或实验目的不同，也会需要不同的培养基。培养基种类很多，各种培养基用途、性状及营养成分等方面都各不相同。将其分为下列类型。

（一）按营养物质分类

根据营养物质的来源，可将培养基分为以下三种。

1. 天然培养基

用生物组织及其浸出物等天然有机物配制而成的培养基，称为天然培养基。常用的原料有：各种农副产品（麦麸、米糠、玉米粉、豆饼、各种作物秸秆粉等），动植物浸出物（蛋白胨、牛肉膏、酵母膏、血清、马铃薯汁、胡萝卜汁、麦芽汁、肉汁等）。其优点是营养丰富、配制方便、原料易得、价格低廉，适于生产大规模培养微生物；缺点是化学成分不清楚也不稳定，不适宜用于精确的科学实验。实验室常用的天然培养基有牛肉膏蛋白胨培养基，马铃薯培养基等。

2. 合成培养基

完全用已知成分的化学药品配制而成的培养基称为合成培养基。合成培养基适于培养自养型微生物。如分离培养放线菌常用的高氏 1 号培养基，分离培养霉菌常用的察氏培养基等。在异养微生物的某些研究中有时也需要合成培养基，如测定某种菌的代谢产物量时，必须要用合成培养基。其优点是成分清楚，容易控制，适于科学研究及实验室范围内进行有关代谢、分类鉴定、菌种选育和遗传分析测定；缺点是合成培养基价格贵、配制麻烦、微生物生长慢。

3. 半合成培养基

既有天然有机物，又有已知成分化学药品的培养基称为半合成培养基。通常是在合成培养基中添加某些天然成分（如少量的玉米浆、麦芽汁、酵母膏等）；在天然培养基中添加一些无机盐类，如马铃薯碳酸钙培养基。半合成培养基能够有效地满足微生物对营养物质的要求，应用非常广泛，适合于大多数微生物。几种常用的培养基见表 3-5。

表 3-5　几种常用的培养基

类型	名称	成分/%				适合培养的微生物
		碳源	氮源	无机盐	生长因子	
半合成培养基	牛肉膏蛋白胨	牛肉膏 0.5	蛋白胨 1.0	NaCl 0.5	肉汁中已有	异养型细菌
	马铃薯葡萄糖	马铃薯 20 葡萄糖 2.0	马铃薯中已有	KH_2PO_4 0.3 $MgSO_4$ 0.15	马铃薯中已有	霉菌、酵母菌、食用菌母种
合成培养基	高氏 1 号	可溶性淀粉 2.0	KNO_3 0.1	K_2HPO_4 0.05 NaCl 0.05 $MgSO_4$ 0.05 $FeSO_4$ 0.001		放线菌
	察氏	蔗糖 3.0	$NaNO_3$ 0.3	K_2HPO_4 0.1 KCl 0.05 $MgSO_4$ 0.05 $FeSO_4$ 0.001		霉菌
天然培养基	牛肉膏蛋白胨	牛肉膏 0.3	蛋白胨 0.5	牛肉膏中已有	牛肉膏中已有	异养型细菌
	麦芽汁	汁中已含有各种成分				酵母菌、霉菌
	豆芽汁					

(二) 按物理状态分类

按培养基的物理性状，可分为以下三种。

1. 固体培养基

在液体培养基中加入适量凝固剂或完全用固体原料制成的培养基，称为固体培养基。可分为两类，一类是以马铃薯、胡萝卜条、麸皮、米糠、麦片、豆饼粉等为原料，加入适量无机盐和水分而进行固体培养用的培养基，此类培养基是生产上常用的，如白酒厂、酿造厂、酒精厂等就常用这类固体培养基来培养微生物；另一类是在溶解的培养液中加入适量的凝固剂，固体培养基的凝固剂只起固化作用。一个优良的凝固剂应具备的优点是：不被微生物分解利用，不易因高温灭菌而破坏，在微生物生长温度范围内保持凝固状态，黏着力要强，透明度要好，使用量要少，来源方便，价格低廉，使用方便，不与培养基成分起化学反应等。目前实验室中使用最普遍的是琼脂，其特点如下：熔点96℃，凝固点40℃，含氮量0.4%，微酸，无毒，且能反复凝固熔化而不破坏营养物质的基本性质。用其制作固体培养基的加入量是1.5%～2%，琼脂是最理想的凝固剂，它能使培养基遇热熔化，遇冷凝固。实验室常用来制成斜面或平板培养基，广泛用于微生物的分离、鉴定、保藏、活菌计数及菌落特征的观察等。

2. 液体培养基

液体培养基是将各种营养物质溶解于定量水中而制成的营养液。由于液体培养基中营养物质分散均匀，又能与微生物菌体表面充分接触，还能大量溶解微生物的代谢产物，因而液体培养基广泛用于发酵工业。实验室常用来观察菌种的培养特征、鉴定菌种、繁殖菌体等。

3. 半固体培养基

液体培养基加入0.2%～0.5%的琼脂，即成半固体培养基。其特点是半固体培养基在容器倒放时不流下，在剧烈振荡后能破散。常用于观察细菌的运动、菌种保存、细菌对糖类的发酵能力和噬菌体的效价测定等。

(三) 按培养基的用途分类

按培养基的用途可将培养基分为以下四种。

1. 基础培养基（常用培养基）

这种培养基含有某类微生物所需要的营养物质，并且可以作为一些专用培养基的基础成分。微生物所需要的营养物质，除少数外，大部分都是相同的。在使用时，还要根据某种微生物的特殊需要，再加入某些其它营养物质。如培养细菌的牛肉膏蛋白胨培养基，培养放线菌的高氏1号培养基，培养酵母菌的豆芽汁葡萄糖培养基等。

2. 选择培养基

在常用培养基中加入某种化学物质，以抑制其它菌生长，促进某种微生物生长的培养基为选择培养基。该培养基常用于菌种分离，所用抑菌剂或杀菌剂，一般为抗生素、染色剂或结晶紫、亮绿、美蓝、伊红、青霉素、重铬酸钾等。

在选择培养基中加入的抑制剂，一般没有营养作用，只是为了抑制不需要菌的生长。如在培养基中加入少量的酚溶液和制霉菌素，就可抑制细菌和霉菌的生长而分离到放线菌；如测“5406”活孢子数时，常在培养基中加入100mg/L的重铬酸钾，以控制细菌和真菌的生长；在培养基中添加青霉素、四环素和链霉素，就可抑制细菌和放线菌的生长而分离到酵母菌和霉菌；在培养基中加入一定浓度的结晶紫溶液，就可抑制革兰阳性细菌的生长而分离到革兰阴性细菌等。

3. 鉴别培养基

在培养基中加入某种指示剂或化学药物，使某种微生物生长后，引起特殊的生理变化，从而能用肉眼区分不同微生物的培养基，称为鉴别培养基。此种培养基能快速使菌落形态相似的微生物出现明显差别。如鉴别细菌对糖分解能力及产酸情况，是在牛肉膏蛋白胨培养基中加入各种不同的糖（蔗糖、葡萄糖、乳糖、甘露醇和甘油等）和溴甲酚等指示剂，当细菌发酵糖产酸时，培养液由原来的紫色变为黄色。如检查乳品和饮水中是否有肠道菌污染，其鉴别培养基配方是：琼脂 18g、蛋白胨 10g、乳糖 10g、K_2HPO_4 2g、2%伊红水溶液 200mL、水 1000mL、pH 值 7.0。如果在培养基上有大肠杆菌生长，则会形成具有金属光泽的黑色小菌落；如果是产气杆菌生长，则形成湿润的灰棕色大菌落。

4. 加富培养基

加富培养基是在基础培养基中特别加强某种营养成分，使之利于某种微生物生长。采用该种培养基能比较容易从自然界中分离出所需微生物。如从自然界中分离石油酵母时，可用如下的培养基配方：石蜡 20g、KH_2PO_4 4g、$(NH_4)_2SO_4$ 3g、$MgSO_4 \cdot 7H_2O$ 1g、NaCl 0.5g、酵母膏 0.5g、水 1000mL、pH 值 5.1～5.4。在这个培养基中，能利用石蜡的微生物就能大量生长繁殖，而不能利用石蜡的微生物就会被淘汰。

利用某些微生物在营养方面的特殊要求，是该培养基的一个特点，如用无氮培养基来加富培养并分离固氮菌；用纤维素作唯一碳源来加富并分离纤维素产生菌；氧化硫硫杆菌培养基中的硫黄粉，只有氧化硫硫杆菌能利用。

除用加富培养基增加被选菌的数量外，还可向培养基中加入抑制杂菌生长的物质，以间接地促进被选菌的生长。常用的抑制剂是染料（结晶紫等）、抗生素和脱氧胆酸钠等。

另外，病毒等专性寄生物，不能在一般培养基上生长，常用鸡胚培养、细菌培养和动物培养等法。

第四节　消毒与灭菌

微生物分布很广，自然环境下的全部物品、土壤、空气、水中都含有各种微生物。为了利用微生物有利的方面，保证所需微生物生长的纯度，必须对所用的一切物品、培养基、空气等进行严格处理，以消除有害微生物的干扰。

一、几个基本概念

1. 消毒

消毒是指杀死物品中或表面的病原微生物，一般只能杀死营养体而不能杀死芽孢。如对环境（无菌室、手术室）的处理，对皮肤、水果、牛奶、饮料、饮用水的处理等，都属于消毒措施。消毒是一种不彻底的杀菌措施。

2. 灭菌

灭菌是指杀死物体中所有微生物菌体及孢子，也就是用人工方法消灭一定环境中的所有微生物芽孢、孢子及休眠体。灭菌可分为杀菌和溶菌。杀菌是指菌体失活，但菌形尚存；溶菌是指菌体死亡后发生溶解、消失的现象。

3. 防腐

防腐是一种利用理化因素完全抑制微生物生长，防止物品霉腐的方法。如低温、干燥、高渗透压、无氧、高酸度及加防腐剂等都是常用的防腐措施。防腐只能暂时抑制微生物的生长。

4. 除菌

除菌是一种用机械的方法（如过滤、离心分离、静电吸附等）除去液体或气体中微生物的方法。

无论采用上述哪一种方法，具体操作过程中，都应做到既杀死其所带的微生物，又不破坏营养物质的基本性质。各种控制有害微生物的方法都是利用了物理因素或化学因素。

二、物理消毒灭菌法

（一）高温灭菌

利用热能达到消毒或灭菌的方法为高温灭菌，它可以加速微生物呼吸，凝固微生物细胞内的一切蛋白质，引起酶变性失活，造成细胞死亡，是微生物实验、食品加工及发酵工业中重要的方法。根据加热方式的不同，可分为干热和湿热两种方法。

1. 干热灭菌

干热灭菌是一种利用火焰或热空气杀死微生物的方法，可以直接利用火焰把微生物杀死，灭菌既彻底又迅速，但使用范围有限，一般适于不怕火焰的金属及玻璃器皿，常用的干热灭菌法有灼烧法和热空气灭菌法。

(1) 灼烧法　将被灭菌物品在酒精灯火焰上做短暂灼烧（烧至红热），使所带的微生物炭化成灰。此方法是简便快捷的干热灭菌法，仅适于体积小的玻璃器皿或金属用具，如接种环、接种针、玻棒、试管口、瓶口、载玻片等。

(2) 热空气灭菌　在烘箱中利用干热空气进行灭菌的方法为热空气灭菌法。此方法需要较高的温度和较长的时间，是在烘箱中进行的，适用于体积较大的玻璃器皿、金属用具及其它耐干燥的物品。电热干燥箱的具体步骤见附录Ⅰ。

在使用该种灭菌方法时，需要注意两点：一是灭菌温度最高不能超过170℃，因超过170℃以后，箱底靠近炉丝的部位温度会升高，如牛皮纸、棉塞等纤维会被烧焦而燃烧；二是各种培养基及含水分的物质都不适用。

2. 湿热灭菌

湿热灭菌是一种用煮沸或饱和热蒸汽杀死微生物的方法。因为热蒸汽穿透力强，可以迅速引起菌体蛋白质变性失活。而蛋白质变性与含水量、温度等有关（见表3-6）。含水量大时使蛋白质变性所需的温度低；反之，含水量小时使蛋白质变性所需的温度高。所以，湿热灭菌比干热灭菌所需温度低，所需时间短。该法是常用的灭菌方法，如实验室和医院常用此法。湿热灭菌法有如下几种。

表3-6　蛋白质凝固温度与其含水量关系

蛋白质含水量/%	凝固温度/℃	蛋白质含水量/%	凝固温度/℃
50	56	6	145
25	74～80	0	160～170
13	80～90		

(1) 高压蒸汽灭菌　在高压锅内，利用高于100℃水蒸气温度杀死微生物的方法为高压蒸汽灭菌。其原理是：水的沸点可随压力的增加而提高，当水在高压灭菌锅中煮沸时，其蒸汽不能逸出，致使压力增加，水的沸点和温度也随之增高（见表3-7）。因此高压蒸汽灭菌是利用高压蒸汽产生的高温，以及热蒸汽的穿透能力，以达到灭菌的目的。

高压蒸汽灭菌锅的操作使用见附录Ⅰ，但仪器在使用时要注意两点：一是在灭菌锅升压前，锅内的冷空气一定要排尽，否则压力虽然升高，而温度达不到要求（见表3-8）；二是灭菌完毕后，应使锅内压力自然下降，切勿打开排气阀，因为突然降压，锅内的培养基就可能会冲到棉塞上，容易污染杂菌。灭菌后的物品不要久放锅中，以免被冷凝水打湿。

表 3-7 高压蒸汽灭菌时蒸汽压力与温度的关系

温度/℃	压力/kPa	压力/(kgf/cm^2)①	温度/℃	压力/kPa	压力/(kgf/cm^2)①
100	0	0	121.5	102.9	1.05
109	34.3	0.35	126.5	137.2	1.41
115.2	68.6	0.7	131	171.5	1.76

① $1kgf/cm^2=98.0665kPa$。

表 3-8 蒸汽压力与蒸汽温度对照

压力计		温度/℃				
/lbf/in^2(psi)①	/(kgf/cm^2)②	空气完全排除	空气排除 2/3	空气排除 1/2	空气排除 1/3	空气没有排除
5	0.35	109	100	94	90	72
10	0.70	115	109	105	100	90
15	1.05	121	115	112	109	100
20	1.41	126	121	118	115	103
25	1.76	130	126	124	121	115
30	2.11	135	130	128	126	121

① $1lbf/in^2(psi)=6894.76Pa$。

② $1kgf/cm^2=98.0665kPa$。

(2) 间歇灭菌　是将第一次灭菌（100℃，30min）后的物品冷却后，置于适温条件下（37℃左右）培养 1 天，再进行灭菌，如此重复 3 次而达到灭菌效果的方法为间歇灭菌。因为微生物的营养细胞和休眠细胞对温度的敏感程度不同。营养细胞是不耐热的，在 80～100℃的水中，30min 即可完全杀死。因此，只要把各种休眠体细胞转变为营养细胞，就可在 80～100℃的条件下把它们杀死。该法的缺点是手续很麻烦，时间长；优点是不需要专用的特殊设备。一般只适用于不耐热培养基的灭菌，如糖类培养基、含硫培养基等。间歇灭菌法的操作步骤如下。

① 在没有高压锅时可采用此法。把包装后的培养基煮沸 30min 冷却后，放在最适的温度（25～37℃）条件下培养 24h。

② 把第一次培养过的培养基再煮沸 30min，冷却后，再放入适温条件下培养 24h。

③ 把第二次培养过的培养基进行第三次煮沸 30min。

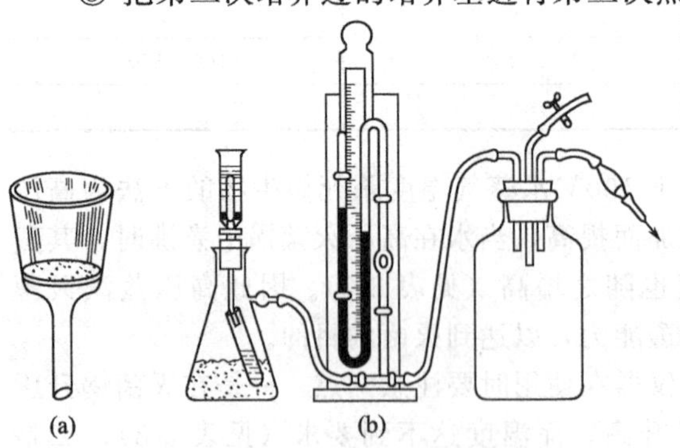

图 3-4　细菌过滤器
(a) 玻璃滤菌器；(b) 滤菌器使用时的装置

(3) 巴氏消毒　如牛奶、啤酒、葡萄酒、酱油、果汁等不耐高温的食品，可用低温消毒，这种只杀死病原细菌的方法为巴氏消毒法。此法是将物品在 63℃处理 30min 或在 72℃维持 15min。这样灭菌可以杀死致病菌，特别是无芽孢的肠道细菌。该法是法国微生物学家巴斯德发明的，常用于食品加工业。

(二) 过滤除菌

通过滤菌器，滤除空气或不能加热液体中微生物的方法为过滤除菌。如血清、酶液、毒素、碳酸氢盐等，可采用过滤的方法来除菌。其基本原理是将含菌液体通过一种特制的、筛孔比细菌还小的筛子，利用一种具有极其微小孔径的物体作为介质（如棉花、金属），使液体由孔径通过，而将细菌或其它悬浮物截留。细菌过滤器种类较多，有瓷的、玻璃的、石棉的、硅藻土等（见图 3-4）。过滤除菌的操作步骤如下。

① 将滤器、抽滤瓶灭菌后备用。

② 将要除菌的液体物质先用滤纸过滤，除去杂质。

③ 将滤器和抽滤瓶在无菌室内装配好。

④ 将需要除菌的液体物质加入滤器内，接上抽气管，进行真空抽滤。

⑤ 抽滤完毕，拔掉抽气管，取下滤器，按无菌操作法将滤液倒入无菌三角烧瓶中，用8层无菌纱布加一层牛皮纸包扎瓶口，放冰箱中保存备用。

（三）紫外线消毒

紫外线是一种短光波，具有杀菌作用。紫外线杀菌力最强的波长范围为 265～266nm。一方面是短波辐射的直接作用，细胞吸收一定量的紫外线后，蛋白质发生变性而死亡；另一方面是辐射能使空气中的一部分氧产生臭氧。根据臭氧产生的速度和强弱，粗略判断紫外线灯管的质量。经紫外线照射后受损害的微生物细胞再暴露于可见光中，有一部分可恢复正常，称为光复活现象。光复活的程度与暴露在可见光下的强度、时间、温度等条件有关。

紫外线消毒的方法很简单，可广泛用于接种室、培养室和手术室。灭菌常用 220V、30W 的紫外灯，紫外灯的有效距离为 1.5～2.0m，以 1m 内效果最好，照射 30min。由于紫外线灭菌受光复活现象的影响，灭菌后停半小时再开日光灯或见光。紫外线穿透力弱，不能透过普通玻璃，只适用于室内空气和物质表面灭菌。紫外线对人的皮肤、眼黏膜及视神经有损伤作用，应避免直视灯管和在紫外线照射下工作。紫外线对真菌的作用效果较差，使用时应配合其它消毒灭菌方法。

三、化学消毒灭菌法

化学消毒灭菌法利用的是对微生物有杀灭或抑制作用的化学药剂。在微生物学中，把可以用来杀菌的化学药剂称为杀菌剂；把可以用来抑菌的化学药剂称为抑菌剂。杀菌剂在低浓度下起抑菌作用，在极低浓度时，会对微生物的生命活动有刺激作用。化学消毒灭菌法适用于密闭房间内空气、实验室桌面、用具及皮肤消毒与灭菌。化学消毒灭菌法常用的有如下几种。

1. 有机化合物

主要有酚类、醇类和醛类。

（1）酚类　酚类是最早使用的杀菌剂，具有高度毒性，不常用于活组织，主要用于非生命的物质，如粪便、痰和用具的消毒。能使微生物细胞内蛋白质变性以及损伤细菌的细胞壁和细胞质膜，如苯酚（也叫石炭酸）和来苏尔。

（2）醇类　常用的是乙醇，能使蛋白质脱水变性。在实验室内常用 70%～75%的乙醇对玻片、玻棒及其它用具进行杀菌。甲醇的杀菌力比乙醇弱，一般不用甲醇做消毒剂。醇的分子量愈大，其杀菌力愈强，因此，丙醇、丁醇、戊醇的杀菌力比乙醇的更强。醇类能凝结细胞内的酶，从而杀死细胞。

（3）醛类　常用的是 37%～40%的甲醛溶液（商品名福尔马林），它能与细菌蛋白质的氨基结合，并通过还原作用使蛋白质变性，引起菌体和芽孢死亡。常用于接种室及传染病患者房间消毒，常以熏蒸法使用。熏蒸时，一般按每 $1m^3$ 空气 10mL 甲醛和 5～7g 高锰酸钾的用量，使其两者混合后自动氧化蒸发，密闭熏蒸 12～24h。甲醛对皮肤、黏膜有刺激性，不要直接触及。

2. 无机化合物

主要有卤化物和重金属。

(1) 碘　碘酒供皮肤和伤口消毒用。碘具有高度杀菌力，其选择力不严格，能杀死许多种的细菌、芽孢和真菌。如 0.2mg/L 的碘可用来消毒饮水，1%碘酒可杀死芽孢、真菌和病毒。

(2) 氯和氯化物　氯气是自来水的消毒剂，常用 0.2～0.5μL/L 氯气消毒饮用水、游泳池。氯化物起消毒作用，普遍采用次氯酸钙，用 5%～20%次氯酸钙的粉剂或液剂可作食品消毒剂。氯和氯化物的杀菌效应是由于自由氯和水混合产生次氯酸（HClO），次氯酸分解成盐酸和氧，所释放的氧是强氧化剂，它对微生物起伤害作用。氯原子侵入细胞，直接和细胞物质结合，也产生毒效。漂白粉对微生物有强烈杀伤作用，可以喷雾、浸泡和洗刷。

(3) 氟　也可用作防腐剂，因氟有高度的腐蚀性，因而不常用。

(4) 重金属及其化合物　它们都是强杀菌剂，其中以汞、银和铜的杀菌力最强。重金属即使在低浓度下，也足够杀死微生物。因为金属离子和细胞蛋白质两者富有高度亲和力，低浓度重金属溶液中，离子不断进入细胞而大量累积，故引起杀菌作用，这样的致死效应称为微动作用。

汞的化合物有二氧化汞、氯化亚汞、氯化汞和有机汞。二氧化汞又称升汞，是杀菌力极强的杀菌剂。常用升汞的浓度为 0.1%，有剧毒，使用时应小心。氯化亚汞和氯化汞均不溶解，常用作防腐剂。有机汞化物的毒力比无机汞化物的毒力较低，但药效较长，并且对动植物的毒性较轻，因此，常用作防腐剂和保护植物的杀菌剂。

无机银杀菌剂，以硝酸银应用最广，使用浓度为 0.1%。常用 0.1%的硝酸银蘸滴新生儿的眼睛，以预防传染性的眼病。胶体银化合物含有蛋白质和金属银或氧化银，制成胶体溶液，随时释放出银离子起杀菌和抑菌作用，供作防腐剂。

铜化合物的杀菌剂，以硫酸铜为主。硫酸铜杀真菌和藻的力量较强。硫酸铜和石灰制成的波尔多液，是最普遍应用的杀菌剂。在贮水池等处加入少量的硫酸铜可杀死藻类。

3. 染色剂

碱性染色剂在低浓度下可抑制细菌生长。在一般浓度下，染色剂都是起抑菌效应，而不起杀菌效应。革兰阳性细菌比革兰阴性细菌对染色剂敏感。结晶紫、孔雀绿、亚甲基蓝、吖啶黄等都是常用的防腐剂，可用 2%～4%的结晶紫处理伤口。细菌对染色剂的敏感度不等，1∶1000000 的孔雀绿能抑制金黄色葡萄球菌的生长，但其浓度必须达到 1∶3000 才能抑制大肠杆菌的生长。吖啶黄的杀菌谱较广，杀菌力和抑菌力也很强。

4. 治疗剂

选择性杀死、抑制或干扰病原微生物生长繁殖，用于治疗感染性疾病的药物一般称为化学治疗剂。使用的化学治疗剂不能伤及病原微生物的宿主，如磺胺类药物，能防治细菌性传染病（脑膜炎、痢疾）。抗生素类是微生物的一种次级代谢物或其人工衍生物，其作用范围很广，如青霉素在低浓度下起抑菌作用，而在高浓度下起杀菌作用，青霉素的作用主要是干扰细胞壁的生物合成。抗生素是优良的化学治疗剂，已被广泛用于人和动植物的防治。

常用化学消毒灭菌剂的使用见表 3-9。

表 3-9　常用化学消毒灭菌剂的应用范围和浓度

类别	实例	常用浓度	应用范围
醇类	乙醇	70%～75%	皮肤及器械消毒
酸类	乳酸	1mL/m³	空气消毒(喷雾或熏蒸)
	食醋	3～5mL/m³	熏蒸空气,可预防流感病毒
碱类	石灰水	1%～3%	地面消毒
酚类	碳酸	5%	空气消毒
	来苏尔	2%～5%	
醛类	福尔马林	4%溶液 2～6mL/m³	接种室、接种箱或厂房熏蒸消毒
重金属离子	升汞	0.1%	植物组织(如根腐)表面消毒
	硝酸银	0.1%～1%	新生儿眼睛的消炎
	硫酸铜	0.1%～0.5%	配成波尔多液防治植物病害
氧化剂	高锰酸钾	0.1%～3%	皮肤、水果、茶杯消毒
	过氧化氢	3%	清洗伤口
	过氧乙酸	0.2%	原液对金属、皮肤有强腐蚀性,还可爆炸
	漂白粉	1%～5%	洗刷培养基、饮水及粪便消毒
	氯气	0.2～1μL/L	饮用水清洁消毒
染料	结晶紫	2%～4%	外用紫药水、浅创伤口消毒
去污剂	新洁而灭	水稀释 20 倍	皮肤、不能过热的器皿消毒
金属螯合剂	8-羟喹啉硫酸盐	0.1%～0.2%	外用、清洗消毒

本章小结

本章重点讲述了微生物的营养物质，营养类型和吸收方式，培养基和消毒灭菌。

微生物细胞的化学组成为：水分、有机物质（蛋白质、核酸、碳水化合物、脂类物质、维生素及其它有机物质）和矿质元素。因此微生物生长需要的营养物质有：水分、碳源（无机碳源如 CO_2，有机碳源如糖类等）、氮源（无机氮源如铵盐和硝酸盐，有机氮源如蛋白质和氨基酸等，N_2）、无机盐和生长因子。

微生物的营养类型有四种：光能自养型、化能自养型、光能异养型和化能异养型。微生物对营养物质的吸收方式也有四种：单纯扩散、促进扩散、主动运输和基团移位。

培养基是指用人工方法配制的配合各种营养物质供给微生物生长繁殖的基质。培养基的配制应该遵循一定的原则：①目的明确；②选择适宜的营养物质；③注意各成分的比例和浓度；④调节好适宜的酸碱度(pH 值)；⑤调整适宜的氧气和二氧化碳的浓度。

培养基种类很多，各种培养基用途、性状及营养成分等方面都各不相同。①按营养物质分类，有天然培养基、合成培养基和半合成培养基；②按物理状态分类，有固体培养基、液体培养基和半固体培养基；③按培养基的用途分类，有基础培养基（常用培养基）、选择培养基、鉴别培养基和加富培养基。

琼脂是最理想的凝固剂。其特点如下：熔点 96℃，凝固点 40℃，含氮量 0.4%，微酸，无毒. 它能使培养基遇热熔化，遇冷凝固，且能反复凝固熔化而不破坏营养物质的基本性质，用其制作固体培养基的加入量是 1.5%～2%，实验室常用来制成斜面或平板培养基，广泛用于微生物的分离、鉴定、保藏、活菌计数及菌落特征的观察等。

消毒、灭菌、防腐和除菌这几个概念既有联系又有区别。物理消毒灭菌法有：高温灭菌（灼烧法、热空气灭菌、高压蒸汽灭菌、间歇灭菌和巴氏消毒）、过滤除菌、紫外线消毒。化学消毒灭菌法有：有机化合物（主要有酚类如苯酚和来苏尔，醇类如乙醇，醛类如甲醛）、无机化合物（主要有卤化物如碘、氯和氯化物、氟，重金属及其化合物等）、染色剂和治疗剂等。

复习思考

1. 微生物需要哪些营养物质，并叙述其主要营养物质的生理功能？
2. 微生物的营养类型有哪几种？划分的根据是什么？
3. 何谓自养型微生物？何谓异养型微生物？它们各有何营养特性？
4. 微生物是怎样吸收营养物质的，有哪些区别？
5. 配制培养基应掌握哪些原则？
6. 说明常用消毒、灭菌方法的原理及方法。

实验实训一　培养基的配制

一、目的要求

了解培养基的种类，掌握常用培养基的配制分装方法，学会本实验所用玻璃仪器的洗涤和灭菌前的准备工作。

二、基本原理

各类微生物对营养条件的要求不相同，配制培养基就是按照微生物生长的需要，将不同组合的营养物质配制成营养基质。同时还要考虑有适合的酸碱度、渗透压等。

三、材料和器具

1. 配制培养基用的药品

牛肉膏、蛋白胨、酵母膏、黄豆芽、马铃薯、可溶性淀粉、葡萄糖、琼脂、NaCl、KNO_3、$FeSO_4 \cdot 7H_2O$、K_2HPO_4、$MgSO_4 \cdot 7H_2O$、10% NaOH、10% HCl 等。

2. 器具

三角瓶、试管、移液管、烧杯、量筒、玻璃棒、漏斗、纱布、试管架、pH 广范试纸、天平、水浴锅、电炉、漏斗架、牛皮纸、皮筋、水果刀等。

四、方法与步骤

1. 常用的培养基

培养细菌的是牛肉膏蛋白胨培养基，培养放线菌的是高氏 1 号培养基，培养酵母菌的是豆芽汁葡萄糖培养基，培养霉菌的是 PDA 培养基和察氏培养基等，其配方参阅附录Ⅶ。

2. 配制的操作步骤

(1) 称量　按照配方和所需配制培养基的量，按比例称取各种成分。对不易称量的药品采取相应措施，如像牛肉膏、蛋白胨一类药品，可借助玻璃棒和小烧杯来称量；对一些微量元素（如 $FeSO_4$）和生长素，可先配成溶液，再用滴管吸取。

(2) 溶化、溶解　先在搪瓷缸（或烧杯）中加入少量的水，把一些难溶化的物质溶化后，再依次加入各种营养成分。为了避免生成沉淀造成营养成分的缺失，加入各种成分的顺序是：先加入缓冲物质，溶解后加主要元素，然后加微量元素，最后加维生素、生长素等。先加入无机成分，后加有机成分。当加入一种营养成分全部溶化后（必要时可加热），再加另一种成分。如为蛋白胨、牛肉膏等物质，需加热溶解后转移入烧杯中。若配方中有淀粉，需先将淀粉加少量温水调成糊状，并在加热条件下搅拌，然后再加足其它原料和水分。若有马铃薯、胡萝卜、黄豆芽、麸皮等原料，应先将其煮沸 30min，用 2～4 层纱布趁热滤出定量滤液，再将其它原料加入滤液中。将溶解好的培养液加热至沸腾时，放入剪碎的琼脂，继续加热并不断搅拌至琼脂完全溶化。

（3）定容、调 pH 值　补足水量定容后，用 pH 试纸检测，以 10%HCl 或 10%NaOH 调节至所需 pH 值。

（4）过滤分装　培养基趁热用滤纸或多层纱布过滤。无特殊要求时可省去过滤。将配制好的培养基趁热分装，按需要分装于三角瓶或试管中，分装方法见实图 3-1。漏斗内一般垫 2～4 层纱布。倒入培养基，左手持试管，右手的拇指和食指控制连在漏斗下端乳胶管上的止水夹，让漏斗中的培养基通过与之相连的乳胶管直接流入试管底部，注意勿使培养基沾染在试管口或容器口上以免浸湿棉塞，引起污染。气温较低时可采用保温漏斗。试管的装量一般为管高的 1/4 左右，固体培养基分装高度为试管高度的 1/5 左右，使做成的斜面为最大。三角瓶的容量以不超过其容积的一半为宜。凡制平板的培养基，一般先装入三角瓶中。试管口或瓶口需随即堵入棉塞以过滤空气，避免杂菌进入。

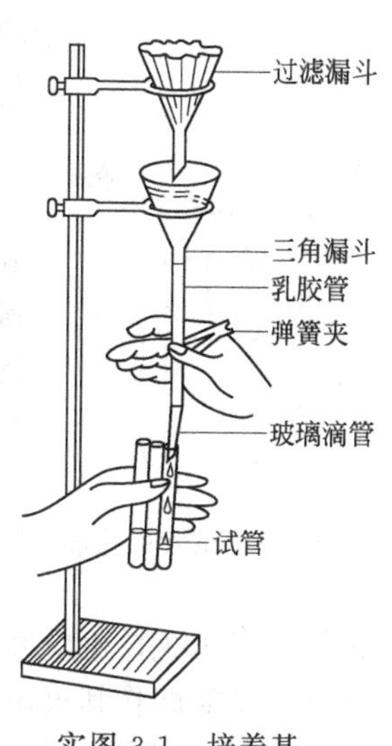

实图 3-1　培养基分装方法

（5）棉塞的制作　棉塞主要起过滤空气和防止培养基水分散失的作用。需用纤维较长的普通棉花制作，勿用易吸潮的脱脂棉。可选用大小和厚薄适中的棉花折叠卷塞而成；也可以在棉花外面包以纱布制作棉塞。棉塞必须与容器口密切贴合，有适宜的松紧度。太松过滤性差，空气中的微生物易沿皱褶侵入；太紧又会降低通气性。过粗大不利于拔取和堵塞，而过细小又易进入杂菌甚至脱落。一般要求棉塞长约 6～7cm，外观光洁，松紧适宜，头较大，1/3 在试管外，2/3 在试管内，手提棉塞轻轻下甩试管不脱落，而

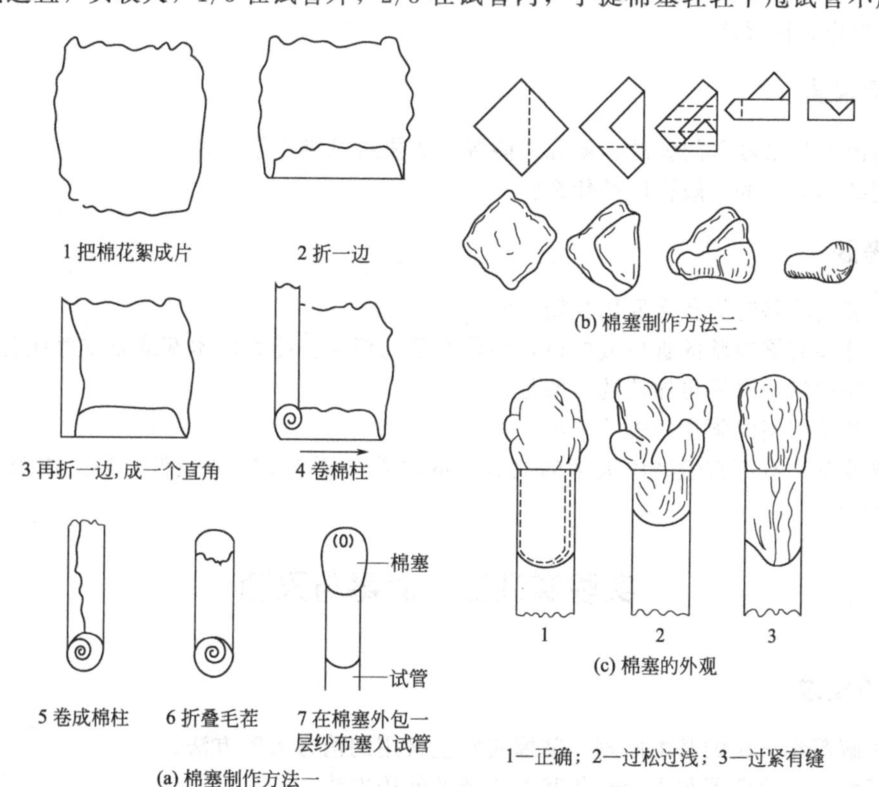

实图 3-2　棉塞制作过程

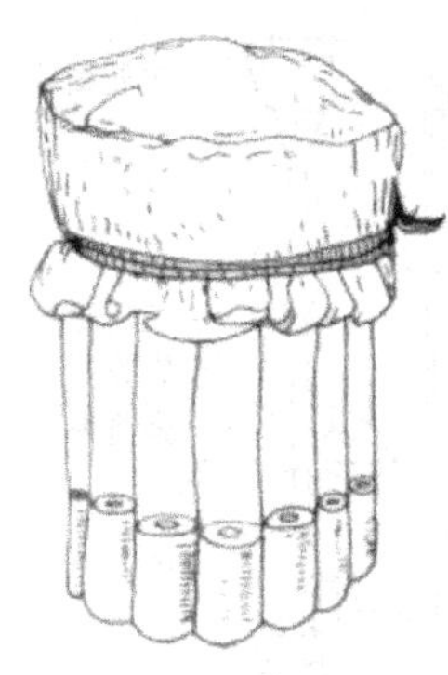
实图 3-3 试管的扎捆

棉塞拔出时有轻微响声为宜，近年来也有用塑料通气塞来代替棉塞的，使用比较方便。

卷棉塞的方法可参照实图 3-2。若不包纱布可将其直接塞入试管口。若包纱布需将一小块方形纱布盖在棉塞上，拇指和食指只捏住棉花卷向管口内塞入，顺便就会把纱布顶进去，把管口外的棉花收紧捏圆，在将外围的纱布兜拢后用线绳扎口，最后剪掉剩余的纱布和线绳。包纱布的棉塞利于无菌操作，不易被酒精灯燃着，还可重复使用。

(6) 包扎待灭菌　灭菌前试管一般每 7 支、9 支或 10 支扎成一捆（如实图 3-3 所示），并将棉塞部分包以防水纸或牛皮纸，以防灭菌时冷凝水浸湿棉塞，造成杂菌污染。在包装纸上注明培养基名称、制作人等。三角瓶口也应塞入与之相配的大棉塞，每个棉塞都要外包防潮纸。装培养基的容器包扎好后应随即将其灭菌。

3. 玻璃仪器洗涤、包装和灭菌前的准备工作

玻璃器皿在使用前必须洗刷干净。三角瓶、试管、培养皿等浸入水中洗涤，用毛刷蘸洗衣粉刷净，并用水冲过。移液管先用洗液（重铬酸钾 50g，水 85mL，浓硫酸 100mL）浸泡，再用水冲洗，烘干备用。培养皿和吸管等应包装后灭菌。培养皿可按 8～10 套为一叠，用牛皮纸或双层报纸卷成长筒形包起来；包装吸管前先在管口约 0.5cm 处用尖头镊子或针塞入少许棉花，长约 1.5cm，以防菌液吸入口中或口中细菌进入管内。棉花要塞得松紧适宜，吹时以能通气但不使棉花滑下为准。棉花不宜露在管口的外面，多余的可用酒精灯把它烧掉。然后将吸管尖端放在 4～5cm 宽的长条纸的一端，使之与纸条成 45°卷叠纸条，直至将吸管全部包完为止，待灭菌。

五、实验报告

1. 指出所配培养基的碳源、氮源、能源、无机盐及维生素的来源。
2. 制备培养基的一般程序是什么?

六、思考题

1. 分装培养基时为什么要用弹簧夹?
2. 已分装有培养基的管口或瓶口，为什么要塞棉塞？能否用木塞或胶皮塞代替?
3. 各原料溶于水后再加热的目的是什么?
4. 制备培养基时须注意哪些事项?
5. 培养基中有不宜经高压灭菌的成分，或培养基要求 pH 值较低，易造成琼脂水解时应如何处理?

实验实训二　消毒与灭菌

一、目的要求

1. 了解消毒灭菌的基本原理，掌握实验室常用的消毒灭菌方法。
2. 了解高压灭菌器与干燥箱的基本构造及使用方法。
3. 掌握培养基的湿热灭菌及玻璃器皿的干热灭菌方法。

二、基本原理

消毒灭菌的方法有多种，根据灭菌对象和实验目的的不同而采用不同的消毒灭菌方法。一般可分为：加热灭菌、过滤除菌、紫外线杀菌和化学消毒灭菌等。

加热灭菌是利用升温能使微生物细胞内的蛋白质凝固变性而达到灭菌的目的。加热灭菌有干热和湿热两种，因为蒸汽穿透力大，同时蛋白质含水量愈高，凝固温度愈低，故在同样温度下，湿热比干热灭菌效果好。如一般玻璃器皿和金属用具用干热灭菌，培养基一般用高压蒸汽灭菌，某些不耐高温的物品如啤酒、酱油、牛乳等则用巴斯德消毒法，间歇灭菌。

过滤除菌是将含菌的液体或气体通过一种特制的、筛孔比细菌菌体还小的筛子（细菌过滤筛），细菌等就会被筛除掉，得到无菌的溶液（或气体）。如血清、酶或毒素、碳酸氢钠溶液等一些不能加热的物品。

紫外线波长范围在200～300nm，具有杀菌作用，尤以265～266nm紫外线杀菌最强。无菌室、无菌罩或无菌接种箱内空气可用紫外线灯照射杀菌。

化学消毒灭菌是应用化学药品的化学性质，杀死或抑制微生物生长繁殖活动。化学药剂如酚、醇、甲醛以及重金属含汞药物等，对蛋白质有凝固变性作用，可用于灭菌；酸、碱、氧化剂和表面活化剂等，可使酶失活，破坏细胞结构，也可用于灭菌，但它们不能用来处理培养基。

三、材料和器具

1. 药品

甲醛、高锰酸钾、酒精、苯酚、来苏尔（煤酚皂液）、新洁而灭、漂白粉、水等。

2. 器具

高压蒸汽灭菌锅、恒温干燥箱、紫外线灯、喷雾器、酒精灯、包扎好的玻璃器皿及待灭菌的试管培养基和三角瓶培养基。

四、方法与步骤

（一）干热灭菌

1. 灼烧法

适于接种工具、无菌操作时的试管口（或瓶口），可在火焰上做短暂灼烧灭菌。

2. 热空气灭菌

适于玻璃器皿如吸管和培养皿等的灭菌，一般在电热干燥箱内进行灭菌，在160～170℃条件下灭菌2h。必须注意温度不能超过180℃，以防棉塞、包装纸等烤焦而着火燃烧，不能用油、蜡纸包扎被灭菌物品，灭菌时不得打开箱门；烘箱内材料不宜装得太满，以免影响温度均匀上升；烘箱工作期间，必须有专人看管，随时注意观察温度。烘箱的使用方法见附录Ⅰ。

（二）湿热灭菌

常用的是高压蒸汽灭菌法。此法是将物品放在高压蒸汽灭菌锅内，通过加热，使灭菌锅隔套间的水沸腾而产生蒸汽。待水蒸气急剧地将锅内冷空气从排气阀中驱尽，然后关闭排气阀，继续加热，使物品在一定压力、温度下，经过一定时间，致使菌体蛋白质凝固变性而达到灭菌的目的。

灭菌的温度及维持的时间随灭菌的性质和容量等具体情况而有所改变。如盛于试管中培养基以压力为1.05kgf/cm^2、温度为121.3℃、灭菌时间20min即可，而盛于大瓶内的培养

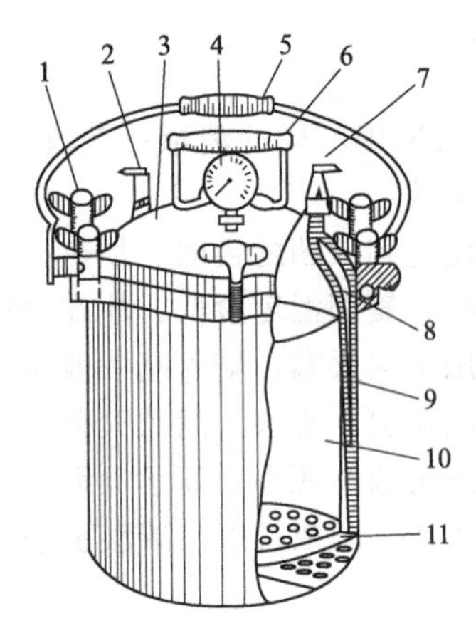

实图 3-4 手提式高压蒸汽灭菌器

1—翼形螺帽；2—安全阀；3—器盖；4—压力表；5—提环；6—提手；7—排气阀；8—排气软管；9—器身；10—盛物桶；11—筛板

基最好以 1.05kgf/cm^2 压力下灭菌 30min；砂土管及其它容积较大的物品需在压力为 1.5kgf/cm^2、温度为 125℃下，灭菌 1～1.5h；对于容易被高温破坏的物质，应降低温度并延长时间，含糖培养基用 0.5kgf/cm^2、112℃ 灭菌 30min 以上。

1. 高压锅的构造

实验室常用的是手提式高压蒸汽灭菌锅，其构造一般分为外锅、内锅和锅盖。外锅是装水的厚锅桶，内锅是放置被灭菌物体的薄锅桶，内锅壁上有一壁道，是插入排气管用的。锅盖上有压力表（显示锅内蒸汽压力）、排气阀（下连排气管，排除锅内冷空气）和安全阀（自动放出超额压力，以免高压锅爆炸）（实图 3-4）。

2. 高压锅的使用

使用步骤一般分为装锅、加热排冷空气、升压、保压、降压和开锅取材料。高压锅的具体使用方法见附录Ⅰ。

3. 高压锅使用注意事项

(1) 加入锅内的水，要超过电热丝，低于支架（或棱架），最好是已煮开过的水，这样可以减少水垢在锅内积存。

(2) 加热排气时，打开排气阀，待大量热蒸汽冒出约 2min 以完全排除冷空气后再将其关闭。因为锅内冷空气未充分排尽时，即使锅内压力已经达到 1kgf/cm^2，但温度并没有达到要求，灭菌效果将会受到影响。有温度计时，应该注意在 1atm[1] 时温度是否相应达到 121℃，如果不符，则可能冷空气还未排尽，应考虑加大压力。

(3) 灭菌完毕，待压力自然回降至“0”时，才能相继打开排气阀和锅盖，降压过急会引起培养基沸腾沾污棉塞，甚至冲出容器之外或玻璃器皿破裂。若灭菌物品是培养基，应将锅盖略开，让热蒸汽从小缝徐徐冒出，以利用余热烘干棉塞。

(4) 取材料：灭菌物品若是培养基，可在温度降至约 60℃时将其取出，随即把试管中的培养基摆成斜面。使试管斜置于棍条上，以斜面长度约占试管长的 1/2 为宜（实图 3-5）。

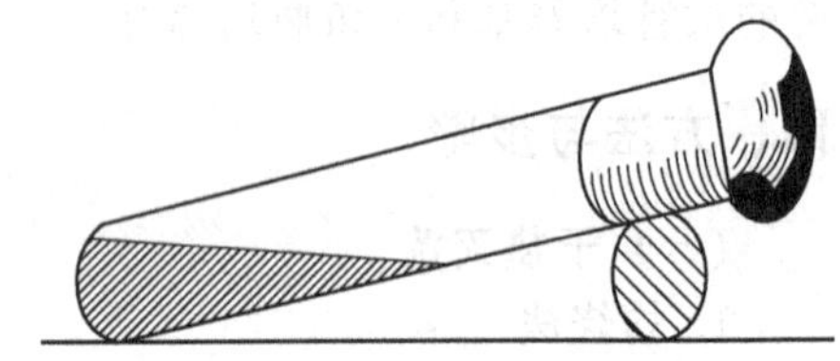
实图 3-5 斜面的摆法

若气温较低，可在试管上覆盖毛巾等物品，以防降温太快使试管中形成较多的冷凝水，不利于菌种成活。若装培养基的容器是三角瓶，可将其倒入无菌培养皿中，使其凝固成平板培养基。凝固好的培养基最好置于 32～37℃条件下，保持 2～3 天，利于冷凝水的蒸发与灭菌效果的检验。若有杂菌生长，表明灭菌失败，应重新灭菌。

(5) 高压锅上的安全阀，是保障安全使用的重要结构，不得随意调节。

(6) 高压锅使用完毕，应将外锅中的水倒出。锅盖不要盖严，以利于锅内保持干燥和延长锅盖上密封圈的使用寿命。

(三) 紫外线杀菌

由于紫外线穿透力弱和不能透过玻璃，所以只适用于无菌室、接种箱、手术室的空气及物体表面的杀菌。普通接种室，接种箱安装一个 220V、30W 的紫外灯一个，一次开放 20～

[1] 1atm＝101325Pa。

30min，灭菌后停 30min 给可见光。为了加强紫外线的杀菌效果，可与化学消毒灭菌法配合使用。具体操作可示范。

（四）化学消毒灭菌

化学消毒灭菌法，适用于密闭房间内空气、实验室桌面、器具以及皮肤消毒与灭菌。常用的有 2%煤酚皂液（来苏尔）、0.25%新洁而灭、0.1%升汞、3%～5%甲醛溶液、75%酒精等（详见附录Ⅵ）。参照附录Ⅵ中的配方配制 75%酒精、2%来苏尔和 0.25%新洁而灭。制作酒精棉球应使用脱脂棉，左手握成空拳，塞满后撒入广口瓶中，倒入 75%酒精将其浸透，即成酒精棉球。

五、实验报告

1. 说明高压蒸汽灭菌的原理，操作过程及操作关键，应特别注意哪些问题？
2. 用电热干燥箱灭菌时应注意哪些问题？
3. 欲使接种箱内空气、牛奶、镊子、接种环无菌，各应采取哪种消毒灭菌法？

六、思考题

1. 高压蒸汽灭菌开始前，为什么要排尽锅内的冷空气？
2. 为什么干热灭菌所用的温度要比湿热灭菌高？
3. 菌液滴在桌面上、吸过菌液的移液管、载玻片及皮肤，使用哪些消毒灭菌方法可起到消毒灭菌作用？

第四章　微生物的代谢和发酵

知识目标

了解微生物体内物质和能量的转换，掌握微生物的生理特性。

技能目标

认识微生物的代谢作用与农业生产的关系，生物热的应用和产生的重要的代谢产物如酶、抗生素等。熟悉微生物发酵的类型和工艺流程。

微生物的代谢是指发生在微生物细胞中的分解代谢反应与合成代谢反应的总和。代谢是生命活动的最基本特征，与微生物生命活动的存在及发酵产物的形成密切相关。微生物的代谢虽有着与其它生物代谢的统一性，但更有它的特殊性，具体表现在：①代谢旺盛；②代谢极为多样化；③代谢的严格调节和灵活性。

代谢分为物质代谢和能量代谢，物质代谢包括合成代谢和分解代谢，能量代谢包括产能代谢及耗能代谢，在物质代谢的过程中常伴随着能量代谢的进行。合成代谢又称同化作用，是将简单物质变成复杂物质；分解代谢又称异化作用，是将较复杂物质变为简单物质。合成代谢一般是吸能反应，分解代谢一般是放能反应，放出的能量一部分供合成代谢之用，其余则供机体生活使用或发散为热。合成代谢是分解代谢的基础，分解代谢又为合成代谢提供了动力。没有同化作用就不能产生新的细胞物质，也不可能贮藏能量，异化作用也就无法进行。没有异化作用就没有能量释放，微生物体内的一切物质合成和其它一切生命活动就无法正常进行。微生物生命活动中无论同化作用还是异化作用都是细胞内进行的一系列极为复杂的生物化学反应，而这些生化反应绝大多数是在特定酶的参与下进行的酶促反应。

第一节　微生物的酶

生物体内的一切化学反应都是在酶的催化下进行的，微生物的一切生命活动取决于酶，没有酶就没有微生物种类繁多的生命活动现象，也就没有微生物。不同的微生物具有不同的酶系统，在微生物体内就会产生不同的生化反应，微生物能够利用哪些营养物质，产生哪些代谢产物都取决于体内所具有的酶系统。

一、酶的概念、分类、特性

1. 酶的概念

酶是一类由活细胞产生的、具有催化活性和高度专一性的特殊蛋白质。酶属于生物催化剂，生物体中的各种化学反应，包括物质转化和能量转化，都需要特定的酶参加催化。在酶的作用下进行化学变化的物质称底物，有酶催化的化学反应称酶促反应。

酶的组成有两大类：①单成分酶，只含蛋白质；②全酶，由蛋白质和不含氮的小分子有机物组成，或由蛋白质和不含氮的小分子有机物加上金属离子组成。与蛋白质结合牢固的非蛋白质活性基部分称为辅基，结合不牢固的称为辅酶。酶蛋白和辅基（或辅酶）都不能单独起催化作用，只有两者结合在一起才具有催化作用，称为全酶。

2. 酶的分类

微生物种类繁多，其酶的种类也多。按照酶所催化的化学反应类型，把酶划分为六类，即水解酶类、氧化还原酶类、异构酶类、转移酶类、裂解酶类和合成酶类。按酶在细胞的不同部位，可把酶分为胞外酶、胞内酶和表面酶。按酶作用底物的不同，可把酶分为淀粉酶、脂肪酶、蛋白酶、纤维素酶、核糖核酸酶等。按照微生物酶产生的条件，可将酶分为固有酶和诱导酶，固有酶是微生物在所处的营养基质中能固定产生的酶，诱导酶的产生取决于营养基质中有无某些作用物质（诱导剂）的存在。综上所述，虽然微生物能产生多种多样的酶，但它们在细胞内都有严格的活动区域，从而使微生物在时间空间上都能有次序、高度有效地进行各种不同的生理活动。

3. 酶的特性

微生物的营养和代谢需在酶的参与下才能正常进行，除了一般催化剂的催化性质外，酶又有它自身的催化特性。

(1) 高度的专一性　一种酶只作用于一种物质或一类物质，或催化一种或一类化学反应，产生一定的产物。例如，淀粉酶只催化淀粉水解；蛋白酶只催化蛋白质水解生成一定的产物。酶的专一性按其专一的程度又可分为三类，即绝对专一性、相对专一性和立体异构专一性。绝对专一性，这类酶只能催化某一种底物的反应，如脲酶只能催化尿素水解为氨和二氧化碳，对其它物质不起作用；相对专一性是指一种酶能催化一类具有相同化学键或基团的物质进行某种类型的反应，如酯酶能水解不同羧酸与醇所合成的酯键；立体异构专一性是指某种酶只能对某一种含有不对称碳原子的异构体起催化作用，而不能催化它的另一种异构体，如 L-精氨酸酶只对 L-精氨酸起分解作用，而对 D-精氨酸则无作用。

(2) 极高的催化效率　酶催化的反应速率比非催化反应快 10^{8}～10^{20} 倍，比一般催化剂催化的反应快 10^{7}～10^{13} 倍。如 1mol 过氧化氢酶在 1s 的时间内可催化 10^{5}mol 过氧化氢分解，而铁离子在相同的条件下，只催化 10^{-5}mol 过氧化氢分解，过氧化氢酶的催化效率是铁离子的 10^{10} 倍。1g 淀粉酶在 65℃条件下，15min 可将 2t 淀粉水解为糊精。1g 胃蛋白酶在 2h 内能分解 50kg 煮熟的鸡蛋。

(3) 催化作用条件温和　酶只需在常温、常压和近中性的水溶液中就可催化反应的进行。而一般的催化剂则需在高温、高压、强酸或强碱等异常条件下才起催化作用。

(4) 对环境条件极为敏感　酶的主要成分是蛋白质，对一些理化因素的反应比无机催化剂敏感得多。高温、高压、强酸、强碱和紫外线等都容易使酶失去活性；Cu^{2+}、Hg^{2+}、Ag^{+} 等重金属离子能钝化酶，使之失活。适宜温度和酸碱度是酶保持最高活性的重要因素。一般来说，在一定温度范围内，酶的活力随温度升高而增高，超过一定温度界限，活力即下降。同样酶对 pH 的影响极端敏感，每一种酶只能在一定限度的 pH 范围内活动，有一个最适宜的 pH。例如糖化淀粉酶最适温度为 54～56℃，最适 pH 为 4.8～5.0。

二、酶的应用

广义来讲，一切生物体都可作为酶的来源，但微生物酶与其它来源的酶相比，更易于生产管理及应用，具有许多不可代替的优点，而且由于微生物种类繁多，可以产生所有的酶；同时微生物易于培养，原料成本低，生产周期短，生产易管理，可通过菌种选育、基因工程等遗传手段改良菌种，提高微生物菌种的产酶水平和产酶种类，也可通过控制培养条件来提高或增加微生物的产酶；而要提高动、植物酶的产量或改变其性能要困难得多，且酶的来源易受季节、地区、数量等条件的限制，远远不能满足生产需求。因此用微生物作为酶源具有上述独特的优点，至今已在工业上得到应用的酶，绝大部分都来自微生物。

酶在生产上能降低成本和劳动强度，提高产品的产量和品质，减少污染，酶及其反应物无毒，特别适用于食品加工等。在食品工业方面，已广泛利用各种酶制造糖、酒、酱、醋等食品；利用淀粉酶增加面团体积，改善表皮颜色和松脆结构，改进防腐特性；利用蛋白酶可改善面筋的特性，降低面团黏度、能耗和成本。农业方面用霉菌淀粉酶、纤维素酶作饲料加工，用果胶酶沤麻或精制麻；纺织业利用淀粉酶脱浆；毛纺业利用脂肪酶脱脂；皮革业利用角蛋白酶脱毛；制丝业利用蛋白酶使生丝脱胶。目前生产量较大且应用效果较好的微生物酶制剂，主要是淀粉酶、蛋白酶、脂肪酶、果胶酶等（表 4-1）。

表 4-1 微生物酶的种类来源和应用

酶的名称	酶的来源	酶的用途
淀粉酶	枯草杆菌、黑曲霉等	纤维退浆、酒精发酵、制酱、制醋、饲料加工
蛋白酶	枯草杆菌、黑曲霉、米曲霉、灰色链霉菌等	皮革软化脱毛、纤维退浆、蚕丝脱胶、制酱和酱油、肉的嫩化、饲料加工
脂肪酶	假丝酵母、青霉、根霉等	乳制品增香、羊皮软化、羊毛脱脂
纤维素酶	木霉、根霉、黑曲霉、青霉	糖化饲料、果蔬加工、酒类发酵、食醋酿造
果胶酶	米曲霉、黑曲霉、黄曲霉	橘子脱囊衣、果汁澄清、棉麻植物纤维脱胶

第二节 微生物的呼吸作用和能量代谢

微生物在进行生命活动的过程中，需吸收营养物质合成细胞组分，然而合成细胞组分及维持生命活动所需的能量要依赖于产能代谢。呼吸作用实质上就是物质在生物体内经过一系列连续的氧化还原反应，逐步分解并释放能量的过程，这个过程也称为生物氧化，是一个产能代谢过程。在微生物体系中，能量的释放、ATP 的生成都是通过呼吸作用实现的。由于微生物代谢类型的多样化，就带来了微生物不同的呼吸类型。

生物体的氧化在失去电子的同时伴随着脱氢和氢的转移，其中供给电子、质子的称为供氢体，接受电子、质子的称为受氢体。对于微生物来说，呼吸过程中最终电子受体（或最终受氢体）可以是分子态的 O_2，也可以是无机氧化物或简单的有机物，从而产生了微生物三种不同的呼吸类型。可用下列通式表示：

$$\left.\begin{array}{l}\text{基质}\xrightarrow[\text{脱氢酶}]{\text{脱氧作用}}\text{氧化的基质}+2H^{+}+2e^{-}\\ \text{受氢体}+2H^{+}+2e^{-}\longrightarrow\text{还原的受氢体}\end{array}\right\}+\text{能量(ATP和热能)}$$

一、微生物的呼吸类型及其微生物

根据最终电子受体（或最终受氢体）的不同可将微生物的呼吸类型划分为三类：有氧呼吸、无氧呼吸及发酵。

1. 有氧呼吸及其微生物

以分子态的氧（O_2）作为呼吸作用的氢和电子最终受体的呼吸类型称为有氧呼吸。这种呼吸作用的特点是：①在有分子态氧的条件下进行；②氧化彻底，最终产物是 CO_2 和 H_2O；③释放大量能量。1mol 葡萄糖被彻底氧化成 CO_2 和 H_2O，可释放出 2880.5kJ 自由能，其中 1161.4kJ 主要通过氧化磷酸化贮藏在 38mol ATP 的磷酸高能键中，其中 1719.1kJ 以热能的形式散失掉了，如大肠杆菌、葡萄球菌。

$$C_6H_{12}O_6 + 6O_2 \longrightarrow 6CO_2 + 6H_2O + 2880.5kJ$$

但也有少数微生物在有氧条件下，对有机物的氧化不彻底。如醋酸杆菌进行好氧呼吸时，并非使乙醇彻底氧化为最终产物，而是氧化为醋酸。工业生产上可利用这种不完全氧化，以乙醇或酒糟为原料进行食用醋的生产。

微生物在生命活动过程中，以有氧呼吸进行生物氧化的微生物，称为好氧性微生物。好氧性微生物在自然界分布很广，种类与数量最大，霉菌、放线菌和多数细菌都属于好氧性微生物，农业上常用的食用菌、白僵菌、苏云金芽孢杆菌及赤霉菌等都是好氧性微生物。

2. 无氧呼吸及其微生物

无氧呼吸也称厌氧呼吸，是指在无氧条件下，微生物以无机氧化物中的氧作为氢和电子受体的呼吸作用。无机氧化物可以是 NO_3^-、NO_2^-、SO_4^{2-}、SO_3^{2-} 或 CO_2 等无机物，它们代替分子氧作为最终电子和质子受体。这是一类在无氧条件下进行的、产能效率较有氧呼吸低的特殊呼吸。这类微生物氧化有机物时，体内的特殊酶系统能活化无机氧化物中的氧，为活化态氧，使之与氢结合生成水。其特点是：①不需要分子态的氧，最终受氢体是无机氧化物中的氧；②如果无机氧化物氧化充分，基质能彻底氧化，产物也较彻底；③释放的能量较多，但低于有氧呼吸。如反硝化细菌在无氧条件下对葡萄糖等有机物进行无氧呼吸，容易造成反硝化作用。

$$C_6H_{12}O_6 + 4NO_3^- \longrightarrow 6CO_2 + 6H_2O + 2N_2 + 1757kJ$$

反硝化作用发生在有硝酸盐存在的土壤、水体、淤泥和废物处理系统等厌氧环境中。反硝化作用在农业上是不利的，会造成有效氮的流失，但如果没有反硝化作用，氮素循环将会中断。此外，水生性反硝化细菌对环境保护有重大意义，因为它们能去除水体中的硝酸盐，从而减少水体污染和富营养化。

某些厌氧菌和兼性厌氧菌在无氧条件下，可进行这种氧化作用，如假单胞菌属和某些芽孢杆菌属的种能以硝酸盐作为最终电子受体，将 NO_3^- 还原为 NO_2^-、N_2O 和 N_2；普通脱硫弧菌能以硫酸盐作为最终电子受体，将 SO_4^{2-} 还原成 H_2S；产甲烷菌能利用甲醇、乙醇、乙酸、氢等物质作为供氢体，将 CO_2 或 CO 还原为 CH_4。

3. 发酵作用及其微生物

广义的发酵，目前已泛指任何利用好氧性或厌氧性微生物来生产有用代谢产物或食品、饮料的一类生产方式。这里要介绍的发酵作用仅是狭义的发酵概念，它是生物体能量代谢中的一种呼吸作用。它是指在无氧等外源受氢体的条件下，以基质分解的不彻底中间产物作为氢和电子的最终受体的一类生物氧化反应。发酵的类型很多，可发酵的底物有糖类、有机酸、氨基酸等，其中葡萄糖是最直接的发酵底物。根据发酵产物的种类有乙醇发酵、乳酸发酵、丙酸和琥珀酸发酵、丁酸发酵、丙酮-丁醇发酵、混合酸与丁二醇发酵等。这种发酵作用的特点是：①有机物氧化不彻底，生成一些氧化程度比较低的有机物；②不需要电子传递体系，微生物本身缺少氧化酶系；③产生的能量比较少。例如乳酸细菌利用葡萄糖进行的同型乳酸发酵。

$$\left.\begin{array}{r} C_6H_{12}O_6 \longrightarrow 2CH_3COCOOH + 4H^+ \\ 4H^+ + 2CH_3COCOOH \longrightarrow 2CH_3CHOHCOOH \end{array}\right\} + 94kJ$$

发酵是微生物在缺氧条件下进行的生命活动，是厌氧和兼性厌气氧微生物获得能量的一种方式。各种微生物都能进行发酵作用，好氧微生物在进行有氧呼吸时，也要经过酵解阶段产生丙酮酸，然后进入三羧酸循环，彻底氧化成 CO_2 和 H_2O。但是许多厌氧菌主要靠发酵作用取得能量，如酵母菌发酵葡萄糖生成乙醇，乳酸细菌发酵葡萄糖产生乳酸，埃希菌属、沙门菌属和志贺菌属中的一些细菌发酵葡萄糖产生乳酸、甲酸、乙酸、琥珀酸、乙醇、CO_2

和 H_2 等产物。

二、各呼吸类型的比较

任何类型的呼吸作用，都包括基质的脱氢及将氢转移给受氢体的过程。在有氧呼吸和无氧呼吸过程中，底物脱下的氢要经过呼吸链传递，最后交给最终受氢体，但无氧呼吸的呼吸链短些。在发酵过程中，底物脱下的氢不经呼吸链直接交给最终受氢体。各呼吸类型的根本区别在于微生物体内具有的酶系统不同和最终受氢体不一样。

好氧性微生物进行有氧呼吸，以氧气作为最终受氢体，体内有脱氢酶系统和氧化酶系统，在呼吸作用过程中，脱氢酶使呼吸基质脱氢，氧化酶活化分子态氧，两者化合生成水，基质氧化彻底，产能效率最高。厌氧性微生物只有脱氢酶系统，在无氧呼吸过程中，它的受氢体是呼吸过程中的中间产物，氧化不彻底，释放能量少，积累中间产物。兼厌氧性微生物具有两套酶系统：一套能利用氧作为最终受氢体，另一套则可在氧缺乏时能利用其它物质作为最终受氢体，进行无氧呼吸或发酵作用（表 4-2）。

表 4-2 各呼吸类型的比较

呼吸类型	酶 系 统	受 氢 体	基质分解度	释放能量
有氧呼吸	脱氢酶、氧化酶	O_2	彻底	多
无氧呼吸	脱氢酶、特殊氧化酶	外源无机氧化物	彻底	较多
发酵	脱氢酶	内源性有机代谢物	不彻底	少

三、生物热的利用

微生物进行呼吸作用，特别是进行有氧呼吸时释放了大量能量，一部分能量主要被贮存在 ATP（腺苷三磷酸）中，满足各需能代谢反应的需要，未被贮存的能量则以热能的形式散发掉。这部分热能如果能使之不随便散失，可以用来提高微生物生活环境的温度。在农业生产上，有许多方面就是利用了生物热。

1. 堆肥

堆肥就是利用自然界广泛分布的细菌、放线菌、真菌等微生物，有控制地促进可被生物降解的有机物向稳定的腐殖质转化的生物化学过程。在堆肥发酵过程中，堆肥中发生多种生物化学作用，释放了大量的热量，按其温度变化可将整个过程分为以下几个阶段。

① 发热阶段　堆肥堆制初期，主要是中温好氧的细菌和真菌利用堆肥中容易分解的有机物，如淀粉、糖类等迅速增殖，释放出热量，使堆肥温度不断上升。

② 高温阶段　当堆肥温度上升到50℃以上就进入了高温阶段。在此阶段好热性的纤维素分解菌逐渐代替了中温微生物，一些复杂的有机物如纤维素、半纤维素等也开始迅速分解。随着堆温的变化，嗜热性微生物的种类、数量也逐渐发生着变化，在 50℃左右，主要是嗜热性真菌和放线菌；温度升至 60℃时，真菌几乎完全停止活动，仅有嗜热性放线菌与细菌在继续活动，分解有机物；温度升至 70℃时，大多数嗜热性微生物已不适应，相继大量死亡，或进入休眠状态。

③ 降温和腐熟保肥阶段　当高温持续一段时间后，易于分解或较易分解的有机物（包括纤维素等）已大部分分解，剩下的是木质素等较难分解的有机物以及新形成的腐殖质。这时，中温微生物又渐渐成为优势菌群，残余物质进一步分解，腐殖质继续不断地积累，堆肥进入了腐熟阶段。在堆肥发酵过程中，高温对于堆肥的快速腐熟起到重要作用，同时高温也

杀死了病原性生物，一般认为，堆肥在 50～60℃持续 6～7 天，可达到较好的杀死虫卵和病原菌的效果。在农业生产上，食用菌培养料的发酵也是利用了生物热。

2. 酿热温床

用马粪、稻草、麦秸等加水堆积，酿热温床，能使床温在一定时间内保持 20～30℃，利于育苗工作。

第三节　微生物的代谢产物

微生物从体外吸收各种营养物质，在细胞内各种酶的催化作用下，通过复杂的转化作用，一部分营养物质同化为菌体的组成部分，或以贮藏物质形式贮积于细胞中；另一部分营养物质或细胞物质经过一定转化后，成为分泌物或为排泄物而排出于机体外，这些都是微生物的代谢产物。根据微生物代谢过程中产生的代谢产物在微生物体内的作用不同，又可将代谢分为初级代谢和次级代谢两种类型。初级代谢是指微生物从外界吸收各种营养物质转换成细胞结构物质，维持微生物正常生命活动所需的生理活性物质及能量的代谢。次级代谢也称次生代谢，是存在于某些生物（如植物和某些微生物等）中的一类特殊类型代谢，它是以初级代谢产物为前体物质，合成对微生物生命活动无明确功能物质的过程。

初级代谢与次级代谢是一个相对的概念，两种代谢既有区别又有联系，具体表现为次级代谢以初级代谢为基础。因为初级代谢可以为次级代谢产物合成提供前体物和提供所需要的能量，而次级代谢则是初级代谢在特定条件下的继续和发展，避免初级代谢过程中某种（或某些）中间体或产物过量积累对机体产生的毒害作用。另外，初级代谢产物合成中的关键性中间体也是次级代谢产物合成中的重要中间体物质，如乙酰 CoA、莽草酸、丙二酸等都是许多初级代谢产物和次级代谢产物合成的中间体物质。初级代谢产物如半胱氨酸、缬氨酸、色氨酸、戊糖等通常是一些次级代谢产物合成的前体物质。

一、初级代谢产物

初级代谢是普遍存在于一切生物体中的正常代谢类型，初级代谢的产物称为初级代谢产物。微生物营养生长所必需的物质，如糖、氨基酸、脂肪酸以及多糖、蛋白质、脂类、核酸等化合物都是初级代谢产物。食品工业中的酿酒、制醋以及味精、酸奶、酸菜、柠檬酸的生产都是对微生物初级代谢产物的利用。

二、次级代谢产物

微生物通过次级代谢可以合成各种各样的次级代谢产物。微生物的次级代谢产物是指某些微生物生长到稳定期前后，以结构简单、代谢途径明确、产量较大的初级代谢产物作前体，通过复杂的次级代谢途径所合成的各种结构复杂的化合物。次级代谢产物往往具有分子结构复杂、代谢途径独特、在生长后期合成、产量较低、生理功能不很明确等特点。目前就整体来说，对次级代谢产物的研究远远不及对初级代谢产物研究那样深入，但次级代谢产物同人类的生活有着密切的关系。迄今对次级代谢产物分类还无统一的标准，根据对次级代谢产物的结构特征与生理作用的研究，次级代谢产物可大致分为抗生素、生长刺激素、维生素、色素、毒素与生物碱等。

1. 抗生素

抗生素是对其它种类微生物或细胞能产生抑制或致死作用的一大类有机化合物。它是由生物合成或半合成的次级代谢产物。它们能在细胞内积累或分泌到胞外，并能抑制其它种微生物的生长或杀死它们，因而这类物质在产生菌与其它种生物的生存竞争中，在防治人类、动物的疾病与植物的病虫害上起着重要作用。由点青霉和产黄青霉产生的青霉素是20世纪20年代末期由英国科学家弗莱明偶然发现的第一种抗生素，直到40年代才作为化学治疗剂生产问世。目前发现的抗生素已有近万种，约70%由放线菌产生。其中有一部分在临床医学与农、林、畜牧业生产上已得到广泛应用。

放线菌中能产生抗生素的种类最多，目前医疗上广泛应用的链霉素、氯霉素、红霉素、四环素和磷霉素等都是由放线菌产生的。农业生产上主要应用井冈霉素、多抗霉素、庆丰霉素、灭瘟素等防治植物病虫害。由于不同种类抗生素的化学成分不一，对微生物的作用机理也有所不同，主要通过抑制细胞壁蛋白质和核酸的合成、破坏细胞膜的功能等作用机制抑制或杀死病原菌，在防治人类、动物疾病与植物病虫害上起着重要作用，但用量过多也有副作用。

2. 生长刺激素

它是主要由植物和某些细菌、放线菌、真菌等微生物合成并能刺激植物生长的一类生理活性物质。赤霉素就是由水稻恶苗病菌——藤仓赤霉菌产生的一种植物生长刺激素，能够打破休眠、促进种子发芽、诱导植物开花、刺激果实生长、增加结果率、形成无籽果实及减少棉花脱蕾、落铃，从而提高作物产量。赤霉素在农业上已得到广泛应用，在促进晚稻在寒露来临之前抽穗具有明显的作用，也应用于杂交水稻制种、柑橘保果、棉花保铃等。青霉属、丝核菌属和轮枝霉属的一些种也能产生类似于赤霉素的生长刺激性物质，细黄链霉菌即5406抗生菌也产生多种细胞分裂素。此外，在许多霉菌、放线菌和细菌的培养液中积累有吲哚乙酸和萘乙酸等生长素类物质。

3. 维生素

在这里，维生素是指某些微生物在特定条件下合成远远超过产生菌本身正常需要的那部分维生素。维生素种类很多，人体不能合成。细菌（如费氏丙酸杆菌、假单胞菌、巨大芽孢杆菌等）和某些链霉菌（如橄榄色链霉菌、灰色链霉菌等）以及某些酵母菌、霉菌都具有产生维生素 B_{12} 的能力；某些分枝杆菌能利用碳氢化合物合成吡哆醇（维生素 B_6）；某些醋酸细菌能过量合成维生素 C；核黄素（维生素 B_2）也可由细菌、酵母菌和丝状真菌等微生物合成，工业生产上已利用阿舒假囊酵母和棉阿舒囊霉生产。目前医药上应用的各种维生素可利用微生物来发酵生产。

4. 色素

色素是指由微生物在代谢中合成的、积累在胞内或分泌于胞外的各种呈色的次生代谢产物。微生物色素可分为两类：菌苔本身呈色而不渗入培养基，称为脂溶性色素；菌苔本身呈色或不呈色，但使培养基呈色，称为水溶性色素。水溶性色素使培养基呈现紫、黄、绿、褐、黑等色。脂溶性色素积累在细胞内使菌体或孢子带上各种颜色，如霉菌的菌丝、孢子常呈现各种不同颜色。微生物色素的数量，远远超过已知植物色素的数量，已开发应用的有食用价值的微生物色素主要有红曲色素、β-胡萝卜素等。红曲霉产生的红曲色素，我国将它用于各种饮料和食物，特别是肉类的着色。类胡萝卜素是目前国际上开发和应用最广泛的天然色素之一，能产生类胡萝卜素的微生物有：三孢布拉霉、好食脉孢菌、菌核青霉、黏红酵母等。

5. 毒素

对人和动植物细胞有毒杀作用的一些微生物次生代谢产物称为毒素。毒素大多是蛋白质类物质，例如肉毒梭菌产生的肉毒毒素、毒性白喉棒状杆菌产生的白喉毒素、破伤风梭菌产生的破伤风毒素等。其它许多病原细菌如葡萄球菌、链球菌、沙门杆菌、痢疾杆菌等也都产生各种外毒素和内毒素。杀虫细菌如苏云金芽孢杆菌能产生伴孢晶体内毒素，它是一种分子结构复杂的蛋白质毒素，是苏云金芽孢杆菌杀虫的主要活性成分。真菌中产生毒素的种类也很多，很多种蕈菌是有毒的，曲霉属中也有一些产毒素的种，如黄曲霉产生黄曲霉毒素等，黄曲霉毒素很耐热，加热到268～269℃时才开始分解，故一般烹调加工温度难以去毒，最好的防治方法是预防粮食等霉变。

6. 生物碱

虽然生物碱大部分由植物合成，但某些霉菌合成的生物碱如麦角生物碱，即属于次生代谢产物。麦角生物碱在临床上主要用来作为防止产后出血、治疗交感神经过敏、周期性偏头痛和降低血压等疾病的药物。

第四节　微生物的发酵生产

发酵工业对人们来说并不陌生，从日常饮用的酒、酸乳、调味的味精、酱油、醋，到抗生素、激素、疫苗等药物无一不是微生物发酵的产物。

广义的“发酵”，是指利用微生物生产有用代谢产物的一种生产方式，这与微生物代谢产能过程中的发酵作用是不同的。传统的微生物发酵起源于史前期，现代的微生物发酵工业，却是因为1929年弗莱明发现了青霉素之后而兴起的，从此发酵工业从作坊式的混菌、厌氧、固体发酵走向纯种、大罐通气、液体深层发酵阶段。现已知由微生物生产具有商品价值的产品就有200多种，广泛应用于与人们生活密切相关的许多领域中，如医药与食品、化工与冶金、资源与能源、健康与环境等。

一、微生物发酵的类型及产品

1. 微生物发酵的类型

(1) 好氧性发酵与厌氧性发酵　不同微生物生长对氧需求有所不同。有的微生物在有氧的条件下生长，有的微生物则在无氧环境中存活，还有一部分微生物在有氧与无氧环境中都能生长，只是在不同条件下改变了菌体的代谢方式，从而产生了不同的代谢产物。根据微生物对氧的需求不同，将发酵分为好氧性发酵与厌氧性发酵。在生产实践中，好氧性发酵一般可以通过自然对流和机械通风法来供氧，在豆酱、醋、酱及酱油等酿造食品工业中广泛应用。食用菌生产中通常将棉籽壳等原料装入塑料袋中或在隔架上铺成一定厚度的培养料，接种菌种进行培养，开始时利用培养料空隙中的氧气，后期掀去塑料薄膜直接从空气中获氧。在发酵罐进行好氧发酵时，可采用通入无菌压缩空气方式供氧。为增大溶解氧量，在罐内一般安装搅拌桨，利用搅拌桨把气流分散成微泡，增加气-液接触面积，并使微泡尽可能滞留于培养液中，从而促进氧的溶解。厌氧性发酵工业主要采用液体静置培养方法，即将液体培养基置于厌氧发酵罐中，在接种菌种后不通空气静置保温培养，常用于酒精、啤酒、丙酮丁醇及乳酸等发酵过程。

(2) 分批发酵与连续发酵　按发酵有无间歇操作分为分批发酵与连续发酵。

① 分批发酵　是将菌体接入到一定量的培养基中进行培养，最后一次性收获菌体或其代谢产物的发酵方法。在分批发酵中，为使培养基中营养物质的浓度保持在适合菌体生长和利于菌体积累代谢产物的环境中，可采用中间补料的方法。分批发酵对技术及设备要求较简单，易为人们掌握，因此仍是当今发酵工业的主流，传统的发酵工业一般采用分批发酵法。

② 连续发酵　是指在发酵过程中不断补充新鲜料液同时以相近的流速放料，使发酵罐中的细胞数量和营养状态保持恒定的发酵方法。在工业发酵生产中，可提高生产效率和自动化水平，缩短了发酵周期，设备利用率高，减少了动力消耗并且产品质量较稳定，是当前发酵工业的发展方向。但还有些问题尚待克服，如长时间培养如何防止污染杂菌和菌种退化等

问题，因此，所谓连续培养是有时间限制的，一般可达数月至一二年。此外，在连续发酵中，营养物质的利用率一般亦低于分批发酵。目前在生产实践上，连续发酵已广泛应用于乙醇、乳酸和丙酮丁醇发酵、酵母菌体的生产等领域中。

（3）固体发酵与液体发酵　按发酵培养基的物理状态，可将发酵分为固体发酵和液体发酵。

① 固体发酵　是指将配有一定水分的天然固体培养料灭菌后接入菌种，控制各种环境条件进行培养，从而得到相应产品的发酵方法。食用菌、微生物农药、菌肥等生产都可采用固体发酵。

② 液体发酵　所用的培养基是液态的，如啤酒、酒精、乳酸等的生产都采用此项工艺。液体发酵又可分为浅层发酵与深层发酵。浅层发酵适用于微生物生长繁殖较快，但又缺乏通气设备。在发酵工业中主要使用的大型发酵罐属于深层发酵，进行液体深层好氧性发酵时，必须有搅拌通气设备。

2. 微生物的发酵产品

微生物的发酵产品大致可以分为三类。

（1）微生物菌体　通过发酵生产可获得大量微生物菌体，制备成活菌或干菌制品进行应用。如可利用再生资源生产饲料蛋白、食用菌生产、农用的根瘤菌肥、苏云金芽孢杆菌杀虫剂等。

（2）微生物的代谢产物　许多发酵工业以微生物的代谢产物为发酵产品。通常包括氨基酸、核苷酸、有机酸等初级代谢产物和抗生素、维生素、激素、生物碱、细胞毒素等次级代谢产物。

（3）微生物产生的酶　微生物的种类很多，可利用各种不同的微生物生产各种酶制剂，应用于各个生产领域，如纤维素酶可应用于发酵饲料，蛋白酶应用于蚕丝脱胶等（见表 4-3）。

表 4-3　农业上常用的微生物及其产品

常用微生物	产品名称	用　途
苏云金芽孢杆菌、乳状病芽孢杆菌、核型多角体病毒、质型多角体病毒、颗粒体病毒	微生物杀虫剂、细菌杀虫剂、病毒杀虫剂	杀灭鳞翅目、膜翅目、金龟子等多种昆虫
放线菌	农用抗生素、灭瘟素	防治植物病害
赤霉菌	生长刺激素（赤霉素）	刺激植物生长
大豆根瘤菌 圆褐固氮菌	菌肥（根瘤菌肥） 固氮菌肥	促进豆科植物结瘤、固氮 增加土壤中氮素营养

二、微生物发酵的一般过程及工艺

1. 微生物发酵的一般过程

微生物发酵工程任何一项课题，从实验室的成果转向产业化过程，大致程序如表 4-4 所示。一旦解决了试验阶段出现的各种问题，实验成果转向产业化，在生产上可利用微生物生产各种产品。

表 4-4　微生物发酵（成果转化）一般过程

试验阶段	试　验　内　容
小试	实验室规模、摇瓶培养，主要研究菌的形态、分类、鉴定、营养、生长及产物形成的环境条件
中试	研究扩大培养时，种子及发酵微生物所需的营养及环境条件，产物分离、提取方法等，并确定投产时的各项工艺指标
投产	研究积累微生物发酵产物的规律，解决扩大发酵中的问题，如提高产量和质量、防止污染、降低成本、节约能源等

2. 微生物发酵的一般工艺

(1) 斜面菌种培养　斜面菌种培养是将保藏菌种接种到新鲜的斜面培养基上使其活化的过程。目的是为生产提供活性强、纯度高的优质菌种。要获得优质高产的发酵产品，菌种是关键，该菌种也叫一级种。

(2) 种子扩大培养　为了在短时间内得到大量菌体，为生产提供一定量的菌种，需要对菌种进行扩大培养。种子扩大培养是将活化的斜面菌种扩大到三角瓶、克氏瓶或种子罐中培养，使其大量繁殖的过程，该菌种也叫二级种。根据发酵规模，有时还需对二级种子再扩大。

(3) 发酵　将菌种移植到发酵罐等大型容器中，创造促使菌体大量生长繁殖与积累代谢产物的各种条件，获得高产优质的产品。在发酵过程中，要不断进行监测，了解发酵进程，及时调节各种发酵条件，以保证菌体生长和代谢途径朝着人类所需要的方向进行。

(4) 产品处理　发酵结束后，应对不同的产品进行不同的处理，将其制为成品。若产品是食用菌可直接采摘。若以活菌体为产品（如菌肥、微生物杀虫剂等），采用固体发酵的应及时晾干，液体发酵的可用过滤或离心法使菌体与发酵液分开，再拌入吸附剂制成菌粉。若产物是酶及代谢物，应根据其性质采用不同的提取方法。处理后的发酵产品还必须进行质量检查，符合要求时才能成为成品。

本章小结

本章重点讲述了微生物的酶，微生物的呼吸作用和能量代谢，微生物的代谢产物，微生物的发酵生产。

微生物的代谢分为物质代谢和能量代谢。物质代谢包括合成代谢和分解代谢，能量代谢包括产能代谢及耗能代谢，在物质代谢的过程中常伴随着能量代谢的进行。代谢是生命活动的最基本特征，酶在代谢过程中起着至关重要的作用，微生物体内的一切化学反应都是在酶的催化作用下进行的，微生物也是提取酶的主要来源。在微生物体系中，能量的释放、ATP 的生成都是通过呼吸作用实现的。微生物代谢类型的多样化，带来了微生物不同的呼吸类型。

酶是一类由活细胞产生的、具有催化活性和高度专一性的特殊蛋白质。酶分为两大类，即单成分酶和全酶。酶的特性有：①高度的专一性；②极高的催化效率；③催化作用条件温和；④对环境条件极为敏感。

呼吸作用实质上就是物质在生物体内经过一系列连续的氧化还原反应，逐步分解并释放能量的过程，这个过程也称为生物氧化，既有物质代谢，也有能量代谢。根据最终电子受体（或最终受氢体）的不同可将微生物的呼吸类型划分为三类：有氧呼吸、无氧呼吸及发酵。

以分子态的氧（O_2）作为呼吸作用的氢和电子最终受体的呼吸类型称为有氧呼吸。这种呼吸作用的特点是：①在有分子态氧的条件下进行；②氧化彻底，最终产物是 CO_2 和 H_2O；③释放大量能量。

无氧呼吸也称厌氧呼吸，是指在无氧条件下，微生物以无机氧化物中的氧作为氢和电子受体的呼吸作用。其特点是：①不需要分子态的氧，最终受氢体是无机氧化物中的氧；②如果无机氧化物氧化充分，基质能彻底氧化，产物也较彻底；③释放的能量较多，但低于有氧呼吸。

发酵有广义和狭义之分。广义的发酵泛指任何利用好氧性或厌氧性微生物来生产有用代谢产物或食品、饮料的一类生产方式。狭义的发酵是指在无氧等外源受氢体的条件下，以基质分解的不彻底中间产物作为氢和电子的最终受体的一类生物氧化反应，是在缺氧条件下进行的生命活动。这种发酵作用的特点是：①有机物氧化不彻底，生成一些氧化程度比较低的有机物；②不需要电子传递体系，微生物本身缺少氧化酶系；③产生的能量比较少。

微生物进行呼吸作用，尤其是有氧呼吸，可产生大量能量，基中一部分以热能的形式散发，在农业生产上，可有效利用这种生物热。

可利用微生物发酵生产有用代谢产物，将廉价原料转化成微生物菌体、酶、代谢产物等各种发酵产品。代谢产物分为初级代谢产物和次级代谢产物。初级代谢产物，如糖、氨基酸、脂肪酸以及多糖、蛋白质、脂类、核酸等化合物，酿酒、制醋以及味精、酸奶、酸菜、柠檬酸的生产都是对微生物初级代谢产物的利用。次级代谢产物可分为抗生素、生长刺激素、维生素、色素、毒素与生物碱等。

微生物发酵的类型有：好氧性发酵与厌氧性发酵，分批发酵与连续发酵，固体发酵与液体发酵。微生物发酵的产品有三类：微生物菌体、代谢产物和酶。微生物发酵的一般工艺流程为：斜面菌种培养、种子扩大培养、发酵、产品处理。

复习思考

1. 酶是什么？有哪些特性？
2. 微生物有哪些呼吸类型？划分的依据是什么？各呼吸类型有何异同点？
3. 微生物发酵的概念是什么？发酵工艺和管理要点是什么？

实验实训　微生物生理生化特性检验

一、目的要求

了解细菌主要的生理生化反应原理，掌握细菌鉴定中常用的生理生化反应的测定方法。

二、材料和器具

1. 菌种

大肠杆菌、产气肠杆菌、普通变形杆菌的斜面菌种。

2. 培养基和药品

葡萄糖蛋白胨培养基、蛋白胨培养基、糖发酵培养基（葡萄糖、乳糖或蔗糖）、40% NaOH 溶液、肌酸、甲基红试剂、吲哚试剂、乙醚、1.6%溴甲酚紫指示剂。

3. 器具

超净工作台、高压灭菌锅、恒温培养箱、试管、移液管、杜氏小套管。

三、方法与步骤

（一）糖类发酵试验

不同的细菌含有不同的酶，因而分解利用糖的能力各不相同，其产生的代谢产物亦不相同，如有的产酸产气，有的产酸不产气。酸的产生可利用指示剂来判定，在配制培养基时预先加入溴甲酚紫（其 pH 值在 5.2 以下呈黄色，pH 值在 6.8 以上呈紫色），当发酵产酸时，可使培养基由紫色变为黄色。气体是否产生可由发酵管中倒置的杜氏小套管中有无气体来判断。

1. 试管标记

取分别装有葡萄糖、蔗糖和乳糖发酵培养液试管各 4 支，内置倒置的杜氏小套管，每种糖发酵试管中均分别标记大肠杆菌、产气肠杆菌、普通变形菌和空白对照。

2. 接种培养

以无菌操作分别接种少量大肠杆菌、产气肠杆菌、普通变形杆菌菌苔至以上各相应糖发酵培养液试管中，每种糖发酵培养液的空白对照均不接菌。置 37℃恒温箱中培养，分别培养 24h、48h 和 72h 观察结果。

3. 观察记录

被检细菌若能发酵培养基中的糖时，则使培养基的 pH 降低，这时培养基中的指示剂呈酸性反应（为黄色），若发酵培养基中的糖产酸产气，则培养基不仅显酸性反应，并且在培养基中倒置的杜氏小套管中有气体。若被检细菌不分解培养基中的糖，则培养基不发生变化。

与对照管比较，若接种培养液保持原有颜色，其反应结果为阴性，表明该菌不能利用该种糖，记录用“－”表示；如培养液呈黄色，反应结果为阳性，表明该菌能分解该种糖产酸，记录用“＋”表示。培养液中的杜氏小套管内有气泡为阳性反应，表明该菌分解糖能产酸并产气，记录用“＋”表示；如杜氏小套管内没有气体为阴性反应，记录用“－”表示。

（二）VP 试验

某些细菌在葡萄糖蛋白胨培养液中能分解葡萄糖产生丙酮酸，丙酮酸缩合、脱羧成乙酰甲基甲醇，后者在碱性条件下可被空气中的氧氧化为二乙酰，二乙酰与蛋白胨中精氨酸的胍基生成红色化合物，称 VP 阳性（＋）反应。

1. 试管标记

取 3 支装有葡萄糖蛋白胨培养液的试管，分别标记大肠杆菌、产气肠杆菌和空白对照。

2. 接种培养

以无菌操作分别接种大肠杆菌、产气肠杆菌少量菌苔至以上相应试管中，空白对照管不接菌，置 37℃恒温箱中，培养 24～48h。

3. 观察记录

取出以上试管，振荡 2min。另取 3 支空试管相应标记菌名，分别加入 3～5mL 对应管中的培养液，再加入 40% NaOH 溶液 10～20 滴，并用牙签挑入约 0.5～1mg 微量肌酸，振荡试管，以使空气中的氧溶入，置 37℃恒温箱中保温 15～30min 后，若培养液呈红色，记录为 VP 试验阳性反应（用“＋”表示）；若不呈红色，记录为 VP 试验阴性反应（用“－”表示）。

注意：原试管中留下的培养液用作甲基红试验。

（三）甲基红试验（MR 试验）

肠杆菌科各菌属都能发酵葡萄糖，在分解葡萄糖过程中产生丙酮酸，进一步分解中，由于糖代谢的途径不同，可产生甲酸、乙酸、乳酸等有机酸，培养基就会变酸，使甲基红指示剂由橘黄色（pH 值 6.3）变红色（pH 值 4.2）。但某些细菌如产气杆菌，则将有机酸转化为醇等产物，则培养基的 pH 值仍在 6 以上，故此时加入甲基红指示剂，呈现黄色。

于 VP 试验留下的培养液中，各加入 2～3 滴甲基红指示剂，注意沿管壁加入，仔细观察培养液上层，若培养液上层变成红色，即为阳性反应；若仍呈黄色，则为阴性反应，分别用“＋”或“－”表示。

（四）吲哚试验

吲哚试验用来检测吲哚的产生。有些细菌能产生色氨酸酶，分解蛋白胨中的色氨酸生成吲哚和丙酮酸。吲哚本身没有颜色，不能直接看见，但当加入对二甲基氨基苯甲醛试剂时，该试剂与吲哚作用，形成红色的玫瑰吲哚。

1. 试管标记

取装有蛋白胨培养液的试管 3 支，分别标记大肠杆菌、产气肠杆菌和空白对照。

2. 接种培养

以无菌操作分别接种大肠杆菌、产气肠杆菌少量菌苔到以上相应试管中，空白对照管不接菌，置 37℃恒温箱中培养 24～48h。

3. 观察记录

在培养液中加入乙醚 3～4 滴，摇动数次，使吲哚萃取至乙醚中，静置 1～3min，待乙醚上升后，沿管壁缓慢加入 2 滴吲哚试剂，如有吲哚存在，乙醚层呈现玫瑰红色，此为吲哚试验阳性反应，否则为阴性反应，阳性用“＋”、阴性用“－”表示。

四、实验报告

将实验结果填入实表4-1。阳性用“+”、阴性用“-”表示。

实表4-1 微生物生理生化特性检验

菌 名	糖类发酵试验	VP试验	甲基红试验	吲哚试验
大肠杆菌				
产气肠杆菌				
普通变形杆菌				
空白对照				

五、思考题

1. 以上生理生化反应能用于鉴别细菌，其原理是什么？
2. 细菌生理生化反应试验中为什么要设对照？

生产实习 参观当地微生物发酵生产企业
（规模、生产、经营、工艺流程）

一、目的要求

通过参观和实习，巩固专业基础知识，做到理论与实践相结合，在实践中开展调查研究，锻炼和培养学生分析问题和解决问题能力。了解当地微生物发酵生产企业主要发酵产品（如啤酒、酸奶）的工艺流程。

二、方法与步骤

（一）参观发酵生产企业

1. 由指导教师联系当地相关厂家，并带领学生前往参观，由企业技术人员介绍主要发酵产品的生产工艺流程。学生分小组到车间了解、熟悉各工段的操作要点、原理。

2. 参观化验分析室，由企业技术人员介绍分析检测仪器的使用及检测方法。

（二）发酵生产企业经营状况的调查

由指导教师带领学生到当地主要发酵生产企业，对各企业规模、生产情况、经营状况进行调查，分析存在的问题及改进措施。

三、作业

1. 简述参观企业的收获和感受。
2. 绘工艺流程图。

第五章 微生物的生长和环境条件

知识目标

掌握微生物纯培养的分离方法；了解细菌纯培养生长曲线各个时期的特点以及与生产实践的关系，环境因素对微生物生长的影响及其实际应用。

技能目标

能够进行菌种的移接和培养；掌握微生物的生长规律和生长量的测定方法，在生产实践中对其进行控制和利用。

在适宜的环境条件下，微生物不断吸收营养物质，按照自己的代谢方式进行新陈代谢活动。正常情况下，同化作用大于异化作用，微生物的细胞不断迅速增长，表现为个体细胞质量增加和体积增大的现象，称为生长。繁殖是微生物生长到一定阶段，由于细胞结构的复制与重建并通过特定方式产生新的生命个体，即引起生命个体数量增加的生物学过程。微生物的生长与繁殖是两个不同，但又相互联系的概念。生长是一个逐步发生的量变过程，繁殖是一个产生新的生命个体的质变过程。由于微生物的个体体积很小，研究单个细胞或个体的生长有一定困难，因此在讨论微生物生长时，往往将这两个过程放在一起讨论，这样微生物生长又可以定义为在一定时间和条件下细胞数量的增加，因此微生物生长一般指群体生长。

第一节 微生物的生长

微生物由于个体微小，在绝大多数情况下都是利用群体来研究其属性。在生产实践中，要获得大量菌体或其代谢产物，也只有纯培养的微生物群体大量生长才能达到目的。在微生物学中，在人为规定的条件下培养、繁殖得到的微生物群体称为培养物，而只有一种微生物的培养物称为纯培养物。由于在通常情况下纯培养物能较好地被研究、利用和重复结果，因此把特定的微生物从自然界混杂存在的状态中分离、纯化出来的纯培养技术是进行微生物学研究的基础。

一、微生物的纯培养

1. 无菌技术

微生物通常是肉眼看不到的微小生物，在环境中无处不在。因此，在微生物的研究及应用中，需要通过分离纯化技术从混杂的天然微生物群中分离出特定的微生物，而且为保证微生物研究正常进行，还必须随时注意保持微生物纯培养物的“纯洁”，防止其它微生物的混入。在分离、转接及培养纯培养物时防止其被其它微生物污染的技术被称为无菌技术。

2. 微生物的纯种分离方法

针对不同微生物的特点，有许多分离方法，应用最广的是平板法分离纯培养物。纯培养技术包括两个基本步骤：①从自然环境中分离培养对象；②在以培养对象为唯一生物种类的隔离环境中培养、增殖，获得这一生物种类的细胞群体。

(1) 稀释分离法

① 稀释倒平板法　先将待分离的材料用无菌水作一系列的稀释（如 1∶10、1∶100、1∶1000、1∶10000……），然后分别取不同稀释度的菌液少许与已灭菌熔化并冷却至 50℃左右的琼脂培养基相混合，摇匀后倾入已灭过菌的培养皿中，待琼脂凝固制成平板，放入恒温培养箱培养一定时间即可出现菌落。如果稀释得当，在平板表面就可出现分散的单个菌落，这个菌落可能就是由一个菌体细胞繁殖形成的。随后挑取该单个菌落，或重复以上操作数次，便可得到纯培养。

② 涂布平板法　由于将含菌的稀释样品先加到还较烫的培养基中再倒平板易造成某些热敏感菌的死亡，而且采用稀释倒平板法也会使一些严格好氧菌因被固定在琼脂中间缺乏氧气而影响其生长，因此在微生物学研究中可采用涂布平板法。样品稀释方法与稀释倒平板法一样，不同之处在于此法先将已熔化的培养基先倒入无菌平皿，制成无菌平板，冷却凝固后，将一定量的某一稀释度的样品滴加在平板表面，再用无菌玻璃涂棒将菌液均匀分散至整个平板表面，经培养后挑取单个菌落（图 5-1）。

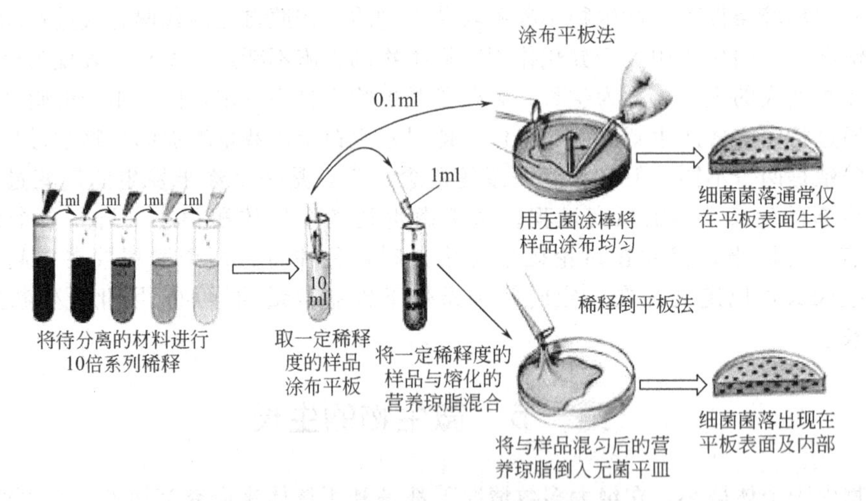

图 5-1　稀释后用平板分离细菌单菌落

（引自：沈萍，微生物学，2000）

(2) 划线分离法　用接种环以无菌操作沾取少许待分离的材料，在无菌平板培养基表面进行平行划线、扇形划线或其它形式的连续划线（图 5-2），微生物细胞数量将随着划线次数的增加而减少，并逐步分散开来，如果划线适宜，微生物能一一分散，经培养后，可在平板表面得到单菌落。

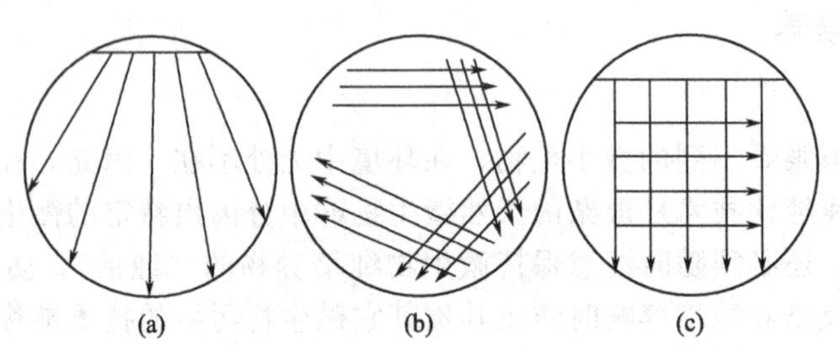

图 5-2　平板划线分离法

(a) 扇形划线；(b) 连续划线；(c) 方格划线

（引自：沈萍，微生物学，2000）

(3) 单细胞（单孢子）分离法　稀释法是纯种分离的重要方法之一，但有一个缺点，它只能分离出混杂微生物群体中数量占优势的种类，而在自然界，很多微生物在混杂群体中都是少数。为了能分离出在自然群落中数量不占优势的菌株，可以采取显微分离法从混杂群体中直接分离单个细胞或单个个体进行培养以获得纯培养，称为单细胞（或单孢子）分离法。单细胞分离法的难度与细胞或个体的大小有关，较大的微生物如藻类、原生动物较容易，个体很小的细菌则较难。

对于较大的微生物，可在低倍显微镜（如解剖显微镜）下进行，采用毛细管提取单个个体。对于个体相对较小的微生物，需采用显微操作仪，显微操作仪一般通过机械、空气或油压传动装置减少手的动作幅度，在显微镜下用毛细管或显微针、接种钩、接种环等挑取单个微生物细胞或孢子以获得纯培养。单细胞分离法对操作技术有比较高的要求，多限于高度专业化的科学研究中采用。

(4) 选择培养分离法　没有一种培养基或一种培养条件能够满足自然界中一切生物生长的要求，在一定程度上所有的培养基都是选择性的。在一种培养基上接种多种微生物，只有能生长的才生长，其它的被抑制。因此可以根据不同微生物在营养、生理、生长条件等方面的不同特点，采用选择培养进行微生物纯培养分离的技术称为选择培养分离法。这种方法对于从自然界中分离、寻找有用的微生物是十分重要的，尤其当某一种微生物所存在的数量与其它微生物相比非常少时，单采用一般的平板稀释方法几乎是不可能分离到该种微生物的。要分离这种微生物，必须根据该微生物的特点，包括营养、生理、生长条件等，采用选择培养分离的方法；或加入抑制剂使大多数微生物不能生长，或造成有利于该菌生长的环境，经过一定时间培养后使该菌在群落中的数量上升，再通过平板稀释等方法对它进行纯培养分离。

二、微生物群体生长规律

根据对某些单细胞微生物在封闭式容器中进行分批（纯）培养的研究，发现在适宜条件下，微生物细胞数目的增加随时间而变化，并且具有严格的规律性。以下主要介绍细菌群体生长的特点与一般规律。

将少量细菌纯培养物接种到新鲜的液体培养基中，在适宜的条件下培养，在培养过程中定时测定菌体的数量，以生长时间为横坐标，以菌数的对数为纵坐标，可以作出一条反映细菌在整个培养期间菌数变化规律的曲线，这种曲线称为生长曲线。一条典型的生长曲线至少可以分为迟缓期、对数期、稳定期和衰亡期等四个生长时期（图 5-3）。

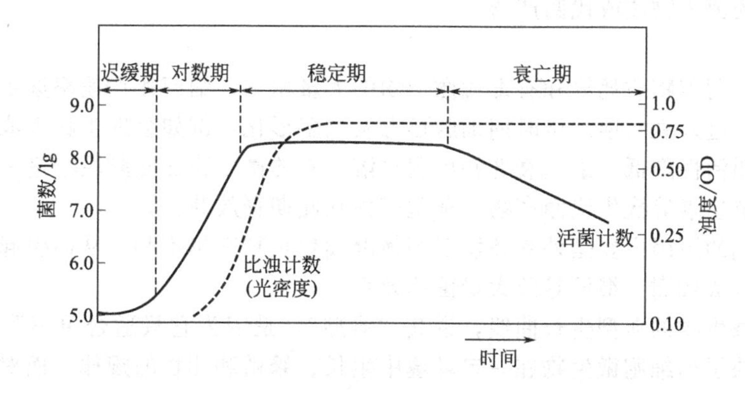

图 5-3　细菌生长曲线

（引自：沈萍，微生物学，2000）

1. 滞留适应期（迟缓期）

细菌接种到新鲜培养基而处于一个新的生长环境，因此在一段时间里并不马上分裂，需要经过一段时间自身调整，诱导合成必需的酶、辅酶或合成某些中间代谢产物，此时期称为滞留适应期。该期的特点为：①生长速率常数为零；②细胞形态变大或增长；③细胞内的RNA尤其是rRNA含量增高，原生质呈嗜碱性；④合成代谢十分活跃，易产生各种诱导酶；⑤对外界不良条件如温度、抗生素等理化因素反应敏感。这一时期的细胞，正处于对新的理化环境的适应期，正在为下一阶段的快速生长与繁殖做生理与物质上的准备。在这个时期的后阶段，菌体细胞逐步进入生理活跃期，少数菌体开始分裂，曲线出现上升趋势。因微生物菌种或菌株和培养条件的不同，迟缓期所维持时间的长短可从几分钟到几小时、几天，甚至几个月不等。产生迟缓期的原因，可能是由于微生物接种到一个新的环境，一时还缺乏分解或催化有关底物的酶或辅酶，或是缺乏充足的中间代谢物。为产生诱导酶或合成有关的中间代谢物，就需要有一段用于适应的时间即迟缓期。影响迟缓期长短的因素很多，主要有菌种、接种龄、接种量、培养基成分等。在工业发酵和科研中迟缓期会增加生产周期而产生不利的影响，但是迟缓期无疑也是必需的，因为细胞分裂之前，细胞各成分的复制与装配等也需要时间，因此应该采取一定的措施：①通过遗传学方法改变种的遗传特性使迟缓期缩短；②利用对数生长期的细胞作为种子；③尽量使接种前后所使用的培养基组成不要相差太大；④适当扩大接种量等方式缩短迟缓期，克服不良的影响。

2. 对数生长期

对数生长期又称指数生长期。细菌经过迟缓期进入对数生长期，并以最大的速率生长和分裂，在此阶段细胞每分裂一次时间最短，导致细菌数量呈对数增加，而且细胞进行平衡生长，故菌体各部分的成分十分均匀。对数生长期的细菌酶系活跃，代谢旺盛，大小比较一致，生活力强，因而它广泛地在生产上用作种子和在科研上作为理想的实验材料。

3. 稳定生长期

稳定生长期又称恒定期或最高生长期。由于营养物质消耗，代谢产物积累和pH等环境变化，逐步不适宜于细菌生长，导致菌体分裂增加的细胞数量等于细菌死亡数，处于动态平衡，进入稳定生长期。稳定生长期的活细菌数最高并维持稳定。在此阶段，细胞内开始积累贮藏物质如肝糖原、异染颗粒、脂肪滴等，大多数芽孢细菌形成芽孢。同时发酵液中细菌的代谢产物积累逐渐增多，是发酵目的物生成的重要阶段。如果及时采取措施，补充营养物质或取走代谢产物或改善培养条件，如对好氧菌进行通气、搅拌或振荡等可以延长稳定生长期，获得更多的菌体物质或代谢产物。

4. 衰亡期

稳定期后，营养物质耗尽和有毒代谢产物的大量积累，细菌死亡速率逐步增加和活细菌逐步减少，标志进入衰亡期。该时期细胞形态发生多形化，例如会发生膨大或不规则的退化形态；细菌代谢活性降低，细菌衰老并出现自溶；有的微生物在此阶段会进一步合成或释放对人类有益的抗生素等次生代谢产物，芽孢杆菌在此期释放芽孢。

产生衰亡期的原因主要是外界环境对菌体继续生长越来越不利，从而引起细胞内的分解代谢明显超过合成代谢，继而导致大量菌体死亡。

以上就是微生物的典型生长曲线，说其“典型”，是因为它只适合单细胞微生物如细菌和酵母菌，反映了单细胞微生物在一定环境中生长、繁殖和死亡的规律。而对丝状生长的真菌或放线菌而言，只能画出一条非“典型”的生长曲线，如真菌的生长曲线大致可分3个时期，即滞留适应期、快速生长期和生长衰退期，而缺乏指数生长期。

三、微生物的生长规律在生产实践中的应用

1. 缩短迟缓期

在微生物发酵工业中，如果有较长的迟缓期，则会导致发酵设备的利用率降低、能源消耗增加、产品生产成本上升，最终造成劳动生产力低下与经济效益下降。为了提高设备的利用率及降低生产成本，提高经济效益，应尽可能缩短迟缓期。通常可采取加大接种量，以对数期的种子接种，发酵培养基的成分要尽可能与种子培养基的成分尽量接近，使微生物细胞更快适应新环境。同时利用迟缓期菌体对外界条件敏感的特点，杀灭有害微生物宜在此时进行，该期也是进行诱变育种的好时期。

2. 延长对数期

对数期菌体生长繁殖快，生理代谢旺盛，短时间内可得到大量菌体。但培养液中营养成分会减少，有害产物在增加，要注意排除这些不利因素，连续流加或补加发酵原料，以保持较长时间的旺盛繁殖，从而获得大量的菌体。对数期菌体是用于代谢、生理等研究的良好材料，是增殖噬菌体的最适宿主，也是发酵工业中用作种子的最佳材料。

3. 把握稳定期

对以生产菌体或与菌体生长相平行的代谢产物（根瘤菌、单细胞蛋白、乳酸等）为目的的某些发酵生产来说，稳定期是产物的最佳收获期；对维生素、碱基、氨基酸等物质进行生物测定，稳定期是最佳测定时期。对于另一些需获得次级代谢产物，如抗生素、维生素、色素、生长刺激素等的发酵来说，这些产物的形成与微生物细胞生长过程不同步，它们形成产物的高峰往往在稳定期的后期或在衰亡期，收获时间宜适当延迟。稳定期的长短与菌种和外界环境条件有关，生产上常常通过补料、调节 pH、调整温度等措施来延长稳定生长期，以积累更多的代谢产物。

4. 监控衰亡期

微生物在衰亡期细胞活力明显下降，有的微生物在此时产生或释放次级代谢物，芽孢杆菌释放芽孢。若以芽孢、孢子或伴孢晶体毒素为发酵产品应在此期收获。同时由于积累的代谢毒物可能会与代谢产物起某种反应或影响提纯，或使其分解。因此必须掌握好时间，在适当的时候结束发酵。

第二节　微生物生长量的测定

在生产和科研中，需要对微生物的生长情况进行测定。微生物生长的测定方法有多种，可根据研究对象或要解决的问题加以选择。通常对于处于旺盛期的单细胞微生物，既可测定细胞数目，又可测定细胞物质量；而对于多细胞（尤其是丝状真菌），则常以菌丝生长的长度或菌丝质量作为生长指标。

一、测定单细胞微生物的数量

1. 总细胞计数法

(1) 显微镜直接计数法　显微镜直接计数法是将少量待测样品的悬浮液置于一种特别的具有确定面积和容积的载玻片上（又称计菌器），于显微镜下直接计数的一种简便、快速、直观的方法。目前国内外常用的计菌器有血细胞计数板、Peteroff-Hauser 计菌器以及 Hawksley 计菌器等，它们都可用于酵母菌、细菌、霉菌孢子等悬液的计数，基本原理相同。用血细胞计数板在显微镜下直接计数是一种常用的微生物计数方法。血细胞计数板

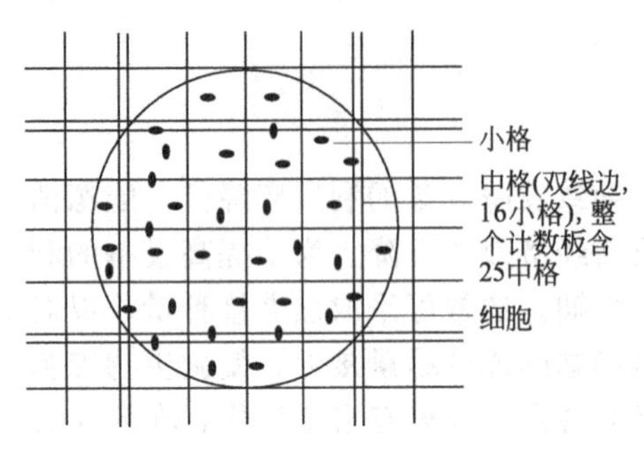

图 5-4 血细胞计数板方格示意

(图 5-4) 中央有一个容积一定的计数室（0.1mm^3），将经过适当稀释的菌悬液或孢子液放在血细胞计数板与盖玻片之间的计数室中，在显微镜下进行计数，然后将所观察到的微生物数目换算成单位体积内的微生物总数。显微镜直接计数法的优点是直观、快速、操作简单。但此法的缺点是所测得的结果通常是死菌体和活菌体的总和。

(2) 光电比浊计数法　此法测定的原理是：当光线通过微生物菌悬液时，由于菌体的散射及吸收作用使光线的透过量降低。在一定的范围内，微生物细胞浓度与透光度成反比，与光密度成正比，而光密度或透光度可以由光电池精确测出。因此可用一系列已知菌数的菌悬液测定光密度，作出光密度-菌数标准曲线，以样品液所测得的光密度，从标准曲线中查出对应的菌数。

光电比浊计数法的优点是简便、迅速，可以连续测定，适合于自动控制。但由于光密度或透光度除了受菌体浓度影响之外，还受细胞大小、形态、培养液成分以及所采用的光波长等因素的影响。光波的选择通常在400～700nm，具体采用何种波长还需要经过最大吸收波长以及稳定性试验来确定。同时对于不同微生物的菌悬液进行光电比浊计数应采用相同的菌株和培养条件制作标准曲线。另外，对于颜色太深的样品或在样品中还含有其它干扰物质的悬液不适合用此法进行测定。

(3) 涂片计数法　将已知体积（0.01mL）的待测样品，均匀地涂布在载玻片的已知面积内，一般为1cm^2，经固定染色后，在显微镜下选择若干个视野计算细胞的数量。每个视野用镜台测微尺测得直径并计算其面积，可以推算1cm^2总面积中所含的细胞数目。涂片计数法一般用于牛乳的细菌学检查。

2. 活菌计数法

(1) 平板培养计数法　此法是通过测定样品在平板培养基上培养后所形成的菌落数来间接确定其活菌数的方法。其测定的原理是在稀释情况下，一个活菌形成一个菌落。

测定方法是将待测样品经适当稀释后，使其中的微生物充分分散成单个细胞，取一定量的稀释样液接种到平板培养基上，经过培养，由每个单细胞生长繁殖而形成肉眼可见的菌落，统计菌落数，根据其稀释倍数和取样接种量即可换算出样品中的含菌数。由于待测样品往往不易完全分散成单个细胞，因此长成的一个单菌落也可能来自样品中的2～3个或更多个细胞，导致平板菌落计数的结果往往偏低。为了清楚地阐述平板菌落计数的结果，在表达单位样品含菌数时，可用单位样品中形成的菌落单位来表示，即CFU/mL或CFU/g(CFU即菌落形成单位)。

平板培养计数法虽然操作较繁，需要的时间较长，而且测定结果易受多种因素的影响，但由于这种计数方法可以获得活菌的信息，因此被广泛用于生物制品检验，以及食品、饮料和水等的含菌指数或污染程度的检测。

(2) 试管稀释法　此法是将样品制成菌体悬液，作一系列10倍稀释，取合适稀释度的稀释液接种到培养基中，每个稀释度设3～5个重复。在适温下培养后，记录每个稀释度长菌的试管数，然后查最大可能数表（MPN），根据稀释倍数计算样品的含菌数。

(3) 薄膜过滤计数法　测定水与空气中的活菌数量时，由于含菌浓度低，则可先将待测样品（一定体积的水或空气）通过微孔薄膜（如硝化纤维素薄膜）过滤浓缩，然后把滤膜放在适当的固体培养基上培养，长出菌落后即可计数。

二、测定细胞物质量

1. 干重法

定量培养物用离心或过滤的方法将菌体从培养基中分离出来，洗净、烘干至恒重后称重，求得培养物中的细胞干重。一般细菌干重约为湿重的20%～25%，酵母菌干重约为湿重的15%～30%，霉菌干重约为湿重的10%～15%。此法直接而又可靠，但要求测定时菌体浓度较高，样品中不含非菌体的干物质。

2. 含氮量测定法

细胞的蛋白质含量是比较稳定的，可以从培养物中分离菌体，洗净（排除培养基带入的含氮物质），用凯氏定氮法测定含氮量，再由菌体含氮量大致算出细胞物质量。一般细菌的含氮量约为原生质干重的12.5%，酵母菌为7.5%，霉菌为6.0%。

3. DNA测定法

这种方法是基于DNA与3,6-二氨基苯甲酸-盐酸溶液结合能显示特殊荧光反应的原理，定量测定培养物的菌悬液的荧光反应强度，求得DNA的含量，可以直接反映所含细胞物质的量。同时还可根据每个细菌平均含8.4×10^{-5}ng DNA含量进一步计算出细菌的数量。

4. 其它生理指标测定法

微生物新陈代谢的结果，必然要消耗或产生一定量的物质，因此也可以用某物质的消耗量或某产物的形成量来表示微生物的生长量。例如通过测定微生物对O_2的吸收、CO_2的释放量、发酵糖的产酸量等，均可用来作为生长指标。使用这一方法时，必须注意作为生长指标的那些生理活动，应不受外界其它因素的影响或干扰，以便获得准确的结果。

第三节　微生物生长的环境条件

微生物的生长是微生物与外界环境相互作用的结果。在环境条件适宜时，微生物的新陈代谢、生长繁殖就能正常进行；一旦环境条件发生改变，在一定的限度内，可使微生物的形态、生理、生长、繁殖等特征引起改变；当环境条件的变化超过一定极限，则会导致微生物的死亡。了解环境因素对微生物生长的影响，将有助于人们了解微生物在自然界的分布，能够采用多种方式控制微生物的生长或杀灭有害的微生物。

一、温度

温度是影响微生物生长的重要环境因素。微生物在一定的温度下生长，温度低于最低或高于最高限度时，即停止生长或死亡。就微生物总体而言，其生长温度范围很宽，但各种微生物都有其生长繁殖的最低温度、最适温度、最高温度，称为生长温度三基点。各种微生物也有它们各自的致死温度。最低生长温度是指微生物能进行生长繁殖的最低温度界限，处于这种温度条件下的微生物生长速率很低，如果低于此温度则生长完全停止。随着温度的升高，细胞内的生化反应加快，微生物的生长加速。最适生长温度是指微生物生长繁殖最快的温度。微生物生长繁殖的最高温度界限叫最高生长温度，超过上限温度后，对温度敏感的细胞组分（如蛋白质和核酸）变性加剧，微生物生长停止，甚至死亡。在一定条件下和一定时间内（例如10min）杀死微生物的最低温度称为致死温度；在致死温度时杀死该种微生物所需的时间称为致死时间。在致死温度以上，温度愈高，致死时间愈短。

根据微生物最适生长温度范围，通常把微生物分为低温、中温和高温三大类型，它们的生长温度及其分布见表5-1。

表5-1 微生物的生长温度及其分布

微生物类型		生长温度/℃			主要分布
		最低	最适	最高	
低温	专性嗜冷	−12	5～15	15～20	地球两极海水及冷藏食品
	兼性嗜冷	−5～0	10～20	25～30	
中温	室温	10～20	20～35	40～45	温带和热带地区
	体温	10～20	35～40	40～45	温血动物
高温	嗜热	25～45	45～60	70～95	堆肥、温泉等
	极端嗜热	< 80	80～110	> 110	热泉、火山喷气口

高温微生物可分为嗜热和极端嗜热微生物，前者的最适生长温度高于45℃，后者高于80℃。温泉、堆肥、厩肥、秸秆堆和土壤都有高温菌存在，它们参与堆肥、厩肥和秸秆堆高温阶段的有机质分解过程，有利于堆肥的腐熟。

高温微生物耐高温的原因可能是由于菌体内的酶和蛋白质较为耐热，同时高温微生物的蛋白质合成机构核蛋白体和其它成分对高温也具有较大的抗性。而且细胞膜中饱和脂肪酸含量较高，与不饱和脂肪酸形成更多的疏水键，不易“熔解”，从而使膜在高温下能保持较好的稳定性。

中温微生物可分为室温性和体温性微生物。室温性微生物最适生长温度在25～35℃，如土壤微生物和植物病原菌。体温性微生物多为人和温血动物的病原菌，它们的最适温度与宿主的体温相近。

低温微生物又称嗜冷微生物，可分为专性嗜冷和兼性嗜冷微生物，包括水体中的发光细菌、铁细菌及一些常见于寒带冻土、海洋、冷泉、冷水河流、湖泊以及冷藏仓库中的微生物。它们对上述水域中有机质的分解起着重要作用，冷藏食物的腐败往往是这类微生物作用的结果。一般低温使微生物停止生长，但并不致死，因此经常采用低温保藏菌种。嗜冷性微生物耐低温的机理尚未探明，一般认为其耐低温是因为细胞内的酶在低温下仍能缓慢而有效地发挥作用，同时细胞膜中不饱和脂肪酸含量较高，可推测为它们在低温下仍保持半流动液晶状态，从而能进行活跃的物质代谢。

由于每种微生物都有特定的生长温度范围，微生物在适宜温度范围内，随温度逐渐提高，代谢活动加强，生长、增殖加快；在适宜温度界限以外，过高和过低的温度对微生物的影响不同。高于最高温度界限时，微生物原生质胶体变性，蛋白质和酶损伤、变性，失去生活机能的协调，微生物停止生长或出现异常形态，最终导致死亡。因此，高温对微生物具有致死作用，现已广泛用于消毒灭菌。各种微生物对高温的抵抗力不同，同一种微生物又因发育形态和群体数量、环境条件不同而有不同的耐热性。细菌芽孢和真菌的一些孢子和休眠体，比它们的营养细胞的耐热性强得多。大部分不生芽孢的细菌、真菌的菌丝体和酵母菌的营养细胞在液体中加热至60℃时经数分钟即死亡。但是各种芽孢细菌的芽孢在沸水中数分钟甚至数小时仍能存活。

二、水分及可给性，空气湿度

水是生命活动的基础，任何生物离开水就不能生存。微生物生长所需要的水分是指微生物可利用的水，如微生物虽处于水环境中，但如其渗透压很高，即便有水，微生物也难以利用。在自然界，水的可给性可对微生物产生重大影响。水的可给性与水含量有关，也与水中的溶质含量有关，因为水与溶质结合会丧失可给性。水的可给性通常用水活度表示。水活度用 a_w（activity of water）表示，是指在一定的温度和压力下，溶液的蒸汽压（p）和纯水蒸气压（p_0）之比，即：$a_w = p/p_0$。

常温常压下，纯水的 a_w 为 1.00。当溶质溶解在水中以后，分子之间的引力增加，冰点下降，沸点上升，蒸汽压下降，a_w 变小。因此溶液浓度与水活度成反比，溶质越多，a_w 越小；反之，a_w 越大。微生物生长所要求的 a_w 值，一般为 0.66～0.99，每一种微生物的生长都有一适宜范围及最适的 a_w 值，并且这个 a_w 值是相对恒定的。细菌最适生长的 a_w 值比酵母菌、霉菌的最适 a_w 值高，一般为 0.94～0.99；大多数酵母菌生长的最适 a_w 值为 0.88～0.94，少数耐高渗酵母如鲁氏酵母可以在 a_w 值为 0.60～0.61 的培养基中生长；霉菌能在比细菌和酵母更低的 a_w 值下生长，a_w 值通常为 0.73～0.94，a_w 值低于 0.64，任何霉菌均不能生长。少数霉菌能在 a_w 值为 0.65 时生长，这种霉菌称为干性霉菌，例如灰绿曲霉、薛氏曲霉和匍匐曲霉等。表 5-2 列出了几个种类微生物生长的最低 a_w 值。

表 5-2 微生物生长的最低 a_w 值范围

类　群	最低 a_w 值范围	类　群	最低 a_w 值范围
大多数细菌	0.94～0.99	嗜盐性细菌	0.75
大多数酵母菌	0.88～0.94	耐渗透压酵母菌	0.66
大多数霉菌	0.73～0.94	干性霉菌	0.65

一般微生物只有在水活度适宜的环境中，才能进行正常的生命活动。但随着菌体的生长及环境条件的改变，对 a_w 的要求会有所不同。细菌形成芽孢时，比生长繁殖时所需要的 a_w 值高。例如魏氏梭状芽孢杆菌在芽孢发芽和生长繁殖时，要求 a_w 值为 0.96 以上，而芽孢形成的最适 a_w 值为 0.993，a_w 值低于 0.97 就看不到芽孢形成；肉毒梭菌和蜡样芽孢杆菌的芽孢发芽要求的水分也比生长繁殖时高。而霉菌孢子萌发的最低 a_w 比霉菌生长时所要求的 a_w 值低。例如灰绿曲霉孢子发芽的最低 a_w 值为 0.73～0.75，而其生长所需的 a_w 值在 0.85 以上。

如果微生物生长环境的 a_w 值大于菌体生长的最适 a_w 值，细胞就会吸水膨胀，甚至导致细胞破裂而死亡。反之，如果环境 a_w 值小于菌体生长的最适 a_w 值，则细胞内的水分就会外渗，造成质壁分离，使细胞代谢活动受到抑制甚至引起死亡。人们为了控制有害微生物生长，常用高浓度食盐或蔗糖来降低环境中的 a_w 值，使菌体不能正常生长，从而达到长久保存食品的目的。

湿度一般是指环境空气中含水量的多少，有时也泛指物质中所含水分的量。一般的生物细胞含水量在 70%～90%。湿润的物体表面易长微生物，这是由于湿润的物体表面常有一层薄薄的水膜，微生物细胞实际上就生长在这一水膜中。放线菌和霉菌基内菌丝生长在水溶液或含水量较高的固体基质中，气生菌丝则暴露于空气中，因此，空气湿度对放线菌和霉菌等微生物的代谢活动有明显的影响。如基质含水量不高、空气干燥，胞壁较薄的气生菌丝易失水萎蔫，不利于甚至可终止代谢活动；空气湿度较大则有利于生长。酿造工业中，制曲的曲房要接近饱和湿度，促使霉菌旺盛生长。在食用菌出菇管理中，要经常向地面或空间喷水，使湿度保持在 80%～90%，这是食用菌高产优质的重要因素。

细菌在空气中的生存和传播也以湿度较大为宜。因此，环境干燥，可使细胞失水而造成代谢停止乃至死亡。人们广泛应用干燥方法保存谷物、纺织品与食品等，其实质就是夺细胞之水，从而防止微生物生长引起霉腐。

三、酸碱度（pH 值）

酸碱度是影响微生物生存和发展的另一重要环境因子。其对微生物的影响表现在以下几个方面：①引起细胞膜电荷的变化，影响微生物对营养物质的吸收；②引起酶活性的改变，影响代谢反应；③引起营养物质可给性的改变，影响微生物利用；④引起有害物质毒性的改变，加重对微生物的损害。

每种微生物都有最适宜的 pH 值和一定的 pH 适应范围。大多数细菌、藻类和原生动物的最适生长 pH 值为 6.5～7.5，但在 pH 值 4.0～10.0 也能生长；放线菌的最适生长 pH 值为 7.5～8.0；酵母菌和霉菌的最适生长 pH 值为 5～6，但可生长的范围在 pH 值 1.5～10.0。有些细菌可在很强的酸性或碱性环境中生活，例如氧化硫硫杆菌能在 pH 值 0.5～2.0 的环境中生活，大豆根瘤菌能在 pH 值 11.0 的环境中生活（见表 5-3）。

表 5-3 不同微生物的生长 pH 值范围

微生物名称	pH		
	最低	最适	最高
一般放线菌	5.0	7.0～8.0	10.0
一般酵母菌	2.5	4.0～5.8	8.0
一般霉菌	1.5	3.8～6.0	7.0～11.0
大豆根瘤菌	4.2	6.8～7.0	11.0
褐球固氮菌	4.5	7.4～7.6	9.0
一种亚硝化单胞菌	7.0	7.8～8.6	9.4
大肠埃希菌	4.3	6.0～8.0	9.5
氧化硫硫杆菌	0.5	2.0～3.5	6.0

各种微生物处于最适 pH 范围时酶活性最高，如果其它条件适合，微生物的生长速率也最高。当低于最低 pH 值或超过最高 pH 值时，将抑制微生物生长甚至导致死亡。

在培养微生物的过程中，微生物的代谢活动会改变环境 pH 值，因此在配制培养基时往往需要加入缓冲剂，以维持培养基的 pH 稳定。例如乳酸细菌分解葡萄糖产生乳酸，因而增加了基质中的氢离子浓度，酸化了基质；尿素细菌水解尿素产生氨，碱化了基质。为了维持微生物生长过程中 pH 值的稳定，要注意及时调整 pH 值，以适合微生物生长的需要。在生产实践中，还可利用微生物对 pH 的不同要求，促进有益微生物的生长或控制杂菌污染。

四、空气及氧化还原电位

环境中的空气及氧化还原电位与微生物的关系十分密切，对微生物生长的影响极为明显。以体积计，氧约占大气的 1/5，对一些微生物来说，氧是不可缺少的生命物质，但对另一些微生物来说，氧却是十分有害的毒性物质。根据不同类群的微生物对氧要求不同，把微生物粗分成好氧微生物、厌氧微生物和兼性厌氧微生物三大类，进一步可细分为五类（见表 5-4）。

表 5-4　微生物与氧的关系

微生物类型		与氧的关系	代谢类型	例　子
好氧	专性好氧	需氧，有较高浓度分子氧	有氧呼吸	固氮菌属
	微好氧	需氧，要求非常低的氧分压	有氧呼吸	霍乱弧菌
厌氧	耐氧	不需氧，分子氧对它们无用，但也无害	发酵	乳酸乳杆菌
	专性厌氧	分子氧对这类微生物有毒杀作用	发酵或无氧呼吸	产甲烷菌
兼性	兼性厌氧	在有氧或无氧的环境中均能生长，一般以有氧生长为主	有氧呼吸、无氧呼吸、发酵	酿酒酵母菌

农业上常用的微生物大多是好氧性的，培养环境应有良好的通气条件。如食用菌生产中，菇房要求有全方位的通气孔，否则空气污浊易导致子实体畸形、病虫害严重等后果。培养菌种的试管或瓶子口部用棉塞，也是利用棉塞的透气性，满足好氧性微生物对氧气的需求。培养厌氧性微生物时应隔绝空气，以免对微生物产生毒害作用。

环境中的氧化还原电位（*Eh*）与氧分压有关，也受 pH 值高低的影响。氧分压高，氧化还原电位高；氧分压低，氧化还原电位低。不同微生物对生长环境的氧化还原电位也有不同的要求。一般来说，好氧性微生物生长要求 *Eh* 值在＋100mV 以上，以＋300～＋400mV 时为宜；厌氧性微生物生长要求 *Eh* 值在－100mV 以下；兼性厌氧菌在 *Eh* 值高的情况下进行好氧呼吸，在 *Eh* 值低的情况下进行无氧呼吸。不同微生物种类的临界 *Eh* 值不等。产甲烷细菌生长所要求的 *Eh* 值一般在－330mV 以下，是目前所知的对 *Eh* 值要求最低的一类微生物。

培养基中的氧化还原电位首先受分子态氧的影响，其次受培养基中氧化还原物质的影响。为了培养好氧性微生物，可向培养基中通入空气或加入氧化剂，以提高 *Eh* 值；也可用一些还原剂降低 *Eh* 值，使微生物体系中的氧化还原电位维持在低水平上，用来培养厌氧性微生物。例如平板培养微生物，在接触空气的情况下，厌氧性微生物不能生长，但如果培养基中加入足量的强还原性物质（如半胱氨酸、硫代乙醇等），同样接触空气，有些厌氧性微生物就能生长。这是因为在所加的强还原性物质的影响下，即使环境中有些氧气，培养基的 *Eh* 值也能下降到这些厌氧性微生物生长的临界 *Eh* 值以下。

五、光与射线

光与射线都是电磁辐射。照射于地面的太阳光由长光波的红外线、短光波的紫外线和介于两者之间的可见光组成。波长越短，能级越高，杀菌力越强，因此可利用紫外线杀菌，不同波长的紫外线具有不同程度的杀菌力，一般以 250～280nm 波长的紫外线杀菌力最强。微生物直接曝晒在阳光中，由于红外线产生热量，通过提高环境中的温度和引起水分蒸发而致干燥作用，间接地影响微生物的生长，波长在 800～1000nm 的红外辐射可被光合细菌作为能源利用。可见光是光能营养型微生物生长所必需的环境条件，波长在 380～760nm 的可见光部分是蓝细菌和藻类光合作用的主要能源。大部分微生物在生长时不需要可见光，但一些真菌在形成子实体、担子果、孢子囊和分生孢子时，需要一定散射光的刺激，例如灵芝菌在散射光照下才长有具有长柄的盾状或耳状子实体。

高能电磁波如 X 射线、γ 射线、α 射线和 β 射线的波长更短，有足够的能量使被照射的物质产生电离作用，故称为电离辐射。一般低剂量辐射，可促进微生物生长或诱导其发生变异，高剂量处理则有杀菌作用。在农业生产上利用放射源钴发射出高能量的 γ 射线用于辐照保藏粮食、果蔬等，因 γ 射线具有很强的穿透力和杀菌效果；在食品与制药等工业上，也常将高剂量 γ 射线应用于罐头食品和不能进行高温处理的药品等的辐照灭菌。也可以利用合适照射剂量的紫外线，X 射线或 γ 射线诱导微生物变异，筛选优良菌种。

六、化学药物

某些化学消毒剂、杀菌剂与化学治疗剂对微生物生长有抑制或致死作用，这些化学药物种类很多，用途广泛，性质各异。如氯是最有效和应用最广泛的化学消毒剂，常用于自来水的消毒；化学治疗剂如各类抗生素对微生物具有强烈的抑菌或杀菌作用，被广泛用于人和动植物病害的防治。农作物病虫害的防治所施用的化学农药，一方面能有效防治植物病虫害，另一方面部分化学农药会残留在土壤中，对于土壤中的许多微生物有毒害作用等。各种化学消毒剂、杀菌剂与化学治疗剂对微生物的抑制与毒杀作用，因其胞外毒性、进入细胞的透性、作用的靶位和微生物的种类不同而异，同时也受其它环境因素的影响。有些消毒与杀菌剂在高浓度时是杀菌剂，在低浓度时可能被微生物利用作为养料或生长刺激因子。在实践中常用的化学消毒剂、杀菌剂和与化学治疗剂及其抑菌或杀菌机制见第三章第四节。

七、渗透压

任何两种浓度的溶液被半渗透膜隔开，均会产生渗透压，溶液的渗透压决定于其浓度。微生物在不同渗透压的溶液中呈不同的反应：①在等渗溶液中微生物生长良好；②在低渗溶液中，溶液中水分子大量渗入微生物体内，使微生物细胞发生膨胀，严重者破裂死亡；③在高渗溶液中，微生物体内水分子大量渗到体外，使微生物发生质壁分离而使细胞不能正常生长甚至死亡。适宜微生物生长的渗透压范围较广，一般微生物适合于在渗透压为 300～600kPa 的基质中生长。鉴于低渗和高渗溶液对微生物生长均不利，故实验室用生理盐水稀释菌液。食品加工中常用高浓度的盐或糖保存食物，但有少数微生物能在高渗环境中生长，如嗜盐细菌和糖蜜酵母菌可使盐腌食品或蜜饯食品发生腐败。

本章小结

在微生物学中，在人为规定的条件下培养、繁殖得到的微生物群体称为培养物，而只有一种微生物的培养物称为纯培养物。由于在通常情况下纯培养物能较好地被研究、利用和重复结果，因此把特定的微生物从自然界混杂存在的状态中分离、纯化出来的纯培养技术是进行微生物学研究的基础。一般通过稀释分离法、划线分离法、单细胞分离法、选择培养分离法等得到纯培养物。

在生产和科研中，需要对微生物的生长情况进行测定。微生物生长的测定方法有显微镜直接计数法、光电比浊计数法、涂片计数法、平板培养计数法、干重法、含氮量测定法、DNA 测定法等。每种方法各有优点和缺点，可按实际情况及需要采取不同的测定方法。

微生物的生长受温度、水分及可给性、空气湿度、酸碱度、空气及氧化还原电位、光与射线、化学药物、渗透压等环境因素的影响。但微生物的生长过程也遵循一定规律，如单细胞微生物群体的生长规律大致可分为滞留适应期、对数生长期、稳定生长期、衰亡期四个阶段，掌握微生物的生长规律对于人们利用微生物有重要的指导意义。了解环境因素对微生物生长的影响，将有助于人们了解微生物在自然界的分布，能够采用多种方式控制微生物的生长或杀灭有害的微生物。

复习思考

1. 什么叫纯培养？怎样获得纯培养物？
2. 什么叫生长曲线？曲线分为哪几个期？各期有何特点？生产中如何用这种生长规律提高产品的产量和质量？
3. 血细胞计数板计数法与平板菌落计数法的原理有何不同？两种测定法各有哪些优点和缺点？

4. 微生物生长繁殖需要哪些环境因素，应该怎样进行调节和控制？

实验实训一　微生物细胞计数及微生物细胞大小的测定

一、目的要求

1. 了解血细胞计数板的结构，学习并掌握血细胞计数板测定微生物数量的方法。
2. 了解目镜测微尺和镜台测微尺的构造和使用原理，掌握微生物细胞大小的测定方法。

二、基本原理

1. 血细胞计数板计数法

血细胞计数板计数法是一种常用的微生物细胞计数方法。血细胞计数板是一块特制的厚玻片，上刻有一定深度和宽度的小方格网，将经过适当稀释的菌悬液（或孢子悬液）放在血细胞计数板载玻片与盖玻片之间的计数室内，在显微镜下进行计数。由于计数室的容积是一定的（0.1mm^2），所以可以根据在显微镜下观察到的微生物数目来换算成单位体积内的微生物细胞总数目。此法的优点是直观、快速，计得的是活菌体和死菌体的总和。

2. 用显微镜测微尺测细胞大小

微生物细胞大小，是微生物的形态特征之一，也是分类鉴定的依据之一。由于菌体很小，只能在显微镜下测量。利用一根已知长度的显微镜测微尺，校正接目镜中未知长度的测微尺，确定其在不同放大倍数和镜筒长度中每小格的长度后，就可用此尺测量镜台上观察到的细胞大小。

三、材料和器具

1. 菌种

酿酒酵母 24h 马铃薯斜面培养物。

2. 试剂

香柏油、二甲苯。

3. 器具

显微镜、目镜测微尺、镜台测微尺、血细胞计数板、盖玻片、吸水纸、滴管、擦镜纸等。

四、方法与步骤

1. 微生物细胞数量的测定

血细胞计数板是一块特制的厚载玻片，载玻片上有 4 条槽而构成 3 个平台。中间的平台较宽，其中间又被一短横槽分隔成两半，每个半边上面各有一个方格网（实图 5-1）。每个方格网共分 9 大格，其中间的一大格（又称为计数室，实图 5-2）常被用于微生物的计数。计数室的刻度有两种：一种是大方格分为 16 个中方格，而每个中方格又分成 25 个小方格；另一种是一个大方格分成 25 个中方格，而每个中方格又分成 16 个小方格。不管计数室是哪一种构造，它们都有一个共同特点，即每个大方格都由 400 个小方格组成（实图 5-2）。

每个大方格边长为 1mm，则每一大方格的面积为 1mm^2，每个小方格的面积为 1/400mm^2，盖上盖玻片后，盖玻片与计数室底部之间的高度为 0.1mm，所以每个计数室

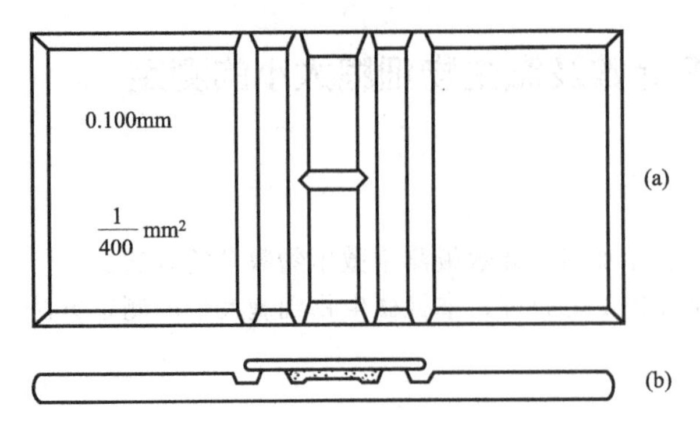

实图 5-1　血细胞计数板的构造
(a) 平面图（中间平台分为两半，各刻有一个方格网）；
(b) 侧面图（中间平台与盖玻片之间有高度为 0.1mm 的间隙）

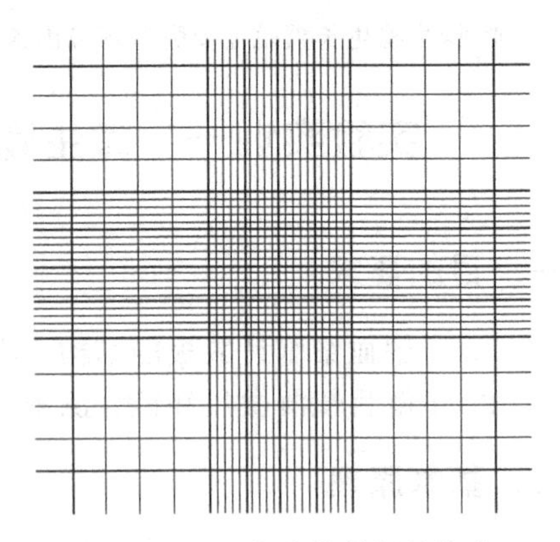

实图 5-2　血细胞计数板的构造
放大后的方格网，中间大方格为计数室

（大方格）的体积为 $0.1mm^3$，每个小方格的体积为 $1/4000mm^3$。使用血细胞计数板直接计数时，先要测定每个小方格（或中方格）中微生物的数量，再换算成每毫升菌液（或每克样品）中微生物细胞的数量。

(1) 取洁净的血细胞计数板一块，在计数室上盖上一块盖玻片。

(2) 将酵母菌斜面菌种制成一定浓度的菌悬液，将酵母菌液摇匀，用滴管吸取少许，从计数板中间平台两侧的沟槽内沿盖玻片的下边缘滴入一小滴（不宜过多），使菌液沿两玻片间自行渗入计数室，勿产生气泡，并用吸水纸吸去沟槽中流出的多余菌液。

(3) 静置约 5min，先在低倍镜下找到计数室后，再转换高倍镜观察计数。

(4) 计数时用 16 中格的计数板（16×25 型），要按对角线方位，数左上、左下、右上、右下的 4 个中格（即 100 小格）的酵母菌数。如果是 25 中格计数板（25×16 型），除数上述四格外，还需数中央 1 中格的酵母菌数（即 80 小格）。由于菌体在计数室中处于不同的空间位置，要在不同的焦距下才能看到，因而观察时必须不断调节微调螺旋，方能数到全部菌体，防止遗漏。如菌体位于中格的双线上，计数时则数上线不数下线，数左线不数右线，以减少误差。

(5) 凡酵母菌的芽体达到母细胞大小一半时，即可作为两个菌体计算。每个样品重复数 2～3 次（每次数值不应误差过大，否则应重新操作），取其平均值，按下述公式计算出每毫升菌液所含的酵母菌细胞数。

16×25 型血细胞计数板的计算公式：

$$\text{每毫升菌液含菌数}=\frac{\text{100 小格酵母细胞数}}{100}\times 400\times 10^4\times \text{稀释倍数}$$

25×16 型血细胞计数板的计算公式：

$$\text{每毫升菌液含菌数}=\frac{\text{80 小格酵母细胞数}}{80}\times 400\times 10^4\times \text{稀释倍数}$$

(6) 血细胞计数板用后，用水柱冲洗干净，切勿用硬物洗刷或抹擦，以免损坏网格刻度，洗净后自行晾干或用吹风机吹干。

2. 微生物细胞大小的测定

(1) 目镜测微尺的校正　把目镜的上透镜旋下，将目镜测微尺的刻度朝下轻轻地装入目镜的隔板上，把镜台测微尺置于载物台上，刻度朝上。先用低倍镜观察，对准焦距，视野中看清镜台测微尺的刻度后，转动目镜，使目镜测微尺与镜台测微尺的刻度平行，利用移动器移动镜台测微尺，使两尺左边的一条线重合，向右寻找另外一条两尺相重合的直线，然后数出两重合线之间目镜测微尺的格数和镜台测微尺的格数。

用同样方法换成高倍镜和油镜进行校正，分别测出在高倍镜和油镜下，两重合线之间两尺分别所占的格数。

(2) 计算方法　因为镜台测微尺的刻度每格长 10μm，所以由下列公式可以算出目镜测微尺每格所代表的长度。

$$\text{目镜测微尺每格长度}(\mu\text{m})=\frac{\text{两重合线间镜台测微尺格数}\times 10}{\text{两重合线间目镜测微尺格数}}$$

由于不同显微镜及附件的放大倍数不同，因此校正目镜测微尺必须针对特定的显微镜和附件（特定的物镜、目镜、镜筒长度）进行，而且只能在特定的情况下重复使用，当更换不同放大倍数的目镜或物镜时，必须重新校正目镜测微尺每一格所代表的长度。

(3) 细胞大小的测定

① 取一滴酵母菌菌悬液制成水浸片。

② 移去镜台测微尺，换上酵母菌水浸片，先在低倍镜下找到目的物，然后在高倍镜下用目镜测微尺来测量酵母菌菌体的长、宽各占几格（不足一格的部分估计到小数点后一位数）。测出的格数乘上目镜测微尺每格的校正值，即等于该菌的长和宽。一般测量菌体的大小要在同一个标本片上测定 10～20 个菌体，求出平均值，才能代表该菌的大小，而且一般是用对数生长期的菌体进行测定。

五、实验报告

将实验结果填入实表 5-1、实表 5-2、实表 5-3 中。

实表 5-1　目镜测微尺校正结果

物镜	目镜测微尺格数	镜台测微尺格数	目镜测微尺每格代表的长度/μm
低倍镜			
高倍镜			
油镜			

实表 5-2　酵母菌大小测定记录

次　数		1	2	3	4	5	6	7	8	9	10	平均值
目镜测微尺格数	长											
	宽											
菌体大小/μm	长											
	宽											

实表 5-3　酵母菌数量测定记录

次数	1					2					平均值
中方格序号	1	2	3	4	5	1	2	3	4	5	
细胞数											
细胞数/mL											

六、思考题

1. 为什么更换不同放大倍数的目镜和物镜时必须重新用镜台测微尺对目镜测微尺进行

校正？

2. 血细胞计数板计数的误差主要来自于哪些方面？应如何减少误差？

实验实训二　菌种的移接和培养

一、目的要求

1. 熟悉各种接种工具，掌握菌种移接的基本方法和培养技术。
2. 学会使用接种箱、超净工作台、恒温箱、接种工具等，熟练掌握无菌操作技术。

二、基本原理

为了繁殖、保存、分离各类微生物菌种，应进行微生物菌种的转接工作。通常在灭菌条件下，用严格的无菌操作方法，把所需移接的菌种或纯化分离的菌种，移接到无菌的培养基上，经过培养，微生物即能生长繁殖，并形成一定的培养特征。

三、材料和器具

接种室、接种箱或超净工作台、接种工具、酒精灯、火柴、酒精棉球、菌种、已灭菌的培养基等。

四、方法与步骤

1. 菌种移接场所

微生物移接过程中，必须进行无菌操作，所以菌种移接场所应清洁无菌。常用的有接种室（附录Ⅷ），接种室应装有紫外线灯，并用甲醛（10mL/m^3）和高锰酸钾（5g/m^3）熏蒸灭菌；操作人员要穿工作服，戴口罩。无接种室时，可在接种箱（实图 5-3）中进行，使用前内部先灭菌（紫外线＋甲醛和高锰酸钾）。有条件的能用超净工作台接种更好，使用时要提前 20min 使机器运转，让工作台上的空气先净化，操作中头和手尽量放在下风侧。接种结束，将一切物品收放妥当，再让机器停止运转（超净工作台的操作使用见附录Ⅰ）。

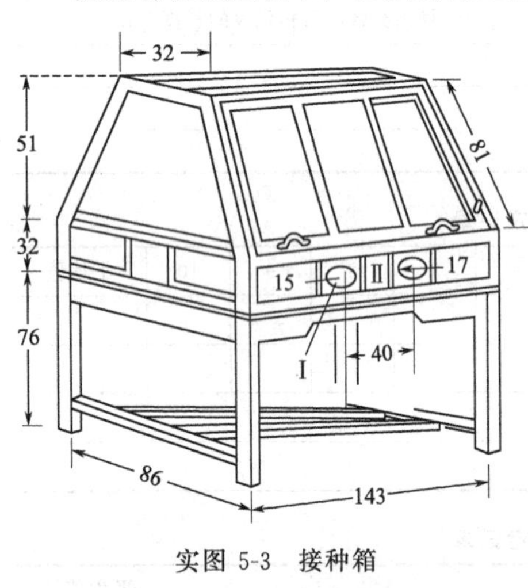

实图 5-3　接种箱

2. 接种工具

接种工具常因实验目的和接种方法不同，而有不同的设计。一般由两部分组成：金属的针或环及由一半金属、一半非金属的合金做成的柄。针、环等要求在火焰上灼烧时既能很快烧红，而离开火焰时又能很快冷却。一般地可用电线铝芯、旧电炉丝及旧车条自制代替。

实验室常用的接种工具如下（见实图 5-4）。

① 接种针：多用于穿刺接种。

② 接种钩：供挑取菌丝或划线接种用。

③ 接种环：多用于沾取菌苔进行划线接种。

④ 接种圈：供勺取砂土菌种进行接种用。

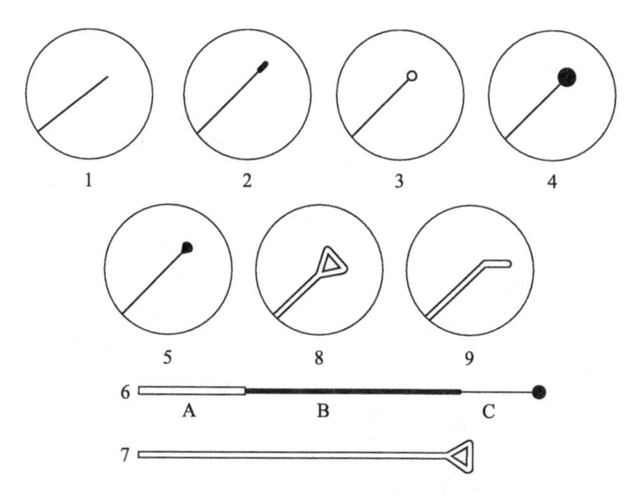

实图 5-4　实验室接种工具

1—接种针；2—接种钩；3—接种环；4—接种圈；5—接种耙；6—接种环（A—柄套；B—柄；C—环）；7—玻璃涂棒；8—涂棒顶端形状呈三角形；9—涂棒侧面观（前端稍向下弯曲）

⑤ 接种耙：多用于挖取菌块，进行点接菌种。

⑥ 玻璃涂棒：多用于分离纯化时涂抹平板。

3. 接种前准备

(1) 环境消毒　接种箱（室）在使用前，打扫干净，并进行消毒（方法：甲醛+高锰酸钾熏蒸12～24h，工作前开启紫外线灯，照射30min，或用2%来苏尔，或5%石炭酸进行喷雾消毒）。

(2) 贴标签　写好标签，注明菌种名称、传代次数和接种日期，必要时可注明接种人的姓名。标签应贴在接种管斜面的背面或试管口上方。

(3) 用具灭菌　一切用具都要严格灭菌，包括操作者的手。先用肥皂水将手洗净、晾干，再用75%酒精棉球将手、菌种管、接种管和接种工具擦拭消毒。

4. 接种方法

(1) 斜面接种　是一种从菌种管取少量菌种，移入新斜面的方法。具体操作参见实图5-5。

① 点燃酒精灯。

② 将菌种和斜面培养基（接种管）的两支试管斜面朝上放于左手中，底部位于手心，拇指压住两支试管，中指位于两管之间，两试管的口部应齐平，位于水平位置。

③ 先将棉塞用右手拧转松动，以利接种时易拔出。

④ 右手持接种环（针），在火焰上将接种环烧至红热灭菌，环以上凡在接种时进入试管内的部位均用火烧过，可慢慢来回烧过2～3次。

以下操作都要以试管口靠近酒精灯火焰无菌区，时刻注意用火焰封口。操作要迅速，尽量减少培养物在空间的暴露时间。每次使用接种工具必须在火焰上灼烧。

⑤ 将两管口的棉塞略烧，用右手的小指、无名指和手掌在近火焰的上方拔掉棉塞（棉塞始终夹于右手中）。

⑥ 以火焰烧管口，灼烧时应不断转动试管口（靠手腕的动作），以烧死杀灭管口可能附着的杂菌。

⑦ 将烧过的接种环伸入菌种管内，先接触没有长菌的部位，使其冷却，以免烫死菌体。然后轻轻接触菌体刮取少许，慢慢地将接种环抽出试管。要注意不要使环的部分碰到管壁，

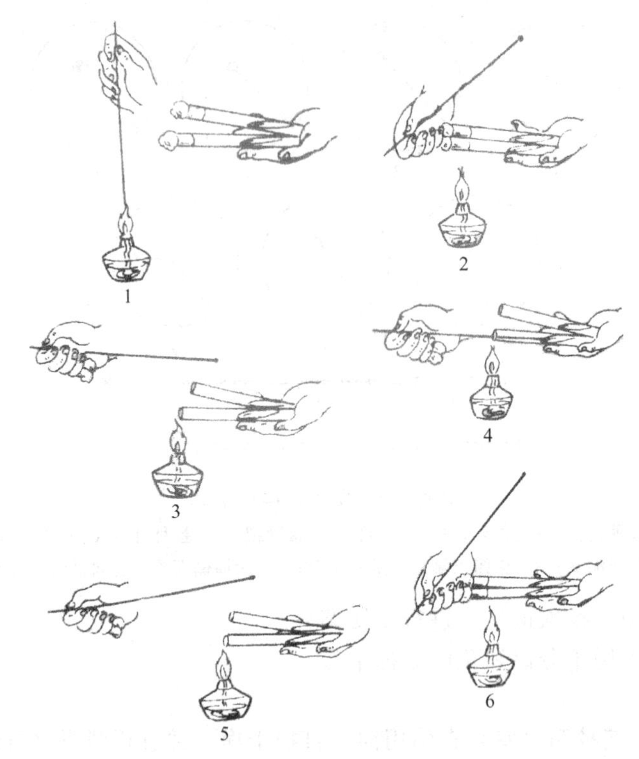

实图 5-5 斜面接种操作

取出后不可使接种环通过火焰。

⑧ 迅速地将接种环在火焰旁伸进新试管的斜面培养基上，轻轻划线。划线时要由下而上，但不要把培养基表面划破，也不要使菌种沾污管壁。如果移接的是生长慢的细菌、酵母菌等，就划曲线；如果是生长快的霉菌、放线菌等，就划直线或点接。使菌种均匀涂布于斜面培养基上。如果是食用菌的菌种，可取一薄片长有菌丝的培养基，将其点接在新斜面上。

⑨ 迅速抽出接种工具，灼烧管口与棉塞，并在火焰旁将棉塞塞上。塞棉塞时，不要用试管口去迎棉塞，以免试管在移动时纳入不洁空气。迅速灼烧接种工具，烧红灭菌，以免污染环境。放下接种工具，及时将棉塞塞紧。

(2) 液体接种　液体接种是一种用移液管、滴管或接种环等工具将菌液移接到培养基中的方法。移液管、滴管不能在火焰上灼烧，可预先将其置于烘箱中干热灭菌。全部过程均要求无菌操作。

由固体培养基上的菌种移入液体培养基时，用接种环挑取菌体放入液体培养基后，应在液体表面处的管内壁上轻轻摩擦，使菌体从环上脱落，混进液体培养基，塞好棉塞后，摇动液体，使菌体在液体中分布均匀，或用试管振荡器混匀。

由液体培养物移入液体培养基时，则可用无菌吸管定量吸出加入或直接倒入液体培养基中培养。

(3) 穿刺接种　穿刺接种是将斜面菌种移接到固体深层培养基的方法，常用于保藏菌种或细菌运动性的检查，一般适于细菌、酵母菌的接种培养。先用灭菌的接种针在酒精火焰上方沾取少许菌种，移入装有固体或半固体培养基的试管中，自培养基中心垂直刺入，至近试管底部，然后按原来的穿刺线将针慢慢拔出。火焰封口，塞棉塞，烧针灭菌。

5. 培养

将接过种的试管按温度要求放在恒温箱或培养室里培养。试管要垂直排放，以免培养过程中冷凝水溢流斜面上，将菌苔冲散。如不得已需平放时也应将试管口部垫高，并使斜面朝下。细菌在30～37℃下培养1～2天，放线菌在25～28℃下培养5～7天，霉菌、酵母菌在25～28℃下培养3～4天。

五、实验报告

1. 什么叫斜面接种？简述斜面接种的操作步骤。
2. 接种为什么必须在酒精灯火焰旁进行？
3. 划线接种为什么每次都要将接种环上多余的菌体烧掉？

六、思考题

1. 为什么细菌移接要用弯曲划线法，而霉菌移接要用直线划线或点接？
2. 接种成败的关键因素是什么？查看培养好的新菌种，并分析成败的原因。
3. 接种前应做哪些消毒工作？

第六章　微生物的选育与菌种保藏

知识目标

学习微生物的遗传学基础，了解微生物育种的基本原理和方法，选育优良品种，并且对优良菌种进行有效的保藏。通过对微生物遗传理论和技术的深入研究，为育种工作提供了丰富的理论基础和技术支持，从而更有目的、定向地利用丰富的微生物资源。

技能目标

根据所学的微生物遗传学基础和育种知识，能够选育优良的菌种，掌握菌种保藏与复壮的基本操作技能。

第一节　遗传与变异

遗传和变异是生物体最本质的属性之一。微生物通过繁殖延续后代，使亲代与子代之间在形态、构造、生态、生理系列化特性等方面具有一定的相似性——遗传现象。但在子代常表现出与亲代的某些差异，并可再遗传给后代，这种子代与亲代之间的差异称为变异。

对微生物遗传变异规律的深入研究，不仅促进了现代生物学的发展，而且还为微生物育种工作提供了丰富的理论基础。如在微生物的发酵生产过程中，优良菌种的选育。

一、微生物遗传变异的特点

遗传比较保守，变异要求变革、发展。没有变异，生物界就失去进化的素材，遗传只能是简单的重复；没有遗传，变异不能累积，变异就失去意义，生物也不能进化。变异是在遗传的范围内进行变异，遗传也受变异的制约，只能使后代和上代之间相似而不相同。遗传是相对的，变异是绝对的，在遗传的过程中始终存在着变异。

微生物的个体一般都是单细胞、简单多细胞甚至是非细胞的，它们通常都是单倍体，加之具有繁殖快、数量多等特点，因此即使在变异频率比较低的情况下，仍然可在短时间内产生大量变异的后代。另外，利用物理或化学因素诱变处理微生物，容易使它们发生变异。可以利用其易变异的特点，进行优良菌种的筛选。

微生物的核基因组较小，结构简单，可用于人类基因组计划中的模式微生物。

二、微生物遗传变异的物质基础

遗传的物质基础是核酸还是蛋白质，曾经在生物学中引起激烈的争论。1944 年 O. T. Avery 等人以微生物为研究对象进行的实验，无可辩驳地证实遗传的物质基础不是蛋白质而是核酸，并且随着对 DNA 特性的了解，“核酸是遗传物质的基础”这一生物学中的重大理论才真正得以突破。下面介绍以 DNA 和 RNA 为遗传物质基础的微生物学实验证据。

1. DNA 作为遗传物质

(1) 肺炎链球菌转化实验　1928 年，英国的细菌学家 F. Griffith 以肺炎链球菌（旧称肺炎双球菌）为研究对象，肺炎球菌常成双或成链排列，可使人患肺炎，也可使小鼠患败血症而死亡。肺炎链球菌有许多不同的菌株，有荚膜者是致病的，它的菌落表面光滑，称为 S 型；不具荚膜的，无致病性，菌落外观粗糙，称为 R 型。F. Griffith 进行了以下 3 组实验。

① 动物实验

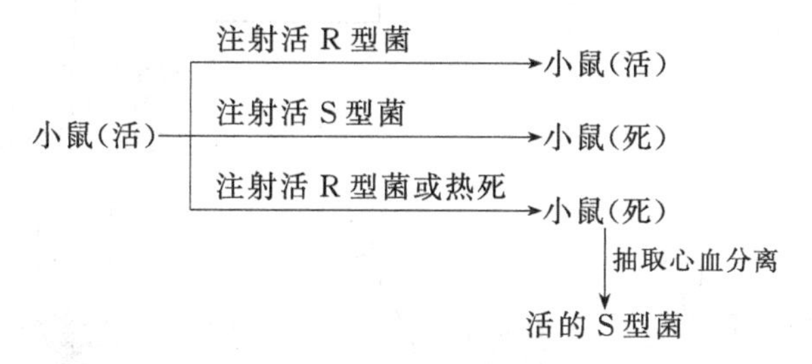

② 细菌培养实验

热死 S 型菌 $\xrightarrow{\text{培养皿培养}}$ 不生长

活 R 型菌 $\xrightarrow{\text{培养皿培养}}$ 长生 R 型菌

热死 S 型菌＋活 R 型菌 $\xrightarrow{\text{培养皿培养}}$ 长出大量 R 型菌和少量 S 型菌

③ S 型菌的无细胞抽提液试验

活 R 型菌＋S 型菌无细胞抽提液 $\longrightarrow$ 长出大量 R 型菌和少量 S 型菌

这些实验说明：加热杀死的 S 型菌细胞内可能存在一种转化物质，它能通过某种方式进入 R 型菌细胞并使 R 型菌细胞获得稳定的遗传性状，从而使之转变为 S 型菌细胞。

1944 年 O. T. Avery 等从热死 S 型肺炎链球菌中提纯了可能作为转化因子的各种成分，并在离体条件下进行了如下转化试验：

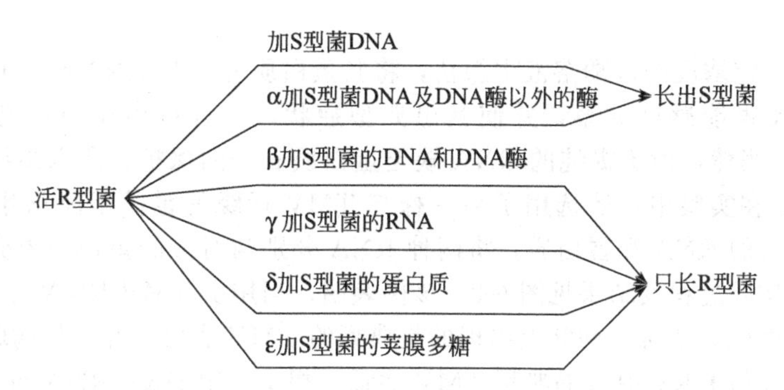

O. T. Avery 的实验说明：只有 S 型细菌的 DNA 才能将肺炎链球菌的 R 型转化为 S 型；而且 DNA 纯度越高，转化效率也越高。也说明 S 型菌株转移给 R 型菌株的决不是遗传性状的本身，而是以 DNA 为物质基础的遗传信息。

(2) T2 噬菌体的感染实验　1952 年 A. D. Hershey 和 M. Chase 发表了证明 DNA 是噬菌体的遗传物质基础的著名实验——T2 噬菌体感染实验。它们用 ^{32}P 标记病毒的 DNA，用 ^{35}S 标记病毒的蛋白质外壳。然后将这两种不同标记的病毒分别与其宿主 *E. coli* 混合，做以下两组实验（图 6-1）。结果发现：在噬菌体感染过程中，用 ^{35}S 标记的 T2 噬菌体蛋白质外壳留在宿主细胞的外面，而只有 DNA 注入宿主细胞内，并产生噬菌体后代，这些后代的蛋白质外壳的组成、形状、大小等特性均与留在细胞外的蛋白质外壳完全一样，说明决定蛋白质外壳的遗传信息是在 DNA 上，DNA 携带有 T2 噬菌体的全部遗传信息。

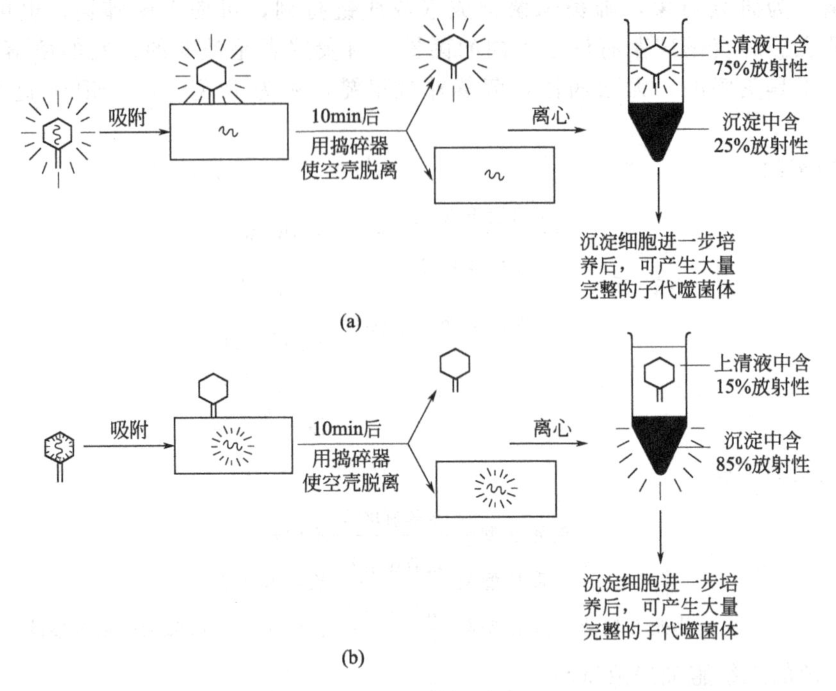

图 6-1　T2 噬菌体的感染实验

(a) 用含 ^{35}S 标记蛋白质外壳的 T2 噬菌体感染 *E. coli*；(b) 用 ^{32}P 标记 DNA 的 T2 噬菌体感染 *E. coli*

2. RNA 作为遗传物质

有些生物不含 DNA，只由 RNA 和蛋白质组成，例如，某些动植物病毒。1956 年，H. Fraenkel-Conrat 用含 RNA 的烟草花叶病毒（TMV）进行了著名的植物病毒重建实验。

将 TMV 在一定浓度的苯酚溶液中振荡，将其蛋白质外壳与 RNA 核心相分离。结果发现，裸露的 RNA 也能感染烟草，并使其患典型症状，而且在病斑中还能分离出完整的 TMV 病毒粒子。当然，由于提纯的 RNA 缺乏蛋白质衣壳的保护，所以感染频率要比正常 TMV 粒子低些。在实验中，还选用了另一株与 TMV 近缘的霍氏车前花叶病毒（HRV）。分别拆分取得各自的 RNA 和蛋白质，将两种 RNA 分别与对方的蛋白质外壳重建形成两种杂合病毒。整个实验过程及结果见图 6-2。该图表明，当用由 TMV-RNA 与 HRV-衣壳重建后的杂合病毒去感染烟草时，烟叶上出现的是典型的 TMV 病斑，并且从病斑上分离出来的新病毒也是不带任何 HRV 痕迹的典型 TMV 病毒。相反，用 HRV-RNA 与 TMV-衣壳进行重建时，也获得了同样的结论。

以上实验告诉人们，在含 DNA 的生物中，DNA 是遗传物质，在不含 DNA 而只含 RNA 的病毒中，RNA 是遗传物质。

三、遗传信息的传递

核酸是贮存和传递遗传信息的生物大分子。生物体的遗传信息是以密码的形式编码在 DNA 分子上，表现为特定的核苷酸顺序。在细胞分裂过程中通过 DNA 的复制把遗传信息由亲代传递给子代，在子代的个体发育过程中通过 DNA 传递到 RNA，最后翻译成特异的蛋白质，表现出与亲代相似的遗传性状。在不含 DNA 的微生物中，RNA 是重要的遗传物质，通过复制或逆转录的方式，最终指导病毒蛋白质的合成。

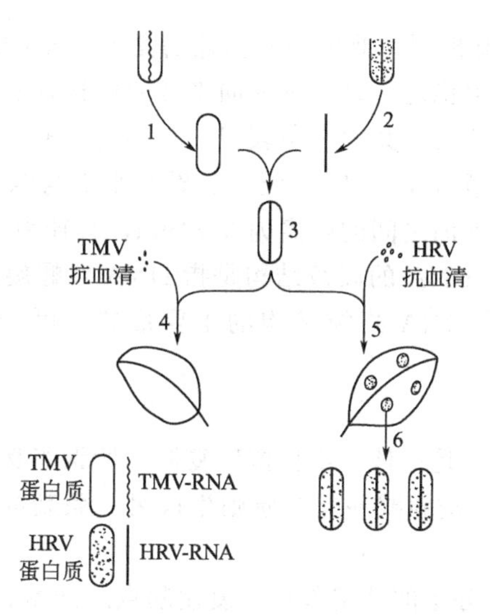

图 6-2 TMV 重建实验

1—分离得到 TMV 蛋白质；2—分离得到 HRV-RNA；3—获得重建病毒；4—TMV 抗血清使杂种病毒失活，HRV 抗血清不使它失活，证实杂种病毒的蛋白质外壳来自 TMV 标准株；5—杂种病毒感染烟草产生 HRV 所特有的病斑，说明杂种病毒的感染特性是由 HRV 的 RNA 所决定，而不是二者的融合特征；6—从病斑中分离得到的子病毒的蛋白质外壳是 HRV 蛋白质，而不是 TMV 的蛋白质外壳

1. DNA 的结构

DNA 是遗传的物质基础，基因是具有特定生物功能的 DNA 序列，通过基因的表达能够使上一代的性状准确地在下一代表现出来。那么，DNA 之所以能够起遗传作用，这与它的分子结构是密切相关的。

(1) DNA 的一级结构　Watson 和 Crick 于 1953 年提出了著名的 DNA 双螺旋模型，为合理地解释遗传物质的各种功能，解释生物的遗传和变异，解释自然界千变万化的生命现象奠定了理论基础。DNA 又称脱氧核糖核酸，它是一种高分子化合物，其基本单位是脱氧核糖核苷酸。脱氧核糖核苷酸包括腺嘌呤脱氧核苷酸（dAMP）、鸟嘌呤脱氧核苷酸（dGMP）、胞嘧啶脱氧核苷酸（dCMP）、胸腺嘧啶脱氧核苷酸（dTMP），许许多多个脱氧核苷酸经 3′,5′-磷酸二酯键聚合而成为 DNA 链。所谓 DNA 的一级结构是指 4 种核苷酸的排列顺序及其连接方式，由于 DNA 中核苷酸彼此之间的差别仅见于碱基部分，因此 DNA 的一级结构又指碱基顺序。

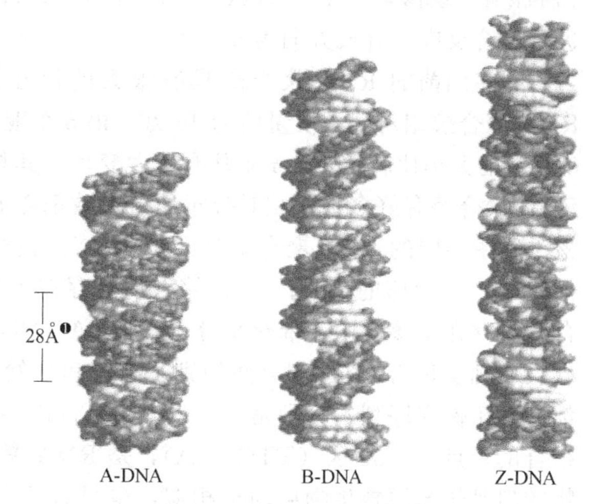

图 6-3 DNA 的二级结构

(2) DNA 的二级结构　DNA 的二级结构是指两条多核苷酸链反向平行盘绕所生成的双螺旋结构。通常情况下，DNA 的二级结构分为两大类：一类是右手螺旋，如 A-DNA 和 B-DNA；另一类是左手螺旋，即 Z-DNA（见图 6-3）。

❶ 1Å$=10^{-10}$m。

B-DNA 是 Watson-Crick 模型，此模型所描述的是 B-DNA 钠盐在一定湿度下的右手双螺旋结构。此结构既规则又很稳定，是两条反向平等的多核苷酸围绕同一中心轴构成的右手螺旋结构。链间有螺旋形的凹槽，其中一条较浅，叫小沟；另一条较深，叫大沟。两条链上的碱基以氢键相连，G 与 C 配对，A 与 T 配对。碱基平面与螺旋轴相垂直，螺旋的轴心穿过氢键的中点。相邻碱基对平面之间的距离为 0.34nm，直径为 2.0nm。

（3）DNA 的高级结构　DNA 的高级结构是指 DNA 双螺旋进一步扭曲盘绕所形成的特定空间结构。超螺旋结构是 DNA 高级结构的主要形式，可分为正超螺旋与负超螺旋两大类。

2. DNA 复制

DNA 复制（replication）是一种“半保留”复制。所谓半保留复制就是将 DNA 双链之中的一条 DNA 链作为模板，按照碱基配对原则生成另一条新的 DNA 链，共同构成新的双螺旋结构。

DNA 的复制是从 DNA 分子的特定部位（复制起点）开始。原核生物的染色体 DNA 一般只有一个复制起点，例如，大肠杆菌的环状染色体 DNA 上只有一个称为 OriC 的复制起点。真核生物染色体具有多个复制起点，例如，酿酒酵母基因组中约有 400 个复制起点。每一个复制起点及其复制区则为一个复制单位，称为复制子。因此，原核生物只有一个复制子，而真核生物具有多个复制子。

线形 DNA 的复制一般是双向复制，根据复制起点的多少又可分为双向、单点复制和双向、多点复制。环状 DNA 的复制，可分为 θ 型、滚环型和 D 型三种类型。在 θ 型复制中有双向复制和单向复制，如大肠杆菌是 θ 型复制。有些噬菌体如 ΦX174 和一些质粒通过滚环方式进行 DNA 复制。很多线粒体 DNA 通过 D 型方式进行复制。

3. 转录

转录是在 DNA 指导的 RNA 合成过程中，以 DNA 为模板，在 RNA 聚合酶催化下，以 4 种核苷三磷酸即 ATP、GTP、CTP 和 UTP 为原料，各核苷酸之间 $3',5'$-磷酸二酯键相连进行聚合反应，合成方向为 $5'\rightarrow 3'$。

很多细菌的 RNA 聚合酶具有很大的保守性，在组成及功能上都很相似。大肠杆菌 RNA 聚合酶相对分子质量约为 46 万，由 5 个亚基组成，即 $\alpha_2\beta\beta'\sigma$。在不同细菌中，$\alpha$、$\beta$ 和 β' 亚基的大小比较恒定，σ 亚基有较大变动，其相对分子质量为 44000～92000。真核生物的 RNA 聚合酶有好多种，相对分子质量大致都在 50 万左右，通常由 4～6 个亚基组成。在真核生物中不同的 RNA 聚合酶对不同的 RNA 进行转录。RNA 聚合酶Ⅰ存在于核仁中，主要催化 rRNA 前体的转录；RNA 聚合酶Ⅱ存在于核质中，催化 mRNA 前体的转录；RNA 聚合酶Ⅲ存在于核质中，催化小分子量 RNA（如 4S RNA 和 5S RNA）。

启动子是指 RNA 聚合酶识别、结合和开始转录的一段 DNA 序列。原核生物的启动子都有两个保守序列，分别是：－10 区（TATAAT），它是 RNA 聚合酶核心酶与 DNA 紧密结合的位点；－35 区（TTGACA），是 RNA 聚合酶 σ 因子识别 DNA 分子的信号。真核生物的启动子与原核生物启动子相似，也具有两个高度保守序列。其一是－25～－35 附近的一段富含 AT 的序列，其共有序列是 TATA，称为 TATA 盒，它与原核生物的－10 区相似，是转录因子与 DNA 结合的部位；其二是在多数启动子中，－70～－80 附近共有序列 CAAT 区，称为 CAAT 盒。另外，还有一部分 DNA 序列能增强或减弱真核基因转录起始的频率，这些区域称为增强子和沉默子。

终止子是提供转录停止信号的 DNA 序列。大肠杆菌的终止子有两类：一类是不依赖于

ρ因子的终止子，这类终止子称为强终止子；一类是依赖于ρ因子的终止子，这种终止子属于弱终止子。对真核生物转录的终止信号和终止过程了解甚少。

目前，对大肠杆菌的转录过程研究最为清楚。RNA聚合酶首先识别并结合在启动子区上，使DNA的双链结构打开。然后一个三磷酸核苷酸与模板链上的碱基配对结合，构成RNA的5′端，并由第二个核苷酸结合形成磷酸二酯键，形成6～9个核苷酸后，RNA聚合酶将σ因子释放。剩下的核心酶沿着DNA链的3′→5′方向移动，以5′→3′方向合成RNA。在RNA延长过程中，当RNA聚合酶遇到终止子时停止转录，这样在转录完成后，就合成一个与模板DNA链互补的RNA转录物。

在细胞内，RNA聚合酶合成的原初转录物往往需要经过一系列的变化，包括链的裂解、3′端与5′端的切除、碱基修饰及拼接等过程，始能转变为成熟的RNA分子。此过程称为RNA的成熟，或是转录后加工。原核生物中转录作用生成的一些mRNA属于多顺反子，即一个mRNA分子可以编码几个基因，而真核生物的mRNA是单顺反子，即一个mRNA分子只能编码一个基因。

4. 翻译

在转录过程中，DNA中的的遗传信息转移到mRNA中，以mRNA作为合成蛋白质的模板。mRNA是由4种核苷酸构成的多核苷酸，而蛋白质是由此及20种左右的氨基酸构成的多肽，它们之间遗传信息的传递并不像转录那样简单。从多核苷酸（mRNA）上所携带的遗传信息，到多肽链上所携带的遗传信息的传递，与从一种语言翻译成另一种语言时的情形相似，所以人们称以mRNA为模板的蛋白质合成过程为翻译或转译（translation）。

蛋白质合成过程十分复杂，几乎涉及细胞内所有种类的RNA和几十种蛋白质因子。蛋白质的合成是在核蛋白体上进行的，所以把核蛋白体称作蛋白质合成的工厂。核蛋白体是一个巨大的核糖核蛋白体，在原核生物中，平均每个细胞约含2000个核蛋白体；在真核生物中，每个细胞含10^6～10^7个。核蛋白体由大小两个亚基构成，一个较大，一个较小。原核生物的核蛋白体（70S）由30S亚基和50S亚基组成。30S亚基含有一分子16S rRNA，还含有21种蛋白质；50S亚基中含5S rRNA、23S rRNA各一分子以及34种蛋白质。真核生物核蛋白体（80S）是由40S亚基和60S亚基组成的。40S亚基中有30多种蛋白质及一分子18S rRNA；60S亚基中有50多种蛋白质及5S rRNA、28S rRNA各一分子。哺乳类核蛋白体的60S亚基中还有一分子的5.8S rRNA。

蛋白质生物合成大体分为4个阶段：氨酰-tRNA的合成；肽链合成的起始；肽链合成的延伸；肽链合成的终止与释放。

（1）氨酰-tRNA的合成（氨基酸的活化） 各种氨基酸在掺入肽链以前必须活化，以获得额外的能量。这种活化反应是在特异的氨酰-tRNA合成酶作用下，活化的氨基酸与tRNA形成氨酰-tRNA，这一反应在胞液中进行。

（2）肽链合成的起始 原核细胞中多肽的合成开始于甲硫氨酸，但并不是以甲硫氨酰-tRNA作起始物，而是以*N*-甲酰甲硫氨酰-tRNA（fMet-$tRNA^{fMet}$）作为起始物。在肽链合成的起始阶段，核蛋白体的大小亚基、mRNA与甲酰甲硫氨酰-tRNA共同构成起始复合物。这一过程需要起始因子（IF_1、IF_2、IF_3）以及GTP和Mg^{2+}的参加。最终形成的是70S起始复合物。

真核生物蛋白质生物合成起始机制与原核生物基本相同，其差异主要是核蛋白体较大，有较多的起始因子参与，其mRNA具有m^7GpppNp帽子结构，Met-$tRNA^{Met}$不甲酰化，即以甲硫氨酰-tRNA（Met-$tRNA^{Met}$）作为起始物。最终形成的是80S起始复合物。

（3）肽链的延伸 生成起始复合物，第一个氨基酸与核蛋白体结合以后，肽链开始伸长。按照 mRNA 模板密码子的排列，氨基酸通过新生肽键的方式被有序地结合上去。肽链延伸由许多循环组成，每加一个氨基酸就是一个循环，每个循环包括 AA-tRNA 与核蛋白体结合、肽键的生成和移位。原核生物肽链延伸阶段需要多种称为延长因子的蛋白质（EF-Tu、EFTs、EFG）。真核生物中催化氨基酰-tRNA 进入受体的延长因子只有一种（EFT_1），催化肽酰-tRNA 移位的因子称为 EFT_2。

(4) 肽链合成的终止与释放　肽链的延伸过程中，当终止密码子 UAA、UAG 或 UGA 出现后，新生的肽链和 tRNA 从核蛋白体上释放，核蛋白体大、小亚基解体，蛋白质合成结束。原核细胞内存在 3 种不同的终止因子：RF1、RF2、RF3，RF1 能识别 UAG 和 UAA。一旦 RF 与终止密码子相结合，它们就能诱导肽基转移酶把一个水分子而不是氨基酸加到延伸中的肽链上。RF3 可能与核蛋白体的解体有关。真核细胞只有一个（RF）终止因子。

第二节　微生物的选种

微生物的选种工作是进行微生物的研究和生产实践的重要环节之一。育种的出发菌株主要从两方面获得：一是从自然界中筛选，二是从生产中筛选。

一、从自然界中筛选

自然界中微生物的种类非常多，它们无处不在，无孔不入，广泛分布于土壤、水域、空气中，并且这些微生物都是以混杂的形式群居于一起的。然而对于微生物的研究与利用都是以纯培养为基础的，因此要根据菌种的特性、嗜好、形态上的差异，运用灵活的手段，将所需要的微生物分离出来。新种的筛选包括：采样、直接分离与富集培养、培养分离和筛选。

1. 采样

微生物样本可以来自于土壤、水、动植物等，一般以采集土壤为主。在田园土和耕作过的沼泽土中，以细菌和放线菌为主。富含碳水化合物的土壤和沼泽地中，酵母菌和霉菌较多。

2. 直接分离与富集培养

根据所需的微生物的营养需求，建立适合该微生物生长发育，而对其它的微生物来说不适合的培养条件。因此，可以应用特殊设计的选择性培养基，就可从自然环境中筛选到所需要的微生物类型。

(1) 直接分离　当含有多种微生物的混合菌种直接接种于选择性培养基上，那么所有能够在上面生长的菌都会形成菌落。对于那些在特殊环境下能够生长的微生物来说，直接分离是最为有效的。

为了发现利用特殊的碳源或氮源等，将稀释的土壤液涂布平皿，在接种后出现的菌落就可视为拥有预期特性的微生物。

(2) 富集培养　富集培养就是指将含有多种微生物的样本（土壤、污泥等）转入到选择性培养基中，然后在最适于目标微生物生长的温度、pH 等条件下进行培养。将少量的培养物转移到第二级培养基中，按前面的方法继续培养。重复这一过程直至目标菌群占优势，可以用于纯培养为止。

在分离蓝绿藻时，用生长温度进行选择非常有效。蓝绿藻与许多真核藻类一样，有着同样的一般营养需求。在简单的矿质元素培养基中，有光存在时，这些藻类就能良好生长。但是，在35℃下富集培养，这样几乎完全抑制了真核藻类的生长繁殖。因为35℃是多数蓝绿藻的最适生长温度，但对于真核藻类来说30℃就是最高生长温度极限了。

由于微生物自身生长所引起的环境改变也会产生选择性的条件，对某些菌的生长有利而对其它菌的生长有抑制作用。在特殊情况下，也可以利用这一现象来达到富集培养的目的。如青霉菌的富集培养。

3. 培养分离

尽管通过以上的增殖培养，效果显著，但微生物还是处于混杂状态。因此，还必须进一步的分离与纯化。在这一步，仍采用增殖培养的选择性培养基及控制条件。分离方法可以采用平皿划线法、稀释分离法等。

4. 筛选

这一步是指采用与生产相似的培养基和培养条件，进行小型的生产实践，以求得适合于生产应用的菌种。

二、从生产中选种

在生产实践过程中，由于菌种的自发突变，菌种群体中的个别或少数菌体可能产生正向或负向的突变。这种自发突变概率很低，但总有发生。负突变引起菌种衰退，正突变的菌种可以进行生产选种。所谓生产选种是指在长年累月的生产实践中，在培养工艺条件没有任何变更的情况下，突然发现此次生产水平提高较大，这就有可能是个别菌种发生了正突变，且在这种条件下，很适合培养，并逐渐显示出它的优势，这种优势的发展，促使其优良的生产性能表露出来。此时应抓紧时机，进行分离筛选，以得到目标菌种的纯培养，加以利用。

第三节　微生物的育种

微生物育种的目的是人为地使某种的代谢产物过量积累，把生物合成的代谢途径朝人们所希望的方向加以引导，或者使细胞内发生基因的重新组合优化遗传性状，实现人为控制微生物，获得人们所需要的高产、优质和低耗的菌种。

一、基因突变和诱变育种

在微生物中，突变是经常发生的，学习和掌握突变的规律，不但有助于对基因定位和基因功能等基本理论问题的了解，而且还为微生物选种、育种提供必要的理论基础。

(一) 基因突变

突变是指遗传物质突然发生稳定的可遗传的变化。突变有狭义和广义之分。狭义的突变是指基因突变，又称点突变，是指基因内部遗传结构或DNA序列的任何改变；广义的突变是指染色体的畸变，包括染色体结构的改变和数目的改变，染色体结构的改变包括染色体的缺失、重复、插入、倒位、易位。

1. 碱基变化与遗传信息的改变

不同的碱基变化对遗传信息的改变是不同的，可分为如下四种类型。

(1) 同义突变　由于遗传密码子存在简并现象，某个碱基发生变化后，所编码的氨基酸种类保持不变，因此同义突变并不产生突变效应。

(2) 错义突变　指碱基序列的改变引起了产物氨基酸的改变。有些错义突变严重影响到蛋白质活性甚至使之完全无活性，从而影响了表型。

(3) 无义突变　指某个碱基的改变，使代表某种氨基酸的密码子变为蛋白质合成的终止密码子（UAA、UAG或UGA），使蛋白质的合成提前终止，形成一条不完整的多肽链。

(4) 移码突变　是DNA序列中插入或缺失1～2个核苷酸而使翻译的阅读框发生改变，从而导致从改变位置以后的氨基序列的完全变化。

2. 突变体的表型特性

表型和基因型是遗传中常用的概念。表型是指可观察或可检测到的个体性状或特征，是特定的基因型在一定环境条件下的表现；基因型是指贮存遗传物质的信息，即它的DNA碱基顺序。上述四种突变类型，除了同义突变外，其它三种类型都可能导致表型的变化。突变后出现的表型改变是多种多样的，根据突变对表型的最明显效应，可以分为如下4类。

(1) 形态突变型　是指造成形态改变的突变型。包括影响细胞和菌落形态、颜色以及影响噬菌体的噬菌斑形态的突变型等，一般属于非选择性突变。

(2) 耐药性突变型　由于基因突变而使菌株产生对某种药物产生抗性的突变型。耐药性突变类型普遍存在于微生物中，例如对各种抗生素的耐药性菌株等。

(3) 营养缺陷型　由于基因突变而使菌株丧失合成其生存所必需的营养物的突变型，只有从周围环境或培养基中获得这些营养或其前体物才能生长，所以不能在基本培养基上生长。营养缺陷型是微生物遗传学研究中重要的选择标记和育种的重要手段。

(4) 条件致死突变型　是指在某一条件下具有致死效应，而在另一条件下没有致死效应的突变型。例如，*E. coli* 的某些菌株可在37℃下正常生长，却不能在42℃下生长等。又如，某些T4噬菌体突变株在25℃下可感染其 *E. coli* 宿主，而在37℃下却不能感染等。

3. 突变的特点

整个生物界，由于它们遗传物质的本质都是相同的核酸，所以显示在遗传变异的特点上也都遵循着同样的规律，这在基因突变的水平上尤为明显。基因突变一般有以下几个共同特点。

(1) 自发性　指不经诱变剂处理而自然发生的突变。

(2) 不对应性　指突变的性状与引起突变的原因间无直接的对应关系。即耐药性突变并非由于接触了药物所引起，抗噬菌体的突变也不是由于接触了噬菌体所引起。突变在接触它们之前就已自发地随机地产生了，药物或噬菌体只是起着选择作用。

(3) 稀有性　自发突变虽可随时发生，但其突变的频率（突变率）很低，一般在 10^{-6}～10^{-9}。所谓突变率是指某一细胞（或病毒粒子）在每一世代中发生某一特定突变的概率，也用每单位群体在繁殖一代过程中所形成突变体的数目来表示。例如，突变率为 10^{-8} 者，即表示该细胞在1亿次分裂过程中，会发生1次突变，也意味着 10^{8} 个细胞在其分裂成 2×10^{8} 个细胞的过程中，平均形成1个突变体。

(4) 独立性　某基因的突变率不受它种基因突变率的影响。

(5) 可诱变性　通过理化因子等诱变剂的诱变作用可提高自发突变的频率，但不改变突变的本质。

(6) 稳定性　突变是遗传物质结构的改变，因此产生的新性状是稳定的，可遗传的。

(7) 可逆性　野生型菌株某一性状可发生正向突变，也可发生相反的回复突变。

4. 基因突变的机制

(1) 诱发突变　自发突变的频率是很低的，一般为 10^{-6}～10^{-9}。许多物理、化学和生物因子能够提高其突变频率，将这些能使突变率提高到自发水平以上的物理、化学和生物因子称为诱变剂。诱发突变简称诱变，是指利用诱变剂提高突变率。

① 碱基的置换　碱基置换是染色体的微小损伤，它只涉及一对碱基被另一对碱基所置换。置换又分为两个亚类：一类叫转换，即DNA链中的一个嘌呤被另一个嘌呤或是一个嘧啶被另一个嘧啶所置换；另一类叫颠换，即一个嘌呤被另一个嘧啶或是一个嘧啶被另一个嘌呤所置换。能够引起的碱基置换的诱变剂有：a. 碱基类似物，如5-溴尿嘧啶、5-氨基尿嘧啶、2-氨基嘌呤、8-氮鸟嘌呤等，在DNA复制过程中能够整合进DNA分子，从而引起碱基错配；b. 直接与DNA碱基起化学反应的诱变剂，最常见的有亚硝酸、羟胺和烷化剂。亚硝酸能引起含氨基的碱基（A、G、C）发生氧化脱氨反应，使氨基变成酮基，从而改变配对性质，造成碱基置换突变。羟胺主要和胞嘧啶发生反应，因此只引起GC→AT的转换。甲磺酸乙酯（EMS）和亚硝基胍（NTG）都属于烷基化试剂，它们能使一个或几个碱基发生烷基化，引起DNA复制时发生转换。此外，硫酸二乙酯（DES）、乙基磺酸乙酯（EES）以及二乙基亚硝酸胺（DEN）等也都是常用的诱变烷化剂。

② 移码突变　移码突变是DNA分子的微小损伤，也是点突变。能引起移码突变的因素是一些吖啶类染料，包括原黄素、吖啶黄、吖啶橙、α-氨基吖啶以及一系列称为“ICR”类化合物。吖啶类物质是一类扁平具有3个苯环结构的化合物，从分子结构上类似于碱基对扁平分子。所以它们是通过插入DNA分子的碱基对之间使其分开，导致DNA在复制过程中滑动，从而引起移码突变。

③ 染色体畸变　某些强烈的理化因子，如电离辐射（X射线等）和烷化剂、亚硝酸等，除了能引起上述的点突变外，还会引起DNA分子的大损伤——染色体畸变，既包括染色体结构上的缺失、重复、插入、易位和倒位，也包括染色体数目的变化。

根据染色体结构上的变化，又可分为染色体内畸变和染色体间畸变两类。染色体内畸变只涉及一个染色体的变化。例如发生染色体的部分缺失或重复时，其结果可造成基因的减少或增加；又如发生倒位或易位时，则可造成基因排列顺序的改变，但数目却不变。倒位是指断裂下来的一段染色体旋转180°后，重新插入到原来染色体的位置上，从而使它的基因顺序与其它基因的顺序方向相反；易位则是指断裂下的一小段染色体顺向或逆向地插入到原来的一条染色体的其它部位上。至于染色体间的畸变是指非同源染色体间的易位。

（2）自发突变　是指生物体在无人工干预下自然发生的低频率突变。自发突变的原因很多，一般有：①由背景辐射和环境因素引起，如天然的宇宙射线；②由微生物自身有害代谢产物引起，如过氧化氢等；③由DNA复制过程中碱基配对错误引起。据统计，DNA链每次复制中，每个碱基对错配的频率是$10^{-7}\sim10^{-11}$，而一个基因平均约含1000bp，故自发突变频率约为10^{-6}。

（二）诱变育种

诱变育种是指利用物理、化学等诱变剂处理微生物细胞群，提高基因的随机突变率，通过一定的筛选方法获得所需要的高产优质菌株。诱变和筛选是两个主要环节，由于诱变是随机的，而筛选则是定向的，故相比之下，尤以后者为重要。

诱变育种具有极其重要的实践意义。在当前发酵工业或其它大规模的生产实践中，很难找到在育种谱系中还未经过诱变的菌株。其中最突出的例子莫过于青霉素生产菌株 *Penicillium chrysogenum*（产黄青霉）的选育历史和卓越成果了。

1. 常用诱变剂及其使用方法

诱变剂的种类很多，物理诱变因素中有紫外线、X射线、γ射线、α射线、β射线等。化学诱变因素中如烷化剂、碱基类似物和吖啶化合物等。这里简要介绍一下紫外线和碱基类似物。

(1) 紫外线　这是一种使用方便、诱变效果很好的常用诱变剂。紫外线波长范围在136～390nm，它是一种非电离辐射，紫外线波长虽较宽，但诱变有效范围仅是200～300nm，其中尤以260nm效果最好。所以能引起杀菌或诱变，主要是紫外线的作用光谱与核酸的吸收光谱相一致，所以DNA很容易受到紫外线的影响。

在诱变处理前，先紫外灯预热20min，使光波稳定。然后，将3～5mL细胞悬液注入6cm培养皿中，置于诱变箱内的电磁搅拌器上，照射3～5min进行表面杀菌。打开培养皿盖，开启电磁搅拌器，边照射边搅拌。处理一定时间后，在红光灯（避免光复活作用）下，吸取一定量菌液经稀释后，取0.2mL涂平板，或经暗培养一段时间后再涂平板。一般微生物营养细胞在上述条件下照射几十秒到数分钟即可死亡，芽孢杆菌10min左右也可死亡，革兰阳性菌和无芽孢细菌比较容易杀死。当然，在进行正式处理前，应做预备实验，作出照射时间与死亡率的曲线，这样就可以选择适当的剂量了。

(2) X射线和γ射线　X射线和γ射线都是高能电磁波，两者性质相似。X射线波长是0.06～136nm，γ射线的波长是0.006～1.4nm。X射线和γ射线作用于某物质时，能将该物质分子或原子上的电子击出而生成正离子，这种辐射作用称为电离辐射。生物学上所用的X射线一般由X光机产生，γ射线来自放射性元素钴、镭或氡等。各种微生物对X射线和γ射线的敏感程度差异很大，可以相差几百倍，引起最高变异率的剂量也随着菌种有所不同。照射时一般用菌悬液，也可用长了菌落的平皿直接照射，一般照射剂量40～100kR❶。

(3) 5-溴尿嘧啶（5-BU）　5-溴尿嘧啶能定量地置换DNA中的胸腺嘧啶，所以研究较多。称取5-BU，加入无菌生理盐水微热溶解，使浓度为2mg/mL。将细胞培养至对数期并重悬浮于缓冲液或生理盐水中过夜，使其尽量消耗自身营养物质。将5-BU加入培养基内，使其终浓度一般为10～20μg/mL，混匀后倒平板，涂布菌液，使其在生长过程中诱变，然后挑单菌落进行测定。处理孢子悬液时，BU浓度可稍高，如100～1000μg/mL，与孢子悬浮液混合后培养处理一定时间后，稀释涂平板。

其它化学诱变剂的处理方式大体相同，但在浓度、时间、缓冲液等方面随不同的诱变剂有所不同。

2. 突变菌株的筛选

经过诱变处理后的微生物群体会含有大量的突变菌株，但其中绝大部分是负突变，若想从中挑选出符合诱变目的的正突变菌株，主要依靠采用高效率的筛选方法。

(1) 营养缺陷型突变株　营养缺陷型的筛选方法一般通过四步工作：诱变剂处理、浓缩缺陷型、检出缺陷型、鉴定缺陷型。现分述如下。

① 诱变剂处理　与上述一般诱变处理相同。

② 浓缩缺陷型　在诱变后的群体中，野生型仍占多数，因此必须设法把野生型淘汰掉，使缺陷型得以浓缩以便于检出。浓缩的方法有青霉素法、菌丝过滤法、差别杀菌法等。

a. 青霉素法　青霉素法适用于细菌，其原理是青霉素能抑制细菌细胞壁的生物合成，因而可杀死能正常生长繁殖的野生型细菌，但不能杀死停止分裂的细菌。在只能使野生型生长而不能使营养缺陷型生长的基本培养基中，野生型被青霉素杀死而缺陷型不被杀死，这便是用青霉素浓缩法淘汰野生型细菌的原理。

b. 菌丝过滤法　适用于进行丝状生长的真菌和放线菌。其原理是：在基本培养基中，野生型菌株的孢子能发芽成菌丝，而营养缺陷型的孢子则不能。因此，将诱变剂处理后的大

---

❶ $1R=2.58\times10^{-4}C/kg$。

量孢子悬浮在振荡培养液中，振荡培养一段时间后滤去菌丝，则缺陷型孢子便得以浓缩。振荡培养和过滤应重复几次，且每次培养时间不宜过长。

c. 差别杀菌法　细菌的芽孢远较营养体耐热。使经诱变剂处理的细菌形成芽孢，把芽孢在基本培养液中培养一段时间，然后加热杀死营养体。由于野生型芽孢能萌发所以被杀死，而缺陷型芽孢不能萌发所以不被杀死而得到浓缩。

③ 检出缺陷型　缺陷型的检出可采用以下几种方法。

a. 逐个测定法　把经过缺陷型浓缩的菌液接种在完全培养基上，待长出菌落后将每一菌落分别接种在基本培养基和完全培养基上。凡是在基本培养基上不能生长而在完全培养基上能生长的菌落就是营养缺陷型。

b. 夹层培养法　先在培养皿底部倒一薄层不含菌的基本培养基，待凝，其上添加一层含菌（经诱变剂处理的菌液）的基本培养基，冷凝后再加上一薄层不含菌的基本培养基，遂成“三明治”状。经培养后，对出现的菌落用记号笔一一标在皿底。然后，再加上一薄层完全培养基。再经培养后，会长出形态较小的新菌落，它们多数都是营养缺陷型突变株。上下两层基本培养基的作用是使菌落夹在中间，以免细菌为完全培养基所冲散。

c. 限量补给法　把诱变处理后的细菌接种在含有微量补充养料（$<0.01\%$蛋白胨）的基本培养基平板上，野生型细胞就迅速长成较大的菌落，而营养缺陷型则因营养受限制故生长缓慢，只形成微小菌落。若想获得某一特定营养缺陷型突变株，只要在基本培养基上加入微量的相应物质就可达到。

d. 影印培养法　将经处理的细菌涂在完全培养基的表面，待出现菌落以后用灭菌丝绒将菌落影印接种到基本培养基表面。待菌落出现以后比较两个培养皿，凡在完全培养基上出现菌落而在基本培养基上的同一位置上不出现菌落者，这一菌落便可以初步断定为缺陷型。

以上这些方法都可以用于细菌以外的微生物的营养缺陷型的检出，不过具体方法往往应随着所研究的对象而改变。

④ 鉴定缺陷型　可借生长谱法进行，生长谱法是把待测微生物（$10^6 \sim 10^8$）混合在基本培养基中，倒入培养皿，待培养基冷凝后在标定的位置上放置少量氨基酸、碱基等的结晶或粉末。经培养后，就可以看到在缺陷型所需要的化合物的四周出现混浊的生长圈，说明此菌就是该营养物的缺陷型突变株。

(2) 耐药性突变株　耐药性基因在科学研究和育种实践上是一种十分重要的选择性遗传标记，同时，有些耐药性菌株还是重要的生产菌种，因此，熟悉一下筛选耐药性突变株的方法很有必要。梯度平板法是定向筛选耐药性突变株的一种有效方法。通过制备琼脂表面存在药物浓度梯度的平板，在其上涂布诱变处理后的细胞悬液，经培养后再从其上选取耐药性菌落等步骤，就可定向筛选到相应耐药性菌株。例如，异烟肼是吡哆醇的结构类似物或代谢拮抗物。

定向培育抗异烟肼的吡哆醇高产突变株的方法是：先在培养皿中加入10mL熔化的普通琼脂培养基，待凝，倒上第二层含适当浓度的异烟肼的琼脂培养基10mL，待凝后，在这一具有药物浓度梯度的平板上涂以大量经诱变后的酵母菌，经培养后，即可出现图6-4所示的结果。根据微生物产生耐药性的原理，可推测其中有可能是产生了能分解异烟肼酶类的突变株，也有可能是产生了能合成更高浓度的吡哆醇克服异烟肼的竞争性抑制的突变株。结果发现，多数突变株属于后者。这就说明，通过利用梯度平板法筛选抗代谢类似物突变株的手段，可达到定向培育某代谢产物高产菌株的目的。

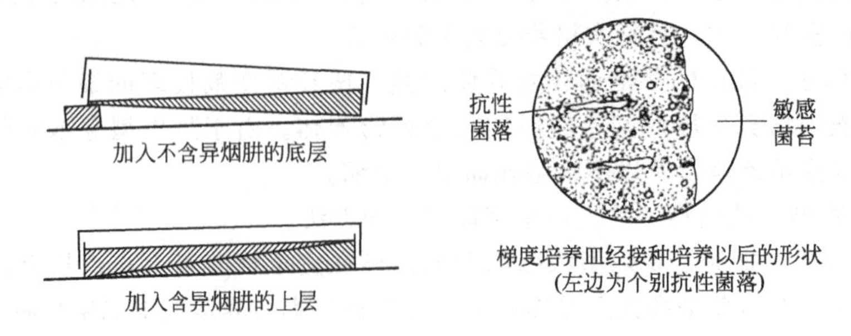

图 6-4 定向培育抗异烟肼的吡哆醇高产突变株

二、基因重组和杂交育种

基因重组是指两个不同来源的遗传物质进行交换，经过基因的重新组合，形成新的基因型的过程。重组是分子水平上的一个概念，是遗传物质在分子水平上的杂交。

（一）原核微生物的基因重组

原核微生物基因重组的主要方式有转化、转导和接合等几种形式。

1. 转化

受体菌直接吸收供体菌的 DNA 片段而获得后者部分遗传性状的现象，称为转化（transformation）或转化作用。通过转化而形成的杂种后代，称为转化子。根据感受态建立方式，可以分为自然转化和人工转化，前者感受态的出现是细胞一定生长阶段的生理特性；后者则是通过人为诱导的方法，使细胞具有摄取 DNA 的能力，或人为地将 DNA 导入细胞内。

(1) 自然转化作用 转化作用可以划分为三个阶段：感受态的出现；DNA 的结合和进入；DNA 的整合。

① 感受态的出现 感受态是指受体细胞能从周围环境吸取 DNA 的一种生理状态。自然界中不是所有的细菌都能进行转化，能进行自然转化的细菌也并不是它们生长的任何阶段都具有吸收 DNA 的能力，而是细菌生长到某一特定阶段的一种生理特性。不同细胞感受态出现的时期不同，例如，有的出现在生长曲线中的对数期的后期，有的出现在稳定期。在外界环境中，环腺苷酸（cAMP）及 Ca^{2+} 对细胞的感受态影响最大。有人发现，cAMP 可使嗜血杆菌细胞群体的感受态水平提高 1 万倍。

② DNA 的结合和进入 不处于感受态和处于感受态的细胞都能吸附 DNA，但是只有后者所吸附的 DNA 才不能被洗去，才是稳定的。据估计一个细菌的细胞表面大约有 50 个吸附位点。

③ DNA 的整合 通过研究表明，DNA 在细胞内的整合过程基本相同，即单链 DNA 进入细胞后，不经复制便以单链形式与受体 DNA 的同源部分配对，然后供体 DNA 和受体 DNA 形成共价键，被交换下来的受体的一小段单链 DNA 被核酸酶所分解。

转化因子的本质是离体的 DNA 片段。一般原核生物的核基因组是一条环状的 DNA 长链，不管在自然条件或人为条件下都极易断裂成碎片，故转化因子通常都只是 15kb 左右的片段。事实上，转化因子在进入细胞前还会被酶解成更小的片段，细胞表面的两种 DNA 酶在转化中起着作用。细胞膜上的一种内切核酸酶把吸附着的 DNA 切成大约 7kb 左右长度的片段。然后细胞膜上的另一种核酸酶把一条单链切除而使一条单链进入细胞。

转化过程被研究得较深入的是G^+细菌的肺炎链球菌，其主要过程如图 6-5 所示。

① 供体菌的双链 DNA 片段与感受态受体菌细胞表面的特定位点结合。此时，一种细胞膜的磷脂成分——胆碱可促进这一过程。在吸附过程的前阶段，如外加 DNA 酶，会减少转化子的产生，稍后，DNA 酶即无影响。

② 在吸附位点上的 DNA 被核酸内切酶分解，形成片段。

③ DNA 双链中的一条单链被膜上的另一种核酸酶切除，另一条单链逐步进入细胞。

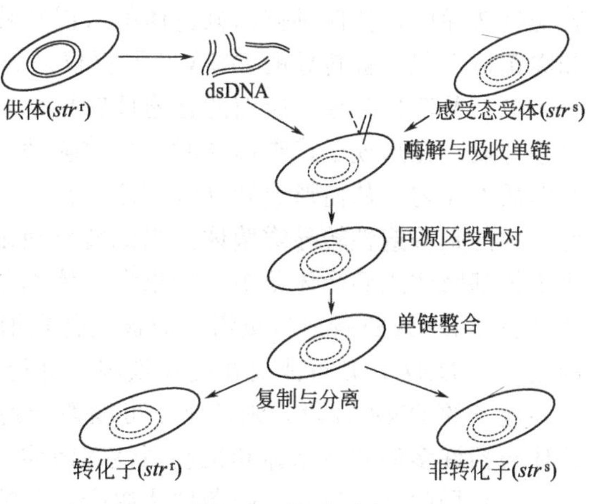

图 6-5 转化示意

④ 来自供体的单链 DNA 片段在细胞内与受体细胞核染色体组上的同源区段配对，然后受体染色体组上的相应单链片段被切除，并被外来的单链 DNA 交换、整合和取代，形成一个杂合 DNA 区段。

⑤ 受体菌的染色体组进行复制，杂合区段分离成两个，其中之一获得了供体菌的转化基因，另一个未获得转化基因。

(2) 人工转化 人工转化是在实验室中用多种不同的技术完成的转化，包括用$CaCl_2$法处理细胞、电穿孔等。为许多不具有自然转化能力的细菌（大肠杆菌）提供了一条获取外源 DNA 的途径，也是基因工程的基础技术之一。

用高浓度的Ca^{2+}诱导细胞使其成为能摄取外源 DNA 的感受态状态是 1970 年由 Mandel 和 Higa 首先发现的，30 多年来已广泛用于以大肠杆菌为受体的重组质粒的转化。

① PEG 介导的转化 该技术比较适用于对质粒的转化。不能自然形成感受态的G^+细菌，可通过 PEG（聚乙二醇，一般用 PEG6000）的作用实现转化。这类细菌首先用细胞壁降解酶完全除去它们的肽聚糖层，然后使其维持在等渗的培养基中，在 PEG 存在下，质粒或噬菌体 DNA 可高效地被导入原生质体。例如，枯草芽孢杆菌，利用 PEG 技术可使 80% 的细胞被转化，$1\mu g$质粒 DNA 可获得10^7个转化子。

② 电穿孔法 对真核生物和原核生物均适用。所谓电穿孔法是用高压脉冲电流击破细胞膜或击成小孔，可使 DNA 分子通过这些小孔进入细胞，所以又称电转化。该方法最初用于将 DNA 导入真核细胞，后来也逐渐用于转化包括大肠杆菌在内的原核细胞。在大肠杆菌中，通过优化各个参数，$1\mu g$ DNA 可以得到$10^9 \sim 10^{10}$个转化子。

③ 转染 用病毒或噬菌体的核酸（DNA 或 RNA）去感染其宿主细胞或原生质体，可增殖出一群正常的噬菌体或病毒后代，这种现象称转染（transfection）。它与转化不同之处是病毒或噬菌体并非遗传基因的供体菌，中间也不发生任何遗传因子的交换或整合，最后也不产生具有杂种性质的转化子。

2. 转导

以噬菌体为媒介，把供体细胞的 DNA 小片段携带到受体细胞中，通过交换与整合从而使后者获得前者部分遗传性状的现象称为转导（transduction）。获得新遗传性状的受体细胞称为转导子。转导现象由 J. Lederberg 等首先在鼠伤寒沙门菌中发现（1952 年）。以后又在许多原核生物中陆续发现。转导现象在自然界中普遍存在，它在低等生物的进化过程中，很可能是一种产生新基因组合的重要方式。转导可分为普遍性转导和局限性转导两种类型。在普遍性转导中，任何供体的染色体都可以转移至受体细胞。而在局限性转导中，仅由部分温和噬菌体引起，被转导的DNA片段仅仅是那些溶源化位点附近的宿主基因。

(1) 普遍性转导　所谓的普遍性转导就是在噬菌体感染的末期，细菌DNA被断裂成许多小片段。在形成子代噬菌体时，少数噬菌体将细菌的DNA误认为自己的DNA而被包在蛋白质外壳内，从而形成转导噬菌体。在这一过程中，细菌DNA任何部分都可被包被，因此形成的是普遍性转导噬菌体。当此转导噬菌体（携带供体基因）侵染受体菌时，噬菌体便将供体基因注入到受体菌中。如果噬菌体携带的是细菌染色体DNA，则可能与受体细胞内的染色体DNA进行遗传重组，而被整合到细菌染色体上，形成一个稳定的转导子；如携带的是质粒DNA，则可能会在受体细胞内进行自我复制而稳定地保留下来；如果携带的是含有转座子的DNA片段，则转座子可能整合到受体细胞的染色体或质粒上。普遍性转导的噬菌体包括许多温和噬菌体和某些烈性噬菌体。

(2) 局限性转导　以噬菌体为媒介，只能使供体的一个或少数几个基因转移到受体的转导作用称为局限性转导。进行局限性转导的噬菌体一般都是温和噬菌体。λ噬菌体是局限性转导的典型代表。

λ噬菌体含有一个线状的双链DNA分子，当感染宿主细胞后，通过交换而整合在寄主染色体上。λ原噬菌体插在大肠杆菌染色体的*gal*基因和*bio*基因之间。经紫外线等诱导后，λ噬菌体可以脱离寄主染色体而成为游离的噬菌体。但如果在这过程中切离酶作用位点稍有偏差，那么就形成了带有*gal*基因或*bio*基因的噬菌体，这些就是转导噬菌体，它们携带了一段细菌染色体的片段，同时也失去了原噬菌体另一端相应长度的DNA片段（见图6-6），这样形成的杂合DNA分子能够像正常λDNA分子一样进行复制、包装，提供所需要的裂解功能。*gal*基因的转导噬菌体称为λdgal或λdg，这里d表示缺陷的意思。如果用含有λdgal裂解液感染非溶源性的Gal^-细菌时，有些细胞接受λdgal DNA，即获得了供体的*gal*$^+$基因，可使Gal^-变为Gal^+细胞。同样λdbio噬菌体侵染Bio^-大肠杆菌时，可使Bio^-变为Bio^+细胞。

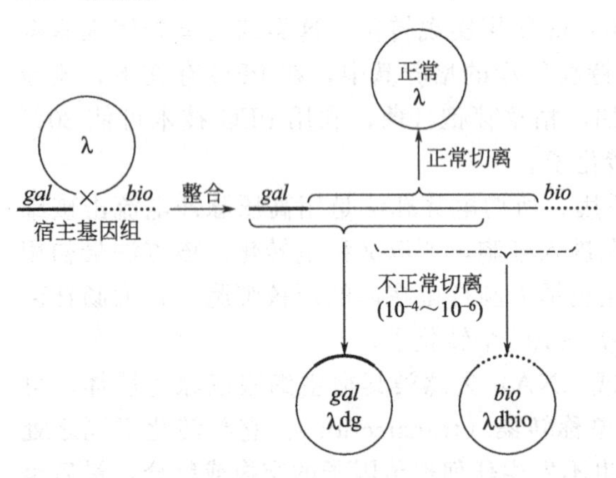

图6-6　λ噬菌体转导裂解物的形成

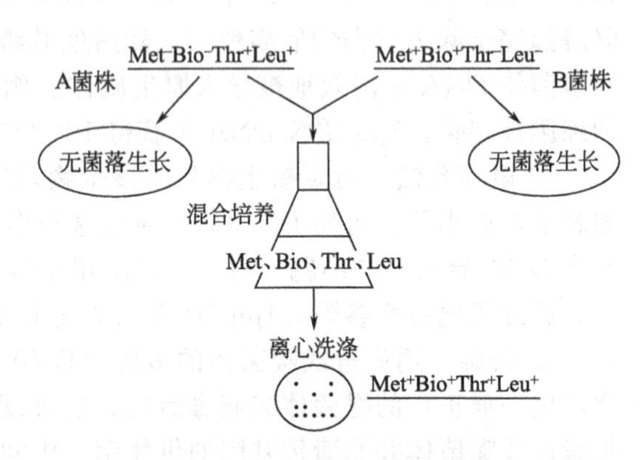

图6-7　细菌的接合作用

A菌株—需要生物素和甲硫氨酸；

B菌株—需要苏氨酸和亮氨酸

3. 接合作用

1946年，Joshua Lederberg和Edward L. Tatum在实验中成功地发现了细菌的接合现象（见图6-7）。

将两菌株在完全培养基上混合培养过夜，然后去除培养基，再涂布于基本培养基上，结

果原养型菌株以 10^{-5}～10^{-6} 的频率出现，该细胞的基因型应该是 $Met^+ Bio^+ Thr^+ Leu^+$，而将 A 菌株和 B 菌株单独培养在基本培养基上，没有菌落产生，说明混合培养后，出现的原养型菌株是遗传重组体。

上述实验具有遗传转化的可能性，1950 年 Davis 用 U 形管做了一系列实验。在 U 形管底部用玻璃板将 U 形管分隔开，分别将这两种菌株接种在 U 形管的两臂中，此滤板只允许培养基和大分子物质（包括 DNA）能通过，但细菌不能通过。培养一段时间，分别取样将其涂布于基本培养基平板上，结果未发现原养型菌落产生。这一试验结果表明混合培养时得到的重组子不是转化的结果，而且亦证明了重组子的出现需要两亲本细胞的直接接触。

接合是供体菌（“雄性”）通过性菌毛与受体菌（“雌性”）直接接触，把 F 质粒或其携带的核基因组片段传递给后者，使后者获得新遗传性状的现象。把通过接合而获得新性状的受体细胞就称为接合子。

在细菌和放线菌中都存在接合现象。现在研究比较透彻的是大肠杆菌（*E. coli*），*E. coli* 是有性别分化的，决定性别的是 F 质粒（F 因子），它是一种质粒，既可在细胞内独立存在，又可以整合到核染色体组上。

根据大肠杆菌细胞内有无 F 因子及 F 因子存在于细胞内的存在状态可将细胞分为四种类型：F^-、F^+、Hfr 及 F'。F^- 菌株细胞内不含 F 因子；F^+ 菌株细胞内含有 F 因子，而且 F 因子以自主复制形式存在；Hfr 宿菌株又叫高频重组菌株，是指 F 因子整合到宿主的染色体上，随着宿主染色体的复制而复制；F 因子能整合到宿主染色体上，也能从上面脱落下来，在脱落时有时能带下一小段核 DNA，把含有游离的但携带有宿主的一部分染色体的 F 质粒的细菌称为 F'菌株。

(1) $F^+ \times F^-$ 杂交　在 $F^+ \times F^-$ 接合作用中，是 F 因子向 F^- 细胞转移，含 F 因子的宿主细胞的染色体 DNA 一般不被转移。接合过程是：当 F^+ 细胞的性菌毛（位于细胞表面）与受体细胞接触，使供体细胞和受体细胞紧密连接在一起。此时 F 因子上 tray Ⅰ 基因表达，产生的核酸内切酶在 OriT 处将一条单链切断，并结合于被切断的 5′端，通过由并列在一起的供体和受体细胞之间形成的小孔进行单向转移，此转移链到达受体细菌后，在宿主细胞编码酶的作用下开始复制，留在供体细胞内的单链也在酶的作用下进行复制，因此，接合过程结束后，供、受体细胞内各含一个 F 因子。

(2) $Hfr \times F^-$ 杂交　Hfr 是由 F 因子插入到染色体 DNA 后形成的高频重组菌株，这类菌株在 F 因子转移过程中可以把部分甚至全部细菌染色体传递给 F^- 细胞并发生重组。Hfr 与 F^- 接合与 $F^+ \times F^-$ 接合作用类似，所不同的是，DNA 单链被切断后，F 因子的先导区结合着染色体 DNA 向受体细胞转移，F 因子除先导区外，其余绝大部分处于转移染色体的末端。由于环境等因素的变化，很容易使 Hfr 断裂而中断杂交，使 F 因子不能进入 F^-，F 因子保留在 Hfr 中，未使 F^- 变成 Hfr。只有在极少数情况下才可使 F 因子进入 F^-，使 F^- 变成 Hfr。

(3) $F' \times F^-$ 杂交　F 质粒在脱离 Hfr 细胞的染色体时也会发生差错，从而形成带有细菌某些染色体基因的 F'因子。F'与 F^- 接合时，能专一性地向 F^- 转移 F'质粒所携带的供体基因，因而使 F^- 菌株既获得 F 因子，也获得了新的遗传性状。细胞基因的这种转移过程又称为性导。

（二）真核微生物的基因重组

在真核微生物中，基因重组的基本方式有：有性杂交、准性杂交、原生质体融合和转化等形式。在此只介绍有性杂交和准性杂交。

1. 有性杂交

杂交是指在细胞水平上进行的一种遗传重组方式。有性杂交一般指不同遗传型的两性细胞间发生的接合和随之进行的染色体重组，进而产生新遗传型后代的一种育种技术。凡是能产生有性孢子的酵母菌或霉菌，原则上都能采用有性杂交方法进行育种。以酿酒酵母为例加以介绍。

把不同生产性状的甲、乙两菌株分别进行培养，使其产生子囊。用机械法或酶法破坏子囊并离心，然后把获得的子囊孢子涂平板进行培养，从而得到单倍体细胞菌落。把来自甲乙两亲本的单倍体细胞通过离心等方式使之密集接触，使其产生双倍体的有性杂交后代。在这些双倍体子代中，通过筛选就可以得到优良性状的杂种。

2. 准性杂交

准性生殖是指不经过减数分裂就能导致基因重组的生殖过程。准性生殖包括异核体的形成、二倍体的形成以及体细胞交换和单倍体化。

(1) 异核体的形成　两个遗传型有差异的体细胞经联结后发生质配，使原有的两个单倍体核集中到同一个细胞中，形成双相异核体，异核体能独立生活。

(2) 二倍体的形成　在异核体中的两个细胞核在某种条件下，可以发生核融合，低频率地产生双倍体杂合子核的现象。如构巢曲霉和米曲霉核融合的频率为 $10^{-5} \sim 10^{-7}$。某些理化因素如紫外线或高温等处理，可以提高核融合的频率。

(3) 体细胞交换和单倍体化　二倍体细胞在有丝分裂过程中也会偶尔发生同源染色体之间的交换，导致部分隐性基因的纯合化，而获得新的遗传性状。所谓单倍体化过程是指在一系列有丝分裂过程中一再发生的个别染色体减半，直至最后形成单倍体的过程，不像减数分裂那样染色体的减半一次完成。如对双倍体杂合子用紫外线、γ 射线等进行处理，有可能产生各种不同性状组合的单倍体杂合子。

准性生殖对一些没有有性生殖过程但有重要生产价值的半知菌类育种工作来说，提供了一个杂交育种的手段。

三、杂交育种

利用体内基因重组育种的方法有转化、接合和转导等。但由于许多重要的具有生产价值的微生物的杂交、有性世代等尚未揭示，在很大程度上妨碍了杂交育种手段的实际应用。细菌的杂交在育种工作中还未得到很好的应用，但也进行了一些具有应用潜力的实验。例如，具有固氮能力的肺炎克氏杆菌和无固氮能力的大肠杆菌的杂交实验。酵母菌的杂交工作开展较早，1938 年就获得了酵母的杂交种，所以无论在遗传学理论还是在操作技术方面都比较完善，在育种方面也取得了有益的成果。例如，在面包酵母的种间进行杂交，能获得许多良好特性的酵母；采用面包酵母和酒精酵母杂交，其杂交种的酒精发酵能力没有下降，而发酵麦芽糖的能力提高了，在酒精发酵后，它还可供面包厂发酵面包用；在啤酒方面，得到的杂交种可生产出较亲株香气与口味更好的啤酒。在霉菌的杂交育种工作中，由于工业上遇到的霉菌大多数不产生有性孢子，没有典型的有性过程，有些霉菌虽然有有性过程，但在实验室经过长期培养后，往往也已衰退，所以一般称的霉菌杂交，主要指通过体细胞的核融合和遗传因子的重组，即通过准性过程而不是通过性细胞的融合。目前，霉菌的杂交主要是在种内，偶尔在种间。

四、基因工程

基因工程又称遗传工程或重组 DNA 技术，是指人们对遗传信息的分子操作或施工，即把分离到的或合成的基因经过改造，插入到载体中，然后导入到受体细胞中，进行扩增和表达，从而获得大量基因产物或产生新性状。

基因工程诞生于1972年，是在微生物遗传学，特别是质粒和限制性内切核酸酶的发现和研究的基础上发展起来的生物工程技术。基因工程的出现是20世纪生物科学具有划时代意义的巨大事件，它使得生物科学获得迅猛发展，并带动了生物技术产业的兴起。它的出现标志着人类可以按自己的意愿进行各种基因操作，大规模生产基因产物，并设计和创建新的基因、新的蛋白和新的生物物种，这也是当今生物技术革命的重要组成部分。基因工程技术目前已广泛应用于医药、农业、食品、环保等许多领域。

基因工程是一种在离体情况下，可以人为设计的可超远缘杂交的一种定向育种方式。人们把获得新功能的微生物称为“工程菌”，动植物称为“工程动植物或转基因动植物”。基因工程技术的基本操作包括以下几个过程。

1. 目的基因的获得

获得具有生产意义的目的基因主要有三条途径。

① 从适当的生物供体中分离。

② 通过反转录酶的作用由mRNA合成cDNA。

③ 由化学方法合成有特定功能的目的基因。

2. 优良载体的选择

优良载体需要具备以下几个条件。

① 载体是一个复制单位，在受体细胞内具有DNA独立复制的能力。

② 能在受体细胞内大量增殖。

③ 载体上具有多种限制性内切酶的单一切点，使目的基因能稳定地整合到载体DNA的一定位置上。

④ 载体上具有多种选择性遗传标记，常用营养缺陷型、耐药性和外源性蛋白的产生等标记，以便及时把极少数“工程菌”或“工程细胞”选择出来。

3. 目的基因与载体的连接

利用限制性内切酶的处理或采用人工手段将DNA进行加工，就可使目的基因与载体DNA形成黏性末端，然后将两者放在5～6℃下温和地退火。在外加连接酶的作用下，目的基因就与载体DNA进行共价结合，形成一个完整的、有自主复制能力的“重组DNA分子”。

4. 将重组DNA导入受体细胞

上述由体外构建成的重组DNA分子，只有将它导入受体细胞中，才能使其中的基因获得扩增和表达。受体细胞种类很多，最初以原核生物为主，后来发展到真核微生物以及高等动植物的细胞、组织。把重组DNA分子导入受体细胞有多种途径，如质粒可用转化法，噬菌体可用感染法等。

5. 重组体的筛选

将重组DNA分子导入受体细胞的转化率很低，要根据载体系统、宿主细胞特性及外源基因在受体细胞表达情况的不同，可采用不同的筛选方法。

第四节　菌种保藏与复壮

菌种的衰退、复壮和保藏是任何一个从事微生物工作者都会遇到的问题，也是一个基础的工作。

一、菌种的衰退与复壮

1. 菌种的衰退

(1) 菌种衰退的现象　对于菌种的退化，最易观察到的是菌落形态和细胞形态的变化，如分生孢子减少或颜色改变，常见的放线菌和真菌在斜面培养基上多次传代后产生“光秃”型等；在生理上常指产量的下降，如黑曲霉的糖化力，抗生素发酵单位的下降，所有这些都对生产不利。

(2) 菌种衰退的原因

① 基因突变　菌种的衰退是不可避免的，而衰退的主要原因是基因发生了负突变。如果控制产量的基因发生负突变，就引起产量下降；如果控制孢子生成的基因发生负突变，则使菌种产孢子的性能下降。这里所说的突变是指自发的负突变。由于自发突变率本来就很低，特别是对某一特定基因来讲，突变率就更低了，所以说群体中个体发生生产性能下降并不是很容易的。但对处于旺盛生长状态的细胞而言，发生突变的概率要比处于休眠状态的细胞大得多。

② 分离现象　由于高产突变是发生在一个核或一条DNA链上，随着细胞分裂，出现了性状分离，从而出现了不纯的高产菌株。如果菌种发生了退化，而不及时进行复壮，就会导致菌种的彻底毁灭。

(3) 防止菌种衰退的方法

① 控制传代次数　即尽量避免不必要的移种和传代，并将必要的传代降低限度，以减少自发突变的频率。据研究证明，DNA复制过程中，碱基发生差错的频率为10^{-5}～10^{-4}，自发突变率为10^{-8}～10^{-9}，由此可见，传代次数越多，发生差错的频率越高。因此在实际工作中应采用积极的菌种保藏方法，减少移种和传代。

② 选择合适的培养条件　培养条件对菌种的退化具有一定的影响，良好的培养条件不利于菌种发生突变。

③ 利用不同类型的细胞进行移种传代　这一点在放线菌和霉菌中尤为实用。由于它们的菌丝是多核的，如果用菌丝接种往往会发生退化或产生不纯的子代；如果用其孢子移种，可予以避免。

④ 选择合适的菌种保藏方法，加强菌种管理措施　选择合适的菌种保藏方法可以防止菌种衰退。

2. 菌种的复壮

菌种的复壮是指使衰退的菌种恢复原来的优良性状。狭义的复壮是指在菌种已经发生衰退的情况下，通过纯种分离和生产性能测定等方法，从衰退的群体中分离出未衰退的个体，以达到恢复该菌种原有典型性状的措施；广义的复壮是指在菌种衰退之前，定期进行纯种的分离和性能测定，以使菌种的生产性能持续保持稳定，甚至逐步有所提高。

二、菌种的保藏

菌种是重要的生物资源，研究和选择良好的菌种保藏方法具有重要的意义。菌种保藏机构的任务是在广泛收集实验室和生产用菌种、菌株、病毒毒株（有时包括动植物的细胞株和微生物质粒）的基础上，将它们妥善保藏，使之不死亡、不衰退，以达到便于研究、交换和使用等目的。为此国际上一些国家都设有若干菌种保藏机构。如中国微生物菌种保藏委员会(CCCCM)、美国模式培养物保藏所（ATCC)、美国北部地区研究实验室（NRRL)、荷兰霉菌中心保藏所（CBS)、英国国家典型菌种保藏所（NCTC）等。

1. 菌种保藏的目的

尽可能保持其原有性状和活力的稳定，确保菌种不死亡、不变异、不被污染，以达到便于研究、交换和使用等诸方面的目的。

2. 菌种保藏的原理

首先要挑选典型菌的优良纯种，且最好保藏它们的休眠体，如孢子、芽孢等；其次是要创造一个适合长期休眠的环境条件，如干燥、低温、缺氧、降低培养基成分和添加保护剂等。

3. 菌种保藏方法

保藏菌种的具体方法很多，根据不同的使用目的可加以选择。一个好的菌种保藏方法应具备两个因素：一是应能保持原种的优良性状不变；二是要考虑方法的通用性和操作的简便性。现介绍一些具体的常用的保藏方法。

(1) 低温保藏法　低温保藏为保藏微生物菌种的最简单而有效的方法。通过低温，使微生物代谢活动停止。一般而言，冷冻温度愈低，效果愈好。为了获得满意的冷冻结果，通常在培养物中加入一定的冷冻保护剂。冷冻保藏时温度要求在－20℃以下，同时应掌握好冷冻速度和解冻速度。

① 斜面低温保藏法　斜面保藏是一种短期、过渡的保藏方法。用新鲜斜面接种后，置最适条件下培养到菌体或孢子生长丰满后，放在4℃冰箱保存。一般保存期为3～6个月。

② 液氮超低温保藏法　此法适用于各种微生物菌种的保藏。它是以甘油、二甲亚砜等作为保护剂，在液氮超低温（－196℃或－156℃）下保藏的方法。其主要原理是菌种细胞从常温过渡到低温，并在降到低温之前，使细胞内的自由水通过细胞膜外渗出来，以免膜内因自由水凝结成冰晶而使细胞损伤。保藏期一般可达到15年以上，是目前公认的最有效的菌种长期保藏技术之一。此法的优点是操作简便、高效。其缺点是需购置超低温液氮设备，且液氮消耗较多，操作费用较高。

(2) 砂土管保藏法　适合于产孢子或芽孢的微生物。将斜面孢子制成孢子悬浮液接入砂土管中或将斜面孢子刮下直接与砂土混合，置干燥器中用真空泵抽干，放在冰箱内保存。一般保存期为1年左右。

(3) 石蜡油封存法　向培养成熟的菌种斜面上，倒入一层灭过菌的石蜡油，用量要高出斜面1cm，然后保存在冰箱中。此法可适用于不能利用石蜡油作碳源的细菌、霉菌、酵母菌等微生物的保存。保存期约1年左右。

(4) 真空冷冻干燥保藏法　在真空中使冻结的添加保护剂的细胞悬液中的水分升华，使培养物干燥。保护剂一般采用脱脂牛奶或血清等。菌种保存时间一般达5～10年。此法同时具备了低温、干燥、缺氧的菌种保藏条件，因此保存时间长，是目前较理想的一种保存方法，但该法技术要求较高，操作较烦琐，且需要一定的设备。

在国际上最有代表性的美国ATCC中，近年来仅采用最有效的两种方法保藏所有菌种，即冷冻真空干燥法和液氮保藏法。我国CCCCM现采用3种保藏法进行保藏，分别是斜面低温保藏法、冷冻真空干燥法和液氮保藏法。

本章小结

3个典型的微生物学实验证实了DNA和RNA是遗传的物质基础。通过DNA的复制、转录和翻译使遗传信息得以传递。

基因突变是遗传变异的基础，其中以营养缺陷型和耐药性突变株为代表的选择性突变株具有重要理论与实际应用价值。基因突变包括自发突变和诱发突变，诱发突变主要有碱基置换、移码突变和染色体畸变三种，常用的诱变剂有紫外线、碱基类似物以及吖啶类物质等。

基因重组是指两个不同来源的遗传物质进行交换，经过基因的重新组合，形成新的基因型的过程。重组是分子水平上的一个概念，是遗传物质在分子水平上的杂交。细菌以接合、转化和转导3种方式进行基因水平方向的转移和重组。真核微生物主要通过有性杂交和准性杂交的方式进行重组。

微生物可从自然界和生产中选种。微生物可采用诱变、基因重组、杂交等方式进行育种，由此得到优良的菌种。菌种也会发生衰退，衰退的主要原因是基因发生负突变。衰退的菌种可以通过纯种分离或性状测定的方法进行复壮。通常采用低温、干燥、缺氧、营养贫乏和添加保护剂等方法来达到防止突变、保持纯种的目的。

复习思考

1. 微生物遗传变异的物质基础是什么？DNA是怎样进行复制的？遗传信息是怎样传递的？
2. 微生物选种有何意义？从自然界中选种有哪些主要步骤，方法如何？
3. 诱变育种的基本原理是什么？杂交育种的理论基础是什么？常用的育种方法有哪些？
4. 根据什么原理进行菌种保藏？菌种保藏应注意些什么？
5. 菌种保藏的常用方法有哪些？各有何优点和缺点？
6. 菌种为什么会衰退？怎样防止菌种衰退？衰退以后如何进行复壮？

实验实训一　菌种保藏与复壮

一、目的要求

了解菌种保藏的原理，学会几种保藏菌种的方法。将实验室中已衰退的菌种进行复壮。

二、基本原理

由于微生物容易发生变异，所以在保藏菌种时，要根据微生物的生理生化特性，人为创造低温、干燥或缺氧等条件，抑制微生物的代谢，使其生命活动降到极低的限度或处于休眠等不活泼状态，从而达到延长保藏时间的目的。本实验常用矿油（石蜡油）、砂土管及纯种制曲3种保藏方法。

由于菌种在长期的人工培养与保藏过程中，因受到周围环境因素的刺激或影响，内部的遗传物质如染色体或基因发生了不良的变异，导致菌种衰退，引起发酵力、生长势、抵抗力等某些优良特性变弱或消失，给生产带来不利影响，为防止菌种衰退，就要定期或不定期地对菌种进行复壮。

三、材料和器具

1. 菌种

细菌、霉菌、酵母菌、放线菌的试管菌种。

2. 试剂

氯化钙、10%盐酸、石蜡油、固体石蜡和麦麸；冷冻保护剂（灭菌的二甲亚砜5%和甘油10%）、冰等。

3. 器具

干燥器、真空泵、10mm×70mm试管、吸管、60目和100目的土壤筛子、磁铁、接种针、粗天平、酒精灯、喷灯；玻璃安瓿或液氮冷藏专用塑料瓶、巴氏吸管、控速冷冻机、冷冻室等。

四、方法与步骤

（一）菌种的保藏

1. 斜面低温保藏法

根据不同菌种选用相应的培养基。将所需保藏的菌种，接种到斜面试管培养基上，恒温培养，待菌落生长丰满后，存于4℃左右的冰箱中。温度不宜太低，否则斜面培养基结冰脱水，加速菌种死亡或退化。冰箱内保藏的菌种，细菌（营养体）、酵母菌每3个月，细菌芽孢、霉菌、放线菌每6个月需要重新转管培养一次。

2. 石蜡油保藏法

此法是利用石蜡油淹没斜面菌种，隔绝空气，从而达到保藏的目的。保藏时间1年以上，在低温下可达4～5年。各类微生物菌种都适用，保藏霉菌、酵母菌效果更好。

（1）将石蜡油10mL，装入250mL三角瓶中，塞好棉塞，并用牛皮纸包好棉塞部分，另将10mL吸管若干支包装好，在压力1～1.5kgf/cm^{2}条件下，灭菌1h。

（2）将灭菌的石蜡油在105～110℃烘箱内干燥1h，使其中的水分蒸发掉。石蜡油含水时，一般混浊，水分排出后，变为无色透明，便可备用。用前取样少许，在豆芽汁或牛肉膏蛋白胨琼脂培养基上28～30℃下培养2～3天，证明确实无杂菌生长时方可使用。

（3）无菌操作。用无菌吸管吸取备用的石蜡油，注入新培养好的斜面菌种内，油面应高出斜面顶端1～1.5cm，塞上橡皮塞，用固体石蜡封口，直立于低温干燥处保藏。若放在冰箱中保存效果更好。

（4）需用时，直接从石蜡油中挑取菌体，移接到斜面培养基上进行活化培养。

3. 砂土管保藏法

此法适于保藏芽孢杆菌、放线菌和产生大量孢子的真菌，可保藏一至数年。

（1）取细砂过60目筛，取生土过100目筛。分别用10%盐酸浸泡2～4h后，用水冲洗至水的pH值达到中性，再烘干或晒干。

（2）以砂与土的比例为4∶1或2∶1混匀，用磁铁吸出砂土的铁质，然后分装小试管，每管分装约2g，塞好棉塞包装，1.5kgf/cm^{2}压力下灭菌1h，再干热灭菌1～2次。抽样检验，确定无菌后使用。

（3）将已形成芽孢的杀虫细菌斜面菌种，以无菌操作注入无菌水3～5mL，用接种环轻轻刮下菌苔，制成菌悬液，再用无菌吸管吸取菌悬液滴入砂土管中，至浸透砂土为止。

（4）将砂土管放入盛有干燥剂氯化钙（或五氧化二磷）的干燥器中（能用真空泵抽气数小时更好），以使砂土管迅速干燥。

（5）制备好的砂土管可用固体石蜡封口，或用喷灯烧熔试管棉塞下边玻璃密封。

4. 纯种制曲保藏法

此法是根据我国传统制曲法改进后的方法，适用于产生大量孢子的霉菌菌种保藏。具体做法如下。

（1）取一定数量的麦麸，加水拌匀。加水比例为麦麸∶水为1∶(0.8～1.5)。具体比例应根据所需保藏的菌种而定，如白僵菌可按1∶1.2加水。

（2）将拌匀后的麦麸分装于小试管，装量约2cm厚，要求疏松，塞好棉塞，包装，1kgf/cm^{2}条件下灭菌30min。经检验证明灭菌彻底后使用。

（3）将优质白僵菌菌种移接入麦麸管中，于25～28℃下培养7～10天，当分生孢子长好后，放入干燥器中进行干燥或采用真空泵迅速抽干。用固体石蜡封口，保存于冰箱或低温处。

(4) 使用时，挑取少许带菌麦麸曲，移接于新培养基上培养即可。

5. 液氮超低温保藏法

把细胞悬浮于一定的分散剂中或者把在琼脂培养基上培养好的菌种直接进行液体冷冻，然后移至液氮或其蒸汽相中保藏，进行液氮冷冻保藏时应严格控制制冷速度。

在液氮冷冻保藏中，最常用的冷冻保护剂是二甲亚砜和甘油，最终使用浓度一般为甘油10%，二甲亚砜5%。所使用的甘油一般用高压蒸汽灭菌，而二甲亚砜最好为过滤灭菌。操作步骤如下。

(1) 待冷冻保藏菌种悬液的制备

① 从生长斜面制备菌悬液　每一斜面加入5mL含10%甘油的营养液体培养基；用巴氏吸管吹吸斜面制成孢子及菌体细胞悬液；分装于玻璃安瓿或液氮冷藏专用塑料瓶中，每管装0.5～1mL，然后将安瓿用酒精喷灯封口；将所有封好的安瓿置于4℃冰箱中30min，以使细胞和悬浮培养基间达到平衡。

② 从浸没培养物制备菌悬液　在浸没培养液中加入等体积20%的无菌甘油；轻轻振荡混匀培养液，如果菌体絮凝较紧，则需先用玻璃珠打散；分装于玻璃安瓿或液氮冷藏专用塑料瓶中，每管装0.5～1mL，然后将安瓿用酒精喷灯封口；将所有好的安瓿置于4℃冰箱中30min，以使细胞和悬浮培养基间达到平衡。

(2) 控速冷冻

① 将安瓿或液氮瓶置于铝盒或布袋中，然后置于一较大的金属容器中。

② 将金属容器置于控速冷冻机的冷冻室中。

③ 以1～2℃/min的制冷速度降温，直到温度达到相对温度之上几度的细胞冻结点（一般为－30℃）。

④ 补加一定量的液氮至系统中，使细胞在冻结点时尽可能快地发生相变。

⑤ 细胞冻结后，将制冷速度降为1℃/min，直到温度达到－50℃。

⑥ 将安瓿迅速移入液氮罐中于液相（－196℃）或气相（－156℃）中保存。

如果没有控速冷冻机，则一般可用如下方法代替：将安瓿或液氮瓶置于－70℃冰箱中冷冻4h，然后迅速移入液氮罐中保存。

(3) 复苏

① 从液氮罐中取出所需的安瓿，立即置于冰浴中。

② 迅速将安瓿置于37～40℃水浴中，并轻轻摇动以加速解冰。

③ 用巴氏吸管将安瓿中贮存培养物移入含有2mL无菌液体培养基的试管中，用同一支吸管反复抽吸数次，然后取0.1～0.2mL转接入琼脂斜面上。

上述几种保藏方法，以斜面冰箱保藏法简单，但保藏时间短，且由于移接次数多而易变异和退化。石蜡油保藏法既可以防止培养基水分蒸发，又能隔绝空气而使代谢性能降低，但存放时要求直立。砂土管保藏法不需加入培养基，保存期长，不易退化，是当前应用最广的方法。

(二) 将衰退的菌种进行复壮

实验教师提供已衰退的菌种，学生想办法将其进行复壮，并能熟练操作整个实验过程。

菌种复壮方法可参考本章实验实训二，用稀释分离法、划线分离法、涂布分离法，或用接种环直接取菌体在平板培养基上交叉划线，分离纯化微生物，得到纯培养物。选取优良性状的单菌落，再移接到新的斜面培养基上培养，即可达到复壮的效果。

五、实验报告

1. 列表比较斜面低温保藏、石蜡油保藏和砂土管保藏法，各适合于保藏何种类型微生物？保藏时间可维持多久？

2. 上交采用几种方法制备的待保藏菌种。

3. 对菌种进行复壮的方法有哪些？

六、思考题

1. 石蜡油经蒸汽灭菌后，为什么还要进行烘干？

2. 砂土管保藏，为什么只适于细菌芽孢、放线菌和真菌的孢子而不适用于无芽孢细菌和酵母菌？

3. 对该菌种进行长期保藏和短期保藏应该分别采用什么方法？

实验实训二　土壤微生物分离和培养（混菌法）

一、目的要求

了解纯种分离和平板菌落计数法的原理，熟悉无菌操作，掌握稀释分离法、划线分离法及混合平板的制作。

二、基本原理

为了挖掘更多的微生物资源和不断提高微生物制品的产量和品质，就必须注重选种工作，选育就是将微生物从自然界混杂的状态下，经过不断地分离纯化，根据选种目标和菌种特性，采用各种方法，挑选出性能良好的优良菌株。

用稀释法从土壤中分离各类微生物。因为不同的微生物在土壤中分布的层次、数量不同，加之需要的培养基不同（培养基的种类、pH 值）。通过样品一系列的稀释，使菌液含菌浓度大大降低，制成一系列不同浓度的稀释液，使样品中的微生物个体分散成单个细胞状态。再取一定量的稀释液接种，使其均匀分布于培养皿中的固体培养基上，在适宜温度下，经过一定时间培养，可在平板上获得彼此分离的单菌落。从中挑选所需要的菌落，再进行接种培养。如此反复进行就可获得纯种。统计菌落数目，一般认为每一个菌落是由一个细胞增殖后形成的，则即可计算出样品的含菌数。

三、材料和器具

1. 材料

培养细菌、放线菌、酵母菌、霉菌的培养基，无菌水等。

2. 器具

待分离样品（土样）、无菌培养皿（直径 9cm）、无菌吸管或移液管（1mL）、无菌试管、烧杯、无菌三角瓶、量筒、玻璃棒、玻璃珠、酒精灯、无菌铲、计数器等。

四、方法与步骤

菌种分离和菌种移接需严格的无菌操作，否则会因杂菌的传入而导致操作失败。

（一）无菌操作

菌种分离或移接工作应在无菌环境中进行，接种室、接种箱或超净工作台是常用的接种环境。用前先清洁搞好卫生，再进行消毒处理。可用甲醛熏蒸和紫外线交叉灭菌，或用 3% 来苏尔及其它表面消毒剂进行喷雾。

一切用具都要灭菌，包括操作者的手。工作人员要更换工作服、鞋、帽、口罩，先用肥皂将手洗净，再用酒精棉球消毒；整个操作过程都要靠近酒精灯火焰，动作要迅速利落；接种工具在使用前后必须在酒精灯火焰上灭菌；不能有跑、跳等力度大的动作，以免引起空气大震动而增加染菌机会。

（二）纯种分离

常用的是稀释分离法和划线分离法。

1. 稀释分离

（1）取样　要分离霉菌应选择偏酸性土壤，要分离放线菌应选择富含有机质的偏碱性土壤，分离酵母菌要选择含糖量高、偏酸性的土壤（如菜园、果园里土壤）。细菌在土壤中含量最多，各种类型土壤都容易分离到细菌。

取样时选好采集土地，用无菌铲随机取土。挖前先除去表土，然后在表层以下 5～10cm 深处土层取约 100g，共取 5 穴约 500g，装入无菌纸袋中，并在袋上注明采集时间、地点、植被等情况，带回实验室，尽快在室内无菌条件下清除杂质，捣碎，拌匀。

（2）制备菌悬液　称取土样 1g，在火焰旁无菌操作加入到装有 99mL 无菌水的无菌三角瓶中（瓶内装入数粒无菌玻璃珠或小玻璃碎片，以加速打碎土块，使内部小颗粒尽快充分释放出来)，充分振荡 5～10min，摇匀，制成 10^{-2} 土壤菌悬液。静置半分钟后可进行下一步。

（3）稀释　按“10 倍稀释法”把 10^{-2} 土壤菌悬液依次稀释成不同的倍数，制成一系列稀释度的土壤菌悬液。取一只无菌吸管，将口端、吸液端迅速通过酒精灯火焰 2～3 次，以杀灭在拆包装纸时可能污染的杂菌。左手持三角瓶，右手持吸管，并用右手的小指和无名指挟取棉塞，将吸管伸进三角瓶底部吸取菌液 1mL，注入到第一支盛有 9mL 无菌水的无菌试管中，（注意勿使吸管碰到无菌水），摇匀即得 10^{-3} 菌悬液，同样的方法，再取另一支吸管吸取 1mL 10^{-3} 菌液，注入到第二支无菌试管中，摇匀即成 10^{-4} 菌液；如此按 10 倍序列稀释至适宜稀释度，每换一个稀释度就需另取一支试管，就得到 10^{-5}、10^{-6}、10^{-7}……不同稀释度的土壤菌悬液。稀释的程度一般根据样品含活菌多少而定（见实图 6-1)。

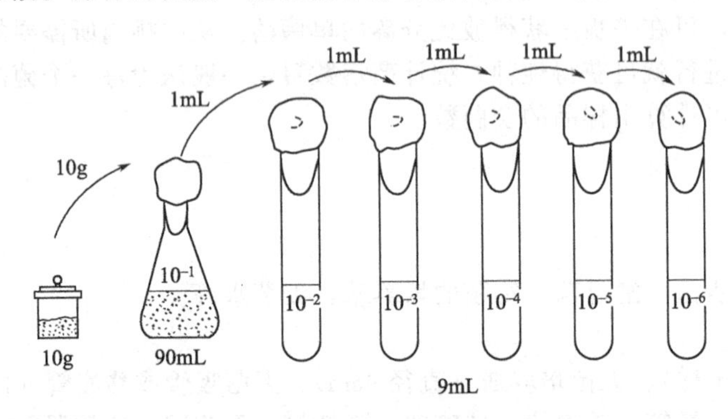

实图 6-1　样品稀释

（4）制混合平板　事先准备好数套直径为 9cm 的无菌培养皿，分别标上所要接的稀释浓度，标签贴在皿盖的侧面，一般取用最后 2～3 个稀释度的菌液，每个稀释度做 2～3 套，即 2～3 个重复，以便比较和计算数量。

用相应稀释度的吸管吸取适当稀释倍数的样品稀释液 1mL，放入已灭菌的编好号的培养皿中，再倒入熔化而冷却至 45～50℃ 的无菌琼脂培养基（可放入 45～50℃ 水浴锅中保温)，用手背触瓶壁，不感到很烫即可。倒入琼脂培养基时，右手拿三角瓶，左手以无名指与小指拔出棉塞，瓶口在火焰上灭菌后，掀开皿盖，至培养皿的一侧迅速倒入培养基（约15mL），以培养基刚覆盖皿底（约3mm厚）为宜（实图6-2）。将培养皿按顺、逆时针方向反复旋转摇动几次，使菌液和培养基混合均匀（注意勿使培养基沾在皿盖或边缘上），放平冷却凝固后即成混合平板。

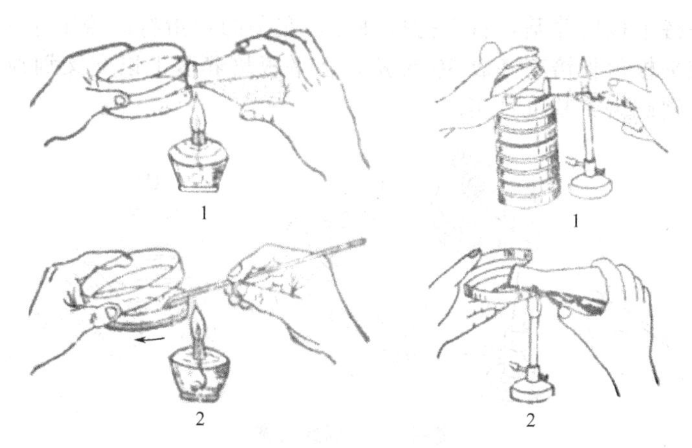

实图 6-2　倒培养基制混合平板

将凝固好的混合平板倒转放置于瓷盘中，置于恒温培养箱中，适宜温度下培养长出菌落。根据长出的菌落计数，观察菌落特征。根据菌落特征将所需菌落移至新鲜无菌斜面培养基上，再在适温下培养至长满斜面，即为初步纯化的菌种。再经2～3次纯化就能达到很纯的效果。土壤微生物的分离过程见实图6-3。此处可与下一实验交叉进行。

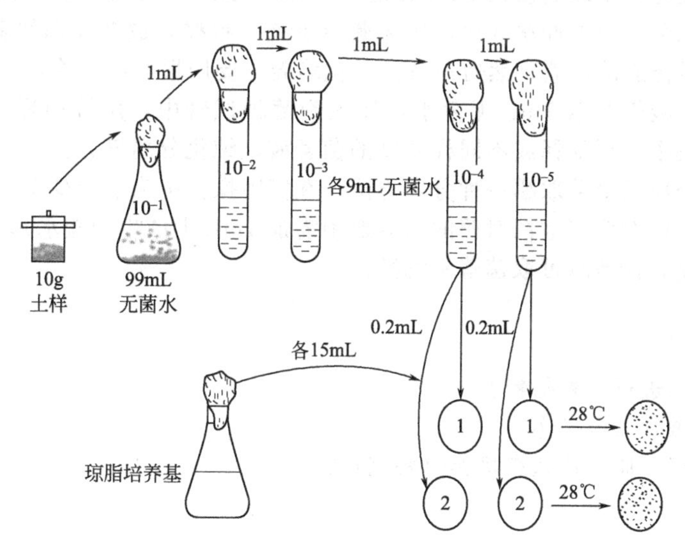

实图 6-3　土壤微生物的分离过程

2. 划线分离法

划线分离法也是分离纯化菌种的常用方法。依据是：在培养基表面上，通过接种环（或接种棒）多方向的连续划线，随着接种工具的移动，使混杂生长的微生物菌体得以分散开，经培养后，分散状态的菌体能繁殖成单个的菌落。具体操作如下。

（1）制平板培养基　取数套直径9cm的无菌平皿，每3套重复接一个菌悬液浓度，每套平皿上都贴上标签（注明所接菌名，接种菌悬液的浓度），标签贴在皿盖的侧面。以无菌操作法，将熔化并冷却至50℃左右的已灭菌的琼脂培养基倒入已灭菌的培养皿中（约

20mL)，可自平皿一侧倒入，勿使培养基沾在皿盖或边缘上，凝固后即成平板培养基。

(2) 划线分离　划线分离的样品，可较小的稀释度将其制成菌悬液。一般挑取少许样品于装有 5mL 无菌水的第一支试管中，摇匀后用接种环从第一支试管中取一环菌液，移入第二支无菌水试管中，摇匀，依此类推，就制成几个稀释度的菌悬液。

划线时，左手持平板培养基，右手持接种环，左手的食指将皿盖掀起一小缝，伸进带有菌液的接种环，与平板琼脂培养基成 30°夹角，在平板培养基上以交叉划线法或连续划线法轻轻划线，注意勿划破培养基（见实图 6-4）。

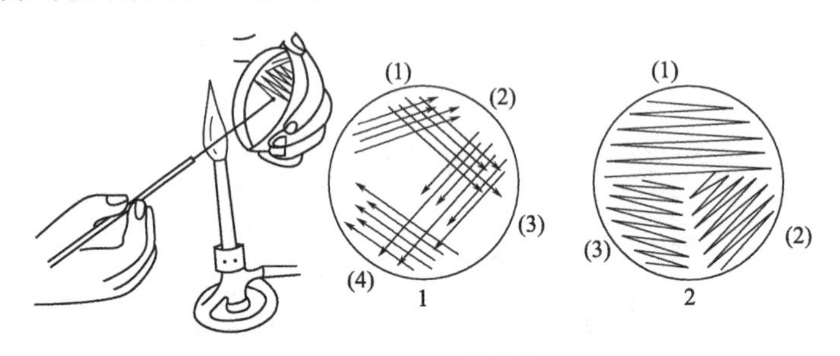

实图 6-4　划线分离

将接种的培养皿倒置于瓷盘中（以防冷凝水冲散菌体），置于恒温培养箱中适宜温度下培养长出菌落，再把所需的单菌落移入斜面培养基培养。如此重复纯化 2～3 次，就可获得纯种。

其它如豆科植物根瘤中的根瘤菌等样品和试管中的斜面菌种也可如此分离纯化。采集来的根瘤要进行预处理：洗净后浸入 95%酒精中 1min，取出再浸入 0.1%升汞液中 3～4min，然后以无菌水在无菌操作下冲洗 3 次，用无菌镊子夹一根瘤，放在无菌培养皿内压出浆汁，加 20mL 无菌水稀释成菌悬液，然后再分离纯化培养，要用根瘤菌培养基。试管中的斜面菌种预处理：用无菌吸管吸取 1mL 无菌水，注入到菌种试管中，用接种环刮取菌苔，混匀，注入到无菌三角瓶中，再稀释成不同稀释度的菌悬液，纯化分离培养。

微生物纯化分离无论采取哪一种分离方法，在实际操作中为了减少误差，通常都要做不接样品稀释液的空白对照（空白对照的培养皿中需加 1mL 无菌生理盐水），同时要求每一稀释度要有 3 个重复，计数时可取菌落平均数。

五、实验报告

1. 怎样将样品进行系列稀释？
2. 怎样才能做到无菌操作？
3. 接种后的培养皿为什么在培养时要倒置？

六、思考题

1. 怎样制混合平板？为何培养基须在 45～50℃时才能倒入有菌液的培养皿中？
2. 平板划线时，为何每次都要烧掉接种环上的余菌？

实验实训三　标准菌落的形态观察和计数上次培养的土壤微生物

一、目的要求

观察认识几种常见微生物的菌落特征，掌握用平板菌落计数法测定一定数量样品中微生物细胞数目的方法。

二、基本原理

不同的微生物形成的菌落不同，观察微生物菌落标本和上次微生物纯化分离培养出的菌落，根据其菌落特征识别微生物。平板菌落计数法是通过将样品制成一系列不同的稀释液，使样品中的微生物个体分散成单个细胞状态。再取一定量的稀释液接种，使其均匀分布于培养皿中的培养基上，培养后统计菌落数目，一般认为每一个菌落是由一个细胞增殖后形成的，即可计算出样品的含菌数。

三、材料和器具

含菌样品，无菌水，制备好的培养基 200mL 装于三角瓶中，装有三四十粒玻璃珠的无菌三角瓶一个，无菌培养皿数套，1mL 无菌吸管数支，计数器，无菌试管，几个培养好的典型的微生物菌落标本，接种棒或玻璃棒。

四、方法与步骤

（一）微生物标准菌落的观察

① 先用肉眼观察微生物标准菌落的形态及菌落特征。

② 再用放大镜或解剖镜观察微生物菌落的细微特征，必要时可借助显微镜观察菌落及个体形态。

（二）微生物的平板菌落计数

1. 涂抹平板培养

（1）按上次实验中的“10 倍稀释法”将样品稀释成不同的倍数，就制成一系列不同浓度的菌液。

（2）先将熔化并冷却到 50℃左右的无菌琼脂培养基注入已灭菌的培养皿中。待凝固后，接种不同稀释度样品液 0.2mL 于培养皿中央，并用接种棒将稀释液均匀地涂抹在平板表面，同一浓度可用一个接种棒连续涂抹（实图 6-5）。否则必须更换接种棒，或将接种棒灭菌后使用。涂抹后的培养皿暂放几小时，待稀释液中的水分干后再将培养皿倒置适温培养。长出菌落后再计数。涂抹平板培养也可放在本章实验实训二中进行。

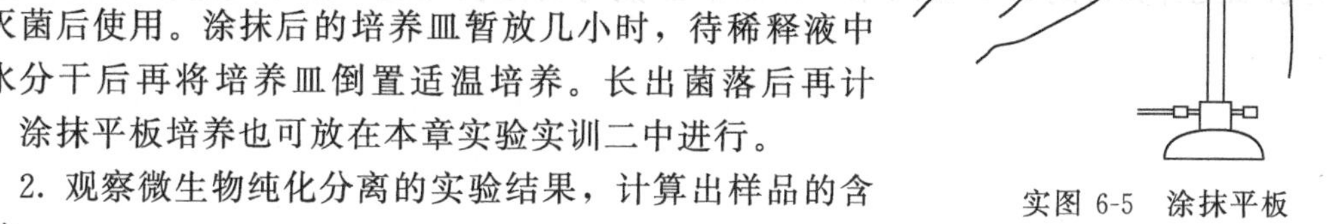

实图 6-5 涂抹平板

2. 观察微生物纯化分离的实验结果，计算出样品的含菌数

（1）观察培养的微生物的实验结果，用肉眼或放大镜数出菌落数或用计数器进行计数，做好实验记录（实表 6-1）。

（2）根据记录的实验结果，算出同一稀释度 2～3 个培养皿中长出的菌落平均数，再根据公式求出样品的含菌量。

混合平板培养计算公式：

$$\text{每克(毫升)样品活菌数(个)}=\frac{\text{同一稀释度的菌落平均数}\times\text{稀释倍数}}{\text{样品质量(g)或体积(mL)}}$$

涂抹平板培养计算公式：

$$\text{每克(毫升)样品活菌数(个)}=\frac{\text{同一稀释度的菌落平均数}\times\text{稀释倍数}}{\text{样品质量(g)或体积(mL)}}\times 5$$

实表 6-1　实验记录表

菌落数 / 稀释度 / 样品号	1∶10^2	1∶10^3	1∶10^4	1∶10^5	1∶10^6	1∶10^7	1∶10^8	1∶10^9
混合平板培养								
1001(对照)								
1002								
1003								
1004								
1005								
1006								
1007								
1008								
1009								
涂抹平板培养								
1001(对照)								
1002								
1003								
1004								
1005								
1006								
1007								
1008								
1009								

不同稀释度间的计算结果应相近，若相差太大，数据是不可靠的。

五、实验报告

上交实验结果、实验记录和计算结果。

六、思考题

分析如此计算得到的实验结果，样品活菌数与实际值相比，是偏高还是偏低？分析原因。

第七章　微生物生态

知识目标

了解微生物在生态环境中的重要意义；掌握微生物在自然界物质转化中所起的作用，微生物间以及微生物与高等植物间的相互关系。

技能目标

根据微生物在生态环境中的作用，解决生产实践中的相关问题（如利用豆科植物根瘤菌进行生物固氮）

微生物与环境间有着极为密切的关系，微生物的生命活动依赖于环境，同时也影响着环境，微生物生态就是研究处于环境之中的微生物及与微生物相联系的物理、化学和生物等环境条件，以及它们之间的相互关系。在一个环境中微生物与其它生物因子、非生物因子之间相互影响、相互制约所形成的体系称为微生物生态系。

研究微生物的生态有着重要的理论和和实践意义。研究微生物的分布和活动规律，有利于开发丰富的菌种资源，防止有害微生物的活动；研究微生物间及其与其它种生物间的相互关系，有助于发展新的微生物农药、微生物肥料、食品混菌发酵、序列发酵和生态农业；研究微生物在自然界物质循环中的作用，有利于促进土壤肥力的提高以及生物能源的开发利用。

第一节　微生物生态系

在自然界的不同境域中，由于生态条件的差异，对微生物的发生、分布和活动的影响不同，因而形成了各种不同的微生物生态系。

一、土壤-微生物生态系

（一）土壤是微生物生长和繁殖的良好环境

土壤是微生物最适宜的生活环境，它能提供微生物所需要的一切营养物质和进行生命活动的各种条件。

1. 营养

土壤含有丰富的动植物和微生物残体及其分解产物，为微生物提供了良好的碳源、氮源和能源。土壤中含有大量的矿质元素，可供微生物生命活动所需。

2. 水分和通气

土壤颗粒空隙中充满着空气和水分，为好氧和厌氧微生物的生长提供了良好的生活环境。同时土壤水分含有微生物可以直接利用的营养成分。

3. pH 值

土壤的 pH 值范围在 3.5～10.5，多数在 5.5～8.5。这正是大多数微生物活动的最适 pH 值范围。

4. 温度

土壤温度变化幅度小而缓慢，具有一定的保温性，这一特性有利于微生物的生长。与空气相比，昼夜温差和季节温差的变化不大。在表土几毫米以下，土壤能保护微生物不被阳光直射致死。

这些都为微生物生长繁殖提供了有利的条件。因此土壤中的微生物的数量和种类最多。对微生物来说，土壤是微生物的“大本营”；对人类来说，土壤是人类最丰富的“菌种资源库”。

（二）土壤中的微生物种类、数量与分布

1. 土壤微生物种类和数量

土壤中微生物的种类和数量都很多，包含细菌、放线菌、真菌、藻类和原生动物等类群。其中细菌最多，放线菌、真菌次之，藻类和原生动物等较少。土壤微生物通过其代谢活动可改变土壤的理化性质，进行物质转化，因此，土壤微生物是构成土壤肥力的重要因素。

（1）细菌　土壤中细菌可占土壤微生物总量的70%～90%，土壤中细菌数量多，生物量高，大多为异养型细菌，少数为自养型细菌。生物量是单位体积内活细胞的质量。细菌对土壤中有机物的分解与腐殖质的形成起着决定性作用。

（2）放线菌　土壤中放线菌的数量仅次于细菌，1g土壤中的放线菌占土壤微生物总数的5%～30%。放线菌主要分布于耕作层中，数量、种类随土壤深度增加而减少。

（3）真菌　真菌广泛分布于土壤耕作层，1g土壤中可含10^4～10^5个真菌。土壤中真菌有藻状菌、子囊菌、担子菌和半知菌类，其中以半知菌类最多。

（4）藻类　土壤中藻类的数量比其它微生物类群要少，在土壤微生物总量中不足1%。在潮湿的土壤表面和近表土层中，为光合型微生物，因此易受阳光和水分的影响，但它们能将CO_2转化为有机物，可为土壤积累有机物质。

（5）原生动物　土壤中原生动物的数量变化很大，在富含有机质的土壤中含量较高。原生动物吞食有机物残片和土壤中细菌、单细胞藻类、放线菌和真菌的孢子，因此原生动物的生存数量往往会影响土壤中其它微生物的生物量。原生动物对于土壤有机物质的分解具有显著作用。

2. 土壤中微生物的分布

土壤中微生物的分布受土壤有机质含量、湿度和酸碱度的影响，并随土壤类型的不同而有很大的变化（表7-1）。

表7-1　我国各主要土壤中微生物的数量　　单位：10^4个/g干土

土壤类型	地　点	细菌	放线菌	真菌
暗棕壤	黑龙江呼玛	2327	612	13
棕壤	辽宁沈阳	1284	39	36
黄棕壤	江苏南京	1406	271	6
红壤	浙江杭州	1103	123	4
砖红壤	广东徐闻	507	39	11
磷质石灰土	西沙群岛	2229	1105	15
黑土	黑龙江哈尔滨	2111	1024	19
黑钙土	黑龙江安达	1074	319	2
棕钙土	宁夏宁武	140	11	4
草甸土	黑龙江亚沟	7863	29	23
白浆土	吉林蛟河	1598	55	3
滨海盐土	江苏连云港	466	41	0.4

注：引自中国科学院南京土壤研究所资料。

从表7-1中可以看出，在有机质含量丰富的黑土、草甸土、磷质石灰土和植被茂盛的暗棕壤中，微生物数量较多；而在西北干旱地区的棕钙土，华中、华南地区的红壤和砖红壤，以及沿海地区的滨海盐土中，微生物的数量最少。

微生物在土壤中的数量，不仅受土壤类型影响，而且在同一类型土壤的不同深度中也不相同。其主要原因是由于土壤不同层次中的水分、养料、通气、温度等环境因子的差异及微生物的特性不同（表7-2）。

表7-2　典型花园土壤不同深度微生物的数量　　单位：10^3 个/g土

深度/cm	细菌	放线菌	真菌	藻类
3～8	9750	2080	119	25
20～25	2179	245	50	5
35～40	570	49	14	0.5
65～75	11	5	6	0.1
135～145	1.4	—	3	—

从表7-2中可以看出离表土层几厘米处至十多厘米处，微生物的数量最多，在20cm以下，土壤因养分减少，缺少空气等而不利于微生物生长，微生物数量随土层深度增加而减少。

在耕作土壤中，熟化土较未熟化土中微生物多；肥沃土较贫瘠土中多；旱田较水田中多。另外，土壤中微生物的数量也随季节而变化，春、秋季时数量较多，夏、冬季数量较少。

（三）土壤中微生物间的相互关系

在土壤中，各种微生物群居形成一定的群社关系，它们之间互为条件、彼此影响，表现出错综复杂的关系，可区分如下。

1. 互生

两种生物可以独立生活，也可以形成相散的联合，对一方有利或双方都有利。

固氮菌和纤维素分解菌，两者互生关系较为典型，固氮菌可利用纤维素分解菌产生的有机酸作为碳源和能源而大量繁殖，并进行固氮；使纤维素分解菌也避免因为自身代谢产物积累过多而中毒；同时可利用固氮菌固定的氮素营养物质，生长更加旺盛。增强了分解纤维素的能力。由于它们的互生关系，提高了土壤的肥力。

2. 共生

两种微生物紧密地生活在一起时，彼此依赖，相互为对方创造有利的条件，有的达到了不可分离的程度。在生理上相互分工，互换生命活动的产物，在组织上形成了新的结构，一旦彼此分离，各自就不能很好地生活，这两种生物之间的关系即为共生关系。

微生物与微生物间共生的典型例子是菌、藻共生而形成的地衣。它是真菌（子囊菌、担子菌）与藻类（绿藻、蓝藻）共生组成一种植物体，地衣中的真菌和藻类已形成特殊形态的整体了，在生理上相互依存，藻类进行光合作用，为真菌提供有机营养，而真菌则可以产生有机酸去分解岩石中的某些成分，为藻类提供所必需的矿质元素。另外，豆科植物与根瘤菌之间的共生关系是微生物与植物间共生的典型。

3. 拮抗

一种微生物生命活动中，通过产生某些代谢产物或改变环境条件，能抑制其它微生物的生长繁殖，或毒害杀死其它微生物的现象，叫拮抗现象。这两种微生物间的关系叫拮抗关系。根据拮抗作用的选择性又分为非特异性和特异性拮抗关系。

(1) 非特异性拮抗关系　如乳酸菌能产生乳酸，能抑制腐败菌的生长，酸菜泡菜不易烂就因如此。这种抑制作用没有特定专一性，对不耐酸的菌都有抑制作用。

(2) 特异性拮抗关系　一种微生物在生命活动中，能产生某种或某类特殊代谢产物，选择性地抑制或杀死其它种微生物，这两种微生物之间的关系即为特异性拮抗关系。前者称为抗生菌，后者称为敏感菌，拮抗性物质称抗生素。如青霉菌产生的青霉素抑制革兰阳性细菌，链霉菌产生的制霉菌素抑制酵母菌和霉菌。

4. 寄生

一种小型生物生活在另一种较大型生物的体内或体表，从中取得营养并进行生长繁殖，同时使后者蒙受损害甚至被杀死的现象叫寄生。前者称寄生物，后者称寄主。有些寄生物离开寄主不能生存，这类寄生物称为专性寄生物；有些寄生物可离开寄主营腐生生活，这类寄生物称为兼性寄生物。微生物对植物的寄生很普遍，这是植物发生病害的重要原因。

5. 猎食

土壤中的细菌、放线菌和真菌的孢子及单细胞藻类常成为土壤中一些原生动物的食物。土壤中原生动物的数量与这些微生物在土壤中的发育密切相关，同时这些原生动物也对其它微生物的发育起了限制的影响。

二、植物-微生物生态系

(一) 根际微生物

根际是在植物根系影响下的特殊生态环境。根际土壤最内层达到根面，称为根表，最外层无明确的界限，一般根际是指围绕根面的 1～2mm 厚受根系分泌物所影响和控制的薄层土壤。生活在根际土壤中的微生物统称为根际微生物。

1. 植物根系对根际微生物的影响

① 根系分泌物和脱落物是微生物的重要营养来源。植物根系组织和细胞在生长和代谢过程中能不断向根际分泌许多无机和有机物质（如氨基酸、有机酸和碳水化合物、核苷酸、生长素和酶），再加上脱落的根表皮细胞、根冠和死亡的根系等，都是微生物的营养来源。

② 根系在土壤中发育，改善了根际中的水汽条件，直接影响到了微生物的生存。

由于根系的穿插，使根际的营养成分、O_2 和水分状况也与根外土壤不同，从而形成了一个有利于微生物生长的特殊的生态环境。

2. 根际微生物对植物的有益影响

① 根际微生物可以改善植物的营养源。根际微生物在分解有机物质的过程中，可使之释放或最终形成氨、硝酸盐、硫酸盐、磷酸盐等，并随即放出 CO_2，促进植物营养元素的矿化，增加了植物养分的供应。如无效的无机磷、有机磷矿化为有效磷，固氮微生物固定氮素等。

② 根际微生物产生的生长调节物质影响植物生长。许多根际微生物可产生维生素、生长刺激素类物质，如固氮菌、根瘤菌和某些假单胞菌等能产生吲哚乙酸和赤霉素类生长调节物质，刺激植物生长。

③ 根际微生物可分泌抗生素类物质，有助于植物抗土著性病原菌的侵染。如豆科作物根际常有对引起小麦根腐病的长蠕孢菌有拮抗作用的细菌存在，可以抑制长蠕孢菌这种病原菌的生长，减轻了后茬小麦的根腐病害。

④ 产生铁载体。这是一些根际植物促生细菌（PGPR）的重要功能之一。铁载体是微生物在缺铁性胁迫条件下产生的一种特殊的、对微量铁离子具有超强配位力的有机化合物。由

于 PGPR 产生铁载体的速度快且量大，在与不能产生或产生量较少的有害微生物竞争时占优势，从而抑制有害微生物的繁殖，保护植物免受病原菌的侵害。

3. 根际微生物对植物的不利或有害影响

许多根际微生物通过侵染、寄生或其它方式对植物可以造成不利甚至有害的影响，这些微生物称为病原菌或致病菌。这些致病菌可能通过下列途径来影响植物：一是与植物竞争有效的营养物质，或固定某些重要营养元素，使植物在某一时间内无法吸收到足够的营养物质；二是产生一些物质可抑制根在土层中持续生长，根毛长度和数量、根细胞的有效能量代谢也受到限制；三是寄生菌导致寄主植物细胞的腐解；四是干扰植物生长物质和营养的传送；五是某些病原菌可在相应的植物根际得到加富，助长病害的发生和加重病害。

（二）附生微生物

一般指生活在植物体表面，主要借其外渗物质或分泌物质为营养的微生物。叶面微生物是主要的附生微生物。叶面附生微生物以细菌为主，一般每克新鲜叶表面约含 10^6 个细菌，也存在少数的酵母菌和霉菌，而放线菌则极少。叶面微生物对植物的生长发育和人类的实践有着一定的关系，例如，乳酸杆菌广泛存在于叶面上，在腌制泡菜、酸菜和青贮饲料过程中，存在于叶面的乳酸杆菌就成了天然接种剂；在各种成熟的浆果表面有大量糖质分泌物，因而存在着大量的酵母菌和其它附生微生物，当果皮损伤时，附生微生物就乘机进入果肉引起果实腐烂。在用葡萄等原料进行果酒酿造时，其表面的酵母菌也成了良好的天然接种剂。还有一些叶面微生物可以固氮，它们可直接或间接地向植物供应氮素营养。

（三）植物与微生物的共生体

(1) 根瘤　在各种豆科植物的主根和侧根上结有许多瘤子，称为根瘤。豆科植物与相应的根瘤细菌共生，形成特殊结构的根瘤。根瘤菌在根瘤内获得营养而生长繁殖，同时进行固氮作用，供给豆科植物氮素营养，互为有利，成为生理上共生联合体系（图 7-1)。

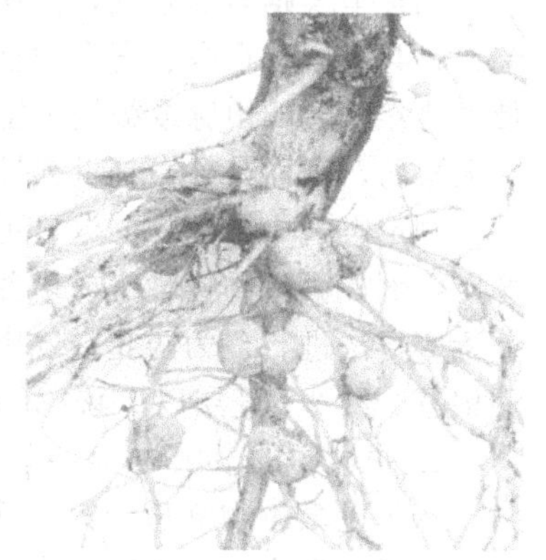

图 7-1　大豆根瘤

(2) 叶瘤　有些植物的叶子上有叶瘤，叶瘤内有专一的微生物种类。叶瘤中的微生物从植物叶中得到营养，它们的代谢产物也可能对植物的生长有刺激或营养作用。

(3) 红萍和蓝细菌的共生体　红萍鳞叶腹腔内共生着一种鱼腥藻，它有较好的固氮作用。红萍从鱼腥藻得到氮素营养，鱼腥藻在红萍腹腔内得到特殊的生活环境，互为有利。

(4) 菌根　菌根是真菌与植物的共生联合体。有些真菌的菌丝体包围在植物根的外部或侵入根内和根组织共同发育形成菌根。各种植物的菌根，按其形态结构，可分为外生菌根和内生菌根。

① 外生菌根　外生菌根的结构随植物种类以及有关菌根菌的种类不同而有所不同，但它们可以形成包围支根或幼根尖的菌鞘或菌帽；菌丝进入寄主皮层内细胞间隙，从菌鞘长出伸入土壤形成菌丝带和根状菌索，或在菌鞘内或菌鞘上繁殖且形成外生菌根周围的自养型微生物。这些外生菌根菌和周围的自养型微生物可以把土壤中无效养分转化为有效养分提供给植物［图 7-2 (b)]。

② 内生菌根　与外生菌根不同，内生菌根的侵染很少引起根系外部形态的改变。其中泡囊丛枝菌根是极为重要的一种。它们在根系表皮和皮层内的细胞内或细胞间侵占并生长繁

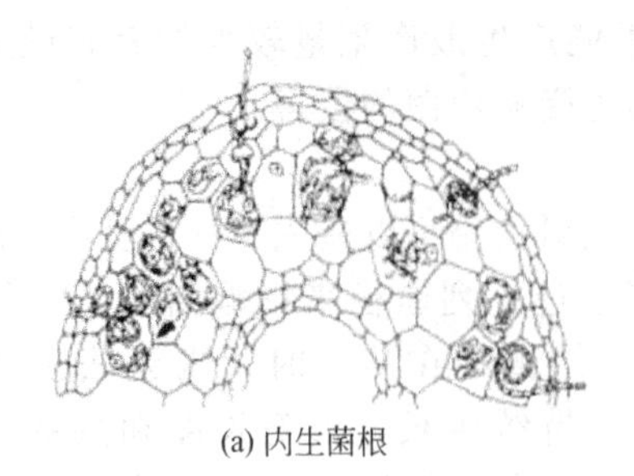
(a) 内生菌根

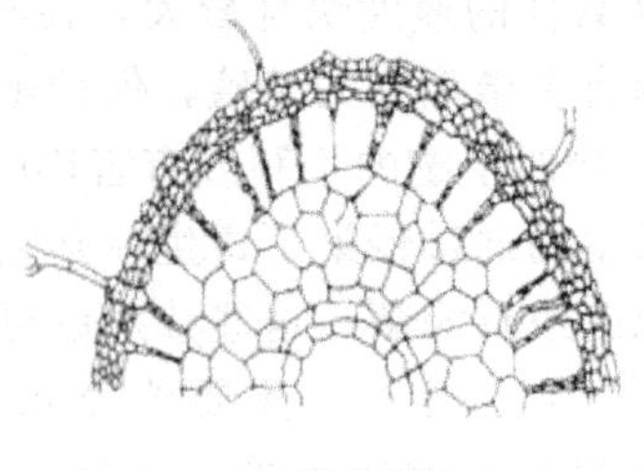
(b) 外生菌根

图 7-2 内生菌根和外生菌根

殖。在寄主细胞内，内生菌丝产生与病原真菌吸管相似的称为丛枝的重复分枝，菌丝顶端膨大为泡囊［图 7-2（a）］。

（四）植物的寄生微生物

植物的寄生微生物通常能引起植物的病害，这些微生物称为植物病原微生物。主要包括病毒、细菌、真菌和原生动物。病原微生物通过不同的途径进入植物体内，通过产生分解酶、毒素和生长调节因子干扰植物的正常功能。被感染植物能产生各种形态上和代谢上的异常，表现为变色、组织坏死、萎蔫、畸形等症状。

三、空气和水域-微生物生态系

1. 空气中的微生物

空气本身不含微生物生长繁殖所需要的营养物质和充足的水分，所以空气不是微生物生长繁殖的良好场所。然而，空气中还是含有一定数量的微生物。这是由于土壤、人和动植物体等物体上的微生物不断以微粒、尘埃等形式飘散到空气中而造成的。

凡含尘埃越多的空气，其中所含的微生物种类和数量也就越多。一般在城市街道、医院、公共场所、宿舍、畜舍的空气中，微生物的含量最高，在高山、海洋、高空、森林地带、终年积雪的山脉或极地上空的空气中，微生物的含量就极少。微生物在空气传播的距离是无限的，因而其分布是世界性的。

测定空气中微生物的数目可用培养皿沉降或液体阻留等方法进行。凡须进行空气消毒的场所，例如微生物接种室或培养室等处，可以用紫外线消毒、福尔马林等药物的熏蒸或喷雾消毒等方法进行。为防止空气中的杂菌对微生物培养物或发酵罐内的纯种培养物的污染，可用棉花、纱布（8 层以上）、石棉滤板、活性炭或超细玻璃纤维过滤纸进行空气过滤。

2. 水域中的微生物

水体是微生物栖息的第二个天然场所。在江、河、湖、海、地下水中都有微生物的存在。习惯上把水体中的微生物分为淡水微生物和海洋微生物两大类型。

淡水微生物的种类及在水中的分布受到水的类型、有机质的含量等因素影响。在含有石油的地下水中，有大量能分解碳氢化合物的细菌；含铁的泉水中含有铁细菌；含硫的泉水中含有硫黄细菌；在温泉中则有耐热菌的存在。水中真菌以水生藻状菌为主。天然水中还有一些低等藻类生物，以硅藻数量最大，此外还有各种原生动物。

海洋微生物包括细菌、真菌、藻类、原生动物及噬菌体等。由于海洋环境具有盐度高、有机质含量少、温度低及深海静水压力大等特点，所以海洋微生物绝大多数是需盐、嗜冷和耐高渗透压的微生物。

水中微生物的含量对该水源的饮用价值影响很大。一般认为，良好的饮用水，细菌含量应在 100 个/mL 以下，当超过 500 个/mL 时，即不适合做饮用水了。在自然水体尤其是快速流动的水体中，存在着对有机或无机污染物的自净作用，这就是“流水不腐”的重要原因。

四、农产品和动物-微生物生态系

微生物的分布极为广泛，在农产品、食品、纤维等物质上，在动物体上都有微生物的存在。这些微生物引起食品和农产品的腐败、变质和动物的病变，因此了解这些微生物有十分重要的意义。

1. 农产品上微生物

在各种农产品上均有微生物存在，粮食尤为突出。据统计，全世界每年因霉变而损失的粮食就占总产量的2%左右。

粮食中的微生物有数百种之多，主要类群有：真菌（霉菌、酵母菌和植物病原真菌）、细菌、放线菌以及病毒。特别是霉菌，以曲霉属、青霉属和镰孢霉属的一些种为主，在适宜条件下会大量繁殖，降解粮食中有机物的同时，释放出大量热能和水分，使堆积的粮食升温发热、湿度增大，使粮食生霉变质。不仅降低了营养价值甚至不能食用。一些微生物还会产生有毒、有害的代谢产物，使人食用中毒甚至死亡。例如黄曲霉产生的黄曲霉毒素有极强的致癌作用，黄曲霉特别容易在花生和玉米上繁殖，在小麦面粉和豆粉中也有发现。

粮食上也存在有益无害的微生物，例如植生假单胞菌和荧光假单胞菌，它们以植物各部分外渗物质为生，它们对某些使粮食霉变的微生物有明显的拮抗作用。

为防止农产品的变质，应在保管中创造不利于微生物生长的条件，例如干燥、低温、密闭的环境和使用某些防霉药剂等。

2. 动物体上的微生物

大多数微生物与人体及动物之间的相互关系是有益的。微生物与动物种群之间的共生关系包括营养交换、帮助动物消化食物中的难消化化合物（特别是纤维素）、产生维生素和氨基酸、抵御病原体感染、维持合适的栖息条件等。微生物还可以是动物的病原体，通过产生毒素或感染动物宿主，导致严重的动物疾病及流行病。

五、极端环境微生物生态系

存在于地球的某些局部地区，不利于一般生物生长的特殊环境称为极端环境。极端环境包括高低温、高压、高盐等。在各种极端环境中，存在着各种不同的微生物。

1. 嗜热微生物

按微生物生长的最适温度，可将它们分为嗜冷、兼性嗜冷、嗜温、嗜热和超嗜热五种类型。嗜热微生物生长的生态环境有热泉（温度高达100℃），高强度太阳辐射的土壤，岩石表面（高达70℃），各种堆肥、厩肥、干草、锯屑及煤渣堆，此外还有家庭及工业上使用的温度比较高的热水及冷却水。嗜热微生物有远大的应用前景，高温发酵可以避免污染和提高发酵效率，其产生的酶在高温时有更高的催化效率，高温微生物也易于保藏。嗜热微生物还可用于污水处理。嗜热细菌的耐高温DNA多聚酶使DNA体外扩增的技术得以突破，为PCR技术的广泛应用提供基础，这是嗜热微生物应用的突出例子。

2. 嗜冷微生物

嗜冷微生物能在较低的温度下生长，可以分为专性和兼性两类，前者的最高生长温度不超过20℃，可以在0℃或低于0℃下生长；后者可在低温下生长，但也可以在20℃以上生长。嗜冷微生物的主要生境有极地、深海、寒冷水体、冷冻土壤、阴冷洞穴、保藏食品的低温环境。从这些生境中分离到的主要嗜冷微生物有针丝藻、黏球藻、假单胞菌等。从深海中分离出来的细菌既嗜冷，又耐受高压。

3. 嗜盐微生物

含有高浓度盐的自然环境主要是盐湖，如青海湖（中国）、大盐湖（美国）、死海（黎巴嫩）和里海（俄罗斯），此外还有盐场、盐矿和用盐腌制的食品。海水中含有约3.5%的氯化钠，是一般的含盐环境。根据对盐的不同需要，嗜盐微生物可以分为弱嗜盐微生物、中度嗜盐微生物、极端嗜盐微生物。弱嗜盐微生物的最适生长盐浓度（氯化钠浓度）为0.2～0.5mol/L，大多数海洋微生物都属于这个类群。中度嗜盐微生物的最适生长盐浓度为0.5～2.5mol/L，从许多含盐量较高的环境中都可以分离到这个类群的微生物。极端嗜盐微生物的最适生长盐浓度为2.5～5.2mol/L，它们大多生长在极端的高盐环境中。

4. 嗜压微生物

需要高压才能良好生长的微生物称为嗜压微生物。最适生长压力为正常压力，但能耐受高压的微生物被称为耐压微生物。从深海底部 1.01×10^{8}Pa（1000atm）处，分离到嗜压菌，从油井深部约 4.05×10^{7}Pa（400atm）处，分离到耐压的硫酸盐还原菌。

第二节　微生物与物质转化

一、分子态氮的生物固定

生物固氮是指大气中的分子态氮通过微生物固氮酶的催化而还原成氨的过程，生物界中只有原核生物才具有固氮能力。氮素是生物有机体的重要组成元素之一。空气中约有78%是分子态氮，但所有植物、动物和大多数微生物都不能直接利用。只有将分子态氮进行转化和循环，才能满足植物体对氮素营养的需要。因此氮素物质的相互转化和不断地循环，在自然界十分重要。这些不同形态之间的转化，除了物理的和化学的一些因素之外，微生物起着重要的促进和推动作用。

（一）固氮微生物

至今已确定的固氮微生物（包括细菌、放线菌和蓝细菌）已近50个属。与固氮微生物可共生固氮的豆科植物约有700个属，非豆科植物有13个属。尽管固氮微生物多种多样，但都是原核微生物，至今尚未发现任何野生的真核生物具有固氮能力。

1. 自生固氮微生物

自生固氮微生物的种类很多，形态和生理特性也各不相同。

(1) 好氧性化能异养型固氮微生物　在自然界中最为普遍，主要代表是固氮菌属。固氮菌属细胞个体较大，幼年细胞为杆状，随着生长可变为球状，单个或成对，革兰染色反应阴性，有周生鞭毛，多数能运动，不形成芽孢，但能形成厚壁的孢囊。固氮菌可分泌大量黏液形成荚膜。能形成色素，有些种类产生非水溶性黄、棕、褐或黑色素，有些种可产生水溶性黄绿色荧光色素。

(2) 专性厌氧固氮微生物　主要是一些发酵型的梭状芽孢杆菌，如最早分离的巴斯德梭菌。巴斯德梭菌是较大的杆菌，周生鞭毛，单生或成对。芽孢位于细胞中部或偏端，形成芽孢后细胞膨大成梭状。

(3) 兼性厌氧固氮微生物　主要包括肠道杆菌科和芽孢杆菌科的一些属种，如欧文菌、埃希菌、克氏杆菌、柠檬酸细菌、肠杆菌、芽孢杆菌等。

(4) 化能无机营养型固氮微生物　至今发现的仅有一种，即氧化亚铁硫杆菌。

(5) 光合型固氮微生物　可以分为光合细菌和蓝细菌两大类群。

2. 共生固氮微生物

(1) 根瘤菌和豆科植物的共生固氮　根瘤菌和豆科植物的共生固氮作用是一种最具有实际经济意义的生物固氮类型。根瘤是豆科植物和根瘤菌共生形成的特殊形态，是根瘤菌固氮的场所。

(2) 内生菌和非豆科植物的共生固氮　已知双子叶植物中能形成根瘤的有13个属的138个种，它们都是木本植物，如桤木、杨梅、木麻黄和马桑等。非豆科木本植物根瘤的共生菌是放线菌中的弗兰克菌。

(3) 蓝细菌和植物的共生固氮　红萍是蓝细菌和蕨类植物的共生体。蓝细菌念珠藻或鱼腥藻可以与裸子植物苏铁共生。

(4) 蓝细菌和真菌的共生　地衣是蓝细菌和真菌的共生体，在自然界中分布于岩石、树皮、土壤，对于土壤的形成具有重要作用。

3. 联合固氮作用微生物

联合固氮作用是指某些固氮微生物在植物根系中生活，并具有比在土壤中单独生活时高得多的固氮能力，但这种在植物根系中的生活方式又不同于根瘤菌和豆科植物根系之间的共生，两者既不形成共生体又较“松散”。在点状雀稗根的黏质鞘套内生存有一种固氮菌，定名为雀稗固氮菌，后又发现在热带牧草俯仰马唐根系生活有固氮作用很强的含脂固氮螺菌。常见的联合固氮细菌有拜叶林克氏菌属、雀稗固氮菌、固氮螺菌、粪产碱菌、假单胞菌和阴沟肠杆菌等。

(二) 生物固氮作用机理

尽管能固氮的微生物多种多样，但它们固氮的基本反应都是相同的。反应式如下：

$$N_2+8e+8H^+ +n\text{ATP}+\text{Nase(固氮酶)}\longrightarrow 2NH_3+H_2+n\text{ADP}+n\text{Pi}$$

每还原1分子N_2需要8个氢离子（质子）。由于N_2分子具有键能很高的三价键（$N\equiv N$），打开它需要很大的能量，在固氮酶催化下，N_2还原为NH_3。

1. 固氮酶及其作用的基本条件

不同固氮生物的固氮酶性质基本相同。固氮酶含有两个组分，即钼铁蛋白和铁蛋白，两种组分结合起来才能固氮。固氮酶催化下的固氮必须满足以下基本条件：①固氮酶将N_2还原为NH_3，需要能量和电子供体及传递电子的电子载体；②固氮酶对氧敏感；③形成的氨必须及时转运或转化排除，超过一定浓度（3～5mg分子）对固氮作用起抑制效应。

2. 影响固氮效率的因素

(1) 氧气对固氮作用的影响　各种类型固氮生物进行生长时，对氧气有不同要求，但是它们的固氮酶都是对氧敏感的，氧气不但氧化固氮作用中的电子载体，而且抑制固氮酶的活性。固氮酶暴露在氧气下就不可逆地失活。因此，对于厌氧性固氮微生物来说，生长和固氮的条件是一致的。好氧性固氮微生物的生长和固氮对氧的要求完全相反，好氧性微生物为了在生长过程中同时固氮，这就要求具备固氮酶的防氧保护机制。

(2) 固氮作用中的氨效应　氨是固氮作用的产物，但氨的数量超过了固氮微生物本身的需要和迅速转换为氨基酸的能力时，积累的氨可阻遏体内固氮酶的生物合成。在缺乏NH_4^+的环境里，能促进固氮酶合成。但在NH_4^+含量丰富的环境中，可导致固氮酶不能合成。因此在培养固氮菌时如加入铵盐，则固氮菌不进行固氮而依赖铵盐生长。

二、有机物质的分解

(一) 不含氮有机物质的分解

自然界里不含氮的有机物质种类繁多，如淀粉、糖、纤维素、果胶质等，它们都能被一些微生物分解，微生物分解它们，获得碳源和能源，分解中产生的二氧化碳返回大气中去，供绿色植物光合作用需要，以绿色植物为主的光合作用和以微生物为主的有机物质的分解作用，组成自然界中碳素的生物循环。

1. 淀粉和己糖的分解

(1) 淀粉的分解　淀粉分直链淀粉和支链淀粉两类。广泛存在于植物种子和果实中。淀粉也是人类获取的主要食物来源之一。能分解淀粉的微生物种类很多，包括许多细菌、放线菌和真菌。各种微生物分解淀粉通过两种基本方式。一种是在磷酸化酶的作用下，将淀粉中的葡萄糖分子一个一个地分解下来；另一种是在淀粉酶作用下，先水解成为糊精，再由糊精水解生成麦芽糖，麦芽糖再在麦芽糖酶的作用下水解成葡萄糖。

分解过程：

$$\text{淀粉}\xrightarrow{\text{淀粉酶}}\text{糊精}\xrightarrow{\text{麦芽糖苷酶}}\text{麦芽糖}\xrightarrow{\text{麦芽糖}}\text{葡萄糖}$$

(2) 己糖的分解　主要有己糖的好氧性分解和己糖的厌氧性分解。

2. 纤维素的分解

纤维素是葡萄糖高分子聚合物，纤维素是自然界中分布最广、含量最多的一种多糖。能够分解纤维素的微生物很多。既有好氧性微生物，也有厌氧性微生物；既有细菌，也有放线菌和真菌。主要是纤维素细菌。纤维素细菌分解纤维素时，先通过纤维素酶的作用将纤维素水解为纤维二糖，纤维二糖在纤维二糖酶的作用下水解为葡萄糖。

3. 半纤维素的分解

半纤维素在植物体内的含量仅次于纤维素。存在于植物细胞壁内，是由多种戊糖或己糖组成的大分子缩聚物，组成中有聚戊糖（木糖和阿拉伯糖）、聚己糖（半乳糖、甘露糖）、己聚糖醛酸（葡萄糖醛酸和半乳糖醛酸）。分解半纤维素的微生物较多，分解速率也比纤维素快。能够分解纤维素的微生物大部分能分解半纤维素。半纤维素在多缩糖酶的作用下水解成单糖和糖醛酸，糖醛酸再进行好氧或厌氧分解。

4. 果胶质的分解

果胶质约占植物体干重的15％～30％。果胶质是由D-半乳糖醛酸以α-1,4-糖苷键连接而成的多糖。微生物通过分泌果胶质酶来分解果胶质。果胶质酶主要有三类，即果胶质酯酶，果胶质水解酶和果胶质裂解酶。细菌、放线菌、真菌中都有分解果胶质的种群。植物残体的腐解，首先由微生物分泌的原果胶酶将植物组织间原果胶水解成可溶性果胶，使各个植物细胞分离，可溶性果胶再经果胶甲基酯酶水解成果胶酸，果胶酸再由多缩半乳糖酶水解成半乳糖醛酸。

(二) 含氮有机物质的分解

进入土壤中的动植物残体，除不含氮有机物质外，还有含氮有机物质，它们主要是蛋白质、核酸、尿素、几丁质等。施入土壤中的有机肥料，如堆肥、豆科绿肥、厩肥等都富含这些含氮有机物质。含氮有机物质通过各类微生物分解后，转化成氨、硝酸盐或其它简单的氮化物时，才能被植物吸收。含氮有机物经微生物分解产生氨的作用称氨化作用。

1. 蛋白质的氨化过程

蛋白质是由20种氨基酸构成的大分子化合物，不能直接透过细胞膜而进入微生物体内。蛋白质的分解通常分为两个阶段：首先，在微生物所分泌的蛋白酶和肽酶的联合作用下，蛋白质水解成各种氨基酸；然后，在体内脱氨酶的作用下，氨基酸被分解释放出氨。各种氨基酸脱氨基作用的共同产物是氨，如果是含硫氨基酸，还会形成硫化氢或硫醇，产生恶臭。

能够分解蛋白质的微生物很多，但分解速率各不相同。分解蛋白质能力强并释放出氨的微生物称为氨化微生物。细菌、放线菌和真菌中都含有氨化微生物。

2. 核酸的氨化作用

动、植物及微生物尸体中含有大量的核酸，它是许多单核苷酸的多聚物，可以被微生物分解。由胞外核糖核酸酶或胞外脱氧核糖核酸酶降解核酸，形成单核苷酸。进一步分解，形成含氮产物氨基酸、尿素及氨。

3. 尿素的氨化作用

地球上人和动物每年所排出的尿达数千万吨。每个成年人一昼夜排出尿素约 30g，动物排出的尿素则更多。尿素是一种化学肥料，也是核酸分解的产物。在适宜的条件下，尿素可被迅速分解。在自然界中，分解尿素的微生物分布广泛，以粪尿池及堆粪场为主。大多数细菌、放线菌、真菌都能产生脲酶，分解尿素产生氨。

三、无机化合物的微生物转化

（一）硝化作用与反硝化作用

1. 硝化作用

硝化作用是指在有氧的条件下，经亚硝酸细菌和硝酸细菌的作用，将氨转化成硝酸的过程。硝化作用分两个阶段进行，第一阶段是氨被氧化为亚硝酸，靠亚硝酸细菌完成；第二阶段是亚硝酸被氧化为硝酸，靠硝酸细菌完成。亚硝酸细菌和硝酸细菌统称为硝化细菌。

大量施用铵盐或硝酸盐肥料，所产生的硝酸除了被植物吸收和微生物固定外，尚有相当一部分随水流失。流失的硝酸不但造成氮素损失，也引起环境污染。若硝酸盐进入地下水或流入水井，则会导致饮用水中硝酸盐浓度升高。硝酸盐流入水体，使水体营养成分增加，导致浮游生物和藻类旺盛生长，这种现象称作富营养化。硝化过程也产生相当数量的 N_2O，这是一种温室效应气体，可导致臭氧层的破坏。

2. 反硝化作用

微生物还原硝酸为亚硝酸、氨和氮气的作用称为反硝化作用。反硝化作用需要具有反硝化微生物，一般只在厌氧条件下进行。

反硝化作用是造成土壤中氮素损失的重要原因之一。在农业上常采用中耕松土的办法，施用硝化抑制剂以抑制反硝化作用。

（二）无机硫化物的转化

1. 脱硫作用

自然界中有许多含硫氨基酸，如胱氨酸、半胱氨酸和甲硫氨酸等，这些氨基酸又组成蛋白质。因此一般蛋白质的氨化过程都伴随有脱硫过程。含硫有机物经微生物分解形成硫化氢的过程称脱硫作用。凡能将含氮有机物分解产氨的氨化微生物都具有脱硫作用，氨化微生物也可称为脱硫微生物。含硫蛋白质经微生物的脱硫作用形成的硫化氢，在好氧条件下通过硫化作用氧化为硫酸盐后，作为硫营养为植物和微生物利用。在无氧条件下，可积累于环境中，一旦超过某种浓度可危害植物和其它生物。反应式如下：

$$\text{含硫蛋白质} \longrightarrow \text{含硫氨基酸} \longrightarrow NH_3 + H_2S + \text{有机酸}$$

2. 硫化作用

某些微生物可将 S、H_2S、FeS_2、$S_2O_3^{2-}$ 和 $S_4O_6^{2-}$ 等还原态无机硫化物氧化生成硫酸，这一过程称为硫化作用。

凡能将还原态硫化物氧化为氧化态硫化合物的细菌称为硫化细菌。硫化细菌可分为化能自养型细菌、厌氧光合自养细菌和极端嗜酸、嗜热的古细菌。

3. 反硫化作用

在厌氧条件下元素硫和硫酸盐等含氧硫化合物可被某些厌氧细菌还原生成 H_2S，这一过程称为异化型元素硫还原作用或硫酸盐还原作用，也称反硫化作用，这类细菌称为硫酸盐还原细菌或反硫化细菌。硫酸盐还原细菌是一类严格厌氧的细菌。

(三) 磷化物的转化

自然界中磷是以可溶性磷和不溶性磷（包括无机磷化合物和有机磷化合物）的形式存在的，可溶性磷的含量很少，大多数磷以不溶性的无机磷形式存在于矿物、土壤、岩石，也有少量是以有机磷的形式存在于有机残体中。

1. 有机磷的微生物分解

含磷有机物主要是核酸、卵磷脂和植酸。这些有机磷化物经微生物分解，产生易溶性磷酸盐，可供植物吸收利用。

2. 无机磷的微生物转化

可溶性无机磷可直接被植物、微生物利用固定为有机磷，这一部分的数量是很少的。自然界大多数的无机磷是难溶性和不溶性磷，这些无机磷不能被植物和大多数的微生物所利用。自然界中，只有少数微生物如芽孢杆菌属和假单胞菌属的一些种可以将难溶性无机磷转化为可溶性状态，然后为植物和其它微生物所利用，提高土壤中磷的有效性。

(四) 其它矿质元素的转化

自然界中铁以无机铁化合物和有机铁化合物两种状态存在。铁的氧化和沉积是在铁氧化菌作用下亚铁化合物被氧化成高铁化合物而沉积下来；铁的还原和溶解是铁还原菌可以使高铁化合物还原成亚铁化合物而溶解；铁的吸收是微生物可以产生非专一性和专一性的铁整合体，作为结合铁和转运铁的化合物，通过铁整合化合物使铁活跃以保持它的溶解性和可利用性。

锰的转化与铁相似。许多细菌和真菌有能力从有机金属复合物中沉积锰的氧化物和氢氧化物。钙是所有生命有机体的必需营养物质，钙的循环主要是钙盐的溶解和沉淀，$Ca(HCO_3)_2$ 高溶解度，而 $CaCO_3$ 难溶解。硅是地球上除氧以外的最丰富元素，主要化合物是 SiO_2。硅的循环表现在溶解和不溶解硅化物之间的转化，陆地和水体环境中溶解形式是 $Si(OH)_4$，不溶性的是硅酸盐，硅利用微生物（主要是硅藻、硅鞭藻等）可利用溶解性硅化物。一些真菌和细菌产生的酸可以溶解岩石表面的硅酸盐。

第三节　微生物与废水处理

一、废水的概况

废水是指居民活动过程中排出的水及径流雨水的总称。它包括生活污水、工业废水和初雨径流入排水管渠等其它无用水，一般指没有利用或没利用价值的水。

当进入水体的外来污染物质数量，超过了水体的自净能力，并达到破坏水体原有用途的程度，即为水污染。

污水中的污染物质极其复杂，种类繁多。一般生活污水，主要成分是代谢废物和某些动植物残体。农业污水的成分多为粪、尿一类物质。工业废水可能含有较多的金属、酚类、甲醛等化学物质。另外污水中还会有大量的非病原微生物和少量能引起人类传染病的病原菌以及病毒。这些污水流入江河、湖泊、海洋不仅污染水源，同时还毒害水生生物，破坏水产资源。

污水经过处理后，其中的杂质和污染物质能以某种形式分离除去，或者被转化为无害的物质，同时导致病原微生物死亡。为了保护环境，保护水产资源，保证人畜健康，污水在排入环境之前，必须进行净化处理。

二、废水（污水）生物处理的类型

在自然界的物质循环中，微生物起着相当重要的作用，使它在自然的条件下能有效地减轻一些污染。用微生物处理废水，就是利用微生物产生的酶来氧化、分解废水中的有机物，从而使废水得到净化。废水处理的过程，同时也是微生物自我繁殖的过程。用以处理废水的这些微生物，可以是厌氧的，也可以是好氧的，或者是兼性的。

污水生物处理的类型较多，目前最常用的主要是生物滤膜和活性污泥，另外还有氧化塘、厌氧处理、土壤灌溉等。

1. 生物滤膜

生物滤膜法是以大量好氧微生物组成的生物膜为净化主体的生物处理方法，广泛用于石油、造纸、印染制革、化纤、食品、医药、农药等工业废水的处理，净化效果较好。

生物滤膜由污水与载体接触而形成，污水通过载体时，污水中的有机污染物和微生物吸附到载体上，发生微生物的增殖，在载体表面形成一层约 2mm 厚的生物膜，生物膜在污水处理过程中不断增厚，最后老化整块剥落、沉淀，然后又开始形成新生物膜，如此循环往复不断更新。

生物滤膜主要由菌胶形成菌和丝状菌组成，另外还有大量细菌、真菌、藻类和多细胞动物。在生物膜的表面由于污水不断流过，污水中的各种污染物被生物膜中的细菌、真菌吸附并氧化分解，而原生动物又以这些菌为食，在生物膜上存在的这种小型食物链，对有机物的消除起着十分重要的作用，因为在食物链的每一步，都有有机物借助呼吸作用而被转化成 CO_2，因此能将有机污染物完全降解，净化效率达 75％～90％。

2. 活性污泥

活性污泥法又称曝气法，是目前应用最广泛的一种生物技术，是利用含有好氧微生物的活性污泥在通气条件下使污水净化的生物学方法，常用于生活污水、炼油、纺织印染、橡胶、木材、炸药等许多工业废水处理，净化效果很好。

活性污泥一般经过人工培养、驯化而获得，并在污水处理过程中，能不断地返回接种使用，活性污泥是一种绒絮状颗粒，主要以细菌、原生动物和后生动物所组成的活性微生物为主体。此外还有一些无机物、未被微生物降解的有机物和微生物自身代谢的残留物。程序如下：

污水⟶一次沉淀池⟶曝气池⟶二次沉淀池⟶出水

经过沉淀处理的污水进入再生池接种有活性污泥的曝气池后，充分混合和通气，有机物被吸附分解，混合液流入二次沉淀池，使其中的污泥沉淀，从二次沉淀池中流出的污水，经加氯消毒后可排入江河内，沉淀的活性污泥其中部分再流入曝气池中作为接种物，其余的进入沼气池中进行厌氧分解处理。

3. 氧化塘

氧化塘亦称稳定塘，是一种大面积敞开式的污水处理塘。其基本原理是利用藻菌共生系统来分解污水中的有机污染物，使污水得以净化。

污水进入长有大量水草和藻的氧化塘后，其中的污染物被好氧微生物分解，消耗 O_2 同时产生 CO_2；藻类进行光合作用，固定 CO_2 并产生 O_2。只要该过程平衡，处理效果就很好，净化效率达 80％～95％。

4. 厌氧处理

厌氧处理是在缺氧情况下，利用厌氧微生物包括兼性微生物，分解污水中有机污染物的方法，又称厌氧发酵法，主要处理农业和生活废弃物或污水中的剩余物，净化效率达90%。甲烷发酵就是典型的厌氧处理。

厌氧分解过程在封闭发酵池中进行，处理后的污水和污泥分别由发酵池上部和底部排出，最终产物CH_4或CO_2由发酵池顶部排出。

5. 土壤灌溉

污水在灌溉过程中受到土壤过滤、吸附和生物氧化而得到净化。一般利用生活污水灌溉效果较好，而利用工业废水灌溉时则要慎重，以免损毁作物和毒害人畜。

土壤是污染物的净化剂，其中大量微生物的生命活动，使污水中的有机物得到分解。

三、发酵废水的处理

1. 发酵废水的特点

发酵工业中的废水虽因原料、产物、工艺不同而各具特点，但还具有区别于其它有机化工工业废水的共同特点。

① 每单位体积的产品排出的废液体积大。一个日产30t的酒精厂，每天大约要排放400～500t的废水。

② 有机物含量多，生化需氧量（BOD）可达10000～30000mg/L（国家规定标准应小于60mg/L），悬浮物较多。

③ 不含重金属、氰化物等有害物质。

④ pH一般接近中性，多含磷和氮。

⑤ 着色度较高。

⑥ 生物可降解性好。

2. 处理方法

发酵废水处理方法很多，包括物理、化学、生物方法。要针对废水的特点，采用多种方法，综合处理，才能充分发挥长处，以较低的代价得到较高净化度的处理水。

（1）物理法　主要是利用物理原理和机械作用，对发酵废水进行处理。用于发酵废水处理的物理方法有筛滤、撇除、调节、沉淀、气浮、离心分离、过滤、微滤等。前五种主要用于预处理或一级处理，后三种用于深度处理。

（2）化学法　主要除去废水中的细微悬浮物和胶体杂质。包括吸附法、浮选法、反渗透法、电渗析法、超过滤法、中和法、混凝沉淀法、化学氧化法。

（3）生物法　生物法是利用微生物处理、净化废水的方法，包括好氧处理与厌氧处理。可采用活性污泥法或生物滤池处理，沉淀的悬浮固体与活性污泥法中的剩余污泥一起进行厌氧消化，并回收能量。一般用活性污泥法处理发酵工业废水，BOD的去除率可达95%以上。用甲烷发酵法处理时，BOD去除率在80%左右。

发酵废液的处理，不仅可减轻对环境的污染，而且还能回收有用的废物，因此应该引起足够的重视和关心。

本章小结

本章讲述了微生物生态、微生物与物质转化、微生物与废水处理。

微生物生态是微生物与环境的相互关系，不同的生态环境中微生物的组成和生态功能不同，存在于土壤、水域、动植物和人体等生境的微生物群落是环境条件选择和生物适应、进化的结果，也在各自的生境中发挥着独特的生态功能。在生态系统的物质循环中微生物是最重要的分解者。在各种极端环境下也存在着相应的嗜极菌，它们具有特别的资源潜力。利用微生物处理、净化废水是最有效的手段。

微生物与其生活的周围环境中的各种因素间相互影响、相互制约所形成的体系称为微生物生态系，共分为5个生态系。

① 土壤是微生物生长和繁殖的良好环境。土壤中营养丰富，土壤颗粒空隙中充满着空气和水分，pH值在3.5～10.5，土壤具有一定的保温性，因而成为微生物的“大本营”，是人类最丰富的“菌种资源库”；土壤中微生物的数量和种类最多，包含细菌、放线菌、真菌、藻类和原生动物等类群；在土壤中，各种微生物群居形成一定的群社关系，有互生、共生、拮抗（分非特异性拮抗和特异性拮抗）、寄生和猎食五种关系。

② 在植物的根际分布着微生物。根系分泌物和脱落物是微生物的重要营养来源，根系在土壤中发育，改善了根际中的水汽条件，直接影响微生物的生存。在植物地上部分的表面生长着附生微生物。植物与微生物之间形成共生体，如根瘤、叶瘤、菌根等。在植物体上分布着寄生微生物，通常能引起植物的病害。

③ 空气中分布着大量的微生物，可引起人的传染病、动物瘟疫和杂菌污染；水域中的微生物又分为淡水和海洋两类。

④ 农产品和动物体上也分布着许多微生物，常引起农产品腐烂变质和动物疾病。

⑤ 在各种极端环境（包括高低温、高压、高盐等）中也存在着各种不同的微生物。

生物固氮是指分子态氮通过微生物固氮酶的催化而还原成氨的过程。固氮微生物包括自生固氮微生物、共生固氮微生物和联合固氮作用微生物。有机物质的分解包括不含氮有机物质的分解和含氮有机物质的分解，其中比较重要的是蛋白质、核酸、尿素的氨化作用；在无机化合物的微生物转化中，有硝化作用与反硝化作用，无机硫化物的转化（脱硫作用、硫化作用和反硫化作用），磷化物的转化。

废水是指居民活动过程中排出的水及径流雨水的总称，分为生活污水、工业废水等，一般指没有利用或没利用价值的水。废水生物处理类型有生物滤膜、活性污泥、氧化塘、厌氧处理和土壤灌溉。发酵废水有其独特的特点，处理方法有物理法、化学法和生物法。

复习思考

1. 什么叫微生物生态系？研究它有何意义？
2. 土壤中微生物间的相互关系有哪几种？各有何特点？
3. 什么是根际微生物？它们的生命活动对植物有何作用？
4. 试述生物固氮的意义及共生固氮作用。
5. 自然界中氮素是怎样循环的？微生物起了哪些重要作用？
6. 自然界中碳素是怎样循环的？微生物起了哪些重要作用？
7. 怎样促进土壤中磷、钾元素的有效化？
8. 怎样处理发酵工厂废液？

生产实习　参观当地发酵废水处理工厂并了解其工艺流程

一、目的要求

了解当地发酵废水处理工厂的工艺流程及质量检测方法。

二、内容和方法

（一）参观发酵废水处理工厂

1. 指导教师联系当地相关厂家，并带领学生前往参观，由企业技术人员介绍发酵废水处理工厂的生产流程。

2. 参观化验分析室，由企业技术人员介绍分析检测仪器的使用及检测方法。

（二）发酵废水处理调查

由指导教师带领学生到当地各种发酵废水处理工厂调查采用处理工艺的优点和缺点及存在的问题。

三、作业

1. 简述参观企业的收获和感受。
2. 绘发酵废水处理工艺流程图。

第八章　微生物在农业上的应用

知识目标

复习前面学过的微生物理论知识，了解微生物在农业上的作用，实现科学技术与生产实践的有机结合。

技能目标

根据所学基础理论知识，掌握生产实践技能（如生产一种微生物农药、肥料，农村沼气发酵，栽培一种食用菌等）。

第一节　微生物农药

微生物农药是指应用生物活体及其代谢产物制成的防治作物病害、虫害、杂草的制剂，也包括保护生物活体的助剂、保护剂和增效剂，以及模拟某些杀虫毒素和抗生素的人工合成制剂。按照微生物农药的用途，微生物农药可分为微生物杀虫剂、农用抗生素、微生物除草剂、微生物生长调节剂等。

一、微生物杀虫剂

许多微生物具有杀虫作用。已经报道的杀虫微生物有1700多种，包括细菌、病毒、真菌、立克次体和原生动物等。

（一）细菌杀虫剂

目前细菌杀虫剂已发展成有一定规模的产业，全世界约有30多个国家的100多家公司生产细菌杀虫剂，品种可达150多个，并已逐渐应用于蔬菜、林业、园艺、卫生、害虫等领域的害虫防治中。已知的杀虫细菌约有100多种，用于杀虫的细菌主要是芽孢杆菌属中的一些种，如苏云金芽孢杆菌（*Bacillus thuringinsis*）、球形芽孢杆菌（*Bacillus sphaericus*）和日本金龟子芽孢杆菌（*Bacillus popilliae*）等。

1. 苏云金芽孢杆菌

苏云金芽孢杆菌是目前唯一大规模工业化生产的微生物杀虫剂，也是世界上用途最广、产量最大的微生物杀虫剂。苏云金芽孢杆菌是目前商品化最好的微生物农药，它是1911年从地中海粉螟染病幼虫体内分离到的一种由孢子和内含体组成的杆菌，1915年被正式命名为苏云金芽孢杆菌（Bt），1957年首次上市销售，是美国第一个商品化的微生物农药杀虫剂。目前Bt的产量约占微生物杀虫剂产量的80%，其制剂能用来防治150多种害虫，广泛用于防治农、林、贮藏害虫和医学昆虫。由我国构建的高效杀虫重组苏云金芽孢杆菌已于2000年底通过了安全评价，并获准进行商品化生产。它对600种昆虫和有害生物有活性，对100多种农林害虫及蚊蝇有很好杀灭效果。苏云金芽孢杆菌是一种好氧产芽孢的杆状细菌，它在形成芽孢的同时，在另一端形成伴孢晶体。伴孢晶体是一种蛋白质，在碱性条件下分解成有毒物质，和芽孢共同作用，产生很强的杀菌效果。苏云金芽孢杆菌可产生多种对昆虫有致病性的杀虫毒素，按杀虫毒素存在的部位可分为内毒素和外毒素两大类：外毒素是菌体生长过程中分泌到胞外的代谢产物；内毒素也称晶体毒素，以蛋白质晶体结构的形式存在于细胞内，随芽孢释放到胞外。它能分泌β—外毒素、δ—内毒素、卵磷脂酶、壳聚糖，对昆虫都有毒性。苏云金芽孢杆菌杀虫剂可用液体深层或固体发酵获得不同规格的产品。

2. 球形芽孢杆菌杀虫剂

1965年Kellen等人从脉毛蚊（*Cullseta incidens*）中分离出一株球形芽孢杆菌后，发现它对蚊虫有致病性。迄今已分离出各种球形芽孢杆菌的菌株近700株，仅有50多个菌株是有毒菌株。球状芽孢杆菌有两类毒素，一种来自营养细胞，是在营养生长期产生的蛋白质，这种蛋白质的基因已被克隆和做序列分析；另一种毒素来源于伴孢晶体，是相对分子质量分别为42000和51000的蛋白质，只有当两种蛋白质在一起时才产生毒性。球形芽孢杆菌的伴孢晶体与苏云金芽孢杆菌不同，它的伴孢晶体被部分地包在芽孢外壁之中，使得芽孢和伴孢晶体在离体的条件下仍是一个整体。

球形芽孢杆菌的杀虫范围仅限于蚊虫的幼虫，它通过取食过程进行感染，蚊子的幼虫在取食8～12h后，即可发生死亡。球形芽孢杆菌在昆虫死后，在虫尸中重新增殖，芽孢的数目增加。因此球形芽孢杆菌的芽孢和伴孢晶体在环境中持效较长，并有可能在环境中再循环。因此，从20世纪80年代中后期开始，球形芽孢杆菌高毒菌株的筛选工作开始受到重视。迄今为止，美国、法国及中国等10个国家研制了不同剂型的产品十余种，但多是一些实验剂型，主要用于杀蚊幼虫的效果评价。我国生产的Bs-10、C_3-41等乳剂，曾在野外大面积用于蚊虫的防治。

3. 日本金龟子芽孢杆菌制剂

日本金龟子芽孢杆菌能使日本金龟子幼虫（蛴螬）产生A型乳状病。第一个日本金龟子芽孢杆菌制剂于1950年在美国登记，成为美国政府批准的第一个生物防治制剂。金龟子芽孢杆菌主要通过芽孢感染和传播。当幼虫吞食芽孢后，芽孢可以在肠道中萌发成杆状的营养细胞，营养细胞能够侵染中肠细胞，随后穿过肠壁进入体腔。幼虫的死亡原因还不是很清楚，一般认为是由于物质耗尽，或是存在稳定毒素，或是氧化酶代谢紊乱。金龟子芽孢杆菌的芽孢能在寄主体外存活，营养体也能在人工培养基上生长繁殖，但却不能在人工培养基上正常地形成芽孢。目前，该芽孢杆菌制剂都是采用幼虫活体培养的方式来进行的，在人工培养基中进行发酵生产尚处于试验阶段。

（二）真菌杀虫剂

在昆虫的病原微生物中，种类最多的是真菌。目前，世界上有记载的杀虫真菌约有100属，800多种，分布于真菌的5个亚门中，其中半知菌亚门中的种类最多，有45个属，鞭毛菌亚门有11个属，接合菌亚门有12个属，子囊菌亚门有10个属，担子菌亚门有3个属，其中30多种真菌可开发成真菌杀虫剂。通常真菌感染虫体后，先分泌毒素杀死寄主，然后在寄主的尸体上生长发育，最终使虫尸充满菌丝而僵硬。利用真菌防治虫害时，可以通过人工培育，大量收获真菌菌体或分生孢子，将其制成杀虫剂，进行大面积喷洒。目前许多真菌杀虫剂都已进入了大规模的商业化生产阶段。由于可以采用固体发酵法或液体深层发酵法生产真菌杀虫剂，所以真菌菌体和分生孢子很容易获得。

真菌是最早被发现引起昆虫疾病的微生物，也是首先被研制成杀虫剂的微生物。国外应用真菌治虫开始于19世纪。1835年美国第一次发现白僵菌能引起家蚕僵病；1937年加拿大也利用白僵菌大面积防治玉米螟，幼虫死亡率达60%～70%。20世纪以来，利用真菌杀虫剂的田间实验曾发生过显著成功或完全失败的例子，被认为是由于真菌杀虫剂的效果不稳定造成的。随着对病原、寄生、环境条件的深入研究和田间防治实践，不少真菌杀虫剂可工业化生产，并在森林和田间大面积应用。其中白僵菌（*Beauveria*）、绿僵菌（*Metarrhizium anisopliae*）与拟青霉（*Paecilomyces*）的应用面积最大。

1. 白僵菌

白僵菌在分类上属于丝孢菌纲、丝孢菌目、丛梗孢科，在自然界分布很广，是一类重要的虫生真菌。该属包括两个种，即球孢白僵菌（*B. bassiana*）和卵孢白僵菌（*B. tenalla*）。球孢白僵菌比较常见，可感染鳞翅目、鞘翅目、同翅目、膜翅目、直翅目昆虫以及螨类；而卵孢白僵菌仅感染蛴螬等地下害虫。因白僵菌感染致死的昆虫表面有一层白色菌丝，上部呈粉状（即白僵菌的分生孢子），故称为白僵菌。白僵菌的孢子粉致病力强，不污染环境，易于培养生产，对多种农林害虫具有致死作用，已知的寄主昆虫达 707 种，被大面积使用防治松毛虫、玉米螟和水稻叶蝉等害虫。白僵菌除防治玉米螟外，对马铃薯甲虫、松毛虫、松扁蝽、甜菜象鼻虫等都有一定的效果。我国使用白僵菌防治松毛虫、松针毒蛾、油桐蚜虫、茶叶毒蛾、大豆食心虫、杨树天牛等害虫，均取得了较好的效果。白僵菌杀虫剂是发展历史最早，推广面积较大，应用最广的一种真菌杀虫剂。

2. 绿僵菌

绿僵菌在分类上也属于丛梗孢科，最早用于防治地下害虫、天牛、蝗虫、蚊虫及玉米螟等。用含孢量 2×10^8 个/mL 的杀虫剂林间喷雾可防治天牛，连续两年的防治效果在 70%以上；防治桃小食心虫的效果可达 90%以上；用于防治东亚飞蝗，在喷施后第 3 天东亚飞蝗开始死亡，第 7 天死亡率可达 50%，第 10 天可达到 100%，此外对蛴螬也有明显的防治效果。

3. 其它杀虫真菌

对其它昆虫病原真菌中详细研究的种类较少，但有些很有开发前途，如鞭毛菌亚门链壶菌目中的链壶菌（*Lagenidium*）和雕蚀菌（*Coelomomyces*），可感染多种库蚊幼虫，它可在水体环境中生活，其孢子囊具有耐干燥、耐高温、耐低温的优点，在野外存活能力强，是很有发展前途的杀蚊真菌。接合菌亚门中的虫霉可侵染双翅目、半翅目、鞘翅目和直翅目的昆虫，并快速引发昆虫大规模流行病，短期内迅速降低虫口密度，在生物防治中一直受到重视。但由于虫霉（*Entomophthora*）难以培养，分生孢子寿命较短且抗逆性差，所以虽然发现有 150 多种虫霉，但很少发展成为真菌杀虫剂。子囊菌亚门中的虫草菌主要寄生于半翅目、双翅目、鳞翅目及鞘翅目昆虫，采用虫草菌（*Cordyceps*）制成的真菌杀虫剂在田间防治鳞翅目害虫中起到较好效果；该类真菌也可作药用，如冬虫夏草、蝉花、蛹虫草和大团囊草，蛹虫草还可产生一种具有抗菌、抗病毒、抗肿瘤及抗辐射等作用的虫草菌素。在半知菌亚门中，除白僵菌与绿僵菌外，对昆虫有致病作用的真菌还有多毛孢菌（*Hirsutella*）、拟青霉、轮枝孢（*Verticillium*）等。多毛孢菌的孢子表面长有毛刺，其代表种汤姆逊被毛孢（*H. thompsonii*）是螨类的重要病原真菌，可成功防治柑橘锈螨，近年来，该菌剂的使用范围与防治对象都有所扩大。拟青霉对多种昆虫有防治作用，已成功用于防治橘金粉蚧、叶蜂、绿尾大蝉蛾及茶树害虫等；淡紫拟青霉（*P. lilacinus*）主要用于防治大豆孢囊线虫和烟草根结线虫，还可促进作物生长，提高产量；肉色拟青霉（*P. carneu*）用于防治稻飞虱取得明显效果。蜡介轮枝孢（*V. lecanii*）用于防治蚜虫、粉虱、蚧虫、蓟马以及棉铃虫取得较好的防治效果，但在防治过程中，需全面评估该菌对生产者、作物及环境的影响。

（三）病毒杀虫剂

已发现的昆虫病毒有 1200 多种，分属于 7 个科，应用最多的有核型多角体病毒和颗粒体病毒，其中杆状病毒科（Baculociridae）的宿主仅限于脊椎动物，不少具有防治害虫的潜力。病毒杀虫剂具有宿主特异性强，可在害虫群体内流行，持效作用时间长等优点；但病毒制剂的生产过程需大量饲料昆虫，成本较高，同时施用效果受外界环境影响大，不稳定且宿主范围窄，施用次数较多。核型多角体病毒对森林害虫防治十分成功，施用方法十分简单，将罹病幼虫释放到林中，渗入害虫群体，随流行病的蔓延，虫口密度明显下降，运用这种方法，云山叶蜂在加拿大东部只有小范围发生，40多年没有采取其它防治措施。昆虫病毒可在感染细胞内生成特殊的蛋白质，在病毒粒子周围形成晶体化的包含体，包含体可保护病毒粒子免受蛋白酶的影响。

1. 核型多角体病毒

核型多角体病毒（nuclear polyhedrosis virus，NPV）呈结晶状，直径约为0.5～15μm，在光学显微镜下即可辨认，有十二面体、四面体、立方体或不规则形状。核型多角体的形状随昆虫种类的不同而不同，即使同种昆虫，因存在个体差异，多角体形状也有差异。核型多角体病毒主要感染鳞翅目昆虫，在对农业生产危害较大的害虫如黏虫、斜纹夜蛾、棉铃虫、菜粉蝶、大蜡螟中都发现过核型多角体病毒，在家蚕、柞蚕和蓖麻蚕中也有核型多角体病毒存在。此外，膜翅目、双翅目、鞘翅目、直翅目、脉翅目的昆虫中有不少种类也可被感染，但主要是幼虫感染。

2. 质型多角体病毒

一般认为质型多角体病毒（cytoplasmic polyhedrosis virus，CPV）为二十面体，分内外两部分，外层由许多蛋白质颗粒组成，成为包囊，包囊包围着病毒核心。质型多角体病毒的形状和大小受昆虫种类的影响；但同一种昆虫的质型多角体大小相差较大，直径在0.5～2.5μm，一般认为质型多角体的大小取决于病毒感染后到出现感染症状之间的时间间隔，时间越长，质型多角体就越大。质型多角体病毒主要感染鳞翅目昆虫，目前已发现可感染140余种昆虫。

3. 颗粒体病毒

颗粒体病毒（granulosis virus，GV）也属于杆状病毒科，目前仅从鳞翅目昆虫中发现，主要感染昆虫肠管皮膜与脂肪组织，也能在昆虫真皮、马氏管内增殖。在病毒感染早期，细胞核膜就崩解，病毒成分的合成、装配及包埋进颗粒体中的过程都在细胞核周围的细胞质中进行。

4. 其它昆虫病毒

常见的可感染昆虫的病毒还有昆虫痘病毒（EPV）、虹彩病毒（IV）、浓核症病毒（DNV）及急性麻痹病病毒（ABPV）等。虹彩病毒的寄主很广，从双翅目、鞘翅目、膜翅目、直翅目和半翅目昆虫中都曾分离到；浓核症病毒除大蜡螟外，在鳞翅目、双翅目、膜翅目和鞘翅目昆虫中都可见到。此外，细小RNA病毒科（Picornaviridae）中的蜜蜂急性麻痹病病毒、果蝇C病毒、蟋蟀麻痹病病毒也可感染相应宿主。由于目前对很多病毒研究得不是很清楚，在分类学上的地位还未确定。

除以上介绍的细菌、真菌、病毒杀虫剂外，有些原生动物与昆虫病原线虫也被开发成为杀虫剂，如采用蝗虫孢子虫可使亚洲小车蝗、宽须蚁蝗、白边痂蝗和皱膝蝗等草原蝗虫染病。在使用中发现蝗虫微孢子虫（*Nosema locuatae*）既能短期内迅速降低虫口密度，又能引起蝗虫流行病，达到长期控制种群的目的。利用可引发昆虫感染的由线虫开发的杀虫剂，具有宿主范围广、对寄主主动搜索能力强，对人畜、环境安全及可大量人工培养的优点，但杀虫效果受温度影响较大，限制了使用。

二、农用抗生素

农用抗生素是微生物发酵过程中产生的次级代谢产物，可抑制或杀灭作物的病、虫、草害及调节作物生长发育。抗生素研究以日本最快，已开发出了春雷霉素、灭瘟素、多氧霉素、井冈霉素、灭孢素、杀螨霉素等。

1. 杀虫农用抗生素

(1) 阿维菌素 (avermectin) 阿维菌素又称阿弗菌素、揭阳霉素、灭虫丁、爱富丁、除虫菌素等，是由除虫链霉菌 (*Streptomycesavermitilis*) 产生的一种高效广谱、具有杀虫杀螨及杀线虫活性的大环内酯类抗生素。该抗生素是由日本北里研究所和美国 Merck 公司最先引进的一种农用抗生素。阿维菌素通过昆虫表皮及胃肠道而起到杀虫杀螨作用，在很低剂量下就能有效地杀死多种害虫，所以尽管阿维菌素的急性口服毒性较高，由于用量低，对人畜都很安全，阿维菌素可作为防治家畜体内寄生虫的驱虫剂，也可用于防治为害作物的害虫与害螨，但对鳞翅目害虫无效，阿维菌素目前用于防治柑橘锈螨、橘全爪螨、橘短须螨、矢尖盾蚧及实硬蓟马，还可以防治棉花的各种螨类及潜叶蛾、苜蓿蓟马、小长管蚜类、桃蚜、蔬菜类潜蝇幼虫、茎叶蛾、马铃薯叶甲及烟草夜蛾、天蛾等，用途十分广泛，常用阿维菌素的制剂为 1.0%乳油，另外约有十余种阿维菌素与其它农药的混配制剂共使用，阿维菌素已成为代替高毒、高残留化学农药的生物农药之一。

(2) 多奈菌素 (polynactin) 多奈菌素又称为浏阳霉素、多活菌素，是我国研究人员从湖南浏阳地区采集的土壤中分离的链霉菌产生的，它是具有杀螨活性的大环内酯类抗生素，与日本的杀螨素（即多活霉素）相似，是由 5 种组分组成的混合物。多奈菌素是一种高效、低毒，对环境、天敌安全的杀螨农用抗生素，可用于棉花、茄子、番茄、豆类、玉米、瓜类、果树等植物防治各种螨类，使用浓度一般为 80～100mg/L，制剂含 10%乳油。多奈菌素与有机磷类、氨基甲酸酯类农药混配有较好的增效作用。

(3) 橘霉素 (citrinin) 橘霉素又称粉蝶霉素 (mibbemycin)，同阿维菌素结构相似，也属于大环内酯类杀虫抗生素，在结构上比阿维菌素少一个双糖基。由 6 个组分组成，其中 A3、A4 组分为有效组分，其产生菌为吸水链霉菌金色变种 (*S. hygroscopicus* var. *aureolacrimosus*)，作用方式与阿维菌素相似，但杀虫谱较窄，可用于防治螨类，对棉叶螨和橘全爪螨防治效果较好，但对螨类的杀卵活性较差，在使用时可与矿物油混用，增加渗透性以提高杀卵效果。

(4) 多杀霉素 (spinosad) 多杀霉素为分离自废弃酿酒厂的多刺糖多孢菌 (*Saccharopolyspora spinosa*) 产生的杀虫抗生素。多杀霉素的作用方式新颖，可持续激活靶标昆虫的乙酰胆碱烟碱型受体，但其结合位点与烟碱、吡虫啉不同，此外多杀霉素也可能影响 γ-氨基丁酸受体，但至今尚不清楚其具体作用机制。多杀霉素主要用于果树、茶树、蔬菜、草坪等各种作物，防治线虫、蓟马、潜叶虫等多种害虫，用量为 1.2～1.5kg/km，被认为是继阿维菌素后最有效的杀虫抗生素。多杀霉素对人畜和环境十分安全，但对家蚕有一定影响，同时该药剂在植物上无内吸传导作用，所以施药时需喷洒均匀。

2. 杀菌农用抗生素

(1) 井冈霉素 (jinggangmycin) 井冈霉素的产生菌为吸水链霉菌井冈变种 (*S. hygroscopicus* var. *jinggangensis*)，是由上海市农药研究所 1973 年从江西井冈山地区土壤中分离得到的，井冈霉素的结构与日本发现的有效霉素 (validamycin) 相似，有效霉素的产生菌为吸水链霉菌柠檬变种 (*S. hygroscopicus* var. *limoneus*)。井冈霉素通过抑制立枯丝核菌 (*Rzoctonia solani*) 的海藻糖酶而达到抑菌效果，海藻糖是立枯丝核菌贮存糖类必需的物质，海藻糖酶可消化海藻糖，将葡萄糖运送到菌丝体顶端，因此井冈霉素可使菌丝体顶端产生异常分枝而停止生长，并无杀菌活性。

井冈霉素对水稻纹枯病有特效，它成功取代了对人畜和环境有害的有机砷农药，是目前产量和使用面积最大的农用抗生素。水稻纹枯病曾是我国水稻的重要病害之一，发生面积大且危害严重，井冈霉素问世后，有效地控制了水稻纹枯病的危害，在我国使用20余年防治水稻纹枯病尚未发现耐药性出现。除水稻纹枯病外，井冈霉素还可用于防治土豆、蔬菜、草莓、烟草、生姜、棉花、甜菜等作物因感染立枯丝核菌引起的病害。近年来我国小麦纹枯病发生严重，采用井冈霉素也有较好的防治效果。

（2）春雷霉素（kasugamycin） 也称春日霉素，日本的产生菌为春日链霉菌（*Streptomyces kasugensis*），我国发现的产生菌为小金色放线菌（*Actinomyces microaureus*），春雷霉素的选择性很强并且有内吸传导作用。春雷霉素对稻瘟病有特效，对番茄叶霉病、苹果黑星病、甜菜褐斑病有效，但对多数真菌，如镰刀菌、小丛壳菌（*Glomerella*）、刺盘孢菌（小丛壳菌的无性世代）、长蠕孢菌（*Helminthosporium*）、青霉菌、葡萄孢霉菌（*Botrytis*）等及细菌、酵母菌的抗菌效果较差。春雷霉素主要用于水稻，也可用于甜菜、马铃薯、高粱、菜豆、番茄、黄瓜等作物，但由于对大豆、茄子、葡萄等作物产生药害，限制了它的使用。春雷霉素对人畜及鱼类十分安全，还可以治疗铜绿假单胞菌引起的中耳炎、皮肤溃疡、烧伤感染等，但会引起呕吐，不宜口服。

此外，还有杀稻瘟素S（blasticidin S）、放线菌酮（actidone）、多氧霉素（polyxin）、农抗109、农抗120、宁南霉素（ningnanmycin）、武夷菌素（wuyiencin）、梧宁霉素（tetramycin）、农抗751、胶霉素（gliotoxin）等多种杀菌农用抗生素用于农业生产，防治植物病害。

三、微生物除草剂

根据某些杂草病原菌的宿主特异性，可开发出具有除草特异性的微生物除草剂。杂草病原微生物主要有真菌、细菌、线虫、病毒等。其中病原真菌中主要有秀菊（*Albugo*）、镰孢菌及刺盘孢等。

1. 炭疽病毒

从菟丝上分离的炭疽病毒仅寄生在菟丝上，可用于防治菟丝子。我国开发的鲁保一号制剂可能是柑橘炭疽刺盘孢（*C. gloeosporioides*）或它的一个转化型，防治菟丝子（*Custuca chinensis*）的效果可达70%～95%，应用面积已达数千平方米，增产效果非常明显，但菌种经多次转接会发生菌种退化现象，表现为分生孢子不整齐，形态和培养特征发生改变，致病力降低等。国外已构建出具有除草活性的基因工程菌株，在实验室内取得了满意的除草效果。

2. 黑腐病菌

黑腐病菌（*Xanthomonascampestris*）以顽固性杂草早熟禾和剪股颖为寄主，通过早熟禾的伤口侵入杂草导管内，感染杂草死亡。由于其选择性强，对草坪草无影响，可用于除草坪草中杂草。本菌剂对人畜十分安全，在土壤环境中的半衰期仅为半天，无需考虑在土壤环境的残留问题。此外，对水生生物、经济作物益虫及土壤微生物也无不良影响。

四、微生物激素

许多微生物分泌激素物质，其中有部分对植物具有刺激生长作用，也称为微生物生长调节剂。

1. 赤霉素

赤霉素（赤霉酸，gibberellic acid，GA）又称为九二零、奇宝等，是具有植物生长调节活性的农用抗生素，是在受赤霉菌感染而徒长的水稻秧苗（水稻恶苗病）中最先发现的，赤霉素的来源有绿色植物、真菌和细菌，其种类很多，到1999年已发现有121种赤霉素。从真菌及高等植物中分离的赤霉素按分子中碳原子的数目分为 C_{19} 和 C_{20} 两种结构，目前使用的 GA_3 为 C_{19} 的赤霉素，其活性成分为赤霉酸。赤霉素具有调节植物生长和发育的作用，很低浓度就可显示效果，对植物顶端部分有效，但不影响植物细胞分裂。外源赤霉素进入植物体内后，减少花、果脱落等。其使用浓度随作物种类及不同需要有很大差别，浓度在0.5～1000mg/L，对人畜十分安全。

2. 脱落酸

脱落酸（abscisis acid，ABA）同生长素、乙烯、赤霉素、细胞分裂素、油菜素内酯一样，为植物的天然激素，它最先从脱落的棉花幼铃及槭树叶片中提取到。脱落酸在调控植物生长发育及诱导植物对不良生长环境产生抗性等许多方面具有重要生理活性和应用价值，但由于价格昂贵，致使天然活性脱落酸和人工合成脱落酸在国内外都没有田间大面积应用的实例。脱落酸是目前唯一被广泛应用于农业生产的天然植物激素，目前已发现一些真菌菌株可产生天生型脱落酸[(+)-ABA]，如尾孢霉属（*Cercospora*）、链格孢属（*Alternaria*）、葡萄孢霉属（*Botrytis*）、青霉属、长喙壳属（*Ceratocystis*）及曲霉属等，研究较多的是尾孢霉属和葡萄孢霉属的真菌菌株。利用葡萄孢霉发酵生产[(+)-ABA] 的浓度最高可达 1.4kgL，已经具备规模化生产的条件。脱落酸对植物有以下生理功能。

① 植物的“抗逆诱导因子”，也称为植物的“胁迫激素”，外源施用可提高植物抗旱、抗寒、抗病和耐盐能力。

② 促进果实、种子中贮藏物质特别是蛋白质和糖的积累，在果实和种子发育早期外施ABA，可达到提高产量的目的；可诱导和打破种子休眠和芽休眠，低浓度 ABA 可促进种子发芽和生根，而高浓度 ABA 则抑制种子发芽，抑制中后期胚和茎端分生组织生长。

③ 脱落酸还可控制花芽分化，调节花期，促进生根，控制株型。低浓度 ABA 可快速催开花蕾，使花蕾开放整齐；较高浓度的 ABA 可延缓花株生长，延迟花芽分化，从而使花卉错开开放季节，在花卉园艺上有很高应用价值。

3. 比洛尼素

比洛尼素（pironetin）是链霉菌产生的一种具有调节植物生长活性的代谢物，具有吡喃酮结构，比洛尼素不抑制赤霉素的合成，但具有抑制作物植株增高作用，加入赤霉素后，植株又可恢复生长。用于处理水稻和小麦时，抑制生长程度为18%～23%，但在出穗前 5～9天处理对产量无影响。它不影响植物氨基酸的生物化学合成，但可增加植株产生乙烯的量，比洛尼素对人畜具有中等毒性，但对水生生物毒性较高。

4. 噁唑霉素

噁唑霉素（Oxamycin）也称环丝氨酸（cyoloserin)，可由多种链霉菌产生，可用于农业上调节植物生长，提高甘蔗的含糖量。同时对革兰阳性、革兰阴性细菌也有效，可作为抗菌剂使用，该抗生素对人畜安全。

第二节　微生物肥料与饲料

一、微生物肥料

微生物肥料是指一类含有活的微生物并在使用后能获得特定肥料效应，能增加植物产量或提高产品质量的微生物制剂。微生物肥料的主要功能如下。

① 增加土壤肥力，微生物可通过增加肥料元素含量，如固氮菌肥料中的固氮菌、根瘤菌，固定大气中的氮元素为植物可利用的氨态氮；也可以通过转化存于土壤中的各种无效态

肥料元素为活化态元素，如磷细菌肥料、钾细菌肥料中的细菌可转化矿石无效态磷或钾为有效态磷或钾，为植物所利用。

② 微生物产生植物激素类物质，刺激植物生长，使植物生长健壮，改善营养利用状况，如自生固氮微生物可产生某些吲哚类物质。

③ 产生某些拮抗性物质，抑制甚至杀死植物病原菌。

④ 也可通过在植物根际大量生长繁殖成为作物根际的优势菌，与病原微生物争夺营养物质，在空间上限制其它病原微生物的繁殖机会，对病原微生物起到挤压、抑制作用，从而减轻病害，这类微生物也叫做根圈促生细菌（plant growth-promoting rhizobacteria，PGPR）。

微生物肥料的种类很多，按其内含的微生物种类可分为细菌肥料（如根瘤菌肥料、固氮菌肥料）、放线菌肥料（如 5406 抗生菌肥料）、真菌类肥料（如菌根真菌肥料）等；按其作用机理又可分为根瘤菌肥料、固氮菌肥料、磷细菌肥料、钾细菌肥料等；按其制品中微生物的种类、数量，可分为单一的微生物肥料和复合微生物肥料。常用微生物肥料的主要种类适用范围及作用效果见表 8-1。

表 8-1 常用微生物肥料的主要种类适用范围及作用效果

种 类	适用范围	作用效果
固氮菌肥料	谷物、棉花、蔬菜	在作物根际和土壤中固氮，刺激作物生长
磷细菌肥料	稻、麦、大豆	转化土壤中不溶性磷，供植物利用
钾细菌肥料	各种农作物	分解磷灰石、云母等，释放可溶性磷、钾和其它矿质元素
根瘤菌肥料	豆科植物	形成根瘤、固氮、促进生长
5406 抗生菌肥料	各种主要作物	转化土壤中氮、磷、钾，分泌抗生素
菌根真菌肥料	造林、禾本科植物	形成菌根，促进植物吸收水、磷等养分，改善营养

1. 固氮菌肥料

固氮菌肥料是利用固氮微生物将大气中的分子态氮转化为农作物能利用的氨，进而为其提供合成蛋白质所必需的氮素营养的肥料。目前固氮菌肥料的生产基本上采用液体发酵的方法。产品可分为液体菌剂和固体菌剂。在发酵罐发酵后及时分装即成液体菌剂，发酵好的液体再用灭菌的草炭等载体吸附剂进行吸附即成固体菌剂。

2. 根瘤菌肥料

根瘤菌肥料是含有大量活的根瘤菌细胞的生物制剂。它和豆科植物共生，进行生物固氮。

（1）根瘤菌　与相应的豆科植物共生固氮的根瘤菌很多，迄今为止已有 100 余种，主要分布在根瘤菌属（*Rhizobium*）、慢生根瘤菌属（*Bradrhizobium*）、中华根瘤菌属（*Sinorhizobium*）、固氮根瘤菌属（*Azorhizobium*）和中慢生根瘤菌属（*Mesorhizobium*）内。

（2）根瘤菌肥料的生产　根瘤菌肥料的生产和固氮菌肥料生产相同，根瘤菌肥料也是采用液体通气发酵法进行生产。产品也分液体菌剂和固体菌剂两种。固体菌剂最为常用，它是用载体吸附发酵液制成的，常用的载体是草炭。

3. 磷细菌肥料

磷细菌是将不溶性磷化物中的磷转化为有效磷的部分细菌的总称，根据它们对磷的转化形式可分为两类：细菌产生酸使不溶性磷矿物变为可溶性的磷酸盐，称为无机磷细菌，即分解磷酸三钙的细菌（如氧化硫硫杆菌）；某些细菌（如巨大芽孢杆菌、蜡样芽孢杆菌）产生乳酸等酸类物质，使土壤中的难溶性磷酸铁、磷酸铝及有机磷酸盐矿化，形成植物可吸收的可溶性磷，称为有机磷细菌（如分解磷脂酰胆碱的细菌）。有机磷细菌肥料与无机磷细菌肥料混用，磷细菌肥料与固氮菌肥料混用，以及磷细菌肥料与5406抗生菌肥料或矿质磷配合施用，均比使用单一的菌肥效果要好。

4. 钾细菌肥料

钾细菌肥料又称生物钾肥、硅酸盐菌剂，其有效成分为活的硅酸盐细菌，如芽孢杆菌中的胶质芽孢杆菌（*B. muciaginosus*）和环状芽孢杆菌（*B. muciginosus*）等，该菌可分解正长石、磷灰石，并释放磷钾矿物中磷与钾，供作物利用，可促进农业增产，提高农产品品质。此外，硅酸盐细菌在生命活动中还产生赤霉素、细胞分裂素等生物活性物质，刺激植物生长发育；还可产生抗生素物质，并增强植株的抗寒、抗旱、抗虫、防早衰、防倒伏的作用；此外硅酸盐细菌死亡后，菌体及其降解物对植物也有营养作用。钾细菌肥料的主要作用是供应作物部分速效钾，因此在速效钾含量丰富的土壤中不一定需要施用，在缺钾严重的地区，单单施用钾细菌肥料也很难达到满意效果，在实际应用中不仅要注意钾细菌肥料与氮磷化肥的协调，也要注意与化肥钾肥的协调，钾细菌肥料在喜钾作物、缺钾土壤、高产土壤（高氮、高磷）上施用，可表现出显著的增产效果和较高的社会、生态和经济效益。

5. 抗生菌肥料

“5406”放线菌是1953年自陕西泾阳老苜蓿的根际土壤中分离的一株链霉菌，其中“5”代表西北地区，“4”代表苜蓿根土，“06”代表苜蓿根土中的第6号菌株。5406放线菌在分类上属于细黄链霉菌，可产生不同的抗生素和刺激植物生长的物质。将放线菌接种于饼粉和土（1∶10）混合物中发酵即可，具有成本低，肥效高，抗病害，促生长，堆制方法简易，用料就地取材，适用于水田、旱田，对作物无害等优点，在我国曾经大面积使用。全国各地田间试验推广统计的资料表明：施用5406抗生菌肥料后，均有大幅度增产效果。由于活菌制剂效果不稳定，已开始使用“5406”放线菌发酵生产抗生素及植物激素等农用抗生素，用于农业生产。

二、微生物饲料

微生物可对秸秆类物质进行分解转化，提高牲畜对秸秆中纤维素类物质的消化能力，同时，微生物的菌体蛋白也可提高饲料蛋白质的含量，从而增加饲料的营养价值。可以说反刍动物的瘤胃就是一个天然的微生物饲料制造系统，没有瘤胃中微生物的参与，反刍动物的消化能力就会受到很大的影响。微生物饲料的开发，拓宽了饲料来源，可达到以粗代精、节粮的目的。微生物饲料包括单细胞蛋白质饲料、菌体饲料、微生物秸秆发酵饲料及微生物添加剂（抗生素添加剂、真菌添加剂及酶制剂）等。

1. 单细胞蛋白与菌体蛋白

单细胞蛋白和菌体蛋白均指生长的微生物菌体或蛋白质提取物，单细胞蛋白多指用酵母菌或细菌等单细胞微生物生产的蛋白；菌体蛋白则包括多细胞丝状真菌生产的蛋白，两者均可作为人或动物的蛋白质补充剂。单细胞蛋白和菌体蛋白具有生长快、蛋白质含量高、原料丰富、生产过程易控制及营养成分丰富等优点。因此选择适宜的菌株，在适当条件下，微生物就可以很快地合成蛋白质而且可取代饲料中的豆粉等，具有很高的开发价值。在菌株选择时，必须符合以下条件。

① 可很好地利用碳源和无机氮源。

② 繁殖快，菌体蛋白含量高。

③ 无毒性与致病性。

④ 菌种性能稳定。

可以选择细菌、酵母菌、丝状真菌、大型真菌、放线菌及藻类等，常用的有圆酵母、假丝酵母、丛梗孢菌、卵孢霉中的一些，也有镰刀菌、青霉、曲霉、木霉等。单细胞和菌体蛋白饲料的生产原料广泛，用不同原料生产的菌体蛋白产品质量和营养价值及使用效果也不同。菌体蛋白可作为主蛋白源配制各种禽畜鱼全价饲料，其使用含量可占总量的20%～55%，一般可节约50%左右的玉米、30%左右的豆饼、70%～80%的鱼粉，其成本低于普通标准配合饲料，且饲喂的猪、鸭、鹅、鸡肉质鲜嫩滑润，无鱼腥臭味，优于含鱼粉的饲料。

2. 微生物秸秆发酵饲料

作物秸秆经过微生物发酵处理后，可提高饲料的转化效率，并易于长期保存。其处理过程是利用各种高活性微生物复合菌剂，在厌氧和一定温度、湿度及营养水平条件下进行秸秆难利用成分的降解和物质转换，从而提高农作物秸秆的营养价值，把粗饲料加工成营养成分较高、适口性较好的饲料，以增加畜禽的采食量和营养吸收。在发酵过程中，首先曲霉将一部分木质素、纤维素分解为各种易发酵的糖类；此后酵母菌和乳酸菌将糖类经有机酸转化为乳酸和挥发性脂肪酸，使基质的pH下降至4.5～5.0，抑制了丁酸菌、腐败菌等有害微生物的繁殖，并将饲料中的某些成分合成蛋白质、氨基酸、维生素、有机酸等营养价值较高的物质。发酵过程中还能使秸秆中的半纤维素、木聚糖和木质素聚合物的酯键发生酶解，增加秸秆的柔软性和膨胀度，使瘤胃微生物直接与纤维素接触，提高秸秆的消化率。新鲜的农作物秸秆切碎后，填入和压紧在青贮窖或青贮塔中密封，经微生物发酵后可制成多汁、耐贮藏的青贮饲料。青饲料有芳香酸甜味，可提高家畜的适口性和采食量，并且由于乳酸菌的生长繁殖，也提高了青贮饲料中维生素的含量。

在各种以农副产品为原料的工厂，如酒精厂、酒厂、酿造厂、粉丝厂、食品加工厂和肉类加工厂的废渣废水中含有丰富的碳、氮营养和微量元素，这些废渣废水也可培养微生物(如白地霉和酵母菌等)，制成菌体蛋白饲料，不仅可提供饲料蛋白，而且还能保护环境。

第三节 微生物能源——沼气发酵

能源问题正随着一次性能源（如石油、天然气、煤）的加速耗竭而日益突出，能源问题引起的国际纷争屡屡发生。化学性燃料的燃烧也给环境带来前所未有的污染问题，二氧化碳、二氧化硫、煤灰等燃烧后的废气和固体废物大量进入环境，使人类生存的环境质量下降。而甲烷、乙醇和氢气等不仅是可再生的燃料，而且在燃烧过程中不产生严重危害环境的污染问题，尤其是氢气，燃烧后仅形成水，具有清洁、高效、可再生等突出的特点。另外，这些燃料可由微生物利用有机废弃物生产，从而在获得清洁燃料的同时，处理了有机废物，保护和改善了环境。利用生物技术将可利用的廉价有机物甚至有机废物转化为清洁燃料替代“石油”等矿物燃料，将是世界性的实施环境可持续发展的长期战略。

利用微生物开发能源，可解决能源危机，增加肥料，改善环境，保护生态平衡，进行物质良性循环。我国目前的生态农业建设，即所谓四位一体的生态农业模式，无论是辽宁模式(将沼气池-猪舍-蔬菜栽培组装在日光温室中)，还是江西赣南（猪-沼-果）生态农业模式，沼气都是非常重要的一个组成部分。

一、沼气及其发展意义

沼气是由意大利物理学家A. 沃尔塔于1776年在沼泽地发现的。由于它最初是从沼泽中发现的，所以叫做沼气（marsh gas）。沼气是有机物质在厌氧条件下，经过微生物发酵作用而生成的以甲烷为主的可燃气体。它的主要成分是甲烷（CH_4），通常占总体积的50%～70%；其次是二氧化碳，约占总体积的30%～40%；其余是硫化氢、氮、氢和一氧化碳等气体，约占总体积的5%。沼气实质上是人畜粪尿、生活污水和植物茎叶等有机物质在一定的水分、温度和厌氧条件下，经沼气微生物的发酵转换而成的一种方便、清洁、优质、高品位气体燃料，可以直接炊事和照明，也可以供热、烘干、贮粮等。它是一种高热值燃气能源，既可作为生活用燃气又可作为工业用燃气，同时又是重要的化工原料。既解决了农村燃料的不足，又协调了燃料、饲料和肥料的关系，沼气发酵剩余物是一种高效有机肥料和养殖辅助营养料，减少了病原菌和寄生虫卵传播的机会。与农业主导产业相结合，进行综合利用，可产生显著的综合效益。

二、沼气发酵原理

沼气发酵中的微生物都是厌氧和兼性厌氧微生物，主要包括分解有机物的微生物和产甲烷的微生物两大类。分解有机物的微生物主要有芽孢杆菌属、假单胞菌属和变形杆菌属等微生物。产甲烷的微生物专性厌氧，不生孢子，范围比较广泛。迄今为止，已经分离鉴定的产甲烷微生物超过70种，在分类学上，它们属于古生菌，主要分布在甲烷杆菌属（*Methanobacterium*）、甲烷八叠球菌属、甲烷球菌属、甲烷螺菌属和甲烷丝菌属等19属中。

沼气发酵是由混合的厌氧微生物利用有机碳化物发酵产生沼气，整个发酵过程分如下三个阶段。

1. 水解发酵阶段

沼气发酵原料中的有机物质，被一些不产甲烷的微生物分解。纤维素、半纤维素、淀粉等被分解为双糖或单糖，蛋白质被分解为多肽或氨基酸，脂肪被分解为甘油和脂肪酸。

2. 产氢产乙酸阶段

产酸微生物分解糖类及淀粉类化合物，生成小分子挥发性的有机酸，如乙酸等。

3. 产甲烷阶段

在严格厌氧条件下，产甲烷微生物利用小分子挥发性有机酸转化分解为CH_4和CO_2等气体。

三、沼气发酵的条件

沼气发酵是多种微生物分解有机物产生甲烷的过程。要使沼气发酵正常进行，获得较高产气量，就必须保证沼气细菌进行正常生命活动（包括生长、发育、繁殖、代谢等）所需要的基本条件。

1. 严格的厌氧环境

沼气发酵中的产甲烷菌为严格厌氧菌，适宜生活于低氧化还原电位的环境。因此，要求沼气发酵装置：密封程度高，不漏水，不漏气。

2. 沼气细菌

制取沼气必须有沼气细菌才行，如果没有沼气细菌的作用，沼气池内的有机物本身是不会转变成沼气的。

含有优良沼气菌种的接种物普遍存在于粪坑底污泥、下水道污泥、沼气发酵的渣水、沼泽污泥和豆制品作坊下水沟污泥中，新建沼气池可以到这些地方去收集菌种。这些含有大量沼气发酵细菌的污泥称为接种物。沼气发酵加入接种物的操作过程称为接种，新建沼气池头一次装料，如果不加入足够数量含有沼气细菌的接种物，常常很难产气或产气率不高，甲烷含量低，无法燃烧。另外，加入适量的接种物，可以避免沼气池发酵初期产酸过多而导致发酵受阻。加入接种物的数量一般应占发酵料液总质量的10%～30%为宜。对于中温和高温沼气发酵，还要注意沼气菌的驯化培养问题，以适应相应的发酵温度。

3. 充足和适宜的发酵原料

沼气发酵原料是产生沼气的物质基础，又是沼气细菌赖以生存的养料来源。沼气细菌在沼气池内正常生长繁殖过程中，必须从发酵原料里吸取充足的营养物质，如水分、碳素、氮素、无机盐类和大量的硫、磷、钠、钙、镁等元素，用以生命活动，成倍繁殖细菌和转化沼气。氮素是构成微生物细胞的重要原料，碳素不仅构成微生物细胞，而且提供生命活动的能量。发酵原料的碳氮比（CN）不同，因发酵细菌消耗碳的速度比消耗氮的速度要快25～30倍，在其它条件具备的情况下，碳氮比例配成（25～30）：1，可以使沼气发酵在合适的速度下进行。如果比例失调，就会使产气和微生物的生命活动受到影响。因此，制取沼气不仅要有充足的原料，还应注意各种发酵原料碳氮比的合理搭配。农村常用沼气发酵原料的碳氮比及产气情况见表8-2和表8-3。

表 8-2 农村常用沼气发酵原料的碳氮比（近似值）

原料	碳素占原料质量/%	碳素占原料质量/%	碳氮比(C：N)	原料	碳素占原料质量/%	碳素占原料质量/%	碳氮比(C：N)
干麦草	46.0	0.53	87：1	鲜牛粪	7.3	0.29	25：1
干稻草	42.0	0.63	67：1	鲜马粪	10.0	0.42	24：1
落叶	41.0	1.00	41：1	鲜羊粪	16.0	0.55	29：1
大豆茎	41.0	1.30	32：1	鲜猪粪	7.8	0.60	13：1
野草	14.0	0.54	27：1	鲜人粪	2.5	0.85	2.9：1

表 8-3 1t干原料的沼气产量

发酵原料	沼气生产转换率	产沼气量/(m^3/kg)	含甲烷/%	发酵原料	沼气生产转换率	产沼气量/(m^3/kg)	含甲烷/%
猪粪	0.25	250	50～60	麦草	0.27	270	50～60
牛粪	0.19	190	50～60	玉米秸	0.29	290	50～60
鸡粪	0.25	250	50～60	干草	0.33	326	50
人粪	0.30	300	50～60	青草	0.63	630	70
稻草	0.26	260	50～60	纸厂废水	0.60	600	70

4. 适宜的发酵温度

温度是生产沼气的重要条件，沼气发酵时温度的高低直接影响原料的消化速度和产气率。在适温范围内温度越高，沼气细菌的生长繁殖就越快，产气也就越多。温度不适宜，沼气细菌生长发育慢，产气少或不产气。同时微生物对温度变化十分敏感，温度突升或突降，都会影响微生物的生命活动，使产气状况恶化。

沼气发酵的温度范围较广，一般在10～60℃都能产生沼气。低于10℃或高于60℃都严重抑制微生物生存繁殖，影响产气。人们把沼气发酵划分为3个发酵区，即10～26℃为常温发酵区，28～38℃为中温发酵区，46～60℃为高温发酵区。一些发酵工业排出的有机废水、废物，如酒厂排出的酒糟，由于排放温度都在70℃以上，不需要外部补充热量来提高发酵原料温度，一般都采用高温发酵。城市污泥、工业有机废水、大中型农牧场的牲畜粪便等，适宜采用中温发酵。农村的沼气发酵，因为条件的限制，一般都采用常温发酵，冬季池温低产气少或不产气，为了提高沼气池温度，在北方寒冷地区，多把沼气池修建在塑料日光温室内或太阳能禽畜舍内，使池温增高，提高冬季的产气量，做到常年产气。

5. 适宜的干物质浓度

沼气细菌不光要“吃”，还要“喝”。沼气细菌在生长、发育、繁殖过程中，都需要足够的水分。水是沼气细菌的重要组成部分，沼气池里有机物质的发酵必须要有适量的水分才能进行。如果发酵料液中含水量过少，发酵原料过多，发酵液的浓度过大，甲烷菌又“吃”不了那么多，就容易造成有机酸的大量积累，不利于沼气细菌的生长繁殖，就会使发酵受到阻碍，同时也给搅拌带来困难。如果水太多，发酵液过稀，单位容积内有机物含量少，产气量就少，不利于沼气池的充分利用。所以沼气池发酵液必须保持一定的干物质浓度。根据多年实践，农村沼气池一般要求发酵原料的干物质浓度为6%～12%，在这个范围内，沼气池的初始浓度要低一些，这样做便于启动。夏季和初秋池温高，原料分解快，浓度可低一些，一般为6%～8%。冬季、初春池温低，原料分解慢，干物质浓度应保持在10%～12%。

6. 适宜的pH值

沼气微生物的生长、繁殖，要求发酵原料的酸碱度保持中性或微偏碱性（即pH6.5～7.5），过酸、过碱都会影响产气。测定表明：酸碱度在pH6～8，均可产气，以pH6.8～7.5产气量最高，pH值低于4.9或高于9时均不产气。此时，可添加适量的草木灰、石灰澄清液调整酸碱度。

7. 持续动态发酵

经常搅动发酵液与增加沼气产量有密切关系。农村沼气池在静止状态下，一般可分为三层：上层为浮渣层，发酵原料较多，沼气菌种少，原料未充分利用，如果浮渣太厚，还会影响沼气进入气箱；中层是清液，水分多，发酵原料少；下层是沉渣，发酵原料多，沼气菌种丰富，是产生沼气的重要部位。因此，沼气池不经常搅动，对沼气产气量影响很大。有的沼气池原料加得很足，但产气量越来越小，一个重要的原因就是发酵液表面形成了很厚的结壳。

农村户用沼气池常用强制回流的方法进行人工搅拌，即用人工泵或其它动力将沼气池底部料液抽出，再泵入进料部位，促使池内料液强制循环流动，提高产气量。也可利用生物能气动搅拌装置，实现自动搅拌和动态发酵。

四、沼气发酵工艺

对沼气发酵工艺，从不同角度有不同的分类方法。一般从投料方式、发酵温度、发酵阶段、发酵级差、料液流动方式等角度，可做如下分类。

（一）以投料方式划分

沼气发酵微生物的新陈代谢是一个连续过程，根据该过程中的投料方式的不同，可分为连续发酵、半连续发酵和批量发酵三种工艺。

1. 连续发酵工艺

沼气池发酵启动后，根据设计时预定的处理量，连续不断地或每天定量地加入新的发酵原料，同时排走相同数量的发酵料液，使发酵过程连续进行下去。发酵装置不发生意外情况或不检修时，均不进行大出料。采用这种发酵工艺，沼气池内料液的数量和质量基本保持稳定状态，因此产气量也很均衡。

这种工艺流程是先进的，但发酵装置结构和发酵系统比较复杂，造价也较昂贵，因而适用于大型的沼气发酵工程系统。如大型畜牧场粪污、城市污水和工厂废水净化处理，多采用连续发酵工艺。该工艺要求有充分的物料保证，否则就不能充分有效地发挥发酵装置的负荷能力，也不可能使发酵微生物逐渐完善和长期保存下来。因为连续发酵，不致因大换料等原因而造成沼气池利用率上的浪费，从而使原料消化能力和产气能力大大提高。

2. 半连续发酵工艺

沼气发酵装置初始投料发酵启动，一次性投入较多的原料（一般占整个发酵周期投料总固体量的1/4～1/2），经过一段时间，开始正常发酵产气，随后产气逐渐下降，此时就需要每天或定期加入新物料，以维持正常发酵产气，这种工艺就称为半连续沼气发酵。我国农村的沼气池大多属于此种类型。其中的“三结合”沼气池，就是将猪圈、厕所里的粪便随时流入沼气池，在粪便不足的情况下，可定期加入铡碎并堆沤后的作物秸秆等纤维素原料，起到补充碳源的作用。这种工艺的优点是比较容易做到均衡产气和计划用气，能与农业生产用肥紧密结合，适宜处理粪便和秸秆等混合原料。

3. 批量发酵工艺

发酵原料成批量地一次投入沼气池，待其发酵完后，将残留物全部取出，又成批地换上新料，开始第二个发酵周期，如此循环往复。农村小型沼气发酵装置和处理城市垃圾的“卫生坑填法”均采用这种发酵工艺。这种工艺的优点是投料启动成功后，不再需要进行管理，简单省事，其缺点是产气分布不均衡，高峰期产气量高，其后产气量低，因此所产沼气适用性较差。

（二）以发酵温度划分

沼气发酵的温度范围一般在10～60℃。温度对沼气发酵的影响很大，温度升高沼气发酵的产气率也随之提高，通常以沼气发酵温度划分为三种类型：高温发酵、中温发酵和常温发酵。

1. 高温发酵工艺

高温发酵工艺指发酵料液温度维持在50～60℃，实际控制温度多在51～55℃。该工艺的特点是：微生物生长活跃，有机物分解速率快，产气率高，滞留时间短。采用高温发酵可以有效地杀灭各种致病菌和寄生虫卵，具有较好的卫生效果，从除害灭菌和发酵剩余物肥料利用的角度看，选用高温发酵是较为实用的。但要维持消化器的高温运行，能量消耗较大。一般情况下，在有余热可利用的条件下，可采用高温发酵工艺，如处理经高温工艺流程排放的酒精废料、柠檬酸废水和轻工食品废水等。

2. 中温发酵工艺

中温发酵工艺指发酵料液温度维持在33～37℃，与高温发酵相比，这种工艺消化速率稍慢一些，产气率要低一些，但维持中温发酵的能耗较少，沼气发酵能总体维持在一个较高的水平，产气速率比较快，料液基本不结壳，可保证常年稳定运行。为减少维持发酵装置的能量消耗，工程中常采用近中温发酵工艺，其发酵料液温度为25～30℃，这种工艺因料液温度稳定，产气量也比较均衡。总之，与经济发展水平相配套，工程上采取增温保温措施是必要的。

3. 常温发酵工艺

常温发酵工艺指在自然温度下进行沼气发酵，发酵温度受气温影响而变化，我国农村户用沼气池基本上采用这种工艺。其特点是发酵料液的温度随气温、地温的变化而变化，一般料液温度最高时为25℃，低于10℃以后，产气效果很差。其好处是不需要对发酵料液温度进行控制，节省保温和加热投资，沼气池本身不消耗热量；其缺点是在同样投料条件下，一年四季产气率相差较大。南方农村沼气池在地下，还可以维持用气量。北方的沼气池则需建在太阳能暖圈或日光温室下，才可确保沼气池安全越冬，维持正常产气。

（三）以发酵阶段划分

根据沼气发酵分为“水解-产酸-产甲烷”3个阶段的理论，以沼气发酵不同阶段，可将发酵工艺划分为单相发酵工艺和两相（步）发酵工艺。

1. 单相发酵工艺

将沼气发酵原料投入到一个装置中，使沼气发酵的产酸和产甲烷阶段合二为一，在同一装置中自行调节完成，即“一锅煮”的形式。我国农村全混合沼气发酵装置，大多数采用这一工艺。

2. 两相发酵工艺

两相发酵也称两步发酵，或两步厌氧消化。该工艺是根据沼气发酵3个阶段的理论，把原料的水解、产酸阶段和产甲烷阶段分别安排在两个不同的消化器中进行。水解、产酸池通常采用不密封的全混合式或塞流式发酵装置，产甲烷池则采用高效厌氧消化装置，如污泥床、厌氧过滤等。

从沼气微生物的生长和代谢规律以及对环境条件的要求等方面看，产酸细菌和产甲烷细菌有着很大差别，因而为它们创造各自需要的最佳繁殖条件和生活环境，促使其优势生长，迅速地繁殖，将消化器分开来是非常合适的，这既有利于环境条件的控制和调整，也有利于人工驯化、培养优异的菌种，总体上便于进行优化设计。也就是说，两步发酵较之单相发酵工艺过程的产气量、效率、反应速率、稳定性和可控性等方面都要优越，而且生成的沼气中的甲烷含量也比较高。从经济效益看，这种流程加快了挥发性固体的分解速率，缩短了发酵周期，从而也就降低了生成甲烷的成本和运转费用。

（四）按发酵级差划分

1. 单级沼气发酵工艺

简单地说，就是产酸发酵和产甲烷发酵在同一个沼气发酵装置中进行，而不将发酵物再排入第二个沼气发酵装置中继续发酵。从充分利用生物能量、杀灭虫卵和病菌的效果以及合理解决用气、用肥的矛盾等方面看，它是很不完善的，产气效率也比较低。但是这种工艺流程的装置结构比较简单，管理比较方便，因而就修建和日常管理费用相对来说，比较低廉，是目前我国农村最常见的沼气发酵类型。

2. 多级沼气发酵工艺

所谓多级发酵，就是由多个沼气发酵装置串联而成的。一般第一级发酵装置主要是发酵产气，产气量可占总产气量的50%左右，而未被充分消化的物料进入第二级消化装置，使残余的有机物质继续彻底分解，这既有利于物料的充分利用和彻底处理废物中的BOD（生化需氧量或耗氧量），也在一定程度上缓解了用气和用肥的矛盾。如果能进一步深入研究双池结构的型式，降低其造价，提高发酵的运转效率和经济效果，对加速我国农村沼气建设的步伐是有现实意义的。从延长沼气池中发酵原料的滞留时间和滞留路程，提高产气率，促使有机物质的彻底分解角度出发，采用多级发酵是有效的。对于大型的两级发酵装置，第一级发酵装置安装有加热系统和搅拌装置，以利于产气量，而第二级发酵装置主要是彻底处理有机废物中的BOD，不需要搅拌和加温。但若采用大量纤维素物料发酵，为防止表面结壳，第二级发酵装置中仍需设备搅拌。

把多个发酵装置串联起来进行多级发酵，可以保证原料在装置中的有效停留时间，但是总的容积与单级发酵装置相同时，多级装置占地面积较大，装置成本较高。另外由于第一级池较单级池水力滞留期短，其新料所占比例较大，承受冲击负荷的能力较差。如果第一级发酵装置失效，有可能引起整个的发酵失效。

（五）按发酵浓度划分

1. 液体发酵工艺

发酵料液的干物质浓度控制在10%以下，在发酵启动时，加入大量的水。出料时，发酵液如用作肥料，无论是运输、贮存或施用都不方便。对于旱地区，由于水源不足，进行液体发酵也感到困难。

2. 干发酵工艺

干发酵又称固体发酵，发酵原料的总固体浓度控制在20%以上，干发酵用水量少，其方法与我国农村沤制堆肥基本相同。此方法可一举两得，既沤了肥，又生产了沼气。干发酵工艺由于出料困难，不适合户用沼气采用。

（六）以料液流动方式划分

1. 无搅拌且料液分层的发酵工艺

当沼气池未设置搅拌装置时，无论发酵原料为非均质的（草粪混合物）或均质的（粪），只要其固形物含量较高，在发酵过程中料液会出现分层现象（上层为浮渣层，中层为清液层，中下层为活性层，下层为沉渣层）。这种发酵工艺，因沼气微生物不能与浮渣层原料充分接触，上层原料难以发酵，下层常常又占有越来越多的有效容积，因此原料产气率和池容产气率均较低，并且必须采用大换料的方法排除浮渣和沉淀。

2. 全混合式发酵工艺

由于采用了混合措施或装置，池内料液处于完全均匀或基本均匀状态，因此微生物能和原料充分接触，整个投料容积都是有效的。它具有消化速率快、容积负荷率和体积产气率高的优点。处理禽畜粪便和城市浮泥的大型沼气池属于这种类型。

3. 塞流式发酵工艺

采用这种工艺的料液，在沼气池内无纵向混合，发酵后的料液借助于新鲜料液的推动作用而排走。这种工艺能较好地保证原料在沼气池内的滞留时间，在实际运行过程中，完全无纵向混合的理想塞流方式是没有的。许多大中型畜禽粪污沼气工程采用这种发酵工艺。

沼气发酵工艺除有以上划分标准外，还有一些其它的划分标准。例如，把“塞流式”和“全混合式”结合起来的工艺，即“混合-塞流式”；以微生物在沼气池中的生长方式区分的工艺，如“悬浮生长系统”发酵工艺、“附着生长系统”发酵工艺。需要注意的是，上述发酵工艺是按照发酵过程中某一条件特点进行分类的，而实践中应用的发酵工艺所涉及的发酵条件较多，上述工艺类型一般不能完全概括。因此，在确定实际的发酵工艺属于什么类型时，应具体分析。比如，我国农村大多数户用沼气池的发酵工艺，从温度来看，是常温发酵工艺；从投料方式来看，是半连续投料工艺；从料液流动方式看，是料液分层状态工艺；从原料的生化变化过程看，是单相发酵工艺，因此其发酵工艺属于常温、半连续投料、分层、单相发酵工艺。

五、沼气发酵新型生态模式

该模式（图8-1）依靠现代化的设备组成比较完善的处理系统，将畜禽粪便经过一系列的生物发酵处理，产生沼气，最大限度地回收能源，以能源开发（供热、发电）为核心，以沼渣、沼液的还田利用为纽带，以多种园艺种植利用为依托，大幅度提高畜禽养殖业废弃物综合利用效益，消除畜禽养殖废弃物产生的环境污染。南方“猪-沼-果”生态农业模式就是以沼气为纽带，带动畜牧业、林果业等相关农业产业共同发展。其主要形式为：户建一口沼气池，人均年出栏2头猪，人均种好一亩果。这在我国南方得到大规模推广，仅江西赣南地区就有25万户。

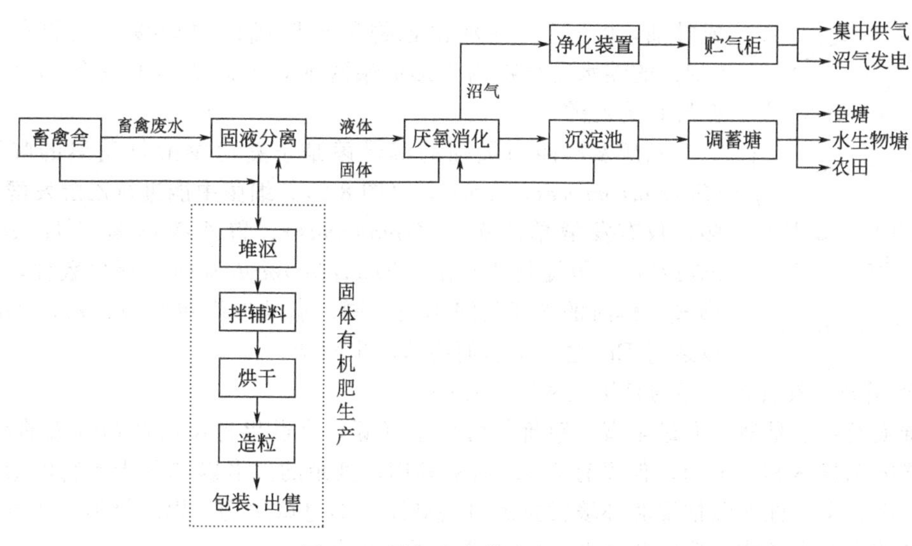

图 8-1 沼气生态模式流程示意

六、其它微生物能源

（一）燃料乙醇

燃料乙醇已经被视为替代和节约汽油的最佳燃料，其高效的转换技术和洁净利用日益受到全世界的重视，已经被广泛认为是 21 世纪发展循环经济的有效途径。乙醇是来自可再生资源的最有发展前景的液态燃料，目前采用生物发酵法生产乙醇仍然是最重要的途径。利用代谢工程技术改造乙醇代谢网络、提高乙醇产量是生物工程科学家的研究重点。乙醇的发酵生产如下。

1. 有机物糖化及其微生物

由于能将葡萄糖转化为乙醇的酵母菌不能利用淀粉、纤维素等大分子有机物，因此必须有其它微生物将这些大分子有机物降解为葡萄糖提供给酵母菌。这一将淀粉、纤维素等大分子有机物转化为葡萄糖的过程称为糖化作用。糖化过程可利用酸水解或酶解或某些微生物将大分子有机物水解为葡萄糖。能将这些大分子有机物转化为葡萄糖的微生物称为糖化菌。根霉（*Rhizopus*）、毛霉（*Mucor*）、曲霉（*Aspergillus*）的许多种都具有很高的糖化能力，在生产中主要用的糖化菌是曲霉和根霉。曲霉有黑曲霉（*A. niger*）、白曲霉和米曲霉（*A. oryzae*）等；根霉是淀粉发酵法的主要糖化菌，其中以东京根霉（又称河内根霉）、黑根霉（*R. nigricans*）等应用最广。

$$(C_6H_{12}O_6)_n \xrightarrow{\text{酸解或酶解}} n(C_6H_{12}O_6)$$

2. 乙醇发酵及其微生物

酵母菌在厌氧条件下利用大分子有机物糖化后的葡萄糖时，先形成丙酮酸，丙酮酸脱羧形成乙醛，乙醛再在乙醇脱氢酶作用下形成酒精。其反应的过程如下：

$$C_6H_{12}O_6 + 2NAD^+ \longrightarrow 2CH_3COCOOH + 2NADH + 2H^+$$

$$2CH_3COCOOH \xrightarrow{\text{丙酮酸脱羧酶}} 2CH_3CHO + CO_2$$

$$CH_3CHO + MADH^+ + H^+ \xrightarrow{\text{乙醇脱氢酶}} CH_3CH_2OH + NADH^+$$

总反应式为： $C_6H_{12}O_6 \longrightarrow 2CH_3CH_2OH + CO_2 + Q$

从反应式看，1mol 葡萄糖可产生 2mol 乙醇，即 180g 葡萄糖可产生 92g 乙醇，转化率为 51.5%。但由于约有 2%的碳水化合物用于酵母菌细胞增殖，约 2%的碳水化合物用于形

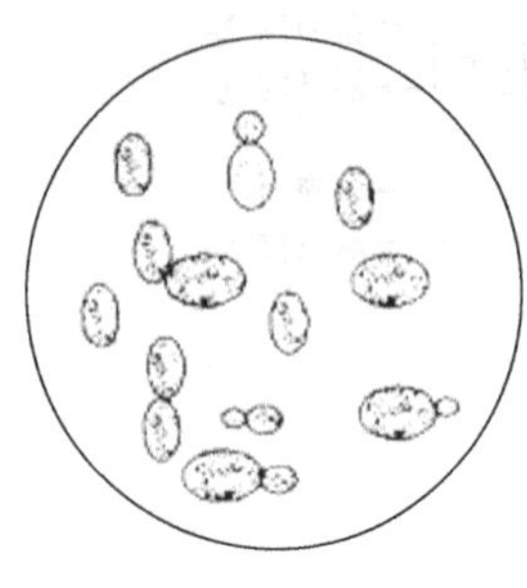

图 8-2 啤酒酵母

成甘油，0.5%的碳水化合物用于形成以琥珀酸为主的有机酸和0.2%的碳水化合物用于形成杂醇油，因此实际上只有47%的葡萄糖转化为乙醇。

乙醇发酵能力最强的酵母菌是子囊菌纲酵母菌属的啤酒酵母(*Saccharomyces cerevisiae*)(图 8-2)。细菌中能进行乙醇发酵的种不多，仅有发酵单胞菌（*Zymomonas*）、胃八叠球菌（*Sarcina ventriculi*）和解淀粉欧文菌（*Erwinia amylovora*）等少数种，它们在形成乙醇时的途径与酵母菌不同。运动发酵单胞菌（*Z. mobilis*）可以通过ED途径发酵葡萄糖产生酒精。

3. 利用纤维素有机废弃物直接发酵产生乙醇

纤维素类物质是地球上最丰富、廉价的可再生资源，全世界每年由植物合成的纤维素、半纤维素的总量达85×10^9t，但仅有2%左右被利用，其余的大多以农业废弃物的形式残留于环境。面临世界性能源枯竭和环境污染的日益威胁，通过微生物将以纤维素、半纤维素为主要成分的农业废弃物直接转化生产乙醇已成为研究热点。

厌氧性的热纤梭菌（*Clostridium themocellum*）、嗜热氢硫梭菌、布氏嗜热厌氧菌和乙酸乙基嗜热拟杆菌（*Thermobacteroides acetoethylicus*）等能将除葡萄糖等已糖外较为广泛的有机物质转化为乙醇。但已知和研究较深入的能直接将纤维素转化为乙醇的细菌仅是热纤梭菌［图 8-3 (a)］，热纤梭菌细胞壁表面分布有不连续的包含有纤维素酶系的纤维素体(cellulosome)，这些纤维素体与纤维素相黏附［图 8-3 (b)］，然后纤维素酶系逐步将纤维素分解为可溶性糖类，吸收入细胞进一步利用，转化为乙醇。然而由于木质素、半纤维素对纤维素的保护作用以及纤维素本身的结晶结构，天然木质纤维素直接进行酶水解时，其纤维素水解成糖的比率一般仅有10%～20%。因此由热纤梭菌直接转化为乙醇的效率较低。这表明尽管在理论上是可行的，但在实际工业化过程中如何提高乙醇的转化效率仍有许多问题有待解决。

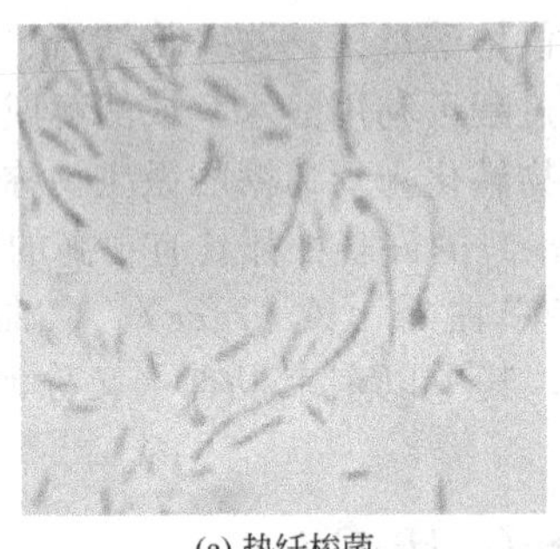

(a) 热纤梭菌

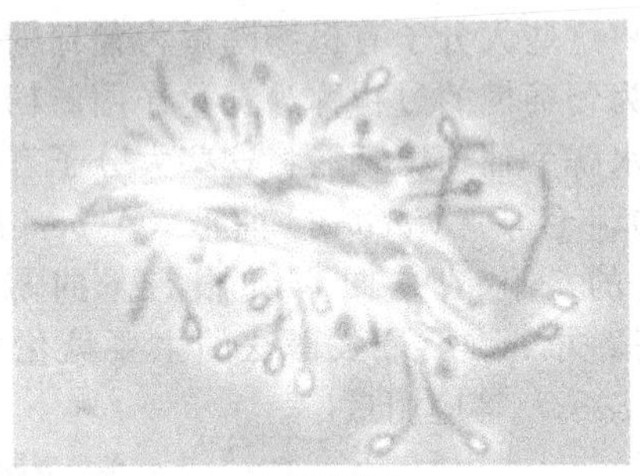

(b) 纤维素体

图 8-3 热纤梭菌及其纤维素体

乙醇产生菌的主要种类有酵母菌属（*Saccharomyces*）、裂殖酵母菌属（*Schizosaccharomyces*）、假丝酵母属（*Candida*）、球拟酵母属（*Torulopsis*）、酒香酵母属（*Brettanomyces*）、汉逊酵母属（*Hansenula*）、克鲁弗酵母属（*Kluveromyces*）、毕赤酵母属（*Pichia*）、隐球酵母属（*Cryptococcus*）、德巴利酵母属（*Debaryomyces*）、卵孢酵母属（*Oosporium*）、曲霉属（*Aspergillus*）等。

乙醇产生菌的作用机理是酒精发酵作用，即把葡萄糖酵解生成乙醇。微生物酵解葡萄糖的途径是EMP、HMP和ED途径。乙醇产生菌生产的能源性物质，目前主要用于燃料和替代汽车等运输工具所使用的汽车用油（如汽油和柴油）。例如巴西用乙醇产生菌生产的乙醇

1990 年已达到 $1.6\times10^7m^3$，足够供应 200 万辆汽车的驱动能源的需要。

（二）微生物制氢

氢气由于燃烧的产物为水而不产生任何环境污染物，而且能量密度和热转换效率高，是一种十分理想的“绿色”载能体。制氢方法可分为理化性方法和生物性方法两类。理化性方法如将水电解为氢和氧，这必须消耗大量的电能，如获得的氢气作为能源，在经济成本上难以接受。其它化学性方法也要消耗大量矿物资源，而且生产过程中产生大量污染物污染环境。生物性方法利用微生物生产氢气具有前者所不可比拟的优点。

在生命活动中能形成分子氢的微生物有两个主要类群。一是固氮微生物，尤其是具有固氮作用的光合微生物，包括藻类和光合细菌在内。目前研究较多的主要有颤藻属、深红红螺菌、球形红假单胞菌、深红红假单胞菌、球形红微菌、液泡外硫红螺菌等。二是严格厌氧和兼性厌氧的发酵性产氢细菌，如丁酸梭状芽孢杆菌、拜氏梭状芽孢杆菌、大肠埃希杆菌、产气肠杆菌、褐球固氮菌等。

1. 固氮微生物和光合微生物的产氢

在具有固氮作用的微生物中，有 N_2 等底物存在时，固氮酶进行 N_2 的还原反应［反应式（8-1）］。众所周知，固氮酶在固氮过程中，有 25%甚至更多的电子流向质子形成氢，如果固氮酶并不是由 MoFe 蛋白而是由 VFe 蛋白或 FeFe 蛋白构成的，那么流向质子的电子的比例分别可达 60%和 80%，也即有更多的氢气生成。在无 N_2 等合适底物时，固氮酶将电子全部流向放氢反应［反应式（8-2）］。具有固氮作用的光合微生物的产氢，实际上是光合微生物将光合作用过程中获取的光能转换为 ATP 后，ATP 支持固氮酶的放氢，由 ATP 将光合作用与固氮酶的放氢两个过程相连接。

$$N_2+12ATP+8e^-+8H^+\longrightarrow 2NH_3+12(ADP+Pi)+H_2 \tag{8-1}$$

$$2H^++4ATP+2e^-\longrightarrow H_2+4(ADP+Pi) \tag{8-2}$$

2. 发酵性细菌的产氢

发酵性细菌是另一类在代谢过程中可以产生分子氢的微生物。如糖解梭菌（*Clostridium saccharolyticum*）、巴斯德梭菌（*C. pasteurianum*）等，缺乏典型的色素系统和氧化磷酸化机制，在发酵单糖时可形成氢。

许多肠道细菌如大肠杆菌（*E. coli*）等在代谢过程中也可产生氢气。当其厌氧性生长于发酵性基质上时，氢酶起着氢阀的作用，通过氧化在发酵过程中的过剩还原力（NADH 或 NADPH）形成 H_2，来保证电子载体的循环和保持氧化还原平衡。酵解形成的丙酮酸在丙酮酸-甲酸裂解酶作用下，形成乙酰 CoA 和甲酸，甲酸在厌氧和缺乏合适电子受体条件下，由甲酸氢解酶复合物裂解生成 CO_2 和 H_2。

氢气产生菌的主要种类有红螺菌属（*Rhodospirillum*）、红假单胞菌属（*Rhodopseudomonas*）、红微菌属（*Rhodomicrobium*）、荚硫菌属（*Thiocapsa*）、硫螺菌属（*Thiospirillum*）、闪囊菌属（*Lamprocystis*）、网硫菌属（*Thiodictyon*）、板硫菌属（*Thiopedia*）、外硫红螺菌属（*Ectothiorhodospira*）、梭杆菌属（*Fusobacterium*）、埃希菌属（*Escherichia*）、蓝细菌类等。

氢气产生菌的作用机理主要是丁酸发酵作用。除在丁酸菌作用下进行丁酸发酵外，氢气产生菌的其它分解有机物产生氢气的代谢机制目前尚不明确。氢气产生菌生产的能源物质——氢气，目前主要应用于燃料电池方面。由于许多自养型和异养型微生物产氢的机制和条件还在研究过程中，所以该类微生物能源的使用尚处于试验阶段。已有的研究结果表明，氢气产生菌在含有葡萄糖培养基的 10L 发酵罐中，产 H_2 速率最高可达 18～23L/h，进而利用所产生的 H_2，推动功率为 3.1～3.5W 燃料电池工作。

第四节 食 用 菌

一、食用菌的生物学知识

（一）食用菌形态

食用菌的生长发育过程可分为营养生长和生殖生长两个阶段，因此，在形态上有菌丝体和子实体之分。

1. 菌丝体

菌丝为多细胞管状，含有一个、两个或多个细胞核，细胞连接处无隔膜或有隔膜。菌丝体相当于高等植物的根、茎、叶等营养器官，具有分解、吸收和输送的功能，并在进化过程中，产生了各种结构和功能不同的特殊形态如菌索、菌髓、菌核等。

2. 子实体

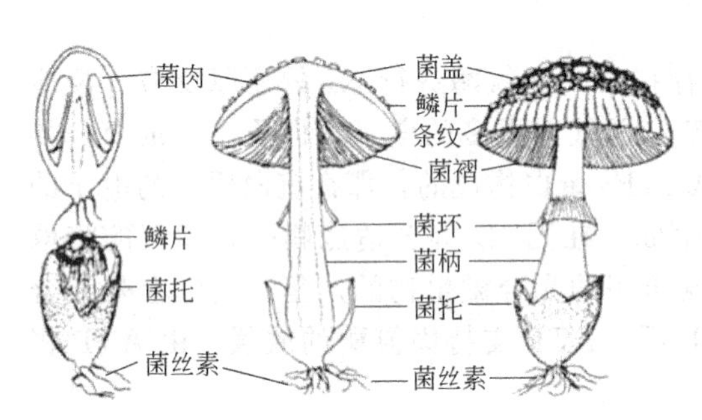

图 8-4 典型伞状食用菌的形态结构

食用菌子实体（图 8-4）的菌盖一般成伞形，也有其它各种形状的，这里重点介绍大型伞菌子实体的形态。光学显微镜下，菌褶由菌髓和子实体层构成。成熟的子实体可以产生有性孢子，大量的孢子可以形成孢子印，孢子印的颜色也是分类的重要依据。菌柄有各种形状和质地，表面有各种附属物和特殊结构。菌褶和菌柄有多种连接方式，主要有直生、弯生、离生、延生四种类型。有的伞菌子实体内菌幕破裂，残留在菌柄上的部分即为菌环；外菌幕破裂残留于菌柄的基部形成菌托。菌环和菌托是分类的重要依据。

（二）食用菌分类

食用菌分类主要是以其宏观和微观的形态特征为依据来进行的，尤其是子实体的形态特征和孢子的显微结构。在野生食用菌资源的采集、驯化、鉴定以及食用菌菌种选育等工作中都必须具有分类学知识，因此学习食用菌分类知识，是人们认识、研究和利用食用菌的基础。现代的很多学者把生物分成植物界、动物界、菌物界，食用菌隶属菌物界、真菌门中的子囊菌亚门和担子菌亚门。

（三）食用菌的营养类型

食用菌的营养类型主要有四种。

1. 腐生菌类

需要的营养物质从枯死的木本、草本植物中吸收。目前能够人工栽培的食用菌基本属于腐生菌类，如香菇、草菇、银耳等。根据其分解的有机物是木本还是草本又可分为木腐菌和草腐菌两类。香菇、银耳为木腐型食用菌，其生长在死树、断枝等木材上，这类食用菌在制作原种或栽培种时可以用木屑做原料，栽培生产时可以用木屑或段木做材料。草菇、双孢蘑菇等为草腐型食用菌，其生长在草、粪等有机物上，这类食用菌在制备菌种和栽培时要以草、粪等为主要原料。

2. 共生菌类

不能独自从枯死的木本、草本植物中吸收营养，必须靠活的树木供给养分，且树木和菌类双方互利，如松口蘑、牛肝菌等。

3. 兼性寄生菌类

兼有上述腐生菌和共生菌的特征。如蜜环菌，既能在枯木上腐生，也能和兰科植物天麻共生。

4. 弱寄生菌类

既能在枯木上腐生，也能在活木上寄生，但以腐生为主，所以称为弱寄生菌类，如黑木耳。

(四) 食用菌的营养条件

食用菌对营养物质的需求，可分为碳源、氮源、无机盐、生长因子等。

1. 碳源

碳源提供细胞和新陈代谢产物中碳素的来源，食用菌主要利用有机态碳（表 8-4）。食用菌分解的基质主要是木材及其下脚料和秸秆，木材的主要成分为纤维，包括纤维素、半纤维素及木质素，约占木材干物质的 95%以上。

表 8-4 食用菌对有机态碳的利用情况

有机态碳类别	有机态碳主要种类及利用情况
单糖	葡萄糖*、果糖、甘露糖、半乳糖等
寡糖	麦芽糖*、乳糖、纤维二糖
多糖	淀粉*、纤维素*、半纤维素*、木质素*
有机酸	糖酸、乳酸、柠檬酸、延胡索酸、琥珀酸、苹果酸、酒石酸
醇类	甘露醇*、甘油*

注：*标记的表示比较容易被食用菌利用，未标记的为一般利用或不易利用。

2. 氮源

氮源是合成蛋白质和核酸所不可缺少的原料，是食用菌最主要的营养物质之一（表 8-5）。

表 8-5 食用菌对氮源的利用情况

氮源类别	具体种类	利用情况
有机态氮	尿素、氨基酸、蛋白胨、蛋白质	直接或间接利用
无机态氮	硝态氮、铵态氮、铵盐	利用较差

不同的菌类栽培所选择的培养基质不一样，在天然材料中一般禾本科植物 C/N 为 (60∶1)～(80∶1)，而木本植物残体的 C/N 为（200∶1)～(350∶1)。不同发育阶段 C/N 是变化的，一般营养生长阶段 C/N 较低，而生殖生长阶段 C/N 较高。

3. 无机盐

无机盐提供食用菌生长所需要的矿质元素。配制培养基时常用的无机盐有磷酸二氢钾、磷酸氢二钾、石膏、硫酸镁、碳酸钙等。

4. 生长因子

食用菌生长必不可少的微量有机物质，称为生长因子，主要为维生素、氨基酸、核酸碱基类等物质，如维生素 B_1（硫胺素）、维生素 B_2（核黄素）、吡哆醇（维生素 B_6）、维生素 H、烟酸、核苷酸等。

(五) 食用菌的环境条件

1. 温度

温度是影响食用菌生长发育的重要因素。在一定温度范围内，食用菌的代谢活动和生长繁殖随着温度的上升而加快，当温度升高到一定限度，开始产生不良影响时，如果温度继续升高，食用菌的细胞功能就会受到破坏，以致造成死亡。

各种食用菌生长所需的温度范围不同，每一种食用菌只能在一定的温度范围内生长。各种食用菌按其生长速率可分为3个温度界限，即最低生长温度、最适生长温度和最高生长温度。超过最低和最高生长温度的范围，食用菌的生命活动就会受到抑制，甚至死亡。因此，在食用菌的生产过程中，可以通过对温度的调节，来促进食用菌的生长，抑制或杀死有害杂菌，保证食用菌的稳产高产。

食用菌的菌丝较耐低温，一般在0℃左右只是停止生长，并不死亡。菇木中的香菇菌丝体即使在－20℃低温下也不会死亡，但草菇的菌丝体在5℃时就会逐渐死亡。

2. 水分和空气相对湿度

水分是食用菌细胞的重要组成成分，菌丝体和新鲜菇体中约有90%的水分。食用菌机体对营养物质的吸收与代谢产物的分泌都是通过水来完成的，机体内的一系列生理生化反应都是在水中进行的。

食用菌生长发育所需要的水分绝大部分来自培养料。培养料的含水量是影响菌丝生长和出菇的重要因素，只有含水量适当时才能形成子实体。培养料含水量可用水分在湿料中的百分含量表示。一般适合食用菌菌丝生长的培养料含水量在60%左右。

培养料中的水分常因蒸发或出菇而逐渐减少。因此，栽培期间必须补足食用菌生长所需的水分。此外，菇场或菇房中经常保持一定的空气相对湿度，可以防止培养料或子实体水分的过度蒸发。

食用菌的菌丝体生长和子实体发育阶段所要求的空气相对湿度不同，大多数食用菌的菌丝体生长要求的空气相对湿度为65%～75%；子实体发育阶段要求的相对湿度为80%～95%。如果菇房的相对湿度低于60%，侧耳等子实体的生长就会停止；当相对湿度降至40%～45%时，子实体不再分化，已分化的幼菇也会干枯死亡。但菇房的相对湿度也不宜超过96%，菇房过于潮湿，易使致病菌滋生，也有碍于子实体的正常蒸腾作用。因此，菇房过湿，子实体发育也就不良，常表现为只长菌柄，不长菌盖，或者盖小肉薄。

3. 空气

食用菌是好氧性菌类，氧与二氧化碳的浓度也是影响食用菌生长发育的重要环境因子。食用菌通过呼吸作用吸收氧气并排出二氧化碳。因此在食用菌生长过程中经常通风换气是一项重要的栽培措施。

大气中氧的含量约为21%，二氧化碳的含量是0.03%。过高的CO_2浓度会影响食用菌的呼吸活动，高浓度的CO_2抑制菌丝体的生长。如双孢蘑菇的菌丝体在10%的CO_2浓度下，其生长量只有在正常空气中的40%，CO_2浓度越高，其生长速率越低。当然，不同种类食用菌对氧的需求量是有差异的。有些食用菌能耐较低的氧分压。如糙皮侧耳等3种侧耳的菌丝体，在CO_2浓度为20%～30%（体积分数）时的生长量，甚至比在正常空气条件下培养的还增加30%～40%，只有当CO_2浓度积累到大于30%时，菌丝的生长量才骤然下降。

在食用菌的子实体分化阶段，即从菌丝体生长转到出菇阶段时，微量的CO_2浓度（0.034%～0.1%）对双孢蘑菇和草菇子实体的分化是必要的。子实体形成后，子实体的旺盛呼吸对氧气的要求也急剧增加，这时0.1%以上的CO_2浓度对子实体就有毒害作用。如双孢蘑菇，当菇房中的CO_2浓度大于1%时，往往出现菌柄长、开伞早等品质下降现象；CO_2浓度超过6%时，菌盖发育受阻，菇体畸形，商品价值大损。灵芝的幼小子实体在CO_2浓度为0.1%的环境中发育时，一般不形成菌盖，菌柄分枝呈鹿角状，鹿角状的观赏灵芝即是在此条件下栽培形成的。

为了防止环境中 CO_2 积贮过多，在食用菌栽培过程中，适时适量的通风换气，是确保子实体正常发育的一项关键措施。在进行林地栽培时，应选择较开阔的场地作菇（耳）场，并砍除场内的杂草及低矮灌木，以利于场地通风。在进行室内栽培时，栽培室（房）应设置足够的换气窗。适当通风还能调节空气的相对湿度，减少害虫、杂菌的发生，确保食用菌的高产和稳产。

4. 光照

食用菌不需要直射光，在直射光下培养，不利于食用菌生长。食用菌的菌丝生长阶段不需要光线，但是大部分食用菌在子实体分化和发育阶段都需要一定的散射光。

根据子实体形成时期对光线的要求，一般可以将食用菌分为喜光型、厌光型和中间型三种类型。如香菇、草菇、滑菇等食用菌，在完全黑暗条件下不形成子实体，金针菇、侧耳、灵芝等食用菌在无光环境中虽能形成子实体，但菇体畸形，常只长菌柄，不长菌盖，不产生孢子，这类食用菌属于喜光型，其子实体只有在散射光的刺激下，才能较好地生长发育。厌光型食用菌在整个生活周期中都不需要光的刺激，有了光线，子实体不能形成或发育不良，如双孢蘑菇、茯苓等，这类食用菌可以在完全黑暗的条件下完成生活史。中间型食用菌对光线反应不敏感，不论有无散射光，其子实体都能够正常生长发育，如黄伞等。

光线对子实体的色泽也有很大的影响。光照不足时，草菇呈灰白色，木耳为浅褐色，只有在光照度为 250～1000lx 的条件下，木耳才呈正常的黑褐色。

5. 酸碱度（pH 值）

酸碱度（pH 值）会影响细胞内酶的活性及酶促反应的速率，是影响食用菌生长的因素之一。不同种类的食用菌菌丝体生长所需要的基质酸碱度不同，大多数食用菌喜偏酸性环境，菌丝生长的 pH 值在 3～6.5，最适 pH 值为 5.0～5.5。大部分食用菌在 pH 值大于 7.0 时生长受阻，大于 8.0 时生长停止。但也有例外，如草菇喜中性偏碱的环境。

栽培食用菌时必须使其在适当的酸碱性条件下才能正常地生长发育。被食用菌利用的大多数有机物在分解时，常产生一些有机酸，如糖类分解后常产生柠檬酸、延胡索酸、琥珀酸、醋酸、草酸等，这些有机酸的产生与积累可使基质 pH 值降低。同时，培养基灭菌后的 pH 值也略有降低。因此在配制培养基时应将 pH 值适当调高，或者在配制培养基时添加 0.2%磷酸氢二钾和磷酸二氢钾作为缓冲剂；如果所培养的食用菌产酸过多，可添加少许碳酸钙作为中和剂，从而使菌丝生长在 pH 值较稳定的培养基内。

二、食用菌的制种技术

（一）食用菌菌种的要求

在自然界中，食用菌繁衍后代依靠孢子，孢子借风力传播到适宜的环境下，萌发成菌丝体，菌丝体生长繁衍到生理成熟后，在一定的条件下，就可形成子实体。在人工栽培食用菌时，孢子虽然是它的“种子”，但一般不用孢子直接播种（有些为异宗配合），而是用孢子或子实体组织细胞分离，经培养萌发形成的纯菌丝体作为播种材料。因此，通常所指的菌种，实际上是经过人工培养并进一步繁殖的食用菌的纯菌丝体。制种是食用菌生产最重要的环节，菌种的优劣，直接影响到食用菌的产量和质量。优良菌种包含两个方面的含义：一是指菌种本身的生物学特性，如高产，优质，抗逆性强；二是指菌种纯度高，无虫害，无杂菌。因此培育优良的菌种，是提高食用菌生产水平的重要环节。

人工培养的菌种，根据菌种培养的不同阶段，可分为母种、原种和栽培种三类。一般把从自然界中首次通过孢子分离或组织分离而得到的纯菌丝体称为母种，或称一级种，它是菌种类型的原始种，原始母种移接（转管）成数支试管（斜面）种，这些移接的试管种，亦可称为母种。把母种接到木屑、谷粒、棉籽壳、粪草等瓶（袋）装培养基上培养而成的菌种称为原种，或称二级种，它是母种和栽培种之间的过渡种。把原种扩接到相同或类似的材料上，进行培养直接用于生产的菌种称栽培种，或称三级种。

（二）制种的程序

食用菌的菌种生产，一般按三级菌种的生产程序，基本上是按菌种分离→母种扩大培养→原种培养→栽培种培养的程序（工艺流程）进行。

1. 菌种培养基的制作

培养基是用人工方法配合各种营养物质，供给食用菌生长繁殖的营养基质。培养基必须具备3个条件：第一，含有食用菌生长所需的物质，如水分和养分，这些物质要有合适的比例；第二，具有一定的生化反应所需的合适酸碱度和一定的缓冲能力，具有合适的渗透压和一定的氧化还原电位；第三，必须经严格灭菌，保持无菌状态。

由于食用菌菌种培育通常采用三级生产，即母种培育、原种培育和栽培种培育，相应地，与生产菌种对应的培养基也可分为一级种培养基、二级种培养基、三级种培养基三种类型。

(1) 一级种培养基的制备　马铃薯琼脂培养基，是通用的食用菌母种培养基，其组成是：马铃薯200g，琼脂20g，蔗糖20g，水1000mL。

按配方组成配制分装于试管里，管口塞棉塞。及时灭菌，灭菌时间不能太长，一般30min即可，以免消毒时间过长会破坏培养料的营养成分，不利于菌丝生长。

消毒结束后立即取出试管放于桌面上，做成斜面培养基。挑取2～3支试管放置于25℃恒温箱中培养3～5天，若培养基表面没有发现杂菌以及乳白色细菌产生，则表示灭菌彻底，可供扩接母种使用。

(2) 二级种、三级种培养基的制备　原种、栽培种培养基可用相同配方，配制步骤也基本相同。原种由母种繁殖而成，主要用于繁殖栽培种，但也可直接用于栽培生产。原种、栽培种常用培养基如下。

① 木屑培养基　木屑78%，麦麸或米糠20%，石膏1%，糖1%，水适量。适用于平菇、木耳、香菇、猴头等。

② 棉籽壳培养基　棉籽壳78.5%，麦麸或米糠20%，石膏1.5%，水适量。适用于平菇、猴头、金针菇、鸡腿菇等。

③ 粪草培养基　稻草（切碎）78%，干粪20%，石灰、石膏各1%，水适量。适用于蘑菇、草菇、鸡腿菇、姬松茸等。

各种培养料应无霉烂、新鲜、干燥，各种培养基的含水量应保持在60%左右。将培养料拌匀装入菌种瓶（或袋）内，装料松紧适中，上下一致，装料高度以齐瓶（袋）肩为宜。然后用锥形木棒在瓶的中央向下插一个小洞，塞上棉塞。装好的料瓶（袋）要当天灭菌，以免培养料发霉变质。

2. 菌种的分离

食用菌菌种分离方法有四种，即组织分离法、孢子分离法、耳木分离法和土中菌丝分离法。

(1) 组织分离法　组织分离法是利用子实体内部组织来获得纯菌种的方法，根据不同的分离材料大体可分为三种。

① 子实体组织分离

a. 种菇的选择　从优良的品系中选取优良的个体作种菇，以单生菇、菇形圆整、无病虫害菇作分离材料。

b. 分离　把种菇带入接种箱内，用75%酒精表面消毒，用解剖刀在菌柄中部纵切一刀，然后撕开，挑取菌盖与菌柄交界处的一小块组织，接种到PDA培养基上，数天后就可看到组织块及培养基上有白色菌丝，即表明分离成功。

② 菌核组织分离　茯苓、猪苓、雷丸等药用菌，常利用菌核分离得到菌种。分离方法是将菌核表面消毒后，用解剖刀切开，取中间组织一小块，接入PDA培养基上，20～25℃培养。

③ 菌索分离　密环菌、假密环菌常用菌索来分离。方法是将菌索表面消毒后，去掉菌鞘，把白色菌髓部分用无菌剪刀剪成小段，移接在PDA培养基上，20～25℃培养，有白色菌丝长出且无污染，即表明分离成功。

(2) 孢子分离法　孢子分离法是利用菌类的成熟孢子能自动弹射的原理，在无菌操作条件下，使孢子在适宜的培养基上萌发长成菌丝体而获得菌种。

① 整菇插种法　是将整只成熟度适当的种菇，经表面消毒后，插入孢子采集器内，放在适当的温度下，让其弹射孢子的方法。蘑菇、香菇、草菇等食用菌常用此法采集孢子。

② 钩悬法　将新鲜的成熟度适当的耳片用无菌水冲洗后悬挂在无菌的三角瓶内或有孔钟罩内，在一定温度下让其弹射孢子。木耳、银耳常用此法采收孢子。

(3) 耳木（菇木）分离法　耳木（菇木）分离法（图8-5）是利用耳木或菇木中的菌丝体得到菌种的方法。

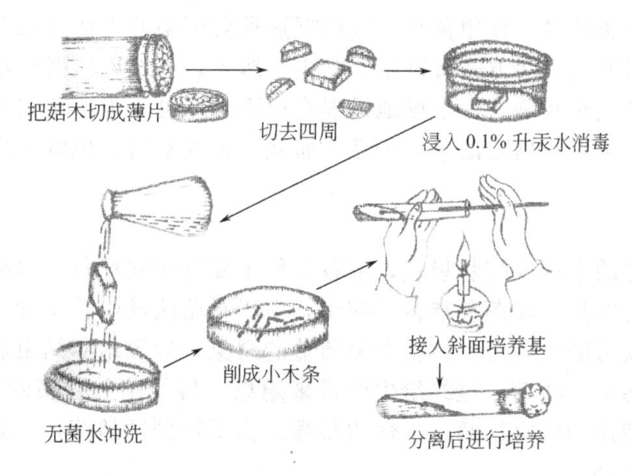

图8-5　菇木分离法操作流程

① 耳木的采集与选择　一般在该菌的生长季节里，选取生长大的子实体，肉质厚，成熟度适当，无杂菌感染的耳木或菇木进行分离。

② 分离方法　在所选耳木长有子实体的部位，横断面锯下1cm厚薄的木片，带入已经消毒的接种箱（或接种室）内。将上述木片浸入0.1%升汞溶液中30～60s，用无菌水冲洗数次，以冲去残留的升汞液，放在无菌纱布上吸干水分，用解剖刀切去树皮部分，把木片劈成小块，随后用镊子将小木块放入PDA培养基上，每管放一块，于适宜温度下培养。

(4) 土中菌丝分离法　它是利用菌类地下的菌丝体来分离得到菌种的一种方法。主要用于腐殖质腐生菌的分离，用前述3种方法能分离得到菌种，一般不采用这一方法。但在野外采集时，菇类子实体已腐烂，而又十分需要该菌种时，就要用此法分离。具体操作如下。

① 取菇体下与菇根相连的菌丝体，尽可能取较清洁的菌丝束。

② 由于土壤中含有各种微生物，如细菌、放线菌、霉菌等，因此分离时要用无菌水反复冲洗菌丝束，把附着的泥土等杂物冲洗干净，用无菌棉花或纱布吸干水分。

③ 取菌丝束尖端部分，接入有细菌抑制剂的培养基中，25℃左右培养，无杂菌污染即分离成功。

④ 菌丝的鉴定。在土中获得的菌丝，其可靠性较小，必须经过出菇鉴定，才能确认是该菌的菌种。

3. 菌种的培养

接种后的原种或栽培种全部拿入培养箱或培养室，根据不同食用菌菌丝发育最适温度进行培养。培养2～3天后，菌丝开始生长时，要每天定期检查，如发现黄、绿、橘红、黑色杂菌时，要及时拣出清理。尤其是塑料袋菌种，检查工作到菌丝长满为止。培养室切忌阳光直射，但也不要完全黑暗；注意通风换气，室内保持清洁，空气相对湿度不要超过65%；同时菌种瓶、袋不要堆叠过高，瓶间要有空隙，以防温度过高造成菌丝衰老，生活力降低。特别是对加温的培养室要注意：一要保持室内温度的稳定，因在温差较大的情况（特别是母种培养）下会形成冷凝水，而使菌丝倒伏变黄，有条件的话，可根据菇类的菌丝生长对温度的要求，按品种分开放在不同温度的培养室（箱）内培养，同时要注意经常调换原种、栽培种摆放的位置，以使同一批菌种菌丝生长一致；二要注意通风换气，以免室内二氧化碳浓度过高而影响菌丝生长。

三、栽培技术

食用菌的栽培方法较多，食用菌栽培应根据这种食用菌的生活方式以及所需的条件来确定合适的方法。食用菌的生活方式有寄生、共生、腐生，各地应根据实际情况采用。根据原料可分为原木栽培和代料栽培；由于场地设置有所不同，可分为床架式和畦式栽培等；因所用的容器的不同，又可将栽培方法分为袋栽、瓶栽、箱式栽培。现以平菇的发酵料袋栽为例进行讲解。

（一）准备工作

秋季进行保护地的平菇发酵料袋栽，准备工作主要有棚室准备、原料准备、菌种准备等几个方面。需要注意的是，在菌种准备工作中，由于平菇菌丝生长粗壮、速度快，如果不注意及时检查杂菌，就可能出现菌丝体将杂菌覆盖的现象，导致培养结束后，菌种表面上看纯正健壮，其实已经污染了杂菌，最终给生产带来隐患。另外菌种在菌丝体发满整个容器后，到出现子实体以前使用为适宜菌龄，生命力很强。为了得到适龄菌种，必须确实做好制种时间与栽培时间上的衔接。

（二）发酵料制作

1. 发酵料制作的原理

平菇培养料的发酵是典型的好氧发酵。其原理是将培养料拌制后进行堆积，利用培养料中嗜热微生物（几种放线菌）繁殖产生的热量使料温升高，从而杀死培养料中的部分微生物和害虫。发酵的料堆明显地分为内部的厌氧层、外部的好氧层和中部的发酵层。培养料的发酵层温度控制在60～65℃，整个发酵过程料堆的积温累计达到2400～3000℃（表8-6）。

2. 拌料

按照生产预算称取主、辅料，培养料应新鲜、无霉变，玉米芯等主料在太阳下曝晒2～3天。大量栽培可以按照生产计划分期、分批拌料。拌料时首先将干料分层次铺开，尽量铺均匀；将拌料需要的水放入大筒或贮水池中（农户生产也可以在地上挖水坑，内铺塑料布作为贮水池，$1m^3$ 装水1t）。将易溶于水的蔗糖、尿素等辅料加水溶化，加入池中；将微溶于水的石灰、过磷酸钙等也加入水池中（过磷酸钙如果结块要将其研磨碎）；拌料时用潜水泵抽水，也可以用其它盛器舀出使用。手工拌料要先将贮水池中60%左右的营养液浇入料堆后再整体拌制一次，第二、三次拌制时将其余的营养液逐渐加入。如果使用搅拌机拌料则一边加干料一边加营养液。拌料时不要先将干料进行人工拌制混匀，尤其是不提倡将石灰加入干料中再人工混匀，这样灰尘太大，而且石灰粉对人体伤害很大。这里还需要特别注意的是，在选择石灰时，一般使用前要用pH广范试纸测试饱和石灰水的酸碱度，一般在pH为12～14，如果pH太低则不能使用；拌料后也要测定培养料的pH，要求pH为8左右，否则很容易影响培养料发酵效果。

表8-6 发酵料制作的效用

发酵效用	发酵特征
消毒杀虫	利用发酵层所产生的高温，杀死培养料中的害虫和杂菌
降解物质	嗜热微生物分解培养料，破坏细胞壁，便于菌丝吸收利用
增加氮源诱导作用	嗜热类微生物吸收无机氮合成自身蛋白质，死亡后将有机氮补充到培养料中诱导厌氧层和好氧层的孢子和虫卵萌发、孵化，进入发酵层后杀死

3. 建堆

日平均气温20℃左右（9～10月份），建成堆高1m，堆顶宽0.8m，堆底宽1.2m，长不限的棱台形料堆；日平均气温15℃左右（11～12月份），建成堆高1.2m、堆顶宽1m，堆底宽1.5m，长不限的料堆。料堆顶部及两侧间隔30cm左右打一到底的透气孔，第一、二天加盖塑料布，以后撤掉。注意建堆时不要将培养料拍实，培养料自然的松散状态有利于加深发酵层的厚度。

4. 翻堆

翻堆是为了改变料堆的结构，使培养料都得到充分的发酵。对于翻堆时间间隔的提法很多，但是，只要把握发酵料制作的两个基本原则，那么无论在什么季节或是遇到什么特殊情况，如能灵活掌握、准确操作，即可保证发酵效果。第一个原则是料堆在发酵过程中用温度计监测发酵层的温度，使其保持在60～65℃，但不能长时间超过65℃，也不能长时间低于40℃。长时间高于65℃易发生蛋白质分解产生氨气，造成氮源的损失；长时间低于40℃易造成在发酵期间或栽培袋发菌时鬼伞大量发生。发酵层的深度（距料面高度）需要细心观察，因为不同的培养料配方、含水量、环境温度等都影响发酵层的深度，一般玉米芯主料的发酵层深度在10～12cm，颗粒度细的培养料发酵层浅，颗粒度大的培养料发酵层深，这与氧气的供给量直接相关。第二个原则是保证发酵料的积温达到2400～3000℃。具体的规律是建堆后当发酵层温度达到60～65℃时，计时10～12h后第一次翻堆；翻堆后重新产生发酵层，一般10～12h发酵层温度再次上升到60～65℃，保持10～12h后进行第二次翻堆；如此进行第三次翻堆；第四次翻堆时直接散堆，使料温下降停止发酵，准备使用发酵好的培养料进行装袋播种。按照上述的温度变化规律进行翻堆和散堆，培养料的总发酵时间为40～48h，发酵温度为60～65℃，积温为2400～3120℃。高温时节初次产生发酵层的时间间隔短，翻堆后料温很快又升高，一定要注意监测温度，否则发酵时间过长产生白化现象，培养料营养消耗太大；低温时节，初次产生发酵层的时间间隔长，翻堆时间间隔也长，这时如果遇到阴冷天气，可以人为地向料堆内浇热水，以利于料温升高，但不能急于翻堆，否则发酵时间过短，易产生鬼伞，培养料也会酸败。现在一般也采取食用菌栽培的专用发酵剂，发酵效果很好。发好的培养料，吸水性好，色泽酱褐，闻之有清新的土香味，有大量白色雪花状的放线菌分布。

结合第三、四次翻堆可以喷洒800倍液溴氰菊酯杀虫，也可以在最后一次翻堆时将维生素类辅料喷洒在料堆中。

（三）装袋播种

平菇栽培袋选择低压或高压聚乙烯袋，规格一般为：折径24～25cm，长45～50cm，厚0.0025cm。栽培袋在距袋口6cm处用缝纫机大针码间隔0.5cm跑两趟微孔，中间部分两等份处同样各跑两趟微孔。播种时，菌种放于微孔处，利用微孔既增氧，又防止杂菌污染。播种采用四层菌种三层料的方法，用种量为干料量的20%左右，投种比例为3∶2∶2∶3，两头多，均匀分布；中间少，周边分布。菌种要事先挖出掰成约1cm见方的小块，放在消毒的盆中盛装集中使用，也可以随用随挖取。污染、长势弱、老化的菌种不用或慎用。料袋两头用细绳扎活结即可，也可以用套环覆盖报纸用皮套箍紧，以增加透气，扎口端各占用栽培袋5cm左右。一般在栽培袋装袋前集中将栽培袋的一端扎紧，塑料袋的端面采取折纸扇式的方法折好后用细绳捆扎。

1. 装袋播种的具体方法

① 填第一层料播撒第一层菌种。向扎好的栽培袋内装料，高度以10cm左右为宜；用手在袋内压料面，使料面平整，与微孔对齐；再从料袋外侧沿四周将平整的料面稍压，使料面周边与抻直的料袋内壁形成一圈凹槽；将准备好的菌种沿凹槽均匀放入（将颗粒明显的菌种分散摆放在四周）。

② 填第二层料播撒第二层菌种。继续向栽培袋内填料，高度以12cm为宜，压好后料面高度与微孔高度一致，同样将料面周边压出凹槽，播撒菌种。

③ 填第三层料播撒第三层菌种。同上述方法填料。此次填好料后，料面压平，不处理周边，将菌种撒在整个料面上，大小菌种块均匀分布，采取折纸扇式的方法将栽培袋扎紧，以微孔露出，扎口后留出1.5cm塑料袋且扎口绳不脱落为宜。

④ 最后打开原先的扎口端，将栽培袋的褶皱拉直，继续填料至微孔处，按照第三层菌种的播撒方法将最后一层菌种播撒在料面，同样将袋端扎好。

2. 装袋播种的注意事项

① 装袋前要把发酵料再充分拌一次。如果培养料太干，可以适当用喷壶补水。由于发酵料的水分已经充分渗透到培养料的内部，因此发酵后的培养料补水时要注意，培养料手握松软成团就可以了，不能有水渗出。

② 拌好的料应尽量在4h内装完，以免放置时间过长，培养料发酵变酸。

③ 装袋时压料要均匀。做到边装边压，逐层压实、松紧适中，一般以手按有弹性，手压有轻度凹陷，手托挺直为度。料装得太紧透气性不好，影响菌丝生长；装得太松则菌丝生长细弱无力，在倒垛时易断裂损伤，影响发菌和出菇。

④ 料袋要轻拿轻放，防止塑料袋破损。认真检查装好的料袋，发现破口要用透明胶带封贴。

（四）发菌管理

棚室用硫黄粉、敌百虫掺豆秸、刨花等易燃物燃烧熏蒸消毒，密闭24h就可以将菌袋搬入进行发菌管理。

1. 温度管理

料袋码放的层数应视环境温度而具体掌握。气温在10℃以下时，可堆积4～5层；气温在10～20℃时，以堆3～4层为宜；气温在20℃以上时，菌袋宜单层摆放，不宜上堆，但管理的关键是料袋内插温度计，以不超过22℃为宜，不能超过28℃。堆垛发菌后，要定期检查料袋中温度计的显示，注意堆温变化。

2. 氧气与二氧化碳

一般菇棚每天通风2～3次，每次30min，气温高时早晚通风，气温低时中午通风，保持发菌环境空气清新。

3. 湿度管理

日光温室内空气相对湿度以60%～70%为宜，既要防止湿度过大造成杂菌污染，又要避免环境过干而造成栽培袋失水。

4. 光线管理

培养室内光线宜弱不宜强，菌丝在弱光和黑暗条件下正常生长，光线强不利于菌丝生长。因此，在日光温室内发菌应覆盖草帘遮光。

5. 倒垛

堆垛后每隔5～7天倒垛一次，将下层料袋往上垛，上层料袋往下垛，里面的往外垛，外面的往里垛，使料袋受温一致，发菌整齐。倒垛时，发现有杂菌污染的料袋，应将其拣出单独培养；若发现有菌丝不吃料的，必须查明原因及时采取措施。

6. 微孔增氧

对个别袋发菌基本结束但只有局部未发满的，可以采取用别针于距离菌丝生长前缘1cm处，间隔1cm刺1cm深微孔，以达到增氧、促发菌、促进菌丝生长的目的。

7. 菌丝后熟

在25℃左右，空气相对湿度60%左右，暗光和通风良好的条件下，一般中高温型平菇15天、低温型20天左右菌丝即可长满袋。菌丝发满料袋后解开两端的细绳，菌袋增加氧气供给量，5～7天后菌袋的菌丝更加粗壮、浓密、洁白，部分菌袋出现子实体原基时，表明菌丝已经成熟转入出菇期。

（五）出菇管理

发好菌的菌袋南北向单行摆放，垛高7～8层，行间留80～100cm的过道，过道最好对着南北两侧的通风口。轻拉袋口，形成料壁与菌袋端面脱离的锥体形空间，恰恰可以满足原基分化时对氧气和湿度的要求，创造适宜的出菇条件，3～5天可见针尖状的原基（桑椹期）；7天左右可见火柴杆一样的原基（珊瑚期），此时要拉直袋口；由于此期生长速率很快，进入珊瑚期后的第2～3天，当原基菌盖大部分达玉米粒大小时（成形期），挽起袋口，子实体迅速生长，再有5天左右子实体就发育成熟了。

1. 温度管理

平菇是变温结实性菌类，加大温差刺激有利于出菇。利用早晚气温低时加大通风量，降低温度，拉大昼夜温差至10～15℃，以刺激出菇。

2. 湿度管理

桑椹期和珊瑚期相对湿度保持在80%～85%，子实体迅速生长阶段相对湿度保持在85%～90%，甚至更高。喷水时，向空间、地面喷雾增湿，菇蕾期切勿向其上直接喷水，否则子实体将萎缩死亡；当子实体菌盖直径达2cm以上时，可适当向子实体上少喷细喷雾状水，以利于子实体生长。出菇环境悬挂干湿温度计，根据湿度变化及时进行调控。

3. 加强通风

子实体生长需要大量的新鲜空气，每天要打开门窗和通风口通风换气，低温季节1天一次，每次30min，一般中午喷水后进行；气温高时，1天2～3次，每次20～30min，通风换气多在早晚进行，切忌高湿不透气。温度较高或栽培量较大时应增加通风次数和延长通风时间，以保证供给足够的氧气和排除过多的二氧化碳。

4. 光照管理

子实体的生长需要一定的散射光，一般出菇环境光线掌握在能够正常看书看报即可，光照度在500～1000lx。散射光可诱导早出菇，多出菇；黑暗则不出菇；光照不足，出菇少，柄长，盖小，色淡，畸形。

子实体生长期间应尽量创造适宜的环境条件，满足其对温度、湿度、空气和光线的要求，才能优质高产。各个环境条件既相互联系又相互制约，调整某一个条件时，要兼顾其它条件，绝不可顾此失彼。

（六）采收加工

一般市售鲜菇，以孢子刚进入弹射阶段、菌盖平展、菌盖下凹处出现白色绒毛时采收为好，这时采收的平菇，菌盖边缘韧性好、菌肉肥嫩、菌柄柔韧，商品外观好；若供出口，则应按外经贸部所规定的标准进行采收。采收前轻喷一次雾化水，以降低空气中飘浮的孢子，减少对工作人员的危害，并使菌盖保持新鲜、干净，不易开裂。采收时一手按住培养料，一手握住菌柄轻轻采下，菌褶朝上逐层摆放。采后的平菇可进行保鲜、盐渍、罐藏等处理。

（七）后期管理

在适宜的条件下，由子实体原基长成子实体需7～10天，平菇一次栽培可采收4～5潮菇。每次采收后，都要清除料面老化菌丝、幼菇、菌柄、死菇，以防腐烂招致病虫害，再将袋口合拢，避免栽培袋过多失水；然后整理菇场，停止喷水，降低菇场的湿度，以利平菇菌丝恢复生长，积累养分；7～10天后，如果菌袋失水过多，可进行补水，仍按第一潮出菇的管理办法进行。

当采完2～3潮菇后，菌袋因缺水而变软，大部分营养物质被消耗，pH也会因新陈代谢物的产生而有所下降，出菇变得稀少。若再进行催蕾也能出菇，但菇体小且不齐，转潮次数虽多，经济效益低下。因此，要想进一步提高产量，就必须补充养分、水分等，甚至改变出菇方式。生产上常采用浸水、注水、喷营养液、墙式覆土以及畦床式覆土等方法进行后期增产管理。有关专家学者于2006年对平菇后期增产技术进行了系统的比较试验，分析数据表明，畦床式覆土出菇的后期增产措施效果好于其它方式。

1. 整地做畦

根据场地条件，挖深15～20cm、宽1～1.2m、长不限的畦床，畦与畦间留50cm的人行道。床底喷杀虫药、撒石灰进行消毒处理。

2. 脱袋覆土

将出过2～3潮菇的菌袋脱掉塑料袋，脱袋后的菌筒紧密排入畦床中（水平横放的效果好于其它方式），上盖1～2cm厚的土，尤其缝隙处一定要填满，然后灌大水，使菌筒料面略显露（有些地方露料面，有些地方覆薄土）。常规管理，仍可收获2～3潮优质菇。但覆土地栽出菇，浇水时一定要小心，以防菇体沾泥，影响商品价值，为此可以在畦床表面铺干净的稻壳或稻草，以避免浇水时泥土喷溅到菇体表面。

本章小结

微生物在农业的应用具有广阔的前景，主要有微生物农药、微生物肥料与饲料，微生物在能源上的应用更是值得研究的领域。当今农村建设中沼气建设需要对沼气的生产工艺过程科学控制，微生物对农村废弃物的分解利用对农村建设具有广泛的社会意义。

微生物农药是指应用生物活体及其代谢产物制成的防治作物病害、虫害、杂草的制剂，也包括保护生物活体的助剂、保护剂和增效剂，以及模拟某些杀虫毒素和抗生素的人工合成制剂。按照用途分类，可分为微生物杀虫剂、农用抗生素、微生物除草剂、微生物生长调节剂等。

微生物杀虫剂可分为如下三类。

① 细菌杀虫剂：a. 苏云金芽孢杆菌（Bt），可产生多种对昆虫有致病性的杀虫毒素；b. 球形芽孢杆菌杀虫剂，产生两类毒素；c. 日本金龟子芽孢杆菌制剂。

② 真菌杀虫剂：真菌杀虫剂有多种，其中白僵菌、绿僵菌与拟青霉的应用面积最大，可感染鳞翅目、

鞘翅目、同翅目、膜翅目、直翅目昆虫以及螨类，蛴螬等。因白僵菌感染致死的昆虫表面有一层白色菌丝，上部呈粉状（即白僵菌的分生孢子），故称为白僵菌。白僵菌杀虫剂是发展历史最早，推广面积较大，应用最广的一种真菌杀虫剂。绿僵菌最早用于防治地下害虫、天牛、蝗虫、蚊虫及玉米螟等。

③ 病毒杀虫剂：应用最多的有核型多角体病毒和颗粒体病毒，病毒杀虫剂具有宿主特异性强，可在害虫群体内流行，持效作用时间长等优点；但病毒制剂的生产需大量饲料昆虫，成本较高。核型多角体病毒对森林害虫防治十分成功。

农用抗生素是微生物发酵过程中产生的次级代谢产物，可抑制或杀灭作物的病、虫、草害及调节作物生长发育。

① 杀虫农用抗生素有阿维菌素、多奈菌素、橘霉素和多杀霉素。

② 杀菌农用抗生素有井冈霉素和春雷霉素。

微生物除草剂有炭疽病毒（鲁保一号制剂可防治菟丝子）、黑腐病菌（选择性强，可用于除草坪草中杂草）。

许多微生物分泌激素类物质，其中有部分对植物具有刺激生长作用，也称为微生物生长调节剂，主要有：①赤霉素（赤霉酸，GA）和脱落酸（ABA），为植物的天然激素；②比洛尼素，具有抑制作物植株增高作用，加入赤霉素后，植株又可恢复生长，可增加植株产生乙烯的量；③嫩唑霉素。

微生物肥料是指一类含有活的微生物并在使用后能获得特定肥料效应，能增加植物产量或提高产品质量的微生物制剂，主要有：固氮菌肥料、根瘤菌肥料、磷细菌肥料（包括无机磷细菌和有机磷细菌）、钾细菌肥料、抗生菌肥料（“5406”放线菌）。

微生物饲料包括单细胞蛋白质饲料、菌体饲料、微生物秸秆发酵饲料及微生物添加剂（抗生素添加剂、真菌添加剂及酶制剂）等。

沼气是有机物质在厌氧条件下，经过微生物发酵作用而生成的以甲烷为主的可燃气体。它的主要成分是甲烷（占50%～70%），其次是二氧化碳（约占30%～40%），其余是硫化氢、氮、氢和一氧化碳等气体（约占5%）。可以直接炊事和照明，也可以供热、烘干、贮粮等。它是一种高热值燃气能源，同时又是重要的化工原料。沼气发酵剩余物是一种高效有机肥料和养殖辅助营养料。与农业主导产业相结合，进行综合利用，可产生显著的综合效益。沼气发酵工艺，划分角度不同，分类也有不同。掌握沼气发酵原理和发酵条件控制。了解沼气发酵新型生态模式。

食用菌的形态结构分为菌丝体和子实体两部分，营养类型有腐生型、共生型和寄生型。需要的营养物质有碳源、氮源、无机盐类、维生素等。食用菌生长要求的环境条件有：温度、水分和空气相对湿度、空气（氧气和二氧化碳）、光照、酸碱度等。食用菌的菌种分为一级种、二级种和三级种，制作程序有：制作培养基、消毒灭菌、菌种分离和菌种培养等。栽培方法有多种，有袋栽、床栽、层架栽、有棚栽、温室栽等，生料、熟料、发酵料均可以。

复习思考

1. 微生物及其代谢产物防治病、虫、杂草的意义如何？受哪些因素影响？
2. 什么是农用抗生素？农用抗生素有何特性？怎样使它广泛地为农业生产服务？
3. 为什么说根瘤菌剂是一种肥料？它与其它有机肥料有何不同？怎样制造？如何施用？
4. “5406”抗生菌肥有哪些作用？怎样施用？应该注意些什么？
5. 什么叫“发酵饲料”？怎样进一步提高粗纤维的分解率？
6. 简述沼气发酵的3个阶段以及沼气发酵需要的条件。
7. 试述食用菌适宜的营养物质及环境条件。

实验实训　在校内（外）基地进行任一种食用菌栽培实践操作

一、目的要求

掌握任何一种食用菌（如平菇、木耳、香菇、草菇、金针菇、双孢蘑菇、鸡腿菇等）的栽培生产技术。

二、基本原理

不同的食用菌分解利用物质的能力不同，需要的营养有差异，要求的生长环境条件也不相同，因此选择任何一种食用菌，都要根据其生物学特性和生长发育特点，选用适宜的配料、配方，合理安排生产，进行生产管理。

三、材料和器具

1. 材料

杂木屑、米糠或麦麸、糖、石膏粉、甘蔗渣、过磷酸钙、棉籽壳或秸秆粉、聚丙烯塑料袋、稻草、玉米芯、废棉、段木、豆秸、尿素、麦秸、干牛粪（畜禽粪）、棉籽饼（菜籽饼）、玉米面、多菌灵、磷肥、硫酸钾复合肥等。

2. 器具

聚丙烯塑料袋、捆扎绳、接种箱、接种工具、常压灭菌锅、气雾消毒剂、pH试纸、蒸汽发生器、耙、铁铲等。

四、方法与步骤

（一）几种常用的食用菌生产的配方

1. 平菇栽培培养料配方

① 棉籽壳96%、过磷酸钙1.5%、石膏1%、石灰1.5%、水适量。

② 棉籽壳87%、麦麸5%、玉米面3%、豆饼粉3%、生石灰1.8%、多菌灵0.2%、水适量。

③ 锯木屑或花生壳78%、米糠（或麦麸）20%、白糖1%、石膏1%、水适量，用生石灰调酸碱度。

④ 玉米芯（碎为花生米大小）80%、米糠或麦麸10%、玉米面5%、饼肥3%、石膏1%、过磷酸钙1%、多菌灵0.2%、水适量，以石灰调酸碱度。

⑤ 甘蔗渣39%、木屑39%、米糠或麦麸20%、石膏1%、过磷酸钙1%、水适量。

平菇栽培有生料、半熟料、熟料栽培三种方法，可根据当地气候特点和生产条件合理选用。

2. 木耳栽培培养料配方

① 杂木屑（阔叶树）77%、麦麸（或米糠）20%、石膏1%、糖1%、石灰1%、水适量。

② 棉籽壳（或豆秸粉）88%、麦麸10%、石膏1%、石灰1%、水适量。

③ 甘蔗渣60%、木屑20%、麦麸15%、黄豆粉3%、石膏1%、石灰1%、水适量。

④ 玉米芯79%、麸皮或米糠20%、石膏粉1%、水适量。

⑤ 稻草68%、麦麸20%、木屑10%、石膏1%、过磷酸钙1%、水适量。

木耳可用段木栽培，也可用熟料栽培。

3. 双孢蘑菇栽培培养料配方

① 稻草100kg、尿素1kg、硫酸铵2kg、过磷酸钙3kg、碳酸钙2.5kg、水200kg。

② 干草2500～2750kg、菜籽饼150kg、尿素25kg、硫酸钙40kg、过磷酸钙75kg、石膏75kg、石灰粉50kg。

③ 稻草 1487kg、干牛粪 1912kg、硫酸铵 20kg、菜籽饼 75kg、人粪尿 25kg、过磷酸钙 50kg、石膏 50kg。

④ 稻草 1061kg、大麦秆 707kg、干牛粪 1767kg、花生饼粉 166kg、木灰 35kg、过磷酸钙 41kg、尿素 21kg、石膏 62kg、石灰 41kg。

⑤ 稻草 1487kg、干牛粪 1487.5kg、尿素 15kg、过磷酸钙 35kg、石膏 50kg、石灰 25kg。

以上原料均需要堆制发酵处理，②～④配方均按 111m^2 栽培面积计，菇床料厚 16.6cm。

（二）栽培技术要点

以平菇菌袋栽培为例。

1. 塑料袋选择

选用聚丙烯塑料袋，规格为 17cm×33cm×0.005cm；也可用低压聚乙烯塑料袋。

2. 装袋

可人工装料，也可用装袋机装料。装料至袋长的 2/3，上下松紧一致，将料面压实整平，用圆锥形捣木在中间扎一个通气孔，两头袋口套塑料颈圈（规格为直径 3.5cm，高 3cm），塞上棉塞，用报纸和塑料封口，用橡皮筋扎紧。

3. 灭菌

聚丙烯塑料袋可选用高压蒸汽灭菌，117.68～147.10kPa（1.2～1.5kgf/cm^2）压力，时间为 2h，也可常压 100℃灭菌，时间为 10～12h，灭菌后再焖半天。低压聚乙烯塑料袋可采用常压灭菌。

4. 接种

灭菌后，待料温降到 30℃左右时，可移入接种箱或接种室内进行两端接种。

5. 发菌培养

培养料接入菌种，应及时移入培养室的培养架上，恒温培养（23～24℃），若温度偏低，可重叠排放，加盖薄膜；若温度偏高，则应单层排放，并留间隙。要使培养室内空气相对湿度保持在 60%～70%。3 天后翻堆倒袋，里袋外翻，上袋下调；间隔一周，再翻袋。翻袋的作用是：使菌袋各部分发菌均匀一致，生长整齐并挑选出污染袋处理。培养 30 天左右，菌丝即可长满培养料。

6. 出菇管理

菌丝发满袋，应及时搬入出菇室进行出菇管理。通风透光，降低温度，刺激出菇。当袋两头有黄水吐出时，说明已达到生理成熟，由营养生长转为生殖生长，可在袋上划口出菇，垒成单行菌墙，1～10 层高，逐渐加大空气湿度，往墙壁、地面喷水，促其现蕾。观察子实体生长过程，经过原基期、桑椹期、珊瑚期、成型期、幼菇期、成熟期。早秋平菇约 3～4 天就可成熟。

7. 采收及采后管理

当菇盖长到八成，边缘尚未完全展开时，就要及时采收。气温高时要早采，勤采，一般隔天采收一次。采收前喷一次清水，使菇盖保持新鲜干净，不宜破碎。

一潮菇采完后，要及时清除死菇、残菇、菇根、菇脚，停止喷水 3 天，待菌丝恢复生长后再进行水、气调节，1 周后，再生菌丝从料面长出时，即出第二批菇。二潮菇后，应注意及时补水、补营养，并结合治虫调酸碱度。

五、实验报告

写出袋栽平菇生产实践报告。

六、思考题

分析料袋污染的原因。

生产实习一 参观当地微生物农药、微生物肥料或饲料等的生产与加工企业

一、目的要求

了解当地微生物农药、微生物肥料或饲料的生产方法。

二、内容和方法

（一）参观微生物农药、微生物肥料或饲料的生产、加工企业

1. 指导教师联系当地相关厂家，并带领学生前往参观，由企业专业技术人员介绍微生物农药、微生物肥料或饲料的生产流程。

2. 参观微生物农药、微生物肥料或饲料生产、加工企业。

（二）微生物农药、微生物肥料或饲料应用调查

由指导教师带领学生到当地调查微生物农药、微生物肥料或饲料的应用情况以及应用存在的问题。

三、作业

1. 简述参观当地微生物农药、微生物肥料或饲料的生产、加工企业的收获和感受。

2. 微生物农药、微生物肥料或饲料应用应注意哪些问题？

生产实习二 调查农村沼气池的应用（建造、设施、原料及生产条件）

一、目的要求

了解当地沼气池的工艺流程及沼气检测方法。

二、内容和方法

（一）参观沼气池

1. 指导教师联系当地相关厂家，并带领学生前往参观，由厂家专业技术人员介绍沼气的生产流程。

2. 参观沼气池，由专业技术人员介绍沼气的使用及注意事项。

（二）沼气应用调查

由指导教师带领学生到当地调查沼气使用情况及存在的问题。

三、作业

1. 简述参观沼气池的收获和感受。

2. 沼气工艺中应注意哪些问题？

生产实习三　参观当地无公害食用菌的生产与加工企业

一、目的要求

参观无公害食用菌产品的生产与加工企业，了解其生产要求及产品质量检验，熟悉食用菌在农业资源循环中的作用。通过参观和实习，巩固专业基础知识，做到理论与实践相结合，在实践中开展调查研究，让学生对该专业所产生的巨大的经济效益和社会效益有一个感性认识，锻炼和培养学生分析问题和解决问题能力。

二、材料和器具

笔、记录本、照相机、计算器、采样袋等。

三、方法与步骤

1. 根据学生自身的条件和兴趣，以及与企业的电话沟通，通过比较、分析，确定适宜的调查项目及调查企业，由指导教师联系当地相关厂家，并带领学生查阅已确定的调查项目及企业的相关资料，同时查阅项目相关的专业知识，草拟所需调查的内容。

2. 选择乘车路线，做用车、购票、材料与用具的准备。

3. 由指导教师带领学生前往联系的食用菌生产与加工企业，进行细致的调查参观学习。调查内容包括：单位的名称、地址、邮编、企业性质、企业规模（占地面积、建设面积、总投资、资产等情况）、负责人、联系电话、职工人数、销售人员、生产及质检人员、技术服务人员、管理人员、生产项目、新开发的项目及发展前景、所调查项目相关情况（包括设施设备投入情况、资金投入及筹措情况、市场需求、销售收入、出口创汇、经营管理模式及采取的有效措施、利润情况、经济效益分析、社会效益分析等）。

由企业技术人员介绍主要食用菌产品的生产情况（包括原料、配比、简单操作技术要点）、经营状况及存在的问题、生产与加工工艺流程。学生分小组到车间了解、熟悉食用菌加工各工段的操作要点、原理，画出工艺流程图。分析采用该处理工艺的优点和缺点及存在的问题。

4. 在返回学校后，指导教师就本次参观做总结，引导学生针对企业目前的状况，分析存在的问题及改进措施，也可以提出合理化的建议及前景展望。

四、作业

1. 简述参观企业后的收获和感受。包括项目名称、调查内容、结果分析（投入产出是否合理，废品、废物、废液是否进行环保处理或再生利用、存在的其它问题、对该企业或该项目的合理建议、收获及自己将来的愿望等）。

2. 设计出一套科学的食用菌生产方案（包括原料、配方、分组情况、相关的操作技术环节及工艺流程）。

附　　录

附录Ⅰ　实验室常用仪器的使用及注意事项

一、高压蒸汽灭菌锅

高压蒸汽灭菌锅是采用铝合金低压铸造而成，带有夹层的密闭金属锅。内有电热管，加热效率高、升温速度快。灭菌时，在夹层中放足水，把要灭菌的物品放于内层容器内，依靠高温、高压并经过一定时间，达到灭菌目的。锅盖上装有：三刻度压力表一只，用以指示器内压力与温度；安全阀一只，用以限制器内气压，保证使用安全；排气阀一只，用以排放冷空气及气压。

1. 使用方法

① 检查并接通电源。

② 将锅内消毒桶取出，在锅内加足水（水深6～7cm），以不超过锅底的支架为宜。

③ 把待灭菌物品放置于消毒桶内有孔隔板上，将桶放入器内，桶内物品以达到容积的2/3为度。

④ 盖上锅盖，按对角线拧紧螺丝。启盖时，也应按对角线松开螺丝。

⑤ 放冷空气：加热开始时，使排气阀手柄直立放置，以便将器内冷空气排出，待排气阀因水沸而冒出一定蒸汽时，即可将手柄板平，排气结束。

⑥ 当压力表指针达到压力为1.02×10^5Pa、温度为121℃时开始计时，恒温30min，并使指针维持在温度为121～125℃。

⑦ 灭菌时间达到以后，使其自然冷却，待压力下降到零时，再打开锅盖，否则，会冲掉棉塞或使培养基黏附棉塞，易造成污染。

⑧ 如连续使用，应给锅加水；使用完毕，应清除剩余水分，使锅内保持干净。

2. 注意事项

① 尽量不让安全阀打开或锅内压力尚未降至“0”而开盖，以免器皿、试管内培养基冲污棉塞。

② 经高压灭菌的培养基，pH值约下降0.2～0.4，应在灭菌前调pH值略高些。

二、干燥箱的使用

干燥箱又叫烘箱，一般由角铁和薄钢板构成箱体，内有一放置试品的工作室，工作室内有试品搁板两块，试品可置于其上进行干燥；工作室和箱体外壳间用玻璃纤维作保温层，箱门与工作室间有一玻璃门，以供观察工作室内情况；箱内工作室左壁与保温层之间有风道，并装有鼓风机与导向板，开启鼓风机开关可使电机工作鼓风，工作室内空气借鼓风机促成对流，开启排气阀可使箱内空气得以更换；箱左侧装有恒温控制器，与箱内电热器相连，电热器分为“加热”、“恒温”两组炉丝，分别由两个开关控制，可根据需要使箱内的温度恒定维持在规定温度范围内。干燥箱内温度最高可升高到 200～300℃，它适用于烘焙、干燥和加热处理等。使用方法如下。

① 该箱安放在室内干燥及水平处。

② 应在供电线路中安装闸刀开关一只，供此箱专用，并用比电源线粗 1 倍的导线作接地线。

③ 通电前先检查电源，是否有短路及断路等现象。

④ 合上闸刀开关，接通电源后，将控温仪选择盘针调整到所需要控制温度的刻度指示上，开启恒温和加热开关，控温仪白色指示灯亮，箱内开始升温，同时可开启鼓风机开关，使鼓风机工作。

⑤ 当温度升到选择盘指示温度时，待红、白指示灯交替亮灭半小时后，观察插入气孔中温度计指示值，微调选择盘即能够达到所需要控制的正确温度，同时开始计算时间。

⑥ 恒温时，可关闭加热开关，只留一组炉丝工作，以免功率过大影响恒温灵敏度。在此过程中恒温箱由控温仪自动控制，不需人工管理。

⑦ 要观察工作室内试品情况，可开启箱门借箱门内玻璃门观察，但箱门以不常开启为宜，以免影响箱温。

⑧ 如干燥箱多日连续工作时，应根据试品要求酌情关闭电机使之间休，以延长电机使用寿命。

⑨ 试品恒温完毕，关闭鼓风机开关，各控制系统恢复原位，拉下闸刀开关。

⑩ 试品恒温后，应当箱内温度降至 70℃以下时，方可取出试品，以免试品急骤降温而破裂。

三、电热恒温培养箱的使用

电热恒温培养箱由型钢及薄钢构成壳体。箱体内有一工作室，试品可放置在工作室内搁板上进行培养试验。工作室与箱体外壳间有相当厚度的保温层，以玻璃纤维作保温、绝热材料，箱内有一玻璃门，以供观察工作室内情况。箱门边装有石棉绳，防止热气外逸，控温及电器元件均装在箱左侧空间内，以便于检查和维修。电热器装于箱体内工作室下端，由控温仪红、白两色指示灯指示工作与否。

1. 安装要求

① 该箱应安放在室内水平、干燥处，不必使用其它固定装置。

② 应在供电线路中安装闸刀开关一只，供该箱专用，并用比电源线粗 1 倍的导线作接地线。

③ 通电前应先检查本箱电器部分，注意是否有断路和漏电现象。

④ 在箱顶风帽孔中插入温度计一只。

2. 操作及使用

① 接通电源，开启电源开关，红色指示灯指示电源接通，再将控温仪选择盘按顺时针方向旋转至所需要工作温度，此时白灯指示加热器开始工作。

② 当温度升至所需要工作温度时（从插入排气孔中的温度计上读出）将控温仪选择盘向逆时针方向回旋至白灯熄灭，再做微调至白灯复亮。当红、白灯交替明灭时即为恒温定点。

③ 很可能开始恒温时，温度仍继续上升，此乃余热影响，可微调选择，待温度计读数恒定在所需温度时为止。

3. 注意事项及维修

① 试品搁板平均负荷为 10kg，放置试品切勿超载，其体积不超过工作室容积的 2/3，

以免影响热空气对流。

② 使用完毕，应切断电源，以保安全。

③ 不可任意卸下侧门，扰乱或改变线路；发生故障时可打开侧门，按线路图逐一检查及修理。如遇重大故障，可与其生产厂联系。

四、超净工作台使用

超净工作台主要由高效过滤器、中效过滤器、通风电机、电气控制以及排毒管道部分等组成。它具有很高的净化效率，使进入操作区的空气经过两次细菌过滤器的过滤而变成无菌空气，从而为微生物菌种的移接和纯化分离提供高洁净度的无菌区。现在超净工作台已推广应用于对空气要求净化的各行各业。

1. 安装要求

① 须安装在卫生条件较好的厂房，最好具有塑料地面或水磨石地面，以便于清扫、除尘，并注意门窗的密封，以避免外界污染空气对室内的影响。

② 严禁安放在产生大尘粒的地方，以保证操作空气的正常流动。

2. 使用方法及注意事项

① 超净工作台必须在试车情况良好的前提下方能使用，启动通风机前还必须清洁周围环境，最好使用吸尘器吸尘。

② 用海绵或棉纱布擦净工作台面后，启动通风机，隔 20min 以后方可使用。

③ 操作区为层流区，因此出风面及工作台面上，最好不要存放物品，以免妨碍洁净空气的正常流动。

④ 当工作完毕后方可停止通风机的运转。

⑤ 一般正常使用情况下，建议每 3～6 个月进行一次渗漏检查和气流速度检查。

⑥ 在工作条件差的情况下操作人员应更换鞋、衣，以减低环境起尘，降低环境含尘量。

附录Ⅱ　实验室常用指示剂的性能及配制

名　　称	pH 范围	颜色变化 酸→碱	使用浓度 /%	0.1%指示剂溶于 0.2mol/L NaOH 的体积/mL	备　注
麝香草酚蓝(百里酚蓝)(TB)	1.2～2.8	红→黄	0.04	10.75	一次变色
溴酚蓝(BOB)	3.0～4.6	黄→蓝紫	0.04	7.45	
溴甲酚紫(BCP)	5.2～6.8	黄→红紫	0.04	8.25	
溴麝香草酚蓝(BTB)	6.2～7.6	黄→蓝	0.04	8.00	
甲基红(MR)	4.4～6.2	红→黄	0.02	18.60	
甲酚红(CR)	7.2～8.8	黄→红	0.02	13.10	
酚红(PR)	6.8～8.4	黄→红	0.02	14.20	
百里酚蓝(TB)	8.0～9.6	黄→蓝	0.04	10.75	二次变色
酚酞(PP)	8.2～10.0	无色→红	0.02		

附录Ⅲ　实验室常用染色液的配制

1. 齐氏（Ziehl）石炭酸复红染色液

A 液：碱性复红（basic fuchsin）0.3g；95%酒精 10mL。

B 液：石炭酸 5.0g；蒸馏水 95mL。

将碱性复红在研钵中研磨后，逐渐加入95%酒精，继续研磨使其溶解配成A液。

将石炭酸溶解于蒸馏水中，配成B液。

A液与B液混合即成。通常可将此混合液稀释5～10倍使用，稀释液易变质失效，一次不宜多配。

2. 吕氏（Loeffler）碱性美蓝染色液

A液：美蓝（methylene blue）0.6g；95%酒精30mL。

B液：KOH 0.01g；蒸馏水100mL。

分别配制A液和B液，配好后混合即可。

3. 革兰（Gram）染色液

（1）草酸铵结晶紫染液

A液：结晶紫（crystal violet）2g；95%酒精20mL。

B液：草酸铵（ammonium oxalate）0.8g；蒸馏水80mL。

混合A液与B液，静置48h后使用。

（2）卢戈（Lugo L）碘液　碘1.0g；碘化钾2.0g；蒸馏水300mL。

先将碘化钾溶解在少量水中，再将碘溶解在碘化钾溶液中，待碘全溶后，加足水分即成。

（3）番红复染液　番红2.5g；95%酒精100mL。

取上述配好的番红酒精溶液20mL与80mL蒸馏水混匀即成。

4. 荚膜染色液

（1）黑色素水溶液　黑色素5g；福尔马林（40%甲醛）0.5mL；蒸馏水100mL。

将黑色素在蒸馏水中煮沸5min，然后加入福尔马林作防腐剂。

（2）番红染液　同革兰染液中番红复染液。

5. 芽孢染色液

（1）孔雀绿染液　孔雀绿（malachite green）5g；蒸馏水100mL。

（2）番红水溶液　番红0.5g；蒸馏水100mL。

6. 乳酸石炭酸棉蓝染色液

石炭酸10g；乳酸（相对密度1.21）10mL；甘油20mL；蒸馏水10mL；棉蓝0.02g。

将石炭酸加在蒸馏水中加热溶解，然后加入乳酸和甘油，最后加入棉蓝，使其溶解即成。

7. 乳酸石炭酸溶液（观察霉菌用）

石炭酸20g；乳酸（相对密度1.2）20g；甘油（相对密度1.25）40g；蒸馏水20mL。

配制时，先将石炭酸放入水中加热溶解，然后慢慢加入乳酸及甘油。

8. 明胶石炭酸醋酸封盖剂

明胶10g；石炭酸28g；冰醋酸28mL。

将石炭酸溶于冰醋酸中，加入明胶，不加热而任其溶化，最后加甘油10滴，搅匀即得。如太干则加冰醋酸稀释。

9. 硝酸银染色液

A液：单宁酸5g，$FeCl_3$ 1.5g，蒸馏水100mL，福尔马林（15%）2mL，NaOH（1%）1mL。

B液：$AgNO_3$ 2g，蒸馏水100mL。待$AgNO_3$溶解后，取出10mL备用，向其余的90mL $AgNO_3$液中滴入浓NH_4OH，使之成为很浓厚的悬浮液，再继续滴加NH_4OH，直到新形成的沉淀又重新刚刚溶解为止。再将备用的10mL $AgNO_3$液慢慢滴入，则出现薄雾，但轻轻摇动后，薄雾沉淀又消失，再滴入$AgNO_3$液，直到摇动后仍呈现轻微而稳定的薄雾状沉淀为止。

附录Ⅳ 实验室常用试剂及溶液的配制

1. 中性红指示剂

中性红 0.04g；95%乙醇 28mL；蒸馏水 72mL。

中性红 pH6.8～8，颜色由红变黄，常用浓度为 0.04%。

2. 溴甲酚紫指示剂

溴甲酚紫 0.04g；0.01mol/L NaOH 7.4mL；蒸馏水 92.6mL。

溴甲酚紫 pH5.2～6.8，颜色由黄变紫，常用浓度为 0.04%。

3. 溴麝香草酚蓝指示剂

溴麝香草酚蓝 0.04g；0.01mol/L NaOH 6.4mL；蒸馏水 93.6mL。

溴麝香草酚蓝 pH6.0～7.6，颜色由黄变蓝，常用浓度为 0.04%。

4. VP 试剂

(1) 5%α-萘酚无水酒精溶液（随用随配） α-萘酚 5g；无水酒精 100mL。

(2) 40%KOH 溶液 KOH 40g；蒸馏水 1000mL。

5. 甲基红试剂

甲基红 0.04g；95%酒精 60mL；蒸馏水 40mL。

先将甲基红溶于 95%酒精中，然后加入蒸馏水即可。

6. 吲哚试剂

对二甲基氨基苯甲醛 2g；浓盐酸 40mL；95%乙醇 190mL。

7. 二苯胺试剂

二苯胺 0.5g；浓硫酸 100mL；蒸馏水 20mL。

8. 洗涤剂

(1) 浓配方 重铬酸钾（工业用）40g；浓硫酸（粗）800mL；水 160mL。

(2) 稀配方 重铬酸钾（工业用）50g；浓硫酸（粗）100mL；水 850mL。

先将重铬酸钾溶于水，冷却后再缓慢地加入硫酸，并不断搅拌。

9. 1mol/L 氢氧化钠溶液

氢氧化钠（化学纯）40g；蒸馏水 1000mL。

10. 2mol/L 盐酸溶液

量取相对密度为 1.1 的盐酸 167mL，加蒸馏水稀释成 1000mL。

11. 1%酸性酒精溶液

浓盐酸 1mL；95%酒精 99mL。

12. 0.1%升汞

升汞（$HgCl_2$）0.1g；浓盐酸（HCl）0.2mL；蒸馏水 100mL。

先将升汞溶于浓盐酸中，再加入水中。

13. 5%石炭酸溶液

石炭酸（苯酚）50mL；蒸馏水 950mL。

附录Ⅴ 实验室常用缓冲溶液的配制

一、磷酸缓冲溶液

A 液：0.2mol/L 磷酸二氢钠。1000mL 中含 27.8g 磷酸二氢钠。

B 液：0.2mol/L 磷酸氢二钠。1000mL 中含 53.65g 磷酸二氢钠。

根据要求的 pH 值，按下表所示，吸取 xmL A 液和 y mLB 液，混匀即得。

pH	x(A 液)/mL	y(B 液)/mL	pH	x(A 液)/mL	y(B 液)/mL
5.7	93.5	6.5	6.9	45.0	55.0
5.8	92.0	8.0	7.0	39.0	61.0
5.9	90.0	10.0	7.1	33.0	67.0
6.0	87.7	12.3	7.2	28.0	72.0
6.1	85.0	15.0	7.3	23.0	77.0
6.2	81.5	18.5	7.4	19.0	81.0
6.3	77.5	22.5	7.5	16.0	84.0
6.4	73.5	26.5	7.6	13.0	87.0
6.5	68.5	31.5	7.7	10.5	90.5
6.6	62.5	37.5	7.8	8.5	91.5
6.7	56.5	43.5	7.9	7.0	93.0
6.8	51.0	49.0	8.0	5.3	94.7

二、醋酸缓冲溶液

A 液：0.2mol/L 醋酸，1000mL 中含 11.55g 醋酸。

B 液：0.2mol/L 醋酸钠，1000mL 中含 16.4g 醋酸钠。

根据要求的 pH 值，按下表所示，吸取 xmL A 液和 ymL B 液，混匀即得。

pH 值	x(A 液)/mL	y(B 液)/mL	pH 值	x(A 液)/mL	y(B 液)/mL
3.6	46.3	3.7	4.8	20.0	30.0
3.8	44.0	6.0	5.0	14.8	35.2
4.0	41.0	9.0	5.2	10.5	39.5
4.2	36.8	13.2	5.4	8.8	41.2
4.4	30.5	19.5	5.6	4.8	45.2
4.6	25.5	24.5			

三、柠檬酸盐-磷酸缓冲溶液

A 液：0.1mol/L 柠檬酸溶液，1000mL 中含 19.21g 柠檬酸。

B 液：0.2mol/L 磷酸氢二钠溶液，1000mL 中含 53.63g 磷酸氢二钠。

根据所需 pH，按下表吸取 xmL A 液和 ymL B 液，混合后，加水稀释到 100mL。

pH 值	x(A 液)/mL	y(B 液)/mL	pH 值	x(A 液)/mL	y(B 液)/mL
2.6	44.6	5.4	5.0	24.3	25.7
2.8	42.2	7.8	5.2	23.3	26.7
3.0	39.8	10.2	5.4	22.2	27.8
3.2	37.7	12.3	5.6	21.0	29.0
3.4	35.9	14.1	5.8	19.7	30.3
3.6	33.9	16.1	6.0	17.9	32.1
3.8	32.3	17.7	6.2	16.9	33.1
4.0	30.7	19.3	6.4	15.4	34.6
4.2	29.4	20.6	6.6	13.6	36.4
4.4	27.8	22.2	6.8	9.1	40.9
4.6	26.7	23.3	7.0	6.4	43.6
4.8	25.2	24.8			

附录Ⅵ　实验室常用消毒剂的配制

名　称	配　制　方　法	用　途
甲醛(福尔马林)	$1m^3$ 空间用 2～10mL 加热熏蒸或甲醛 10 份＋高锰酸钾 5 份，任其挥发	市售甲醛为 37%～40%，接种室(箱)消毒
5%甲醛液	甲醛原液 100mL＋蒸馏水 600mL	桌面及器皿消毒
75%酒精	95%酒精 75mL＋蒸馏水 20mL	皮肤消毒
5%石炭酸液(苯酚)	石炭酸 50mL＋蒸馏水 950mL	接种室喷雾或器皿消毒
2%来苏尔(煤酚皂液)	50%来苏尔 40mL＋蒸馏水 960mL	接种室消毒，擦洗桌面及器械
0.25%新洁尔灭	5%新洁尔灭原液 50mL＋蒸馏水 950mL	皮肤及器皿消毒
0.1%升汞	升汞 0.1g＋浓盐酸 0.2mL＋蒸馏水 100mL	有机物体表面消毒
2%～5%漂白粉液	20～50g 漂白粉＋蒸馏水 1000mL	喷刷接种室和培养室，清除噬菌体污染
80%乳酸	$1m^3$ 用 1mL 熏蒸	接种室(箱)消毒
0.1%高锰酸钾液	高锰酸钾 1g＋蒸馏水 1000mL	皮肤及器皿消毒应随用随配
硫黄	$1m^3$ 空间用 15g 硫黄熏蒸	空气消毒
1%～3%石灰水	1～3g 石灰＋蒸馏水 100mL	清除霉菌和病毒污染

附录Ⅶ　教学常用培养基配方

1. 牛肉膏蛋白胨培养基（培养细菌）

牛肉膏 3g；蛋白胨 5g；NaCl 5g；水（或蒸馏水）1000mL；琼脂 15～20g；pH 值 7.2～7.4。

2. 马铃薯葡萄糖培养基（PDA，通用）

马铃薯 200g；葡萄糖 20g；水 1000mL；琼脂 15～20g。

将马铃薯去皮洗净，切成像玉米粒大的小块，放入适量水中煮沸 20～30min，用双层纱布过滤，得马铃薯汁，补足水分，再加葡萄糖溶解，最后加琼脂溶化，pH 自然。

3. 豆芽汁葡萄糖培养基（培养细菌、酵母菌）

黄豆芽（或绿豆芽）100g；葡萄糖 10～30g；水 1000mL；琼脂 15～20g。

先将洗净的豆芽去掉豆瓣及尾根，称取 100g，在适量水中煮沸 30min，用双层纱布过滤得豆芽汁，补足水分，加糖、琼脂，搅拌溶解，pH 值调至 7.2。

4. 高氏 1 号培养基（培养放线菌）

可溶性淀粉 20g；KNO_3 1g；NaCl 0.5g；K_2HPO_4 0.5g；$MgSO_4$ 0.5g；$FeSO_4$ 0.01g；琼脂 15～20g；水 1000mL。

配制时，先用少量温水，将淀粉调成糊状，然后在火上加热，边搅拌边加水及其它成分，补足水至 1000mL，加琼脂溶化，调 pH 值至 7.2～7.4。

5. 酵母膏葡萄糖培养基

葡萄糖 40g；酵母膏 微量；蛋白胨 10g；琼脂 10～20g；$FeSO_4$ 0.01g；pH 5.6；水 1000mL。

6. 葡萄糖发酵培养基（生化试验用）

蛋白胨 2g；氯化钠 5g；磷酸二氢钾 0.3g；溴百里酚蓝 0.03g；琼脂 5～6g；

水 1000mL。

调 pH 值至 7.4 后，常规灭菌，使用前，以无菌操作定量加入灭菌的 20%浓糖液 20mL。

7. 淀粉牛肉膏蛋白胨培养基（淀粉水解试验用）

可溶性淀粉 5g；牛肉膏 5g；氯化钠 5g；蛋白胨 10g；蒸馏水 1000mL；琼脂 15～20g。

调 pH7.2～7.4，常规灭菌。

8. 明胶培养基

牛肉膏 5g；蛋白胨 10g；氯化钠 5g；明胶 120g；水 1000mL。

配制时，在烧杯中先将水加热、接近沸腾时再加入其它成分，并不断搅拌至溶化，调 pH 至 7.2～7.4，分装后，0.8kgf/cm^2 灭菌 30min。

9. MR-VP 试验培养基

蛋白胨 5g；葡萄糖 5g；磷酸氢二钾 5g；蒸馏水 1000mL；pH 自然。

10. H_2S 试验用培养基

蛋白胨 20g；NaCl 5g；柠檬酸铁铵 0.5g；$Na_2S_2O_3$ 0.5g；琼脂 15～20g；蒸馏水 1000mL；pH 7.2。

先将琼脂、蛋白胨溶化，冷至 60℃加入其它成分，分装试管。0.56kgf/cm^2，112.6℃灭菌 15min，备用。

11. 蛋白胨琼脂培养基

蛋白胨 10g；NaCl 5g；水 1000mL；pH 7.6；琼脂 18～20g。

12. 伊红美兰培养基（EMB 培养基）

蛋白胨琼脂培养基 100mL；20%乳糖溶液 2mL；2%伊红水溶液 2mL；0.5%美蓝水溶液 1mL。

将已灭菌蛋白胨琼脂培养基（pH7.6）加热熔化，冷却至 60℃左右时，再把已灭菌的乳糖溶液、伊红水溶液及美蓝水溶液按上述量以无菌操作加入。摇匀后，立即倒平板。乳糖在高温灭菌时易被破坏必须严格控制灭菌温度，一般是 0.7kgf/cm^2，115.2℃灭菌 20min。

13. 食用菌母种培养基

(1) 综合小麦粒过滤汁培养基　20%小麦粒过滤汁 1000mL；葡萄糖 20g；蛋白胨 5g；KH_2PO_4 3g；$MgSO_4$ 1.5g；维生素 B_1 10mg；琼脂 18～20g；pH 自然。

(2) 综合马铃薯培养基　20%土豆汁 1000mL；葡萄糖 20g；KH_2PO_4 1g；$MgSO_4$ 1g；维生素 B_1 微量；酵母膏 1g；琼脂 18～20g；pH 值自然。

14. 察氏培养基（适用于多数霉菌）

硝酸钠 2g；磷酸氢二钾 1g；硫酸镁（$MgSO_4 \cdot 7H_2O$）0.5g；氯化钾 0.5g；硫酸亚铁（$FeSO_4 \cdot 7H_2O$）0.01g；蔗糖 30g；蒸馏水 1000mL；pH 6.7。

加麦麸 50g 所配成的半合成培养基有利于生长孢子，也可以用磷酸二氢钾代替磷酸氢二钾得到 pH5.6 的察氏培养基。

附录Ⅷ　接种室的设置和使用

一、接种室的设置

接种室应有内外两间，内间是接种室，外间是缓冲室。其内间面积为 5m^2，外间面积为 2m^2，高 2.5m，应有天花板。室内应设拉门和拉窗。与外室相邻的隔墙应设一推拉式的小橱窗，供传递器材用。接种室上方应设通气窗，接种后灭菌前开启，以流通空气。

二、接种室内的设备和用具

室内的工作台要求表面光滑和水平。条件允许时，可装紫外线灯，吊在工作座位的正上方，离地面2m处；缓冲室的紫外线灯可吊在室中央。室内应有专用的工作服、鞋、帽、口罩，盛有来苏尔水的瓷盆和毛巾，手持喷雾器和5%石炭酸溶液，常用的酒精灯、接种工具、不锈钢刀、剪刀、镊子、75%的酒精棉球、载玻片、玻璃蜡笔、火柴、记录本、铅笔和废物筐等。

三、接种室的灭菌

清扫、通风、干燥后，用甲醛、乳酸或硫黄熏蒸；可用5%石炭酸喷雾；也可用紫外线照射30～60min。具体方法参阅附录Ⅵ。

四、接种室工作规程

将所需物品搬进室内，按一定位置放好。使用前半小时，用5%石炭酸喷雾内外室，开启紫外线灯照射半小时以上；操作人员进入接种室要先用肥皂洗手，穿戴无菌工作衣、帽、鞋、口罩等。然后用2%来苏尔水洗手2min；进入内室操作前，用75%的酒精棉球擦手；操作时，尽量减少空气流动；工作结束后，立即将台面收拾干净，用5%石炭酸全面喷雾，或开启紫外线灯照射半小时。工作中要注意安全。

五、接种室空气污染情况的检验

1. 平板检验法

检验时，按无菌操作各将其中一个分别盛有细菌、放线菌、真菌培养基的平板盖打开5min，另设一个不开盖的作对照，置30℃下培养48h后检验有无杂菌生长。要求无任何菌落产生。

2. 斜面检验法

此法除用斜面试管代替平板，管口开塞30min外，其余均同平板法。

附录Ⅸ　实验室常用原料营养成分表

原料名称	水分/%	粗蛋白/%	粗脂肪/%	粗纤维/%	无氮浸出物/%	粗灰分/%	钙/%	磷/%
糠麸类								
小麦麸	12.1	13.5	3.8	10.4	55.4	4.8	0.22	1.09
米　糠	9.0	9.4	15.0	11.0	46.0	9.6	0.08	1.42
豆　皮	9.0	18.8	2.6	25.1	39.4	5.1	0.44	0.46
玉米皮	12.1	10.1	4.9	13.8	57.0	2.1	0.09	0.17
高粱糠	12.5	10.9	9.5	3.2	60.3	3.6	0.10	0.84
油粕类								
豆　饼	12.1	35.9	6.9	4.6	34.9	5.1	0.27	0.63
花生饼	10.4	43.8	5.7	3.7	30.9	5.5	0.33	0.58
菜籽饼	4.6	38.1	11.4	10.1	29.9	5.9	0.24	2.55
米糠饼	15.7	13.1	6.1	8.9	45.5	11.1	0.18	1.40
棉籽饼	13.8	16.2	6.5	16.7	42.0	4.8	0.24	0.25
渣糟类								
豆腐渣	85.1	5.0	1.8	2.1	5.4	0.6	0.09	0.01

续表

原料名称	水分/%	粗蛋白/%	粗脂肪/%	粗纤维/%	无氮浸出物/%	粗灰分/%	钙/%	磷/%
甘薯渣	89.8	1.2	0.1	1.4	7.4	0.2	0.05	0.02
酒糟(啤酒)	76.9	6.8	2.2	4.2	8.7	1.2	0.12	0.12
酒糟(高粱)	30.4	15.3	9.6	13.1	24.5	7.1	0.18	0.37
酒糟(红薯)	65.0	8.7	0.8	1.7	22.7	1.1	0.02	0.07
粉渣(绿豆)	86.0	2.1	0.1	2.8	8.7	0.3	0.06	0.03
秸秆类								
谷　草	14.1	2.6	1.3	37.1	35.8	9.1	0.33	0.66
燕麦秸	14.7	1.4	1.6	33.4	41.0	7.9	0.29	0.32
荞麦秸	6.1	7.5	2.6	26.5	36.4	20.9	1.53	0.34
小麦秸	10.0	3.1	1.3	32.6	43.9	0.1	0.16	0.81
大麦秸	12.9	6.4	1.6	33.4	37.8	7.9	0.13	0.02
豆秸(红小豆)	9.5	3.0	0.9	45.1	37.3	4.2	0.08	0.06
豆秸(绿豆)	7.8	16.2	2.3	21.4	42.9	9.4	0.23	0.19
稻　草	13.4	1.8	1.5	28.0	42.9	12.4	0.44	0.07
花生藤	11.6	0.6	1.2	33.2	41.3	6.1	0.91	0.05
甘薯藤	11.0	4.7	3.6	26.2	45.2	9.3	1.53	0.01
糜　秆	21.5	3.7	1.3	25.5	40.1	7.9	0.37	0.18
棉　秆	12.6	4.9	0.7	41.4	36.6	3.8	0.07	0.01
玉米秆	11.2	3.5	0.8	33.4	42.7	8.4	0.39	微
胡麻秆	10.1	3.5	2.2	50.7	27.3	6.2	0.04	0.13
菜籽秆	10.0	2.1	2.3	46.2	31.5	7.9	0.65	0.02
高粱秆	10.2	3.2	0.5	33.0	48.5	4.6	0.18	微
秕壳类								
小米类	14.7	3.8	1.7	36.2	30.1	12.8	0.16	0.32
粟　壳	10.8	7.7	1.9	18.7	54.2	6.7	0.25	0.07
稻　壳	9.0	2.9	1.2	42.7	29.5	14.7	—	—
蚕豆荚	11.2	8.4	1.0	32.8	40.9	5.7	—	—
黄豆荚	16.4	5.2	1.1	31.5	32.2	7.8	0.20	0.18
棉铃壳	14.7	6.1	1.4	35.1	36.8	5.9	1.29	0.11
大麦壳	14.5	2.9	1.5	29.9	38.4	12.8	—	—
小麦壳	16.0	4.7	1.7	30.4	37.1	10.1	—	—
油菜荚壳	12.3	3.1	4.7	86.9	36.8	6.2	—	—
花生壳	10.1	7.7	5.9	59.9	10.4	6.0	1.08	0.07
玉米芯	8.7	2.0	0.7	28.2	58.4	2.0	0.10	0.08
多汁饲料类								
菊　芋	87.4	1.4	1.0	1.0	7.0	1.3	0.05	0.02
蕉　藕	84.2	1.3	0.1	0.5	13.1	0.9	—	—
西瓜皮	93.4	0.6	0.2	1.3	3.5	1.0	0.03	0.02
南　瓜	84.4	2.0	1.5	1.8	9.2	1.1	—	0.08
胡萝卜	90.7	0.8	0.2	0.8	6.7	0.8	0.05	0.03
马铃薯	68.5	2.6	0.1	0.9	26.7	1.2	0.02	0.02
甘　薯	75.4	1.1	0.2	0.8	21.7	0.8	0.06	0.07
树叶类								
白杨叶	71.0	4.7	2.3	4.7	14.5	2.8	0.51	0.15
槐树(嫩叶)	74.4	7.5	3.3	3.1	4.2	7.5	—	0.01
榕树叶	76.7	4.0	0.7	5.9	11.1	1.6	0.03	0.06
榆树叶	69.4	6.8	1.9	4.1	13.0	4.8	0.97	0.10
柳　叶	66.8	5.2	2.0	4.2	18.5	3.2	0.39	0.07
青绿饲料类								
蒲公英	84.7	4.5	0.8	2.0	4.9	3.1	—	—

续表

原料名称	水分/%	粗蛋白/%	粗脂肪/%	粗纤维/%	无氮浸出物/%	粗灰分/%	钙/%	磷/%
苋　菜	86.8	1.7	0.26	3.4	6.4	1.1	0.36	0.18
野苋菜	83.6	3.4	0.3	2.5	6.7	3.5	0.52	0.10
马齿苋	82.8	5.5	0.6	0.9	8.1	2.1	1.10	—
灰　菜	84.6	4.2	0.4	1.3	5.8	3.7	—	—
水芹菜	88.8	1.4	0.3	2.1	5.6	1.8	0.18	0.07
牛皮菜	91.9	2.0	0.2	1.2	3.1	1.7	0.24	0.03
鸭舌草	93.9	1.2	0.2	1.1	2.3	1.3	—	—
四季猪草	84.6	3.6	1.0	3.3	5.5	2.0	0.27	0.03
稗　草	90.2	1.4	0.6	1.2	4.4	2.2	0.15	0.04
芋命草(喜旱莲子草)	77.5	3.2	0.3	2.6	12.0	4.4	—	—
革命草	93.9	1.1	0.3	1.3	1.8	1.6	0.15	0.12
向阳花草	79.2	4.8	1.1	1.8	9.3	3.8	0.82	0.10
黄豆叶	71.2	6.1	1.8	4.0	14.8	2.3	0.93	0.07
萝卜叶	89.5	2.7	0.1	1.5	4.3	1.9	0.20	0.22
棉　叶	75.4	5.4	1.4	2.8	12.0	3.0	—	—
菊芋茎草	81.8	2.0	1.1	4.5	7.7	2.9	0.06	0.03
马铃薯秧	71.6	4.6	0.5	5.9	11.5	5.9	—	—
苕　子	84.4	4.2	0.7	4.1	5.4	1.2	0.12	0.02
红花苕子(初花期)	90.2	2.8	0.5	1.3	4.4	0.8	—	—
野青草(禾本科)	72.8	1.9	0.8	7.7	14.7	2.1	—	
浮　萍	92.8	1.6	0.9	0.7	2.7	1.3	0.19	0.04
红浮萍	91.9	1.5	0.2	1.8	7.8	1.8	0.17	0.02
水浮莲	89.5	2.2	1.0	1.8	3.8	1.7	0.18	0.06
青干草类								
秋白草	9.5	3.3	2.2	35.6	41.2	8.2	—	—
伏　草	8.0	5.2	2.2	38.3	42.2	4.1	—	—
芨芨草	7.3	6.5	2.8	32.9	44.1	6.4	0.92	0.11

附录Ⅹ　微生物相对湿度对照表

干球温度/℃	干湿球温度差(干球温度－湿球温度)/℃											
	0.5	1	1.5	2	2.5	3	3.5	4	4.5	5	5.5	6
	相对湿度/%											
40	97	93	90	87	83	80	77	74	71	68	65	62
39.5	97	93	90	87	83	80	77	73	70	67	64	61
39	97	93	90	86	82	79	76	73	70	67	64	61
38.5	97	93	90	86	82	79	76	73	70	67	64	61
38	97	93	89	86	82	79	76	73	70	67	64	61
37.5	97	93	89	86	82	79	76	72	69	66	63	60
37	97	93	89	86	82	79	76	72	69	66	63	60
36.5	96	93	89	86	82	79	75	72	69	66	63	60
36	96	93	89	85	82	78	75	72	69	65	62	59
35.5	96	93	89	85	81	78	75	71	69	65	62	59
35	96	93	89	85	81	78	75	71	68	65	62	58
34.5	96	92	89	85	81	78	74	71	68	64	61	58
34	96	92	89	85	81	78	74	71	68	64	61	57
33.5	96	92	89	85	81	77	74	70	68	64	61	57
33	96	92	88	84	80	77	74	70	67	63	60	56
32.5	96	92	88	84	80	77	73	70	67	63	60	56
32	96	92	88	84	80	77	73	69	66	62	59	55

续表

干球温度/℃	干湿球温度差(干球温度－湿球温度)/℃											
	0.5	1	1.5	2	2.5	3	3.5	4	4.5	5	5.5	6
	相对湿度/%											
31.5	96	92	88	84	80	76	73	69	66	62	59	55
31	96	92	88	84	80	76	72	69	65	61	58	54
30.5	96	92	88	84	79	75	72	68	65	61	58	54
30	96	92	88	83	79	75	72	68	64	60	57	53
29.5	96	92	88	83	79	75	71	68	64	60	57	53
29	96	92	88	83	79	75	71	67	63	59	56	52
28.5	96	91	88	83	79	75	71	67	63	59	56	52
28	96	91	87	83	78	74	70	66	63	59	55	51
27.5	96	91	87	82	78	74	70	66	62	58	54	50
27	95	91	86	82	78	74	70	66	62	58	54	50
26.5	95	91	86	82	77	73	69	65	61	57	53	49
26	95	91	86	82	77	73	69	64	60	56	52	48
25.5	95	91	86	81	77	73	68	64	60	55	51	47
25	95	90	86	81	76	72	68	63	59	55	51	46
24.5	95	90	85	81	76	72	67	63	58	54	50	45
24	95	90	85	80	76	71	66	62	58	53	49	45
23.5	95	90	85	80	75	71	66	62	57	52	48	44
23	95	90	85	80	75	70	65	61	57	52	48	43
22.5	95	90	85	80	75	70	65	61	56	51	47	42
22	95	89	84	79	74	69	64	60	55	50	46	41
21.5	95	89	84	79	74	69	64	59	54	49	45	40
21	95	89	84	79	74	69	63	58	53	48	44	40
20.5	94	89	83	78	73	68	62	57	52	47	43	39
20	94	89	83	78	73	67	62	57	51	47	43	38
19.5	94	89	83	78	72	67	61	56	51	46	42	37
19	94	88	82	77	72	66	61	56	50	45	41	36
18.5	94	88	82	77	71	66	60	55	49	44	40	35
18	94	88	82	76	71	65	59	54	48	43	38	33
17.5	94	88	81	76	70	64	59	53	47	42	37	32
17	94	88	81	76	70	64	58	52	46	41	36	31
16.5	94	87	81	75	69	63	57	51	45	40	35	30
16	94	87	81	75	69	62	56	50	44	39	34	29
15.5	93	87	80	74	68	61	55	49	43	38	33	27
15	93	87	80	74	67	60	54	48	42	37	31	25
14.5	93	86	79	73	66	60	54	47	41	36	30	
14	93	86	79	73	66	59	53	46	40	34	28	
13.5	93	86	79	72	65	58	52	45	39	33		
13	93	86	78	71	64	57	51	44	38	32		
12.5	93	85	78	71	63	56	50	43	37			
12	93	85	77	70	63	56	49	42	36			
11.5	92	85	77	70	62	55	48	41				
11	92	84	77	69	61	54	47	40				
10.5	92	84	76	68	60	53	46					
10	92	84	76	68	60	52	44					
9.5	92	83	75	67	59	51	43					
9	92	83	75	66	58	50	42					
8.5	91	83	74	65	57	49	41					
8	91	82	74	65	56	47						
7.5	91	82	73	64	55	46						
7	91	81	72	63	54	45						
6.5	91	81	72	62	53	44						
6	90	80	71	61	52	42						
5.5	90	80	70	60	50	41						
5	90	79	70	59	49							

参 考 文 献

[1] 诸葛健．工业微生物育种学．北京：化学工业出版社，2006.
[2] 常明昌．食用菌栽培学．北京：中国农业出版社，2004.
[3] 陈士瑜．菇菌生产技术全书．北京：中国农业出版社，1999.
[4] 洪坚平，来航线．应用微生物学．北京：中国林业出版社，2005.
[5] 黄秀梨．微生物学．第3版．北京：高等教育出版社，2009.
[6] 黄秀梨，辛明秀．微生物学实验指导．第2版．北京：高等教育出版社，2008.
[7] 李阜棣．微生物学．北京：中国农业出版社，2000.
[8] 林稚兰，黄秀梨．现代微生物学与实验技术．北京：科学出版社，2000.
[9] 路福平．微生物学．北京：中国轻工业出版社，2005.
[10] 潘力．食品发酵工程．北京：化学工业出版社，2006.
[11] 曲音波．微生物技术开发原理．北京：化学工业出版社，2005.
[12] 沈萍，沈向东．微生物学．高等教育出版社，2006.
[13] 沈萍，陈向东．微生物学实验．第4版．北京：高等教育出版社，2007.
[14] 盛祖嘉．微生物遗传学．北京：科学出版社，2007.
[15] 王贺祥．农业微生物学．北京：中国农业出版社，2003.
[16] 戴灼华，王亚馥，粟翼玟．遗传学．第2版．北京：高等教育出版社，2008.
[17] 魏明奎．微生物学．北京：中国轻工业出版社，2007.
[18] 徐孝华．普通微生物学．北京：中国农业大学出版社，2000.
[19] 杨珊珊．农业微生物学．北京：中国农业出版社，1998.
[20] 张青，葛菁萍．微生物学．北京：科学出版社，2005.
[21] 张曙光．微生物学．北京：中国农业出版社，2006.
[22] 张文治．微生物学．北京：高等教育出版社，2005.
[23] 郑平．环境微生物学．杭州：浙江大学出版社，2002.
[24] 郑晓冬．食品微生物学．杭州：浙江大学出版社，2001.
[25] 周长林．微生物学．北京：中国医药科技出版社，2004.
[26] 周德庆．微生物学教程．第2版．北京：高等教育出版社，2005.
[27] 周凤霞，白京生．环境微生物．北京：化学工业出版社，2003.
[28] 周奇迹．农业微生物．北京：中国农业出版社，2006.
[29] 周群英，高廷耀．环境工程微生物学．第2版．北京：高等教育出版社，2000.
[30] 张惠康．微生物学．北京：中国轻工业出版社，2006.
[31] 叶颜春．食用菌生产技术．北京：中国农业出版社，2008.
[32] 周凤霞，高兴盛．工业微生物学．北京：化学工业出版社，2006.
[33] 刘振祥，张胜．食用菌栽培技术．北京：化学工业出版社，2007.
[34] 陈玮，董秀芹．微生物学及实验实训技术．北京：化学工业出版社，2007.
[35] 陈红霞，李翠华．食品微生物学及实验技术．北京：化学工业出版社，2008.